Nuclear Power Plant Systems and Equipment

核电厂系统及设备

臧希年 编著

(Second Edition)

（第2版）

清华大学出版社

北京

内 容 简 介

本书主要阐述压水堆核电厂的基本原理。以我国已运行的1GW级电功率的压水堆核电厂为背景,对压水堆核电厂总体及主要系统设备进行了论述。全书共分10章。第1章绪论;第2章介绍压水堆核电厂;第3章介绍反应堆冷却剂系统和设备;第4章介绍核岛主要辅助系统;第5章介绍专设安全设施;第6章阐述核电厂热力学基础;第7章介绍核汽轮发电机组;第8章介绍核电厂二回路热力系统;第9章扼要介绍压水堆核电厂的正常运行;第10章介绍轻水堆核电技术的发展与改进。

本书不仅适用于核能科学与工程专业本科生、研究生,还适用于到核电厂工作的非核能科学与工程专业的人员,可作为核电厂运行和技术人员培训的参考教材,作为从事核电厂设计、运行、管理及安全分析人员的参考书。

图书在版编目(CIP)数据

核电厂系统及设备/臧希年编著. --2版. --北京:清华大学出版社,2010.9(2025.1重印)
ISBN 978-7-302-23274-2

Ⅰ. ①核… Ⅱ. ①臧… Ⅲ. ①核电厂—机械设备 Ⅳ. ①TM623.4

中国版本图书馆 CIP 数据核字(2010)第 147595 号

责任编辑:邹开颜 赵从棉
责任校对:刘玉霞
责任印制:丛怀宇

出版发行:清华大学出版社
  网 址:https://www.tup.com.cn,https://www.wqxuetang.com
  地 址:北京清华大学学研大厦 A 座   邮 编:100084
  社 总 机:010-83470000   邮 购:010-62786544
  投稿与读者服务:010-62776969,c-service@tup.tsinghua.edu.cn
  质量反馈:010-62772015,zhiliang@tup.tsinghua.edu.cn
印 装 者:三河市铭诚印务有限公司
经 销:全国新华书店
开 本:185mm×260mm 印 张:25   字 数:607 千字
版 次:2010 年 9 月第 2 版   印 次:2025 年 1 月第 14 次印刷
定 价:72.00 元

产品编号:027584-04

核电厂系统及设备（第2版）

核能的发展与和平利用是 20 世纪最杰出的科技成就之一。在核能利用中，核电的发展相当迅速，已被公认为一种安全、经济、可靠、清洁的能源。我国核电事业进入了前所未有的快速发展时期。

本书主要阐述压水堆核电厂的基本原理。鉴于我国已确定发展压水堆核电技术，本书以我国已运行的 1000 MW 级电功率的压水堆核电厂为背景，对压水堆核电厂总体及主要系统设备进行了论述。全书共分 10 章。第 1 章绪论，介绍世界及我国核电的发展成就、我国发展核电的方针政策；第 2 章介绍压水堆核电厂；第 3 章介绍反应堆本体结构、一回路系统及主要设备，对反应堆冷却剂泵、稳压器和蒸汽发生器的作用、工作原理、结构、设计计算作了重点阐述；第 4 章介绍核岛主要辅助系统；第 5 章介绍专设安全设施；第 6 章阐述核电厂热力学基础；第 7 章介绍核汽轮发电机组，在阐述一般汽轮机的工作原理、结构的同时，重点讨论核电厂汽轮机组的特点；第 8 章介绍核电厂二回路热力系统；第 9 章扼要介绍压水堆核电厂的正常运行，本章使上述分门别类介绍的系统、设备形成一个有机整体，对核电厂系统及设备进行了动态展示，力求给读者展现一座核电厂的总体图像；第 10 章介绍轻水堆核电技术的发展与改进。

本书是为核能科学与工程专业的本科生编写的，力求结合我国核电实际对核电厂系统设备进行阐述。本书注重对国际上压水堆核电厂系统及设备不同风格的设计予以比较，以开阔学生的视野，使学生在比较中深化认识。教材还注意跟踪世界新一代轻水堆核电厂设计的发展，反映国内外轻水堆核电技术的成果。

本书第 2 版增加了反映我国在引进、消化、吸收大亚湾及岭澳一期核电技术基础上，在第二代改进型核电技术所取得成果的内容，还增加了对在建第三代核电厂 AP1000、EPR 等的论述。本版第 2 次印刷前，编者及清华大学赵兆颐教授对全书再次作了修订。

本书是一本工程性强、适应面广的基础性教材。它不仅适用于核能科学与工程专业本科生、研究生，还适用于到核电厂工作的非核能科学与工程专业的人员，可作为核电厂运行和技术人员培训的参考教材，作为从事核电厂设计、运行、管理及安全分析人员的参考书。

本书所涉及的学科领域广泛。限于编者学识水平，缺点、错误在所难免，欢迎读者批评指正。

编 者
2011 年 7 月

核电厂系统及设备（第2版）

第1章 绪论 ………………………………………………………………………… 1

1.1 世界核电的发展概况 ……………………………………………………… 1

1.2 我国的核电发展情况 ……………………………………………………… 4

1.2.1 发展核电是我国的基本方针 ……………………………………… 4

1.2.2 中国核电建设进入新的发展时期 ………………………………… 4

第2章 压水堆核电厂 ……………………………………………………………… 6

2.1 概述 …………………………………………………………………………… 6

2.2 核电厂总体及厂房布置 …………………………………………………… 12

2.2.1 厂址选择 …………………………………………………………… 12

2.2.2 总平面布置 ………………………………………………………… 14

2.3 核电厂主要厂房设施 ……………………………………………………… 16

2.4 核电厂设备安全功能及分级 ……………………………………………… 19

2.4.1 安全功能及分析方法 ……………………………………………… 19

2.4.2 安全分级 …………………………………………………………… 19

2.4.3 抗震分类 …………………………………………………………… 20

2.4.4 规范分级和质量分组 ……………………………………………… 21

2.5 核电厂安全设计原则 ……………………………………………………… 22

第3章 反应堆冷却剂系统和设备 ………………………………………………… 25

3.1 反应堆冷却剂系统 ………………………………………………………… 25

3.1.1 系统功能 …………………………………………………………… 25

3.1.2 系统描述 …………………………………………………………… 25

3.1.3 系统的参数选择 …………………………………………………… 27

3.1.4 系统布置 …………………………………………………………… 29

3.1.5 系统的参数测量 …………………………………………………… 29

3.1.6 系统特性 …………………………………………………………… 31

3.2 反应堆本体结构 …………………………………………………………… 32

3.2.1 堆芯结构 …………………………………………………………… 32

3.2.2 堆芯支撑结构 …………………………………… 36

3.2.3 反应堆压力容器 ………………………………… 38

3.2.4 控制棒驱动机构 ………………………………… 41

3.3 反应堆冷却剂泵 …………………………………………… 43

3.3.1 概述 ……………………………………………… 43

3.3.2 屏蔽电机泵 ……………………………………… 43

3.3.3 轴封泵 …………………………………………… 44

3.3.4 叶轮泵的一般特性 ……………………………… 51

3.3.5 泵的全特性曲线 ………………………………… 58

3.4 蒸汽发生器 ………………………………………………… 65

3.4.1 概述 ……………………………………………… 65

3.4.2 蒸汽发生器的典型结构和工质流程 …………… 66

3.4.3 蒸汽发生器的传热计算 ………………………… 73

3.4.4 蒸汽发生器的水力计算 ………………………… 79

3.4.5 蒸汽发生器的数学模型 ………………………… 82

3.5 稳压器 ……………………………………………………… 86

3.5.1 稳压器的功能 …………………………………… 86

3.5.2 稳压器及其附属设备 …………………………… 86

3.5.3 稳压器的工作原理 ……………………………… 90

3.5.4 稳压器压力控制系统 …………………………… 93

3.5.5 稳压器水位控制系统 …………………………… 96

3.5.6 稳压器的设计准则 ……………………………… 99

3.5.7 稳压器的容积计算 ……………………………… 100

3.5.8 稳压器瞬态过程分析模型 ……………………… 101

第4章 核岛主要辅助系统 ………………………………………… 107

4.1 化学和容积控制系统 ……………………………………… 108

4.1.1 系统功能 ………………………………………… 108

4.1.2 设计依据 ………………………………………… 108

4.1.3 系统流程 ………………………………………… 113

4.1.4 系统设备布置 …………………………………… 116

4.1.5 系统运行 ………………………………………… 117

4.2 反应堆硼和水补给系统 …………………………………… 118

4.2.1 系统功能 ………………………………………… 118

4.2.2 设计依据 ………………………………………… 118

4.2.3 系统描述 ………………………………………… 118

4.2.4 补给量计算 ……………………………………… 119

4.2.5 补给方式 ………………………………………… 122

4.3 余热排出系统 ………………………………………………… 123
 4.3.1 系统功能 ……………………………………………… 123
 4.3.2 系统描述 ……………………………………………… 123
 4.3.3 系统运行 ……………………………………………… 124
 4.3.4 系统综述 ……………………………………………… 125
4.4 设备冷却水系统 ……………………………………………… 125
 4.4.1 系统功能 ……………………………………………… 125
 4.4.2 系统描述 ……………………………………………… 126
 4.4.3 系统运行 ……………………………………………… 129
4.5 重要厂用水系统 ……………………………………………… 129
 4.5.1 系统功能 ……………………………………………… 129
 4.5.2 系统描述 ……………………………………………… 130
 4.5.3 系统运行 ……………………………………………… 130
4.6 反应堆换料水池和乏燃料池冷却和处理系统 ………………… 131
 4.6.1 系统功能 ……………………………………………… 131
 4.6.2 系统描述 ……………………………………………… 131
 4.6.3 系统运行 ……………………………………………… 133
4.7 废物处理系统 ………………………………………………… 133
 4.7.1 概述 …………………………………………………… 133
 4.7.2 放射性废水处理方法 …………………………………… 134
 4.7.3 氚的产生及性质 ………………………………………… 137
 4.7.4 硼回收系统 ……………………………………………… 138
 4.7.5 废水处理系统 …………………………………………… 141
 4.7.6 废气处理系统 …………………………………………… 143
 4.7.7 固体废物处理系统 ……………………………………… 146
4.8 核岛通风空调及空气净化 …………………………………… 147
 4.8.1 概述 …………………………………………………… 147
 4.8.2 设计原则 ……………………………………………… 148
 4.8.3 进风系统及其净化处理 ………………………………… 149
 4.8.4 排风系统及其空气净化处理 …………………………… 151
 4.8.5 通风系统主要设备及其性能 …………………………… 152
 4.8.6 核岛通风空调和空气净化系统简介 …………………… 154

第5章 专设安全设施 …………………………………………… 158

5.1 概述 …………………………………………………………… 158
5.2 安注系统 ……………………………………………………… 159
 5.2.1 系统功能 ……………………………………………… 159
 5.2.2 系统描述 ……………………………………………… 159
 5.2.3 系统运行 ……………………………………………… 162

5.2.4 安注系统的设计改进 ·· 164

5.3 安全壳系统 ·· 165
   5.3.1 安全壳的功能 ··· 165
   5.3.2 安全壳的形式 ··· 166
   5.3.3 安全壳贯穿件 ··· 166

5.4 安全壳喷淋系统 ··· 167
   5.4.1 系统功能 ·· 167
   5.4.2 系统描述 ·· 167
   5.4.3 系统运行 ·· 169

5.5 安全壳隔离系统 ··· 170
   5.5.1 系统功能 ·· 170
   5.5.2 系统设计 ·· 170
   5.5.3 系统特点 ·· 170
   5.5.4 系统运行和控制 ·· 171

5.6 可燃气体控制系统 ·· 172
   5.6.1 概述 ··· 172
   5.6.2 系统描述 ·· 173

5.7 辅助给水系统 ··· 175
   5.7.1 系统功能 ·· 175
   5.7.2 系统描述 ·· 175

   5.7.3 系统运行 ·· 178
   5.7.4 系统的设计改进 ·· 179

第6章 核电厂热力学 ·· 182

6.1 热力学基础 ·· 182
   6.1.1 理想循环的研究 ·· 182
   6.1.2 实际循环的分析方法 ······································· 184
   6.1.3 电厂热力循环的㶲分析 ···································· 185

6.2 核电厂的热经济性指标 ··· 187

6.3 蒸汽参数对热经济性的影响 ······································ 189
   6.3.1 蒸汽初参数对循环热经济性的影响 ······················ 189
   6.3.2 蒸汽终参数的影响 ··· 191

6.4 回热循环 ·· 193
   6.4.1 给水回热循环的热经济性 ·································· 193
   6.4.2 最佳回热分配 ·· 195
   6.4.3 最佳给水温度 ·· 199

6.5 蒸汽再热循环 ··· 201
   6.5.1 概述 ··· 201
   6.5.2 汽耗率与热耗率 ·· 201

6.5.3 具有再热的回热加热分配 ································ 203
6.5.4 最佳再热压力 ································ 204
6.6 二回路系统热力分析 ································ 204
6.6.1 定功率分析方法 ································ 204
6.6.2 定功率法热力分析举例 ································ 206

第7章 核汽轮发电机组 ································ **214**

7.1 概述 ································ 214
7.2 汽轮机的工作原理及分类 ································ 215
7.2.1 汽轮机级的工作原理及特点 ································ 215
7.2.2 汽轮机的分类 ································ 220
7.3 汽轮机中能量转换过程 ································ 221
7.3.1 蒸汽在喷嘴中的流动和能量转换 ································ 221
7.3.2 蒸汽在动叶栅中的流动和能量转换 ································ 223
7.3.3 轮周效率和最佳速比 ································ 227
7.3.4 级内损失及相对内效率 ································ 231
7.3.5 长叶片 ································ 234
7.3.6 多级汽轮机 ································ 236
7.4 汽轮机的本体结构 ································ 240
7.4.1 转子 ································ 240
7.4.2 汽缸与隔板 ································ 247
7.4.3 防蚀措施 ································ 249
7.5 汽轮机的总体结构 ································ 252
7.5.1 汽轮机的总体结构形式 ································ 252
7.5.2 核电厂饱和蒸汽汽轮机的总体配置 ································ 253
7.6 核电厂汽轮机的特点 ································ 255
7.6.1 核汽轮机组的一般特点 ································ 255
7.6.2 核汽轮机组的转速选择 ································ 256
7.7 汽轮机调节的基本概念 ································ 258
7.7.1 汽轮机调节的基本任务 ································ 258
7.7.2 汽轮机调节的手段 ································ 259
7.7.3 汽轮机的调节方式 ································ 260
7.8 汽水分离再热器 ································ 261
7.8.1 概述 ································ 261
7.8.2 结构形式及流程 ································ 261
7.8.3 运行经验及设计改进 ································ 264
7.9 凝汽器及其真空系统 ································ 265
7.9.1 概述 ································ 265
7.9.2 凝汽器传热的强化 ································ 267

7.9.3 凝汽器的结构 ··· 269

7.9.4 凝汽器的特性 ··· 271

7.9.5 凝结水过冷原因及改善措施 ··· 273

7.9.6 多压凝汽器 ··· 275

7.9.7 凝汽器真空系统 ··· 277

第8章 核电厂二回路热力系统 ··· 279

8.1 概述 ·· 279

8.1.1 系统的功能 ··· 279

8.1.2 典型的压水堆核电厂二回路热力系统 ······································ 279

8.2 主蒸汽系统 ·· 283

8.2.1 概述 ··· 283

8.2.2 系统描述 ··· 283

8.2.3 系统特性 ··· 285

8.3 凝结水和给水回热加热系统 ·· 286

8.3.1 回热加热器 ··· 286

8.3.2 抽汽系统 ··· 288

8.3.3 疏水系统 ··· 288

8.3.4 排气系统 ··· 290

8.3.5 卸压系统 ··· 290

8.3.6 凝结水泵和给水泵 ··· 291

8.3.7 给水调节阀和隔离阀 ··· 296

8.4 给水除氧系统 ··· 297

8.4.1 概述 ··· 297

8.4.2 热力除氧的原理 ·· 297

8.4.3 除氧器的类型及典型结构 ··· 298

8.4.4 除氧器的热平衡和自生沸腾 ··· 303

8.4.5 除氧器的运行 ··· 304

8.4.6 真空除氧与热力除氧的比较 ··· 307

8.5 蒸汽排放系统 ··· 308

8.5.1 概述 ··· 308

8.5.2 系统描述 ··· 308

8.5.3 系统特性 ··· 310

8.5.4 系统控制 ··· 311

8.6 蒸汽发生器水位控制系统 ··· 312

8.6.1 概述 ··· 312

8.6.2 蒸汽发生器水位控制 ··· 313

8.6.3 与蒸汽发生器水位有关的保护 ··· 318

8.7 蒸汽发生器排污系统 ·· 319
    8.7.1 概述 ·· 319
    8.7.2 系统描述 ··· 319
    8.7.3 系统运行 ··· 320
8.8 二回路水处理系统 ·· 320
    8.8.1 二回路水处理方法 ··· 320
    8.8.2 凝结水净化 ·· 321
    8.8.3 二回路水质要求 ··· 322

第9章 核电厂的运行 ·· 324

9.1 电厂的标准状态 ·· 324
    9.1.1 电厂的标准状态定义 ······································ 324
    9.1.2 技术限制 ·· 326
9.2 核电厂控制保护功能介绍 ·································· 327
    9.2.1 停堆保护功能 ·· 329
    9.2.2 安全设施触发信号 ··· 329
    9.2.3 允许 ··· 329
    9.2.4 禁止信号 ·· 331
9.3 核电厂的启动 ·· 332
    9.3.1 核电厂的冷启动 ··· 332
    9.3.2 核电厂的热启动 ··· 335
9.4 核电厂停闭 ·· 335
    9.4.1 概述 ··· 335
    9.4.2 从功率运行到冷停堆的主要过程 ···························· 336

第10章 轻水堆核电技术的发展与改进 ·························· 339

10.1 轻水堆核电技术发展现状 ·································· 339
10.2 AP1000 核电厂 ·· 341
    10.2.1 AP1000 概况 ·· 341
    10.2.2 AP1000 的设计特点 ·· 342
    10.2.3 AP1000 的安全特性 ·· 346
    10.2.4 AP1000 的系统简化 ·· 354
10.3 EPR 核电厂 ·· 354
    10.3.1 EPR 堆本体一般特性 ······································· 354
    10.3.2 EPR 的安全特性 ··· 357
    10.3.3 EPR 的经济性与可靠性 ····································· 362
10.4 先进的沸水堆核电厂 ·································· 364
    10.4.1 传统的沸水堆核电厂 ······································· 364
    10.4.2 ABWR 核电厂设计特点 ····································· 365

         10.4.3 ABWR 的安全性 ·· 369

         10.4.4 ABWR 的经济性 ·· 370

    10.5 固有安全堆 ··· 372

         10.5.1 固有安全的概念 ·· 372

         10.5.2 PIUS 反应堆简介 ··· 372

    10.6 第四代核能系统 ·· 375

常用符号 ·· 378

附录   1994 年国际水和水蒸气性质协会（IAPWS）发布的轻水热力学性质

      国际骨架表 ·· 381

    附表 A 水和水蒸气的比体积及其允差 ·· 381

    附表 B 水和水蒸气的比焓及其允差 ··· 384

    附表 C 饱和线上水和水蒸气的比体积（dm^3/kg）和比焓（kJ/kg） ············ 386

参考文献 ·· 388

第1章

绪　　论

1.1　世界核电的发展概况

能源是社会和经济发展的基础,是人类生活和生产的要素。随着社会的发展,能源的需求也在不断扩大。

从能源的供应结构来看,目前世界上消耗的能源主要来自煤、石油、天然气三大资源,这三种能源不仅利用率低,而且对生态环境造成严重的污染。

为了缓解能源矛盾,除了应积极开发太阳能、风能、潮汐能以及生物质能等再生能源外,核能是被公认的唯一现实的可大规模替代常规能源的既清洁又经济的现代能源。

核能不仅单位能量大,而且资源丰富。地球上蕴藏的铀矿和钍矿资源相当于有机燃料的几十倍。如果进一步实现受控核聚变,并在海水中提取氘加以利用,就会从根本上解决能源供应的矛盾。

核能在人类生产和生活中应用的主要形式是核电。核燃料资源丰富,运输和储存方便,核电厂具有污染小、发电成本低等优点。从1954年前苏联建成第一座核电厂以来,核能发电在全世界得到很大发展。

核电厂至今已有50多年的历史。20世纪50—60年代可视为核电发展早期。这个时期核电厂主要集中在美、苏、英、法和加拿大少数几个发达国家中,典型的核电机组堆型包括:英国和法国建造的一批"镁诺克斯"天然铀石墨气冷堆(GCR);前苏联早期建造的轻水冷却石墨慢化堆(LGR);美国早期建造的压水堆(PWR)和沸水堆(BWR);加拿大早期建造的天然铀重水堆以及美国和前苏联早期建造的快中子实验堆。

这一时期建造的核电厂可称为第一代核电厂,它们有以下一些共同点。

(1)建于核电开发期,因此具有研究探索的试验原型堆性质。

(2)设计比较粗糙,结构松散;尽管机组发电容量不大,一般在300MW之内,但体积较大。

(3)设计中没有系统、规范、科学的安全标准,因而存在许多安全隐患。

(4)发电成本较高。

至今,第一代核电厂基本已退役(约50台机组)。这些早期开发、研究的堆型,有些成了第二代重点发展的商业核电厂堆型,如轻水堆(PWR、BWR)、改进型气冷堆(AGR)、高温气冷堆(HTGR)、CANDU重水堆和液态金属冷却快中子增殖堆(LMFBR);另有一些由于当时条件所限未能发展,但其设计思想已成为第三代甚至第四代先进堆的选用堆型,如采用自然循环方式和非能动安全的沸水堆(ESBWR)以及快中子堆和熔盐堆等。

目前正在运行的绝大部分商用核电厂划归为第二代核电厂，这一代核电厂主要是按照比较完备的核安全法规和标准以及确定论的方法，考虑设计基准事故的要求而设计的。实际上，这种划分是相对的。它既是在第一代堆型（如20世纪60年代初投运的PWR电厂，英、法等国的天然铀石墨气冷电厂）基础上的改进和发展，与现在的第三代核电厂的设计概念也有交叉。目前运行的许多核电厂，特别是三哩岛事故后设计的核电厂已进行了许多根本性的改进，考虑了诸多严重事故的对策，引入了非能动的安全系统设计。

第二代核电厂主要有PWR及BWR、加拿大的压力管式天然铀堆CANDU、前苏联开发的石墨沸水堆（LGR）、改进的气冷堆（AGR）、高温气冷堆（HTGR）和液态金属冷却快中子增殖堆。由于发生了切尔诺贝利事故，俄罗斯、乌克兰关闭了一批石墨沸水堆（LGR），对仍在运行的13台LGR机组进行了整治和改造，同时决定停止建造此种堆型的机组。改进型气冷堆因其经济性差，也停止了发展。钠冷快堆机组也放缓了发展速度。目前运行和在建的第二代核电机组中占优势的机组是PWR、BWR及CANDU。

三哩岛和切尔诺贝利事故使人们对第二代核电厂进行了审视和反思，发现了其设计中的一些根本弱点。美国电力研究所在能源部和核管会的支持下，制定了一个能被供货商、投资方、业主、核安全管理部门、用户和公众都接受的、提高安全性和经济性的"用户要求文件"（URD），随后，欧共体国家也共同制定了类似的文件"欧洲用户要求文件"（EUR）。现在，人们把满足URD（见表10.1）或EUR要求的核电厂称为先进核电厂或第三代核电厂。第三代核电技术吸取了13 000堆年的核电厂运行经验，利用几十年的核电技术发展成果，按照当前新的核安全法规设计，把严重事故作为设计基准，考虑了安全壳在严重事故情况下的负荷。第三代核电厂的安全性和经济性都有明显提高。

迄今，已经开发和正在开发的先进核电厂有：GE公司开发的先进沸水堆ABWR、经济简化型沸水堆ESBWR，ABB-CE公司开发的SYSTEM-80＋，西屋公司开发的AP-600、AP-1000，法、德联合开发的欧洲压水堆EPR，日本三菱公司开发的先进压水堆APWR，俄罗斯的VVER640（V-407）、VVER1000（V-392）先进压水堆核电厂，等等。

从核电的长期可持续发展着想，以美国为首的一些发达国家已经联合组成"第四代核能论坛"（Generation Ⅳ International Nuclear Energy Forum），第四代核能系统指安全性和经济性更加优越、废物量极少、无须厂外应急，并且具有防核扩散能力的核能系统，钠冷快堆、气冷快堆、铅冷快堆、极高温气冷堆、熔盐堆和超临界水堆作为候选的四代堆型。

据欧洲核学会报道，到2009年底，世界上正在运行中的核电机组共有436座，净输出容量约370 GW（见表1.1）。其中美国拥有的核反应堆最多，有104座，然后依次是法国、日本、俄罗斯、韩国、英国。目前，世界上在建的核电机组共56台，净输出电功率52 GW。由表1.1可见，中国是在建核电机组最多的国家。

表 1.1　截至 2009 年底世界核电统计

国家或地区	运　　　行		在　　　建	
	数　　量	净输出容量/MW	数　　量	净输出容量/MW
阿根廷	2	935	1	692
亚美尼亚	1	376		
比利时	7	5863		

国家或地区	运行		在建	
	数量	净输出容量/MW	数量	净输出容量/MW
巴西	2	1766		
保加利亚	2	1906	2	1906
加拿大	18	12 577		
中国(大陆)	11	8438	20	19 920
捷克	6	3678		
芬兰	4	2696	1	1600
法国	59	63 260	1	1600
德国	17	20 470		
匈牙利	4	1859		
印度	18	3984	5	2709
伊朗			1	915
日本	53	45 957	2	2191
韩国	20	17 647	6	6520
墨西哥	2	1300		
荷兰	1	482		
巴基斯坦	2	425	1	300
罗马尼亚	2	1300		
俄罗斯	31	21 743	9	6894
斯洛伐克	4	1711	2	810
斯洛文尼亚	1	666		
南非	2	1800		
西班牙	8	7450		
瑞典	10	8958		
瑞士	5	3238		
中国台湾	6	4949	2	2600
乌克兰	15	13 107	2	1900
英国	19	10 097		
美国	104	100 683	1	1165
总计	436	369 321	56	51 721

1.2 我国的核电发展情况

1.2.1 发展核电是我国的基本方针

我国一次能源分布极不均匀,70%的煤炭资源分布在西北部地区,水电资源主要分布在西南、西北地区,而经济发达的东南沿海地区,煤炭资源仅占全国的1%,水电资源不足6%。全国铁路货运能力的45%和水运总量的三分之一左右用于煤炭运输。到2009年底,全国电力装机总容量累计达874 GW,其中:火电652 GW,占装机总容量的74.60%;水电197 GW,占22.51%;风电20 GW,占2.29%,核电9.08 GW,占1.04%。而2008年,核电在世界电力生产的比例为15%。

我国火电以燃煤为主,大量的煤炭燃烧带来了严重的环境污染问题。尽管采取了脱硫等环保措施,然而二氧化硫和氮氧化物的排放总量还是巨大的。加之国内可开发的水电资源有限,可再生能源等新能源成本高、难以形成规模,环境状况非常严峻。在此形势下,发展核电对于调节能源结构,减少环境污染,实现经济和生态环境协调发展具有十分重要的战略意义。例如,一台1 GW的核电机组,与同等规模的燃煤电站相比,每年少消耗原煤约300万 t,减少向环境排放二氧化碳约675万 t、二氧化硫约2.5万 t、氮氧化物约1.5万 t、粉尘约1600 t、煤灰约30万 t。从可持续发展的观点看,为优化能源结构,发展清洁能源,促进低碳经济发展,减少二氧化碳等温室气体的排放,我国必须尽可能增加核电在能源构成中的比重,"积极发展"核电。

核工业是一个战略性产业,是技术密集型高科技产业,是一个国家综合实力的象征。发展核电还可以带动我国机电、建筑行业的技术进步和管理升级,拉动国民经济发展。在能源紧缺地区建造核电厂,既可替代部分常规能源,也有利于调整地区能源结构,缓解能源工业对环境的影响和对交通运输的压力。

我国发展核电的基本政策是:坚持集中领导、统一规划,并与全国能源和电力发展相衔接;在核电的布局上优先考虑一次能源缺乏、经济实力较强的东南沿海地区;在发展核电的过程中,充分利用我国丰富的核能资源,包括天然铀及加工能力、核燃料设计制造能力和核电厂设计、制造、建造和运行经验;坚持"质量第一,安全第一";坚持"以我为主,中外合作",把多渠道筹措资金发展核电和引进技术、推动国产化相结合,逐步实现自主设计、自主制造、自主建设和自主营运。

1.2.2 中国核电建设进入新的发展时期

我国是世界上少数几个拥有比较完整核工业体系的国家之一。为推进核能的和平利用,20世纪70年代国务院做出了发展核电的决定,经过三十多年的努力,我国核电从无到有,得到了很大的发展。自1983年确定压水堆核电技术路线以来,目前在压水堆核电厂设计、设备制造、工程建设和运行管理等方面已经初步形成了一定的能力,为实现规模化发展奠定了基础。

大力发展核电事业,是中国和平利用核能的主要途径和内容,也是改革开放以来中国核工业发展的主攻方向和战略目标。20世纪80年代初,为解决我国的能源问题和发展电力工业,开始自行设计建造秦山核电厂和利用外资、引进国外技术设备和管理经验合作建造大亚湾核电厂。经过 10 年的努力,这两座核电厂相继建成并投入商业运营,为缓解广东、浙江等东南沿海地区电力紧张的局面发挥了应有的作用,取得了良好的社会效益和经济效益。自 1991 年我国第一座核电厂——秦山一期并网发电以来,已经有 6 座核电厂共 15 台机组总装机容量约为 12.6 GW 先后投入商业运行。截至目前,我国核电厂的安全、运行业绩良好,运行水平不断提高,主要运行特征参数好于世界均值;核电机组放射性废物产生量逐年下降,放射性气体和液体废物排放量远低于国家标准许可限值。以秦山核电厂为参考电站,我国向巴基斯坦成套出口的恰希玛 1、2 号机组已经投入商业运行,3、4 号机组正在建设中。4 台机组都是 300 MW 压水堆机组。我国投运核电项目情况见表 1.2。

表 1.2　中国运行的核电厂（截至 2012 年底）

名　　称	类型	地点	净电功率/MW	总电功率/MW	并网时间
秦山一期	压水堆	浙江	278	300	1991.12.15
大亚湾-1	压水堆	广东	944	984	1993.08.31
大亚湾-2	压水堆	广东	944	984	1994.02.07
岭澳-1	压水堆	广东	935	985	2002.02.26
岭澳-2	压水堆	广东	935	985	2002.11.19
岭澳核电厂二期-1	压水堆	广东	1000	1080	2010.09.20
岭澳核电厂二期-2	压水堆	广东	1000	1080	2011.08.08
秦山二期-1	压水堆	浙江	610	642	2002.02.06
秦山二期-2	压水堆	浙江	610	642	2004.03.01
秦山二期-3	压水堆	浙江	610	650	2010.10.21
秦山二期-4	压水堆	浙江	610	650	2011.11.25
秦山三期-1	重水堆	浙江	665	728	2002.11.19
秦山三期-2	重水堆	浙江	665	728	2004.03.01
田湾-1	压水堆	江苏	1000	1060	2006.05.12
田湾-2	压水堆	江苏	1000	1060	2007.05.14

通过自主建设和引进技术相结合,我国已具备 300 MW 核电厂的自主设计和建造的能力,基本掌握 600 MW 压水堆核电厂的总体设计、系统设计和大部分设备的制造能力,具备以我国为主与国外合作设计 1 GW 级压水堆核电厂的能力。通过秦山、大亚湾和田湾三个核电厂建设和运营的实践,已形成了核电建设和自主运营的条件。浙江三门、山东海阳 4 个 AP1000 机组和广东台山两个 EPR 机组正在建设中,预期 2013 年底 AP1000 和 EPR 各有一台机组投入运行。岭澳核电厂二期是在消化、总结引进大亚湾核电厂、岭澳一期核电厂技术基础上,我国广东核电集团推出的 1 GW 级压水堆核电机组设计 CPR1000,作为在引进的第三代核电技术 AP1000、EPR 完全消化吸收掌握、在本土获得成功之前的第二代改进型核电厂。我国还建成了完整的核燃料循环体系,为核电发展所必需的铀资源、核燃料立足国内提供了保障。

2007 年,国务院通过《核电中长期发展规划》,提出到 2020 年,中国核电总装机容量将力争达到 40 GW,在建 18 GW,核电装机容量占比达到 4%。而根据目前已经开工在建、已经得到批准及正在规划的核电厂情况,届时核电装机容量将远远突破 40 GW。

经过多年努力,我国已经勘察储备了一定数量的核电厂址资源。从厂址条件看,到 2020 年,我国核电厂址容量可以满足运行 40 GW、在建 18 GW 的目标。

第 2 章

压水堆核电厂

2.1 概述

利用核能生产电能的电厂称为核电厂。由于核反应堆的类型不同,核电厂的系统和设备也不同。压水堆核电厂主要由压水反应堆、反应堆冷却剂系统(简称一回路)、蒸汽和动力转换系统(又称二回路)、循环水系统、发电机和输配电系统及其辅助系统组成,其流程原理如图2.1所示。通常将一回路及核岛辅助系统、专设安全设施和厂房称为核岛。二回路及其辅助系统和厂房与常规火电厂的系统和设备相似,称为常规岛。电厂的其他部分,统称配套设施。从生产的角度讲,核岛利用核能生产蒸汽,常规岛用蒸汽生产电能。

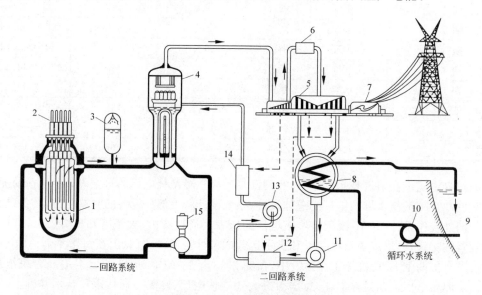

图2.1 压水堆核电厂原理图

1—反应堆压力容器;2—控制棒传动机构;3—稳压器;4—蒸汽发生器;5—汽轮机;

6—汽水分离再热器;7—发电机;8—凝汽器;9—循环水水源;10—循环水泵;

11—凝结水泵;12—低压加热器;13—给水泵;14—高压加热器;15—反应堆冷却剂泵

反应堆冷却剂系统将堆芯核裂变放出的热能带出反应堆并传递给二回路工质以产生蒸汽。通常把反应堆、反应堆冷却剂系统及其辅助系统合称为核供汽系统。现代商用压水堆核电厂反应堆冷却剂系统一般有2~4条并联在反应堆压力容器上的封闭环路(见图2.2)。

每一条环路由一台蒸汽发生器、一台或两台反应堆冷却剂泵及相应的管道组成,在其中一个环路的热管段上,通过波动管与一台稳压器相连。一回路内的高温高压含硼水,由反应堆冷却剂泵输送,流经反应堆堆芯,吸收了堆芯核裂变放出的热能,再进入蒸汽发生器,通过蒸汽发生器传热管壁,将热量传给蒸汽发生器二次侧给水,然后再由反应堆冷却剂泵唧送回反应堆。如此循环往复,构成封闭回路。整个一回路系统设有一台稳压器。一回路系统的压力靠稳压器调节,且保持稳定。

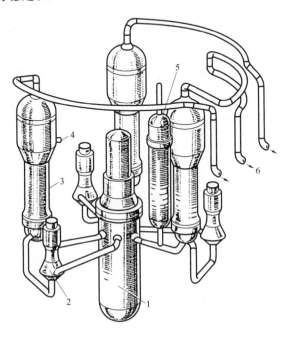

图 2.2 三环路的压水堆电厂一回路主要设备布置
1—反应堆压力容器;2—反应堆冷却剂泵;3—蒸汽发生器;
4—给水入口;5—稳压器;6—主蒸汽管道

为了保证反应堆和反应堆冷却剂系统的安全运行,核电厂还设置了一系列核辅助系统和专设安全设施系统。

核辅助系统主要用来保证反应堆和一回路系统的正常运行。压水堆核电厂核辅助系统按其功能划分,有保证核电厂正常启动、功率运行和停堆后冷却的一回路辅助系统,其中部分系统同时作为专设安全设施系统的支持系统;有回收和处理放射性废物、保护和监测向环境排放废物的废物处理系统;还有核岛通风空调及冷却水系统,用来确保人身安全、控制污染空气、保护环境卫生,满足核电厂运行的工艺要求。

专设安全设施系统为核电厂重大的事故提供必要的应急冷却措施,并防止放射性物质的扩散。

二回路系统由汽轮机、发电机、凝汽器、凝结水泵、给水加热器、除氧器、给水泵、蒸汽发生器、汽水分离再热器等设备组成。蒸汽发生器的给水在蒸汽发生器吸收热量变成蒸汽,然后驱动汽轮发电机组发电。做功后的乏汽在凝汽器内冷凝成水。凝结水由凝结水泵输送,经低压加热器加热后进入除氧器,除氧水由给水泵送入高压加热器加热后重新返回蒸汽发生器,如此形成热力循环。为了保证二回路系统的正常运行,二回路系统也设有一系列辅助系统。

可以看到,在压水堆电厂,一回路系统的冷却剂与汽轮机回路工质是完全隔离的,这就是所谓的"间接循环"。采用间接循环具有使二回路系统免受放射性玷污的优点,但它与采用直接循环的沸水堆核电厂(图 2.3)相比,增加了蒸汽发生器。压水堆体积较小和控制要求简单等因素可以弥补这一不足,并使这种系统设计在经济上具有竞争力。

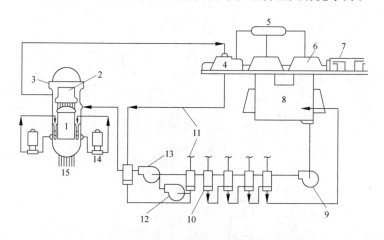

图 2.3　沸水堆核电厂原理图

1—反应堆堆芯;2—汽水分离器;3—反应堆压力容器;4—汽轮机高压缸;5—汽水分离再热器;
6—汽轮机低压缸;7—发电机;8—凝汽器;9—凝结水泵;10—给水加热器;
11—抽汽管道;12—疏水泵;13—给水泵;14—再循环泵;15—控制棒传动机构

循环水系统主要用来为凝汽器提供凝结汽轮机乏汽的冷却水。循环水系统分为:开式供水及闭式供水两类。

开式供水是指以江、河、湖、海为天然水源,冷却水一次通过,不重复使用。若厂区地势较水源水位高,而水源水位的涨落幅度又较大时,往往将循环水泵装设在水泵房内。为避免由电厂排出的热水重新进入吸水口,排水口应设在水流下游,且离吸水口有足够距离。

开式供水方式的主要优点是冷却水进水温度较低,有利于汽轮机组的经济运行,而且系统简单,投资较低。因此,只要水源在枯水季节时的水流量仍能达到发电厂耗水量的3~4 倍,水质又符合要求,则应首选开式供水方式。但若天然水源并不十分充足,则应妥善考虑防止"热污染"问题。热污染是指由于大量余热集中地排入水源的某一段,以致影响附近水域中水生物的正常繁殖和生长,从而造成的对自然界生态平衡的破坏。

大亚湾核电厂作为一座滨海核电厂,其开式循环水系统示意图如图 2.4 所示。该系统由循环水过滤、处理、循环水泵、凝汽器、进出口地下水道、虹吸井和排水渠等部分组成。

大亚湾核电厂的循环水系统为单元制系统。每台机组有两台容量为 50% 的循环水泵。它们对应于两条独立的系列 A 和 B 的循环水回路。来自海水进水渠道的循环水,经粗滤网、闸门、拦污栅、鼓形旋转滤网过滤后进入循环水泵吸入口,经循环水泵升压后,每个系列分成 3 条支路进入 3 台凝汽器。为了防止海洋生物阻塞凝汽器水室或传热管,每个系列进入凝汽器的 3 根竖直管段上设有二次滤网,滤网网孔直径 5 mm,由抗海水腐蚀能力极佳的

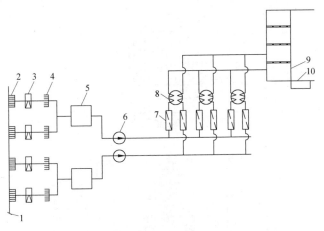

图 2.4　大亚湾核电厂的循环水系统示意图

1—进水渠；2—粗滤网；3—水闸；4—拦污栅；5—旋转滤网；

6—循环水泵；7—二次滤网；8—凝汽器；9—虹吸井；10—排水渠

不锈钢制造。每台凝汽器水室被分割为两个独立水室,每台水泵与 3 台凝汽器的一半连接形成独立的回路。循环水离开凝汽器后经 6 个循环水支管分别汇入 A、B 系列的排水渠,每条排水渠有一个独立的虹吸井,循环水经虹吸井流入明渠流归大海。

由于循环水流量大,系统阻力较小,循环水泵属于大流量、低扬程泵,是一个耗电量大的设备。在系统设计上,凝汽器的安装标高一般均高于海平面和循环水泵,为保证系统的经济运行,通常在系统内保持一定的虹吸高度。

9

为防止海洋生物在凝汽器、管道及水渠等处的滋生造成对管道的阻塞和水污染,对循环水必须进行氯化处理,再结合机械处理方法(胶球清洗凝汽器管子和循环水进口垂直管段上的二次滤网过滤),才能收到满意的效果。大亚湾核电厂采用次氯酸钠溶液进行氯化处理。次氯酸钠溶液是采用就地电解海水的方法获得。最佳次氯酸钠溶液的质量分数应能抑制海洋生物在循环水系统的生长,还要考虑运行费用和对环境的影响。大亚湾核电厂的循环水氯离子质量分数为 10^{-6},制氯所消耗的电功率约 1 MW。

大亚湾核电厂的循环水泵是立式布置混流式水泥蜗壳水泵,其结构如图 2.5 所示。水泵转子及其他与海水接触的部件如轴套、密封环等均采用奥氏体不锈钢制造。此泵的流量为 22.482 m^3/s,扬程为 16.0 m,转速为 161.2 r/min,效率为 92%,电动机功率为 4500 kW。

连接循环水泵和凝汽器的进水管用钢筋混凝土现场浇注而成。进水管道直径 3 m,使水流速不小于 3 m/s,以防管道内壁滋生海洋生物;出水钢筋混凝土沟道连接凝汽器和虹吸井,出水流道采用方形斜切角截面,现场浇注。

系统设计上采取了防海水腐蚀措施,如进出口管与凝汽器进出口水室的连管,采用的是钢管内衬有环氧树脂加固的玻璃纤维保护层;鼓形旋转滤网采用了外加电流法的阴极保护等措施。

闭式供水方式是把由凝汽器排出的水,经过冷却降温之后,再用循环水泵送回凝汽器入口重复使用。对于天然水源水量不充足,或水源的季节性水流量差距很大的情况,闭式供水往往是必要的。有时,电厂同时设置开式供水及闭式供水两套系统,互为补充。

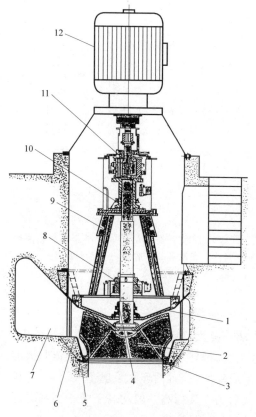

图 2.5　立式混流式水泥蜗壳循环水泵的结构

1—泵顶盖；2—叶轮；3—叶轮与泵壳体密封环；4—机械密封；5—底脚螺丝；

6—预埋的座底环带支柱；7—混凝土蜗壳；8—泵下部径向轴承；

9—轴承支架；10—推力轴承和上径向轴承；11—减速齿轮；12—电动机

闭式供水的一种基本方式是采用冷却水塔循环供水系统，如图 2.6 所示。

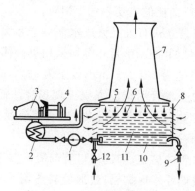

图 2.6　采用冷却水塔的闭式循环水系统示意图

1—循环水泵；2—凝汽器；3—汽轮机；4—发电机；5—配水槽；6—溅水盘；7—通风塔；

8—供空气进入的百叶窗；9—排污管；10—储水池；11—木栅格；12—补充水进水管

由凝汽器中排出的冷却水在循环水泵的驱动下,送至冷却水塔内具有一定高度的配水槽中,然后落至若干层溅水盘上,将冷却水分散成许多细小的水滴或形成水膜。由于通风塔的塔身有相当高度,能起到良好的自然通风作用,致使塔周围冷空气得以从塔底部进入通风塔,并向上升。冷空气在上升过程中与下降的水滴或水膜接触,水被冷却后落入储水池内,再由循环水泵送回凝汽器重复使用。

冷却水塔系统的冷却效果受自然条件影响较小,运行比较稳定,占地面积也比较小,因此,远离水源或水源不足的大型核电厂或火电厂,常采用这种供水系统。本系统的主要缺点是通风塔造价昂贵。

发电机和输配电系统主要由发电机、励磁机、主变压器、厂用变压器、启动变压器、高压开关站和柴油发电机组等组成。其主要作用是将核电厂发出的电能向电网输送,同时保证核电厂内部设备的可靠供电。

图 2.7 所示为一般核电厂电气系统示意图。发电机的出线电压一般为 $22\sim27\,\mathrm{kV}$,经变压器升至外网电压。为保证核电厂安全运行,核电厂至少与两条不同方向的独立电源相连接,以避免因雷击、地震、飓风或洪水等自然灾害可能造成的丧失厂外交流电源。

11

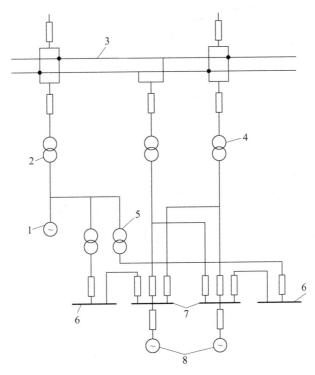

图 2.7 核电厂电气系统示意图

1—主发电机;2—主变压器;3—220 kV 输电线路;4—启动变压器;
5—厂用变压器;6—工作母线;7—安全母线;8—柴油发电机

每台发电机组的引出母线上,一般接有两台厂用变压器,为厂用电设备提供高压电源。高压厂用电系统一般为 $6\sim10\,\mathrm{kV}$。该高压厂用电系统直接向核电厂大功率动力设备供电。对于小功率设备,经变压器降压后供给 $380\,\mathrm{V}/220\,\mathrm{V}$ 低压电源。通常高压厂用电系统分为工作母线和安全母线两部分,高压厂用电系统的工作母线,可以由外电网或发电机供电;高压厂用电系统的安全母线,除可以由外电网和发电机供电外,还可由柴油发电机供电。一般每台机组配置两台柴油发电机组。

在电厂正常功率运行时,发电机发出的电能绝大部分经主变压器升压至外网电压输送给用户。同时,整个厂用电设备的配电系统由发电机的引出母线经厂用变压器降压后供电。当发电机停机时,则由外部电网经启动变压器供电。当外网和发电机组都不能供电时,则由柴油发电机组向安全母线供电,以保证核电厂设备的安全。

输配电系统的设计与机组容量、电网系统容量等因素密切相关,各核电厂的设计会有较大差异。

配套设施(BOP)是核电厂的重要组成部分。它包括直接为生产服务的除盐水、压缩空气、辅助锅炉系统、装卸搬运设备、全厂检修设备等公用设施;有在役检查、核辐射检测等核辅助设施;有厂区保安、海工构筑物、全厂消防、厂区排水系统等厂区设施;有计算机中心及其计算机系统、文件和档案管理、通信中心和通信设施、培训中心及其模拟机等服务设施。

2.2 核电厂总体及厂房布置

2.2.1 厂址选择

核电厂选址比火电厂具有更高的安全要求。选择核电厂的厂址工作,涉及区域经济发展规划等因素,与气象、地质、地震和水文等自然条件有关,还与安全、环境有重要关系,因此受到政府、环境保护部门和周围民众的普遍重视。

核电厂选址考虑的因素中很多与火电厂相同,它们包括接近电力负荷中心、有充足的冷却水源、交通运输方便、有良好的自然条件(如地形、地质和地震等)、减少废热废物排放对生物的影响和防止环境污染的可能性等。核电厂选址的基本原则除了要满足常规电厂所必需的条件外,还应尽量减少释放放射性对环境的影响,以确保居民在一般事故和严重事故条件下不受危害。归结起来,核电厂选址应考虑核电厂的本身特性、厂址自然条件和技术要求以及辐射安全三个方面。

1. 核电厂的放射性特性

核反应堆是一个强大的放射源。核电厂的热功率决定了反应堆内放射性的总储量,在相同的运行条件下,堆内放射性的总量与功率成正比,因而在发生事故时可能释放的放射性也与功率有关。

反应堆燃料棒运行时的破损率、反应堆冷却剂系统的泄漏率和放射性废物处理系统的净化能力等决定了电厂在正常运行时放射性的排放量。如果放射性废气排放量很大,电厂就不宜建在城镇居民中心附近;如果废水放射性排放量很大,电厂废水就不能直接向江、河、湖、海中排放。具体允许排放量,需根据放射性物质的毒性、厂址的环境稀释能力、居民点离电厂的距离和居民的饮食习惯来决定。设计上要求核电厂在极限事故工况下的放射性物质释放量不应达到对居民健康和安全造成超过我国国家核安全局关于核电厂厂址选择所规定的严重危害后果的程度。

2. 厂址的自然条件和技术要求

厂址的自然条件必须满足核电厂选址的技术要求,应尽可能地避免或减少自然灾害(如地震、洪水及灾难性气象条件)造成的后果,并应有利于排出的放射性物质在环境中稀释。

厂区地震条件是确保核电厂安全的重要条件,是选择厂址的决定因素之一。核电厂的抗震设计应保证在它整个寿命期限内即使遇到最大地震,仍能使核电厂安全地停堆和不影响周围的环境。考虑到安全和经济的要求,厂址尽可能选在地震烈度低的地区,厂址的地震基本烈度一般不大于 7 度(一般应避免在设计烈度高于 9 度的地区建厂)。

当厂址位于大的内湖或海滩附近时,应确定由湖震或海啸可能造成的最大洪水。可能的最大洪水按如下方法确定:考虑设计风暴潮中跨越整个湖面或海面的空间气压、湖岸风或海风的形成和波浪上涌效应呈现最大的综合效应。

气象条件是影响选址的一个因素,对气象条件的基本要求是:气流畅通,有利于放射性废气的稀释扩散。厂址周围的气象条件虽有不同,但通过大气扩散实验可以测出各处的大气扩散因子的差别,从而确定厂址是否合适。

水源和水文方面,保证足够且可靠的冷却水是电厂运行最基本的技术条件,一般要求百年一遇最小流量也能满足电厂正常运行的要求。冷却水量取决于冷却方式。由于压水堆核电厂的热效率比火电厂低,而且它的废热全部排到环境水体,而火电厂有 $10\% \sim 15\%$ 的废热由烟气排放到大气,因此核电厂冷却水量应比同样容量的火电厂大。核电厂的热排放对厂址选择有较大影响,一般核电厂均建在有充分水源的江、河、湖、海边。

另外,核电厂应建在铁路、公路或水路等交通运输比较方便的地方,以便于对大型设备和新燃料、乏燃料的特殊运输;电厂应尽可能接近负荷中心,以减少输电线的投资和线路上的能量损失;为确保核电厂的安全运行,除现场备有应急柴油发电机和系统外,还要求配备从两个以上方向接入的两套独立可靠的厂外电源。厂址应避免选在机场和生产爆炸或有毒化学产品的工厂附近,其距离应不小于 8 km。

3. 辐射安全要求

从辐射安全的角度看,电厂正常运行时排放的放射性废物对环境的影响很小,对选址有影响的主要还是核电厂事故时可能对居民造成的危害,所以,通常一个国家的核电厂选址标准的主要内容之一是规定事故条件下的最大释放量,据此应考虑以下因素。

(1)辐射安全应符合国家环境保护、辐射防护等法规和标准的要求。正常运行时按"放射防护规定"对附近居民的剂量限值为每年全身 1 mSv,在核电厂发生重大的假想事故情况下,应保证居民不受超过规定的剂量限值的照射。

(2)将核电厂设置在非居住区,一方面是为了能控制周围土地的使用和防止厂外人为事故干扰电厂的正常运行;另一方面是在事故情况下,可保障邻近居民的安全隔离。许多国家对非居住区,有明确规定的禁区半径。

(3)考虑厂址周围的人口密度和分布。国际原子能机构(IAEA)安全标准对人口分布评价推荐 7 种方法:固定区域法、累积人口曲线法、人口密度法、厂址人口因子法、厂址和扇形因子法、厂址人口和大气扩散法以及归一化集体剂量法。各国选用何种方法,通常要根据可获得的资料和环境特征来确定。人口密度和分布是目前选址要考虑的一个重要因素,但不是唯一因素,需综合考虑厂址的其他各种条件。

随着技术水平和安全研究的不断发展,核电厂的设计和安全设施日趋完善可靠,特别是随着核电厂建造和运行经验的不断积累,人口密度分布限制会进一步减小,甚至有可能在靠近大城市的位置建造核电厂。

2.2.2 总平面布置

核电厂的厂址选定后,在总平面布置设计时应考虑以下原则。

（1）合理区分放射性与非放射性的建筑物,使净区和脏区严格分开。脏区尽可能置于主导风向的下风侧,以减少放射性污染。

（2）满足核电厂生产工艺流程要求,便于设备运输,减少厂区管线的迂回和纵横交叉。

（3）反应堆厂房、核辅助厂房和燃料厂房,都应设在同一基岩的基垫层上,防止因厂房承载或地震所产生的沉降差异而造成管线断裂。

（4）核电厂厂房布置以反应堆厂房为中心,核辅助厂房、燃料厂房、主控制楼和应急柴油发电机厂房均环绕在反应堆厂房周围。对于双机组核电厂也可采用对称布置,并共用部分核辅助厂房。

按照上述原则,一般核电厂的厂房可以分成下列几个部分。

（1）核心区:主要由核岛和常规岛组成,包括反应堆厂房、核辅助厂房、燃料厂房、主控制室、应急柴油发电机厂房和汽轮发电机厂房等。

（2）三废区:主要由废液储存、处理厂房、固化厂房、弱放废物库、固体废物储存库、特种洗衣房和特种汽车库等组成。

（3）供排水区:主要由循环水泵房、输水隧洞、排水渠道、淡水净化处理车间、消防站、高压消防泵房和排水泵房等组成。

（4）动力供应区:主要由冷冻机站、压缩空气及液氮储存气化站、辅助锅炉房等组成。

（5）检修及仓库区:包括检修车间、材料仓库、设备综合仓库及危险品仓库等。

（6）厂前区:包括电厂行政办公大楼及汽车、消防、保安及生活服务设施。

核电厂的总体布置主要取决于核心区、供排水区、三废区的布置,而关键又在于核心区的布置。核心区的布置首先取决于核岛各厂房的组合,以及它们与汽轮机厂机房的相对位置关系。

核岛厂房主要有反应堆厂房、核辅助厂房、燃料厂房、主控制室等,由于它们之间的工艺流程和功能紧密相关,因此,必须组成以反应堆厂房为核心的建筑群,它们之间要合理分区,并布置紧凑,缩短工艺管线,节约用地。一台 600～900 MW 机组核岛各厂房组合后的占地面积约 8000～10 000 m²。

反应堆厂房与汽轮机厂房的相对位置有两种形式:一种是汽轮机厂房与反应堆厂房呈 L 形布置,另一种是汽轮机厂房与反应堆厂房呈 T 形布置。L 形布置厂房布局紧凑,占地少,特别是由几个机组并列时,汽机厂房可以合在一起,以减少汽机厂房内重型吊车台数;若端部再接维修车间,则设备检修更为方便。图 2.8 所示为 L 形布置的双机组核电厂平面布置图。但是,这种布置,在汽轮机厂房与反应堆厂房之间需设置防止汽轮机飞车时叶片对安全壳冲击的屏障。采用 T 形布置方式时,汽轮机叶片飞射方向不会危及反应堆厂房,但厂房面积相对大些。图 2.9 所示为大亚湾核电厂双堆 T 形平面布置。目前,世界各国如美国、德国、法国新建造的 1 GW 级的单机组和双机组核电厂的厂房布置均采用 T 形布置形式。

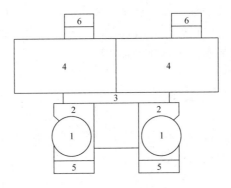

图 2.8 核电厂厂区 L 形布置

1—反应堆厂房；2—核辅助厂房；3—主控制室；4—汽轮机厂房；5—燃料厂房；6—变电站

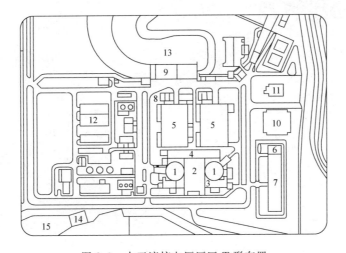

图 2.9 大亚湾核电厂厂区 T 形布置

1—反应堆厂房；2—核辅助厂房；3—燃料厂房；4—电气厂房；

5—汽轮机厂房；6—调度控制楼；7—主调度大楼；8—变电站；

9—循环水泵房；10—行政办公大楼；11—餐厅；12—核电厂其他辅助厂房；

13—海水进口；14—循环水虹吸井；15—循环水排水渠

在核电厂总平面布置中,循环水供排水系统占有重要地位。以大亚湾核电厂为例,其循环水系统的标高布置,是确定厂区标高的两个重要因素之一。这两个因素分别是:

(1) 厂区地坪的标高应位于千年一遇的最高潮位以上;

(2) 将凝汽器布置在适当标高位置上,使得循环水回路中有适当的虹吸效应,并使核电厂基建投资和循环水用电消耗都比较合理,也就是综合考虑基建投资和运行费用后选定最优的标高。

综合上述两个因素之后,大亚湾核电厂的厂区标高为+6.50 m PRD (pearl river database,珠江基平面),汽轮机厂房底层标高为+6.70 m PRD,凝汽器底座布置在+6.70 m PRD 的平面上,而凝汽器水室最高点标高则为 13.550 m。在正常潮位下循环水回路中考虑了管渠的阻力后,虹吸高度约为 7 m。

从图 2.9 可以看到,循环水经进口水道进入循环水泵房,经升压后沿地下混凝土循环水输送管道进入汽轮机厂房的凝汽器,离开凝汽器的循环水再经混凝土地下水道通过虹吸井后排入明渠入海。可见,循环水系统贯穿了整个厂区。

2.3 核电厂主要厂房设施

核电厂主要厂房指反应堆厂房(即安全壳)、燃料厂房、核辅助厂房、汽轮机厂房和控制厂房。图 2.10 所示为压水堆核电厂的厂房布置图。

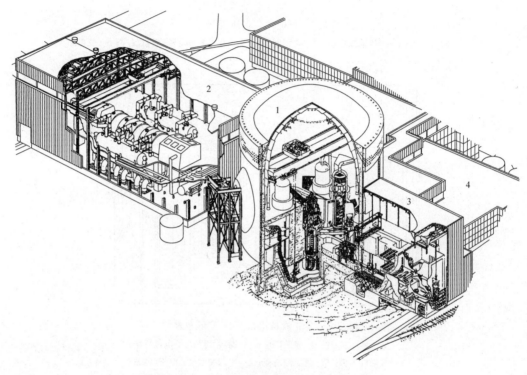

图 2.10 压水堆核电厂主要厂房
1—反应堆厂房；2—汽轮机厂房；3—燃料厂房；4—核辅助厂房

反应堆厂房是一个有钢衬的圆柱形预应力混凝土结构,顶部呈半球形或椭圆形,它的内径约 40 m,壁厚约 1 m,高约 60～70 m,它包容一回路系统带放射性物质的所有设备,以防止放射性物质向外扩散。即使在核电厂发生严重事故时,也仍然将放射性物质封闭在安全壳内,不致影响到周围环境。整个结构按抗震Ⅰ类要求设计。

为了便于安全壳内大型设备的安装和检修,安全壳侧面设有直径约 10 m 的一个设备闸门和一个连接核辅助厂房的人员闸门。大厅顶部设有起吊能力为 250～300 t 的环形吊车。安全壳设备闸门外设有设备吊装平台,平台上设有 270～300 t 的龙门吊车,主设备经设备闸门进入安全壳,再由环形吊车吊装定位。为了支撑和隔离主系统设备,安全壳内有若干隔墙,将安全壳分隔成不同功用的隔室,安全壳底部是一个厚度达数米的混凝土基础平台。

安全壳内部结构主要是由钢筋混凝土建造的。圆筒形的反应堆一次屏蔽墙,既在反应堆压力容器周围形成生物屏蔽，又为反应堆压力容器提供支承。该一次屏蔽墙与安全壳大致是同心的。为了支撑和隔离一回路系统设备，安全壳内设有一回路隔墙，这些隔墙还为反应堆冷却剂系统提供屏蔽。操作间为换料和维修人员提供工作场所和入口，它也用作一回路隔室的顶盖。操作间从一次屏蔽墙径向延伸，一直延续到一回路隔墙上。一回路隔室的墙壁和操作间为反应堆冷却剂系统提供飞射物保护，防止来自一回路隔室外可能存在的飞射物破坏，同时它们和内底板一起也为位于一回路隔室之外的安全壳、安全保障设施及辅助系统提供了飞射物的保护，防止来自一回路隔室内可能产生的飞射物的破坏。在反应堆压力容器上方还单独设置了飞射物屏蔽，以包容与控制棒传动机构相关的飞射物。在反应堆压力容器之下有疏水地坑，它可以收集安全壳内所有正常的泄漏水。另一个地坑是应急堆芯冷却系统地坑，它位于安全壳底层地面，可在一回路隔室墙之内或之外。发生失水事故后，反应堆冷却剂被收集在这个地坑里。应急堆芯冷却水泵由此地坑吸水，将冷却剂送回反应堆冷却剂系统或安全壳喷淋系统。正常和应急冷却的通风设备和空气净化设备以及燃料操作时需要的其他设备也安放在安全壳内。安全壳内设备布置如图 2.11 所示。

燃料厂房设有乏燃料储存水池，用来盛放乏燃料。储水池上方，有一台 $100\sim150$ t 的桥式吊车，以吊运乏燃料运输容器和乏燃料池冷却系统的设备。这个厂房通过燃料输送水道与反应堆厂房相连。在乏燃料储水池内，通常需有 $7\sim9$ m 深的水层作为屏蔽层，乏燃料储存池需按抗震 I 类要求设计。

核辅助厂房是一个具有多种用途的钢筋混凝土结构，厂房内设有化学和容积控制系统、安全注入系统、设备冷却水系统等辅助系统及厂房必需的空气处理和冷却设备。厂房内的设备须装有隔间，给操纵人员提供生物屏蔽。在设备的布置上，必须注意把安全系统的设备、管道和电缆分开。这样，确保在设备、结构、管道和电缆的单一故障情况下不致使整个系统失去安全功能。依照这种实体分离的设计，对于装有事故工况下工作的电动机房间，需要增加设备隔离间或保护墙及冷却设备。核辅助厂房一般集中设置在反应堆厂房的周围，这有利于缩短系统管路，从而节省核电厂的基建投资。

汽轮发电机厂房的布置与火电厂汽轮机厂房相似，它一般布置在紧靠安全壳的一侧。厂房内设有汽轮发电机组、凝汽器、凝结水泵、给水泵、给水加热器、除氧器、汽水分离再热器及与二回路系统有关的辅助系统。

大亚湾核电厂的汽轮发电机组配有 1 台高压缸和 3 台低压缸，整个汽轮发电机组安装在钢筋混凝土基座上，呈纵向布置。汽机端部朝向反应堆厂房，发电机端部靠近检修场地。凝汽器布置在低压缸下面。汽轮发电机厂房有效利用高度约 37 m，长约 98 m，厂房设有两台 185 t 桥式吊车，用于设备安装和检修时设备吊装就位。

两台容量为 50% 的汽水分离再热器位于汽轮机低压缸的两侧，置于轻型钢结构平台上。除氧水箱安置在高于两台汽动给水泵中心线 24 m 的标高层。给水泵的安装位置既便于由除氧水箱取水，又便于将给水泵驱动汽轮机的排汽排往凝汽器。

控制厂房布置在整个核电厂的中心，它包括中央控制室、厂用配电和各种自动控制设备。中央控制室内装有控制台和控制盘，继电器室内装有各种继电器和控制器。这个厂房控制着整个核电厂，因此它是一个至关重要的区域，必须按抗震 I 类的要求进行设计。控制室和继电器室共用一套空调系统来冷却电气设备。在继电器室下面，还有一个"电缆室"，它是从电厂各处到控制室引来的所有电缆的汇集点，所有电缆都分别引到控制室和继电器内

17

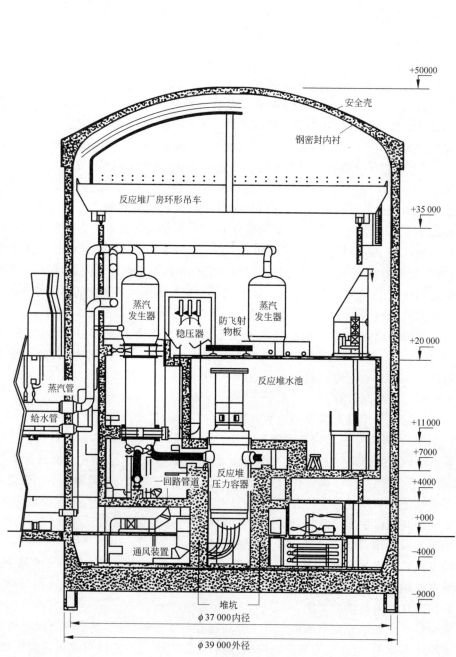

图 2.11　安全壳内纵剖面图

的各个端子排上。

核电厂除了上述主要厂房外，还有循环水泵房、输配电厂房及放射性废物处理厂房。放射性废物处理厂房是核电厂特有的厂房。为了保证在正常和事故工况下排出的放射性物质不致污染周围环境，核电厂内所有通过反应堆及一回路系统排出的气体、液体和固体废物都要经过处理，达到允许标准后才可通过高烟囱、下水道排放或回收使用。因而，核电厂的厂房设施要比常规电厂严格、复杂得多。

2.4 核电厂设备安全功能及分级

核电厂的系统、设备和构筑物对于电厂安全的作用比一般常规系统设备和构筑物更大，因而提出了设备的安全功能以及按安全功能对安全的重要性分级的概念。这种安全功能分级称为"安全等级"。划分安全等级的目的是提供分级设计标准。对于不同安全等级的设备规定不同的设计、制造、检验、试验的要求，这样既提高了核电厂安全性，又避免了对某些设备要求过严的现象。

2.4.1 安全功能及分析方法

核电厂安全的基本目标是限制居民和核电厂工作人员在电厂所有运行工况和事故工况下所受到的射线照射。

为保证必要的安全性，执行安全功能的系统应具有下列功能。

（1）为安全停堆和维持其安全停堆状态提供手段；

（2）为停堆后从堆芯导出余热提供手段；

（3）在事故后为防止放射性物质的释放提供手段，以确保事故工况之后的任何释放不超过容许极限。

为实现上述要求，国际原子能机构在安全导则中，我国国家核安全局在 1986 年发布的安全导则中均规定了 20 种安全功能项目。主要内容有：在完成所有停堆操作后，将反应堆维持在安全停堆状态；将其他安全系统的热量转移到最终热阱；维持反应堆冷却剂压力边界的完整性；限制安全壳内的放射性物质向外释放等。

为了对每项功能按其对安全的重要性分级，可以采用确定论和概率论两种分级方法。确定论法常对那些对安全有重要作用的、其损坏会导致严重放射性释放事故的系统、设备和构筑物提出各种要求，这些要求带有强制性而不需要考虑损坏的几率或减轻事故后果的作用。

概率论法则根据需要某一安全功能所起作用的几率以及该安全功能失效的后果来评价安全重要性。此法在确定各系统、设备和构筑物的安全重要性的相对值时特别有用。

大多数国家同时采用这两种方法，通过对各种堆型所作大量假想事故分析的研究成果，可评价发生假想事故时执行某安全功能的几率以及该安全功能失效的后果。

2.4.2 安全分级

安全分级的主要目的是正确选择用于设备设计、制造和检验的规范和标准。通常，确定了设备的安全分级也同时确定了设备的抗震类别和质保要求。

构成流体包容边界并执行一定安全功能的机械系统和流体系统的设备和部件被分成 3 种安全等级。其他承压设备和部件定为安全四级（又称非安全级，用 NNS 或 NC 表示）。

1. 安全一级

安全一级主要包括组成反应堆冷却剂系统承压边界的所有部件。

安全一级包括反应堆冷却剂系统中的主要承压设备：反应堆压力容器、主管道以及延伸到并包括第二个隔离阀的连接管道（内径大到破损后正常补水系统不能补偿冷却剂的流失）、反应堆冷却剂泵、稳压器、蒸汽发生器的一次侧和控制棒驱动机构的壳体。

安全一级设备选用的设计等级为一级，质量为 A 组。美国联邦法规规定，必须按实际可能的最高质量标准来设计、制造、安装及试验。具体地说应符合美国机械工程师协会（ASME）规范第Ⅲ篇（核动力装置部件）第一分册中关于一级设备的规定。

2. 安全二级

安全二级主要指反应堆冷却剂系统承压边界内不属于安全一级的各种部件，以及为执行所有事故工况下停堆、维持堆芯冷却剂总量和排出堆芯热量及限制放射性物质向外释放的各种部件。例如以下两类设备和部件属于安全二级。

（1）反应堆冷却剂系统承压边界部件中非核一级设备和部件：余热排出系统、安全注入系统及安全壳喷淋系统等。

（2）构成反应堆安全壳屏障的设备和部件：安全壳及隔离贯穿反应堆厂房的流体系统的阀门和部件、二回路系统直至反应堆厂房外第一个隔离阀的部分，安全壳内氢气控制监测系统及堆芯测量系统的设备和部件。

3. 安全三级

安全三级主要指下述一些系统的设备：

（1）为控制反应性提供硼酸的系统；

（2）辅助给水系统；

（3）设备冷却水系统；

（4）乏燃料池冷却系统；

（5）应急动力的辅助系统；

（6）为安全系统提供支持性功能的设施（例如燃料、压缩空气、液压动力、润滑剂等系统设施）；

（7）空气和冷却剂净化系统；

（8）放射性废物储存和处理系统。

4. 安全四级（非核安全等级）

核岛中不属于安全一级、二级、三级的设备为非核安全等级。但非核安全等级设备的设计制造应按非核规范和标准中较高的要求执行，必要时，还应附加与安全的重要性相适应的补充设计要求。

两个不同安全等级的系统的接口，其安全等级应属于相连系统中较高的安全等级。

2.4.3 抗震分类

在设计上要满足承受一定地震载荷要求的机械设备和电气设备，被定义为抗震设备。

我国的核安全法规将抗震类别分为三类，即抗震Ⅰ类、抗震Ⅱ类和非抗震类（NA）。

抗震Ⅰ类指的是核电厂中其损坏会直接或间接造成事故工况，以及用来实施停堆或维持安全停堆并排出余热的构筑物、系统和设备。抗震Ⅰ类设备包括安全一级、二级、三级和 LS 级（非承压但承担安全功能的设备一般属于该级）及 1E 级的电气设备。

所有与安全有关的厂房和土建构筑物都是抗震Ⅰ类的，在设计上要满足能承受安全停堆地震载荷的要求。其他部件和设备也可按它们对安全的重要程度所需抗震能力来校核。

抗震Ⅰ类表明设备的设计要满足能承受安全停堆地震(SSE)引起的载荷要求。安全停堆地震是在分析核电厂所在区域和厂区的地质和地震条件以及当地地表下物质特性的基础上所确定的可能发生的最大地震。安全停堆地震通常取当地历史上发生过的最大地震再加上一个适当的安全裕量。

抗震Ⅱ类表明设备的设计要满足能承受运行基准地震(OBE)引起的载荷要求。

在美国,抗震Ⅰ类设备必定是安全级设备,而对非安全级设备也可以提出单独的抗安全停堆地震要求。

2.4.4 规范分级和质量分组

根据核电厂中系统和设备的安全等级和抗震类别,在机械设备中规定了它们相应的设计、制造、检查和验收要求,这种要求反映在相应的设备设计和制造规范中。例如美国机械工程师协会(ASME)的锅炉和承压容器设计规范(见表2.1)或法国的RCCM压水堆核岛机械设备设计和建造规则中规定了承压部件(与安全有关或与安全无关)的设计、制造、检查和验收的要求。

在核岛供货范围中根据产品等级不同,可以分为不同的质保组,分别明确地规定不同的质量保证(QA)要求。这些分组应与采用的安全准则相适应。

我国的核电事业尚处在初始发展阶段,虽然制定了一套核安全法规,有完整的系统设备分级、抗震分类和质保分组要求,但没有完整的核设备设计和制造规范。实际工作中根据情况参考美国规范或法国规范。表2.1列出了美国压水堆核电厂部分系统、部件和构筑物的分级,其中规范等级一栏中为美国机械工程师协会(ASME)的锅炉和承压容器的设计规范,×表示锅炉和承压容器的设计规范中无相应该标准。

21

表2.1 美国压水堆核电厂部分系统、部件和构筑物的分级

项目名称		安全等级	抗震分类	规范等级	质保分组
反应堆堆芯及堆内构件	燃料组件	3	Ⅰ	ASTM	C
	堆芯支承构件	3	Ⅰ	ASMEⅢ-NG	C
	堆内构件	3	Ⅰ	ASMEⅢ-NG	C
	堆芯热电偶系统	NNS	NA	×	D
	压力壳底部中子通量管	1	Ⅰ	ASMEⅢ-Ⅲ-Ⅰ	D
反应性控制系统	控制棒组件	3	Ⅰ	×	C
	控制棒驱动机构	3	Ⅰ	×	C
	可燃毒物组件	3	Ⅰ	×	C
反应堆冷却剂系统	压力容器压力边界	1	Ⅰ	ASMEⅢ-Ⅲ-Ⅰ	A
	压力容器支承	1	Ⅰ	ASMEⅢ-Ⅲ-NF	A
	冷却剂泵压力边界	1	Ⅰ	ASMEⅢ-NB	A
	稳压器压力边界	1	Ⅰ	ASMEⅢ-NB	A

项目名称		安全等级	抗震分类	规范等级	质保分组
反应堆冷却剂系统	稳压器支承件	1	I	ASMEⅢ-NF	A
	蒸发器一次侧压力边界	1	I	ASMEⅢ-NB	A
	安全卸压阀一回路边界	1	I	ASMEⅢ-NB	A
	驱动机构密封壳	1	I	ASMEⅢ-Ⅲ-Ⅰ	A
	压力容器水位管道	2	I		A
燃料储存、运输系统	新燃料存放架	NNS	SSE	×	D
	乏燃料存放架	3	I	ASMEⅢ-Ⅷ	D
	装卸料机	NNS	NA	×	D
	乏燃料储存池	3	I	ASMEⅢ-Ⅷ	C
	燃料厂房	3	I		D
安注系统	安注箱	2	I		B
	低压安注泵	2	I		B
	高压安注泵	2	I		B
安全壳喷淋系统	安全壳喷淋泵	2	I	ASMEⅢ-NC	B
	喷淋添加箱	3	I		C
	喷雾头	2	I	ASMEⅢ-NC	B
化学和容积控制系统	容积控制箱		I		C
	上充泵	2	I		C
	再生热交换器	2	I		C

22

2.5 核电厂安全设计原则

与其他电能生产相比,核电厂的最大特点之一,是在运行的同时要产生大量放射性裂变物质。核电厂设计的首要问题,就是要在正常工况或事故工况下,对这些放射性物质严加控制,把对个人的照射减少到可接受的水平,确保工作人员与公众的安全。为此,许多国家都规定了严格的核电厂建造审批程序,制订出各种安全规范及设计准则。核电厂采取比常规能源系统高得多的设计、建造和运行标准,采用比常规工业严密得多的质量控制与质量保证体系。核电厂采用的安全性准则是多重屏障与纵深防御;在设计中必须对各种可预见和不可预见的事件做出分析,并做出环境影响评价。与此相应,核电厂必须有确定可靠的反应堆保护系统与专设安全设施,以尽量减轻由于设备、系统失效、操作失误以及像地震、飞机坠落、洪水、龙卷风等自然灾害可能造成的危害。

为了满足上述总的安全要求,在现代压水堆核电厂的设计中,普遍遵循下列安全设计原则。

1. 多道屏障

核系统必须设计成能在所有情况下保证绝对控制过量放射性物质的释放。现已建成的核系统都有三道屏障即三级包容,只有这三道屏障全部破坏,才会释放出大量放射性。

第一道屏障是燃料棒包壳。目前的设计实践是力图保证在正常或非正常运行时包壳温度都不超过某一限值,而如果超过此限值,包壳就会因熔化、开裂或氧化而损坏,这一限值通常取作 1204℃。另外,包壳具有较高承压能力,使放射性裂变产物被限制在燃料包壳内。

第二道屏障是一回路系统的承压边界,由压力容器、管道和设备组成,它们将高温、高压又带强放射性的冷却剂封闭在其内。正常时仅允许极少量泄漏,而且泄漏水收集后送至三废处理系统。

一回路系统承压边界破坏,例如主管道断裂,是目前压水堆核电厂设计中所考虑的极限事故,又称为设计基准事故。

第三道屏障是安全壳,它将一回路系统的主要设备(包括一些辅助系统和设备)和主管道包容在内。对安全壳的泄漏率要严格控制,设计规范要求每天泄漏率要小于安全壳总容积的千分之一。这样,即使发生一回路主管道破裂,也只有少量放射性物质泄漏到安全壳外。

2. 纵深防御

纵深防御是核电厂安全保障所依据的基本理念,它要求将与安全有关的所有事项均置于多重防御措施之下。在一道屏障失效时,还有其他屏障加以弥补。纵深防御应用于核电厂的设计,提供一系列多层次的防御(固有特性、设备及规程),用以防止事故并在未能防止事故时保证提供适当的保护。

第一层次防御的目的是防止偏离正常运行及防止系统失效。这一层次要求:按照恰当的质量水平和工程实践,例如多重性、独立性及多样性的应用,正确并保守地设计、建造、维修和运行核电厂。为此,应十分注意选择恰当的设计规范和材料,并控制部件的制造和核电厂的施工。能有利于减少内部灾害的可能、减轻特定假设始发事件的后果或减少事故序列之后可能的释放源项的设计措施均在这一层次的防御中起作用。还应重视涉及设计、制造、建造、在役检查、维修和试验的过程,以及进行这些活动时良好的可达性、核电厂的运行方式和运行经验的利用等方面。整个过程是以确定核电厂运行和维修要求的详细分析为基础。

第二层次防御的目的是检测和纠正偏离正常运行状态,以防止预计运行事件升级为事故工况。尽管注意预防,核电厂在其寿期内仍然可能发生某些假设始发事件。这一层次要求设置在安全分析中确定的专用系统,并制定运行规程以防止或尽量减小这些假设始发事件所造成的损害。

设置第三层次防御是基于以下假定:尽管极少可能,某些预计运行事件或假设始发事件的升级仍有可能未被前一层次防御所制止,而演变成一种较严重的事件。这些不大可能的事件在核电厂设计基准中是可预计的,并且必须通过固有安全特性、故障安全设计、附加的设备和规程来控制这些事件的后果,使核电厂在这些事件后达到稳定的、可接受的状态。这就要求设置的专设安全设施能够将核电厂首先引导到可控制状态,然后引导到安全停堆状态,并且至少维持一道包容放射性物质的屏障完好。

第四层次防御的目的是针对可能超过设计基准的严重事故的,并保证放射性释放保持在尽实际可能低的程度。这一层次最重要的目的是保护包容功能。除了事故管理规程之外，这可以由防止事故进展的补充措施与规程，以及减轻选定的严重事故后果的措施来达到。由包容提供的保护可用最佳估算方法来验证。

第五层次，即最后一个层次防御的目的是减轻可能由事故工况引起潜在的放射性物质释放造成的放射性后果。这方面要求有适当装备的应急控制中心及厂内、厂外应急响应计划。

纵深防御概念应用的另一方面是在设计中设置一系列的实体屏障，以包容规定区域的放射性物质。所必需的实体屏障的数目取决于可能的内部及外部灾害和故障的可能后果。就典型的水冷反应堆而言，这些屏障是燃料包壳、反应堆冷却剂系统的压力边界和安全壳。

3. 单一故障准则

在压水堆设计中，为了满足总体设计准则，防止那些对安全极为重要的系统或部件发生单项故障而失去其功能，制定了单一故障准则。

单一故障是导致某一部件不能执行其预定安全功能的一种随机故障。由单一随机事件引起的继发故障，均视作单一故障的组成部分。

单一故障准则要求，系统中发生单一故障后不影响系统执行其功能。

单一故障准则适用于安全注入系统、安全壳喷淋系统、辅助给水系统、安全保护系统、设备冷却水系统和重要厂用水系统等与安全有关的系统。

安全注入系统的设计应使系统能在短期或长期运行时承受任何运行设备的单一性故障，并保持满足堆芯冷却的要求。

安全保护系统的设计能为各个保护功能提供备用仪表系统或逻辑系列，因此，发生单一故障时不会妨碍系统必要的保护动作。

4. 抗自然灾害的功能

与核电厂安全运行有关的建筑物、系统、设备，在核电厂寿期内，要设计得能承受各种可能发生的自然灾害，如地震、飓风、潮汐、海啸等的影响而不改变其安全功能。

5. 辐照剂量标准

核电厂正常运行时，对电厂工作人员和周围居民的辐照剂量不得超过我国国家辐射防护剂量标准所规定的允许剂量，事故时对环境的影响应低于我国国家辐射防护剂量标准所规定的允许剂量。

第 3 章

反应堆冷却剂系统和设备

3.1 反应堆冷却剂系统

3.1.1 系统功能

反应堆冷却剂系统又称为一回路系统,其主要功能如下。

(1) 在核电厂正常功率运行时将堆内产生的热量载出,并通过蒸汽发生器传给二回路工质,产生蒸汽,驱动汽轮发电机组发电。

(2) 在停堆后的第一阶段,经蒸汽发生器带走堆内的衰变热。

(3) 系统的压力边界构成防止裂变产物释放到环境中的一道屏障。

(4) 反应堆冷却剂作为可溶化学毒物硼的载体,并起慢化剂和反射层作用。

(5) 系统的稳压器用来控制一回路的压力,防止堆内发生偏离泡核沸腾,同时对一回路系统实行超压保护。

3.1.2 系统描述

反应堆冷却剂系统的流程示意图如图 3.1 所示。按照功能,反应堆冷却剂系统可分为冷却系统、压力调节系统和超压保护系统。

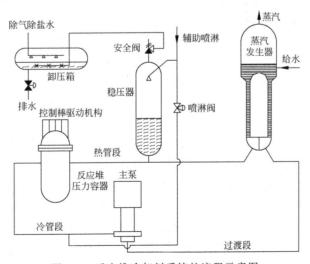

图 3.1 反应堆冷却剂系统的流程示意图

1. 冷却系统

冷却系统由反应堆冷却剂泵、反应堆和蒸汽发生器及相应的管道组成。在正常功率运行时，反应堆冷却剂泵使冷却剂强迫循环通过堆芯，带走燃料元件产生的热量。流经堆芯的冷却剂载热遵循下述关系：

$$P_t = q_m c_p (t_{out} - t_{in}) \tag{3.1}$$

式中，P_t 为堆芯热功率，kW；q_m 为冷却剂质量流量，kg/s；c_p 为冷却剂的比定压热容，kJ/(kg · K)；t_{out}、t_{in} 分别为堆芯出、入口处冷却剂的温度，℃。燃料元件表面的放热过程遵循下述关系：

$$P_U = A \cdot \alpha (t_c - t_f) \tag{3.2}$$

式中，A 为燃料元件总表面积，m^2；t_c 为燃料元件表面温度，℃；t_f 为冷却剂温度，℃；α 为冷却剂与燃料元件表面间的对流传热系数，W/(m^2 · ℃)；P_U 为堆内燃料棒的总热功率，W。

由式(3.1)可见，在堆芯热功率不变的情况下，提高冷却剂的质量流量可以减少堆出入口温差，这有利于提高蒸汽发生器一次侧、二次侧的平均温压。从式(3.2)看出，由于冷却剂与燃料元件表面间的对流传热系数 α 与冷却剂流速的 0.8 次方成正比，因而，提高冷却剂流速有利于降低燃料元件表面与冷却剂之间的温差，从而降低燃料元件表面和元件中心的温度。提高冷却剂流速对提高临界热流密度也是有利的，所以增加流量对载热和传热都是有利的。但是，流量的增加使冷却剂通过一回路的流动阻力增加。由于泵的功率与流量和扬程的乘积成正比，因此，增加流量会引起主泵消耗功率的明显提高，这反而使核电厂的厂用电增加，从而影响核电厂的经济性，而且通过堆芯的冷却剂流速太高，还会引起燃料元件的振动和对燃料元件的冲蚀问题。因此，在确定流经堆芯的冷却剂流速时要权衡各种因素。我国大亚湾核电厂堆内冷却剂平均流速为 4.6 m/s，秦山核电厂堆芯冷却剂平均流速为 3.65 m/s。

在发生丧失厂外交流电源事故时，冷却剂失去强迫循环。保护系统实行紧急停堆，功率水平迅速下降。为了去除堆内衰变热，必须保证一定的冷却剂流量。在反应堆冷却剂系统和设备的设计上，采取下述措施。

（1）增加泵的惯性流量。在反应堆冷却剂泵电动机顶部装飞轮，延长主泵断电后的惰转时间，保证断电后短时间内有较高的流量通过堆芯。

（2）在一回路设备布置上，应使蒸汽发生器的位置高于反应堆压力容器，以便建立和保持一个自然循环驱动头。

利用一维流动守恒方程，对动量和能量守恒方程沿环路积分，可得

$$q_m = \left(\frac{2\alpha_V P_t g \Delta L \rho_0^2}{R \bar{c}_p} \right)^{\frac{1}{3-n}} \tag{3.3}$$

式中，P_t 为堆芯热功率，kW；α_V 为冷却剂的体胀系数；$\bar{c}_p$ 为冷却剂在一回路冷却剂温度范围内的比定压热容，kJ/(kg · K)；R 为计算阻力因数时的比例常数；ρ_0 为参考温度下冷却剂的密度，kg/m^3；g 为重力加速度，m/s^2；ΔL 为蒸汽发生器与堆芯中心的高度差，m；n 的数值取决于流型，对于充分湍流，$n = 0.2$，层流时，$n = 1$。式(3.3)表明，在压水堆工况下，一回路的自然循环流量 q_m 近似与堆功率的 1/3 次方成正比，与堆芯与蒸汽发生器之高度差 ΔL 的 1/3 次方成正比。建立起自然循环的前提是蒸汽发生器有排热能力，ΔL 越大，单相自然循环能力越强。

在一回路出现两相流的情况下，必须考虑流动的不稳定性问题。原理上，增加堆芯与蒸

汽发生器间的高度差仍然有效,但增加的办法更倾向于降低堆芯高度,拉长反应堆压力容器而不是抬高蒸汽发生器。

由式(3.3),还可以得到另一种形式。对于一个给定的系统,给定允许堆出口与进口温差 ΔT,依靠自然循环能够载出的最大功率为

$$P_t = \bar{c}_p \left(\frac{2\alpha v g \Delta L \rho_0^2}{R} \right)^{\frac{1}{2-n}} (\Delta T)^{\frac{3-n}{2-n}} \tag{3.4}$$

在一般情况下,流动属紊流,即 $n=0.2$,由式(3.4)可见,自然循环回路的热载出能力更多地依赖于 ΔT、c_p 和 ρ_0,而受冷热芯高差 ΔL 的影响较小。若将 n 近似取零,则单相自然循环回路的热载出能力与冷热流体的温差的 3/2 次方成正比,与冷热芯高差的 1/2 次方成正比。

2. 压力调节系统

为了保证反应堆冷却剂系统具有好的冷却能力,应当将堆芯置于具有足够欠热度的冷却剂淹没之中。核电厂在负荷瞬变过程中,由于量测系统的热惯性和控制系统的滞后等原因,会造成一、二回路之间的功率失配,从而引起负荷瞬变过程中一回路冷却剂温度的升高或降低,造成一回路冷却剂体积膨胀或收缩。水经波动管涌入或流出稳压器,引起一回路压力升高或降低。当压力升高至超过设定值时,压力控制系统调节喷淋阀,由冷管段引来的过冷水向稳压器汽空间喷淋降压;若压力低于设定值,压力控制系统启动电加热器,使部分水蒸发,升高蒸汽压力。

3. 超压保护系统

当一回路系统的压力超过限值时,装在稳压器顶部卸压管线上的安全阀开启,向卸压箱排放蒸汽,使稳压器压力下降,以维持整个一回路系统的完整性。卸压系统主要由装在稳压器汽空间连管上的卸压阀或安全阀及其管道和卸压箱组成。西屋公司设计的稳压器,上面装备有卸压阀和安全阀,卸压阀的开启整定值比安全阀的开启整定值低。若卸压阀开启后使超压瞬变过程得以缓解,安全阀则可免于开启。法国法马通公司设计的稳压器,只装备三只同一类型开启整定值不同的安全阀。

3.1.3 系统的参数选择

核电厂的一回路系统由若干并联的环路组成。一个环路所输送的热功率与压水堆核电厂规模和设备设计制造能力有关。按照核电厂安全准则,单堆核电厂的环路数不小于2,但过多的环路数将增加设备投资,因此,目前核电厂中一般采用2~4条环路并联形式。每一条环路所对应的电功率最初为150 MW。随着核电设备设计制造能力的提高,近期的压水堆核电厂,一个环路的电功率已达到300~600 MW;而且,以每个环路300 MW为标准模块,设计建造电功率为600 MW、900 MW、1200 MW的大型核电厂。进一步加大蒸汽发生器和反应堆冷却剂泵的容量后,单个环路产生的电功率可达到500~600 MW。在相同堆功率情况下,单个环路功率提高后,就可以减少环路数目,减少相应的设备和部件,降低设备投资和维修费用。这样,降低了核电厂每千瓦的造价和每度电价格,经济上有利。美国燃烧公司的一回路设计成两个环路,通过改变环路的功率改变一回路的功率。表3.1列出近代典型压水堆核电厂的功率和一回路的容量。

表 3.1　典型压水堆核电厂功率及一回路容量

用　户	功率/MW	环路数	单环功率/MW	单环流量/(t/h)
秦山一期	300	2	150	16 100
大亚湾	900	3	300	17 550
田湾	1000	4	250	16 100
燃烧公司(美国)	900	2	450	21 000
西屋,法马通	1300	4	330	18 000
燃烧公司(美国)	1300	2	600	23 300
CPR1000(中国)	1000	3	340	17 550

　　一回路的工作压力、冷却剂的反应堆进出口温度、流量等参数的选择,直接影响到核电厂的安全性和经济性,合理选择一回路的工作参数是核电厂设计的重要内容。这里仅简要分析这些主要参数对核电厂安全性和经济性的影响及其取值范围。

1. 一回路压力

由水的热物理性质可知,要想提高反应堆冷却剂的出口温度而不发生冷却剂容积沸腾,必须提高一回路压力。所以,从提高核电厂的热效率来说,提高一回路系统冷却剂的工作压力是有利的。但是,这方面的潜力非常有限。例如,水的压力为 20 MPa 时,其饱和温度也仅有 365.7℃,而现代压水堆一回路常用压力为 15.5 MPa,其对应的饱和温度为 344.7℃。二者相比,压力提高了 4.5 MPa,饱和温度却仅提高 21℃。显然,如此提高压力,在提高电厂效率上的收益不大,反而对各主要设备的承压要求、材料和加工制造等技术难度都大大增加了,最终影响到电厂的经济性。综合考虑,一般压水堆核电厂一回路系统的工作压力约为 15.5 MPa 左右。设计压力取 1.10~1.25 倍工作压力;冷态水压试验压力取 1.25 倍设计压力。

2. 反应堆冷却剂的出口温度

电厂热效率与冷却剂的平均温度密切相关:冷却剂出口温度越高,电厂热效率越高。但冷却剂出口温度的确定应考虑以下因素。

(1) 燃料包壳温度限制。燃料包壳材料要受到抗高温腐蚀性能的限制。

(2) 传热温差的要求。为了保证燃料元件表面与冷却剂之间传热的要求,燃料表面与冷却剂间应有足够的温差。冷却剂温度至少要比包壳温度低 10~15℃,以保证正常的热交换。

(3) 冷却剂过冷度要求。为保证流动的稳定性和有效传热,冷却剂应具有 20℃左右的过冷度。

由此可见,对于一定的工作压力,反应堆冷却剂的堆出口温度变化余地很小。如大亚湾核电厂一回路压力为 15.5 MPa,堆出口冷却剂平均温度为 329.8℃。

3. 反应堆冷却剂的入口温度

反应堆冷却剂的出口温度一旦确定,对于一个确定热功率的反应堆,其入口温度与流量之间为单值关系。入口温度越高,一回路冷却剂平均温度越高,从这方面来说,对提高热效率有利。但入口温度越高,冷却剂温升越小,所需冷却剂流量越大,这就增加了泵的喷送功率,从而降低了电厂的净效率。选择冷却剂的入口温度时,应综合考虑它与流量各自带来的利弊以及其他一些因素后,选取最佳值。

4．冷却剂流量

冷却剂流量对电厂经济性与安全性的影响前面已有分析。

综合上述分析,压水堆核电厂一回路参数范围是:工作压力 15.5 MPa 左右;冷却剂在反应堆的进口温度取 280～300℃,在反应堆的出口温度取 310～330℃,进出口的温升为 30～40℃。核电厂变工况时,反应堆冷却剂平均温度变化允许的最大温差为 17～25℃。

一回路系统中冷却剂的流量较大,当单环路对应的电功率为 300 MW 时,冷却剂总质量流量可达 15 000～21 000 t/h(每 10 MW 热功率 160～250 t/h)。主管道内冷却剂流速可达 15 m/s,一回路系统的总阻力为 0.6～0.8 MPa。

3.1.4　系统布置

反应堆冷却剂系统的所有设备、阀门及管道,全部安装在安全壳内。

反应堆冷却剂系统设备和管道的布置以反应堆压力容器为中心,力求紧凑、简单对称。为了补偿主管道的热膨胀应力,蒸汽发生器和主泵采用摆动的支撑结构,以允许横向位移。

蒸汽发生器的位置高于反应堆压力容器管嘴所在的平面,以便使系统具有足够的自然循环能力。

冷却剂中存在裂变产物和腐蚀产物,对系统设备和管道有不同程度的污染。因此,在设备周围设有隔墙,它们与安全壳墙构成了二次屏蔽。

为了防止管道破裂后由于流体喷射导致的管道甩击对周围设备的危害,在高能管道上装有限制器,对设备、管道进行实体隔离。主要设备(反应堆压力容器、蒸汽发生器、反应堆冷却剂泵、稳压器等)和反应堆冷却剂管道安装在二次屏蔽墙内。

3.1.5　系统的参数测量

1．温度测量

反应堆冷却剂冷热管段温度是重要的热工参数,温度测量的一次元件是电阻温度计。宽量程的温度测量由装在套管内的电阻温度计监测。每条环路的冷热管段各装一支宽量程电阻温度计,将它们置于伸入冷却剂的套管内。由于不与冷却剂直接接触,测得的冷却剂温度有一定的滞后,仅用于指示。其量程为 0～350℃。

用于电厂控制保护的温度测量要求精确、响应快,采用浸入式的窄量程电阻温度计。显然,这种精密仪表不能直接插入主管道的高速流体中,因此在每个环路设置了测温旁路管线。从冷、热管段分别引一股流体到测温旁路进行测量。图 3.2 所示为测温旁路示意图。

从主管道引来的采样水应具有代表性,热管段上的取样点是用三个互成 120°的取样管嘴在管道同一截面上伸入主管道中。三个管嘴的采样水混合在一起汇入测温旁路,这样的采样水代表热管段水。

冷管段的水从主泵的下游取样,由于泵的搅拌作用使水得以混合,仅需一根取样管就可得到代表性的冷端水温。

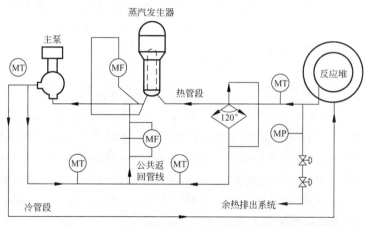

图 3.2　一回路的测温旁路

从冷热管段引来的采样水，合并到一条公共返回管线，在过渡段汇入主管道。返回管线上设有流量计，以监测旁路管线是否有足够的流量。若流量低则发出报警，说明此环路的温度测量信号不可用。

2．流量测量

每个环路的蒸汽发生器出口的弯管处设置有差压变送器（图 3.2），由于流过弯管的离心作用，弯管外侧与内侧压差与流量存在平方关系，即 $\Delta p \propto q_m^2$。这样，通过测量弯管内外侧的压差即可推算出环路的流量。

3．稳压器压力测量

压力测量通过压力传感器实现。宽量程用于指示，一回路系统与余热排出系统的连接管线处设有宽量程压力传感器，测量范围 0～20 MPa。窄量程压力测量用于控制保护。稳压器建立汽腔后，稳压器的压力传感器提供压力测量信号，它们的量程为 11.0～18.0 MPa。

4．压力容器水位测量

正常运行时，压力容器满水。稳压器里有液面，稳压器水位就反映了一回路水装量。在发生一回路破口事故时，压力容器水位提供水装量信息。新的压水堆核电厂设计要求配备压力容器水位测量系统。其原理如图 3.3 所示。

从图 3.3 可以看到，压力容器中压差与水位的关系为

$$\Delta p_2 = H\rho_v g + h(\rho_l - \rho_v)g$$

$$h = \frac{\Delta p_2 - H\rho_v g}{(\rho_l - \rho_v)g}$$

式中，H 为容器总高度；ρ_v、ρ_l 分别为汽、液的密度；h 为压力容器内水位；Δp_2 为测得的压力容器底部与顶部的压差。图中，

$$\Delta p_1 = H\rho_v g + h(\rho_l - \rho_v)g - \rho_1' H g$$

$$h = \frac{\Delta p_1 + \rho_1' H g - H\rho_v g}{(\rho_l - \rho_v)g}$$

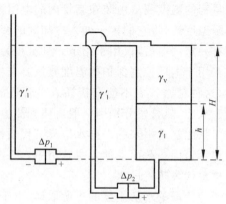

图 3.3　压力容器水位测量原理图

式中，ρ_1' 为立管所在的安全壳环境下的水柱水的密度。

3.1.6 系统特性

系统特性是指系统主要参数随负荷的变化关系。

1. 正常运行

一回路系统正常运行相当于电厂的功率运行。一回路系统的最佳稳态运行相当于电厂在基本负荷运行，正常瞬态运行相当于负荷跟踪过程中的功率变化。

1）稳态运行

一回路稳态运行时，三台主泵处于运行状态，稳压器处于自动控制状态，将压力调节在额定压力，水位维持在程序水位。大亚湾核电厂一回路系统的主要特性如下：

（1）系统压力维持在恒定值 15.5MPa。

（2）根据负荷的不同，反应堆冷却剂平均温度在 291.4～310℃之间；

（3）根据负荷的不同，稳压器水位在 20%～64% 之间。

2）正常瞬态

反应堆功率需要随负荷变化而改变，这会引起反应堆冷却剂温度的变化，从而导致一回路水的膨胀或收缩。稳压器压力和水位调节系统使压力和水位维持在设定值。若需要长期维持在新的功率水平，有可能需要调节硼的质量分数，使功率调节棒组在允许的限制范围。

2. 一回路的温度选择

一回路的载热方程为 $P = q_m c_p (T_h - T_c)$，式中，q_m 为一回路的流量；c_p 为冷却剂的定压比热容；T_h、T_c 分别为一回路热、冷管段冷却剂温度，若 q_m 不变，并假设定压比热容 c_p 不变，则输出功率仅是一回路热、冷管段温差的函数。

对于蒸汽发生器，一二次侧传递的热功率为 $P = KA(T_{av} - T_s)$，式中，K 为一二次侧之间的传热系数；A 为蒸汽发生器传热管面积；T_{av}、T_s 分别为反应堆冷却剂平均温度和蒸汽发生器二次侧饱和温度。作为近似，K 基本为常数，则二回路吸收的功率仅是 $T_{av} - T_s$ 的函数。可见，若反应堆冷却剂平均温度不变，则负荷升高时，T_s 下降；且蒸汽发生器二次侧温度最高（压力最高）时，是在零负荷工况下，这时，$T_s = T_{av}$，$p_s = p_{av0}$。

在核电厂设计时，若采用反应堆冷却剂平均温度不随负荷改变的运行方式，这时一回路体积基本不变，稳压器补偿容积可以小，功率变化废水量少，反应性补偿很少。但是二回路蒸汽温度随负荷增加下降幅度大，影响二回路热力循环效率。

另一种运行方式是二回路蒸汽温度不变，一回路水温度随负荷增加而提高，这时二回路效率虽然提高了，但是一回路水的容积补偿增加，废水量增多，反应性调节量增加对一回路不利。

目前压水堆核电厂设计时采用的是折中方案，即反应堆进口水温基本不变，反应堆冷却剂平均温度随负荷增加而上升，上升到可以接受的程度，蒸汽温度随负荷增加而降低，但与反应堆冷却剂平均温度不变的运行方式相比，下降幅度小得多，图 3.4 给出了大亚湾核电厂反应堆冷却剂平均温度、蒸汽发生器二次侧温度随负荷（P_R 为额定功率）的变化。

核电厂系统及设备(第2版)

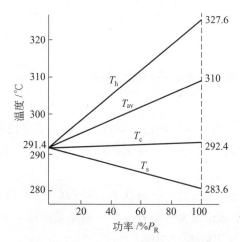

图 3.4　反应堆冷却剂平均温度、蒸汽发生器二次侧温度随负荷的变化

3.2　反应堆本体结构

压水堆本体由堆芯、堆芯支撑结构、反应堆压力容器及控制棒传动机构组成。如图 3.5(a)、(b)所示为典型的压水堆本体结构。

3.2.1　堆芯结构

堆芯又称为活性区,位于反应堆压力容器中心偏下的位置。大亚湾核电厂由 157 个几何形状和机械结构完全相同的燃料组件,构成一个高 3.65 m、等效直径 3.04 m 的准圆柱状核反应区。在典型的燃料管理方案中,初始堆芯分成三个燃料浓集度不同的区,在堆芯外区放置浓集度较高的燃料组件,浓集度较低的燃料组件以棋盘的形式排列在堆芯的内区。1区 53 个组件,浓集度为 1.8%;2 区 52 个组件,浓集度为 2.4%;3 区 52 个组件,浓集度为 3.1%。通常每年进行一次换料,每次换料更换 1/3 燃料组件,达到平衡换料时新燃料的浓集度为 3.2%。

大亚湾核电厂从第 9 换料周期开始,向 18 个月换料周期过渡。燃料组件型号从 AFA-2G 变为 AFA-3G,达到平衡后新的燃料富集度提高到 4.45%。

反应堆冷却剂流过堆芯时起到慢化剂的作用。控制棒组件用于反应堆控制,提供反应堆停堆能力和控制反应性快速变化。与燃料组件组合在一起的还有一些功能组件,它们在堆启动和运行中起着重要作用。

1. 燃料组件

燃料组件由燃料元件和组件骨架等部件组成。燃料元件呈 17×17 正方形排列,每个组件有 289 个位置,其中 264 个位置由燃料元件占据。图 3.6 绘出了大亚湾核电厂的燃料组件及元件结构图。

1) 燃料元件

燃料元件是产生核裂变并释放热量的部件。它的长为 3851.5 mm,外径 9.5 mm,Zr-4合金包壳管厚 0.57mm,包壳内装有二氧化铀芯块。上下两端设有氧化铝隔热块,顶部由

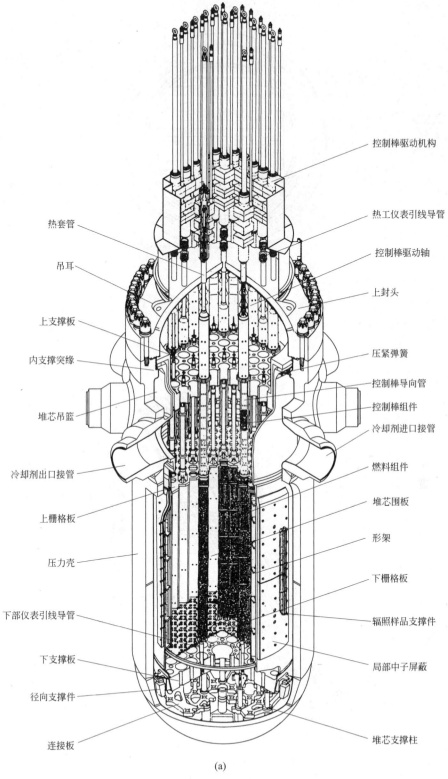

控制棒驱动机构

热工仪表引线导管

控制棒驱动轴

上封头

压紧弹簧

控制棒导向管

控制棒组件

冷却剂进口接管

燃料组件

堆芯围板

形架

下栅格板

辐照样品支撑件

局部中子屏蔽

堆芯支撑柱

热套管

吊耳

上支撑板

内支撑突缘

堆芯吊篮

冷却剂出口接管

上栅格板

压力壳

下部仪表引线导管

下支撑板

径向支撑件

连接板

(a)

图 3.5　压水堆本体结构

(a) 压水堆本体纵剖视图；(b) 堆芯部位横截面

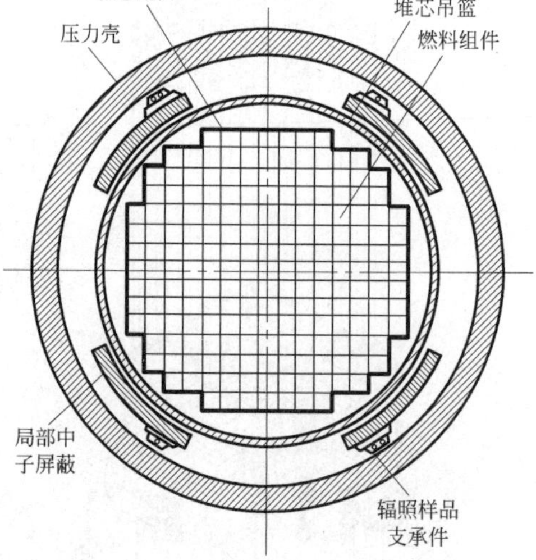

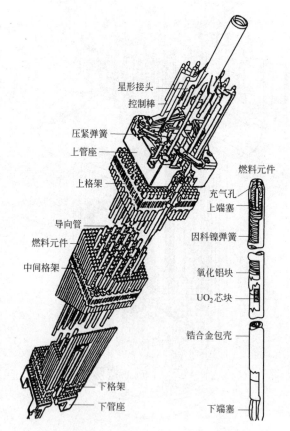

堆芯围板
压力壳
堆芯吊篮
燃料组件
局部中子屏蔽
辐照样品支承件

(b)

图 3.5（续）

星形接头
控制棒
压紧弹簧
上管座
上格架
导向管
燃料元件
中间格架

燃料元件
充气孔
上端塞
因科镍弹簧
氧化铝块
UO_2芯块
锆合金包壳

下格架
下管座

下端塞

图 3.6 燃料组件和燃料元件

弹簧压紧,两端用锆合金端塞封堵,并与包壳管焊接密封在一起。

燃料包壳的作用是防止核燃料与反应堆冷却剂接触,以免裂变产物逸出造成放射性污染。Zr-4 合金的中子吸收截面小,在高温下有较高的机械强度和抗腐蚀性能。

燃料芯块呈圆柱形,直径 8.192 mm,高 13.5 mm,芯块上下端面呈蝶形,用来补偿因热膨胀和辐照肿胀造成的尺寸变化。

弹簧所在空间可容纳燃料放出的裂变气体,包壳与芯块之间有 0.17 mm 的直径间隙,补偿包壳和燃料芯块不同材料的热胀和燃料的辐照肿胀。气空间充 2~3 MPa 压力的氦气,用来改善气隙的传热性能和减小包壳内外的压差。

值得提出的是,Zr-4 包壳与水相容温度不超过 350℃,与二氧化铀相容温度在 500℃ 以下,包壳熔点为 1852℃,包壳温度达到 820℃ 后锆与水反应产生氢气。在运行中应使燃料元件保持在可接受的温度之下。

2) 燃料组件骨架

燃料组件骨架由 24 根控制棒导向管、1 根中子注量率测量管与上下管座焊接而成,沿高度方向设置有 8 个定位格架以提高组件的刚性和强度。骨架结构使 264 根细长的燃料元件形成一个整体,承受整个组件的重量和控制棒下落时的冲击力,并保证控制棒运动的畅通。

下管座对进入组件的冷却剂起流量分配作用,又是燃料组件底座。组件重量和施加到组件上的轴向载荷,经下管座作用到下栅板上。燃料组件在堆芯的定位由两个对角支撑脚上的销孔和下栅板上两个定位销来保证,作用在燃料组件上的水平载荷也通过定位销传递到堆芯支撑结构上。

上管座是燃料组件的上部构件,通过它冷却剂由燃料组件流向上栅板的流水孔。堆芯上栅板的定位销与管座对角上的两个销孔定位,此外,上管座上的压紧弹簧使上栅板可将燃料组件压紧。

控制棒导向管为控制棒上下自由运动提供通道,同时将上下管座连成整体框架。导向管下部呈锥形,对快速下落的控制棒起阻尼作用。

在组件中心位置的中子注量率测量管为堆芯中子注量率测量元件提供通道。

沿燃料元件全程有 8 个定位格架,它维持燃料元件的侧向间隙,也是夹持燃料元件和加强燃料元件刚性的构件。合理的定位格架设计除了起到对燃料元件的夹持定位作用外,还要强化流体的扰动并使流动阻力尽可能小。

2. 堆芯功能组件

上述 157 个燃料组件,每个组件都提供了 24 个控制棒导向管,这些位置安排有堆芯功能组件。

1) 控制棒组件

大约 1/3 的燃料组件的控制棒导向管是为控制棒组件占据的。如图 3.6 所示为有控制棒组件的燃料组件。控制棒束顶端固定在一个枝状星形架上,控制棒与枝状接头相连。

控制棒组件分两类:一类由 24 根带吸收剂的棒束组成,所用吸收剂材料为银、铟、镉(Ag 80%,In 15%,Cd 5%)合金,这类叫做黑棒束组件;另一类是灰棒束组件,只有 8 根棒的吸收体为银、铟、镉合金,其余 16 根为用不锈钢(ss)做吸收材料的灰棒。吸收能力强的黑棒组件用作安全棒,灰棒作为调节棒使用。

2）可燃毒物组件

可燃毒物棒由装在不锈钢包壳管中的含硼玻璃管（成分为 $B_2O_3+SiO_2$）组成，用于抵消新堆芯第一次装料大部分过剩后备反应性。如大亚湾核电厂的首次堆芯装有 48 个含 12 根可燃毒物棒的组件和 18 个含 16 根可燃毒物棒的组件。加上两个初级中子源棒组件中的 32 根，共有 68 个总共含 896 根可燃毒物棒的组件，这些可燃毒物棒在第一次换料时全部卸出，换上阻力塞组件。

3）阻力塞组件

阻力塞是下端呈子弹头形的短不锈钢棒，用于封闭不带有控制棒组件、可燃毒物或中子源的燃料组件中的控制棒导向管，以便减少冷却剂的旁路。

可燃毒物组件和中子源组件都包含有阻力塞，而阻力塞组件中全部 24 根棒都是阻力塞。大亚湾核电厂首次装料含有 38 个阻力塞组件。

4）初级中子源棒组件

初级中子源棒组件为监督初始堆芯装料和反应堆启动提供所需的中子源，^{252}Cf 被广泛用作为初级中子源。大亚湾核电厂首次装料有两个初级中子源棒组件，每个组件所含的 24 根棒位中，有 1 根初级中子源棒、1 根次级中子源棒、16 根可燃毒物棒和 6 个阻力塞。

5）次级中子源棒组件

次级中子源棒组件用于反应堆满功率运行两个月后的反应堆停堆后再启动。次级中子源由叠放在一根不锈钢管中的锑-铍（Sb-Be）芯块组成。锑在堆内吸收中子活化后放出 γ 射线，轰击铍产生中子。大亚湾核电厂首次装料中有两个次级中子源棒组件，它们各有 4 根次级中子源棒和 20 个阻力塞，加上两个初级中子源棒组件中的两根次级中子源棒，共有 10 根次级中子源棒。次级中子源棒在换料时保留在堆芯中。表 3.2 给出了大亚湾核电厂首次装料堆芯的相关组件种类及数量。

表 3.2　大亚湾核电厂首次装料堆芯的相关组件种类及数量

组件名称	组件的部件				组件数量
	可燃毒物棒	初级中子源棒	次级中子源棒	阻力塞	
16 根可燃毒物棒组件	16	0	0	8	18
12 根可燃毒物棒组件	12	0	0	12	48
初级中子源棒组件	16	1	1	6	2
次级中子源棒组件	0	0	4	20	2
阻力塞组件	0	0	0	24	38
首次装料堆芯的相关组件总数量					108

3.2.2　堆芯支撑结构

堆芯支撑结构包括下部支撑结构、上部支撑结构和堆芯仪表支撑结构。堆芯支撑结构用来为堆芯组件提供支撑、定位和导向，组织冷却剂流通，以及为堆内仪表提供导向和支撑。

1. 堆芯下部支撑结构

堆芯下部支撑结构是堆芯的主要包容件,如图 3.7 所示。它是以吊篮结构为特征的组合体。整个支撑结构包括堆芯吊篮、堆芯围板、堆芯下栅板和支撑柱、热屏、混流板及焊到堆芯吊篮底部的堆芯支撑板,它通过其上部法兰吊在反应堆压力容器法兰的凸缘上,径向支撑是通过吊篮下部周向与反应堆压力容器间的键槽结构来防止径向移动。在堆芯吊篮内,有围板组件包围堆芯,它径向支撑堆芯并引导冷却剂流过堆芯燃料组件,燃料组件竖立和定位在堆芯下栅板上。

堆芯下栅板为燃料组件提供精确定位和流量分配,燃料组件定位销就固定在下栅板上。每个燃料组件对应 4 个大小相同的流量分配孔。堆芯下栅板经支撑柱将载荷传递到吊篮下部支撑结构上。混流板位于堆芯下栅板与堆芯支撑板之间,使进入各燃料组件的冷却剂流量均匀。

为了减少中子辐照对反应堆压力容器材料的损坏,在吊篮侧面堆芯高度上装有钢屏蔽。早期的设计采用完整的钢筒结构,目前的设计改为对着燃料最接近反应堆压力容器壁

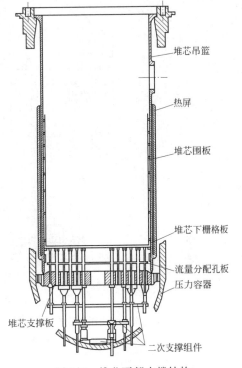

图 3.7　堆芯下部支撑结构

的堆芯四角在吊篮桶体外侧连接了 4 块柱面钢屏蔽(见图 3.5(b)),这样使吊篮与压力容器之间下降段流通截面加大,降低了流速,减少了流动阻力。在热屏外侧,焊有辐照样品导管,为反应堆压力容器材料样品提供辐照监测。

为防止万一吊篮断裂造成堆芯下移,设计了二次支撑组件。它由几个圆柱形能量吸收器组成,连接到吊篮底部和与反应堆压力容器下封头几何相吻合的底板上。

2. 上部堆芯支撑结构

堆芯上部支撑结构如图 3.8 所示,它是一个由堆芯上栅格板、堆芯上部支撑筒、导向管支撑板和控制棒束导向管等组成的组合件,其作用是为燃料组件提供上部的定位,并为控制棒组件提供导向。

堆芯上部支撑筒连接堆芯上栅板和导向管支撑板并使二者平行,堆芯上部支撑筒在堆芯出口高度为冷却剂提供流道,控制棒束导向管为控制棒束在堆内运动提供导向。它由上、下两部分组成。上部用螺钉固定在导向管支撑板上,下端由两个销钉插入堆芯上栅格板上的销钉孔中来定位。控制棒束导向管不承受机械载荷。

堆芯上栅板设置有向下的定位销以压配燃料组件上管座的定位孔,将燃料组件上部压紧、定位。堆芯上栅板经堆芯上部支撑筒将向上的轴向载荷传递到导向管支撑板。导向管支撑板外缘通过压紧弹簧压在吊篮的法兰上,最后由反应堆压力容器顶盖压紧。

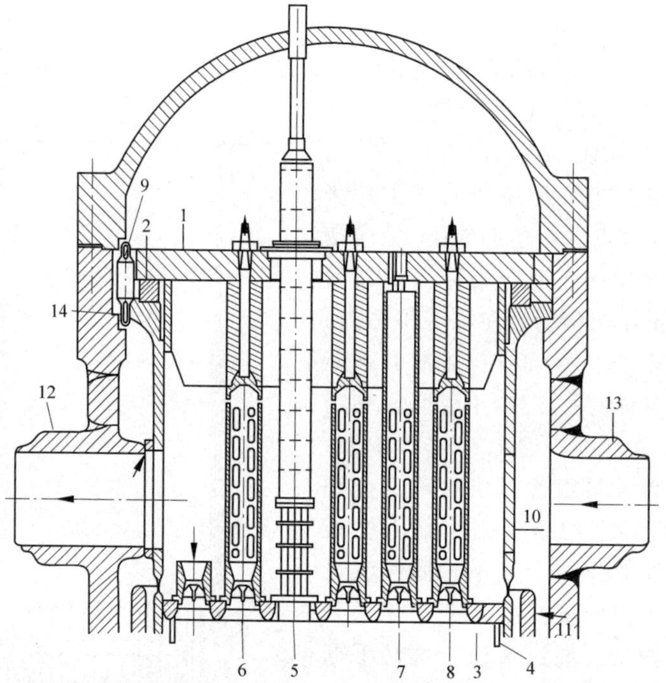

图 3.8　堆芯上部支撑结构

1—导向管支撑板；2—压紧弹簧；3—堆芯上栅格板；4—堆芯围板；5—导向管；6～8—支撑筒；
9—定位销；10—吊篮；11—热屏；12—出口接管；13—入口接管；14—吊篮支撑凸台

3.2.3　反应堆压力容器

1. 概述

反应堆压力容器支撑和包容堆芯和堆内构件，工作在高压（15.5 MPa 左右）、高温含硼酸水介质环境和放射性辐照的条件下，寿命不少于 40 年（对于第三代核电厂，压力容器寿命 60 年）。

反应堆压力容器是一个底部焊死的半球形封头，上部为法兰连接的半球形封头的圆柱形容器。对于三环路设计，容器上有 3 个进口管嘴和出口管嘴与各冷却剂环路的冷热管段相接。这些进出口管嘴位于高出堆芯上平面约 1.4 m 的同一个水平面上。

反应堆压力容器本体材料属低碳钢，与冷却剂接触表面堆焊一层 5 mm 厚的不锈钢。压力容器高 13 m，内径 4 m，筒体壁厚 20 mm，总重约 330 t。

2. 压力容器顶盖的密封

1）O 形密封环

为保证压力容器筒体法兰与顶盖法兰间的密封，在它们之间装有两个因科镍合金制造的 O 形环，如图 3.9 所示。O 形环由因科镍-600 合金制成，表面镀银。内放置一个因科镍-718 合金制造的弹簧，压力容器顶盖与筒体法兰间的螺栓预紧力使 O 形环受压变形，达到密封效果 。镀银层有较好的弥合作用，弹簧提供回弹量。O 形环用压板固定在顶盖法兰的密封槽里，O 形环只能一次性使用，一旦开盖，就需更换。

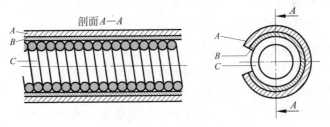

图 3.9　O 形密封环

2) 密封探漏

压力容器顶盖与筒体法兰结合密封的泄漏探测见图 3.10。1 号引漏接管位于内、外 O 形环之间,用来探测内密封环的泄漏;2 号引漏接管位于外 O 形环外侧。

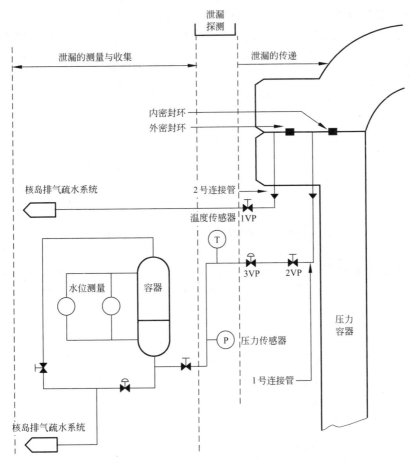

图 3.10　压力容器密封泄漏探测示意图

压力容器密封泄漏探测主要通过温度测量。正常运行时,压力容器内水温约 320℃,压力容器外为安全壳内环境温度。内密封环的泄漏回收管线中设置一个温度传感器,若密封环泄漏,1 号引漏接管上的温度传感器测得的高温信号送到控制室记录仪,当温度高于 70℃时,发出"压力容器密封泄漏,温度高"报警。该管线与一个透明容器相接,依据水位变化可确定泄漏率。内环泄漏情况下,应关闭1号引漏管线上的阀门3VP,由外环起密封作用。外环的泄漏通过水蒸气泄漏和硼结晶辨识。

3. 反应堆压力容器的运行限制

为了满足反应堆压力容器在高压高温和受放射性辐照环境下的特殊要求,需要选择性能优良的材料,以保证反应堆压力容器良好的加工制造性能和在整个寿期(大约40年)内的机械性能。高的塑韧性对反应堆压力容器用钢是首要的一项性能要求。这是因为,压力容器的设计规范中,绝大部分都是以材料具有足够的塑性变形能力为基础的。高的塑韧性还有助于防止出现脆性破坏和周期疲劳破坏的可能性,利于加工制造。

下面讨论运行环境对压力容器性能的影响及运行限制。

1) 温度对金属性能的影响

研究表明,对同一种钢材,不同工作温度下其韧性有很大的差别。含碳量0.11%的钢材在低温和高温时的冲击韧性相差几十倍。对每一种钢材而言,存在这样一个温度:在这个温度下,材料可能发生脆性断裂。这个温度叫做脆性转变温度,简称NDTT(Nil Ductility Transition Temperature),如图3.11所示。

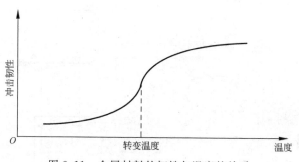

图3.11　金属材料的韧性与温度的关系

脆性断裂是材料没有发生明显的塑性变形,其应力远远没有达到材料的抗拉强度时而发生的突然断裂。在脆性转变温度以下,材料会丧失其原来具备的优良机械性能。

2) 辐照对脆性转变温度的影响

快中子辐照改变了钢材的晶格结构,使钢材的机械性能发生变化。辐照使钢材的脆性转变温度升高。图3.12给出了反应堆压力容器的脆性转变温度T_{NDT}随中子注量变化的计算曲线(实际曲线是由压力容器材料辐照样品检验来校正)。初始的T_{NDT}为-27℃,当中子注量达到$10^{20}\,cm^{-2}$时,T_{NDT}达50℃。

3) 反应堆压力容器的运行限制

为了保证反应堆压力容器的安全运行,必须规定其运行环境。具体来说,就是在低温下一回路承受的压力要相应减少,防止发生脆性断裂。

(1) 一回路水压试验允许范围

随着堆龄增加,脆性转变温度上升,水压试验温度应随之提高。图3.13给出了水压试验允许范围。图中横坐标为反应堆压力容器内水温与脆性转变温度之差,纵坐标是试验保持压力与设计压力(p_c)之比。图中实线表示等温状态,虚线表示减温速率为20℃/h的情况。由图可见,寿期初,$T_{NDT}=-27$℃,堆内水温为10℃时,允许的最高压力$p=$

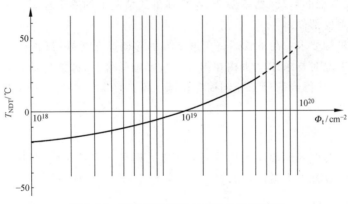

图 3.12　脆性转变温度与中子注量的关系

22.4 MPa；当压力容器的中子注量为 $10^{20}\,cm^{-2}$ 时，$T_{NDT}=50℃$。若堆内水温仍为$10℃$，则水压试验压力最高允许为 $p=6\,MPa$；若仍要求在设计压力下进行水压试验，须将水温升到$75℃$以上。

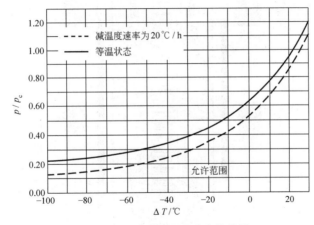

图 3.13　一回路水压试验允许范围

（2）余热排出系统退出的限制

余热排出系统是和反应堆冷却剂系统并联的低压系统，其作用是在低温低压工况下排出反应堆剩余发热。在低温低压范围内，反应堆压力容器的压力保护是由余热排出系统的安全阀承担的，其开启压力定值为 4.5 MPa。余热排出系统退出运行后，反应堆压力容器的超压保护由稳压器安全阀承担，其开启压力定值为 16.6 MPa。为了防止运行中发生脆性破裂的可能，大亚湾核电厂规定反应堆冷却剂温度低于 160℃ 时，余热排出系统不能退出运行。余热排出系统安全阀限制了低温下反应堆压力容器的压力，这个规定保证了整个寿期内不发生脆性断裂事故。

3.2.4　控制棒驱动机构

1. 概述

控制棒驱动机构是反应堆的重要动作部件，通过它的动作带动控制棒组件在堆芯内上下抽插，以实现反应堆的启动、功率调节、停堆和事故情况下的安全控制。因此，它是确保反应堆安全可控的重要部件。

控制棒驱动机构要求：在正常运行工况下棒的移动速度缓慢，每秒钟行程约 10 mm；在快速停堆或事故工况时要求驱动机构在得到事故停堆信号后，即能自动脱开，控制棒组件靠自重快速插入堆芯，从得到信号到控制棒完全插入堆芯的紧急停堆时间一般为 2.6 s 左右，以保证反应堆安全。

2. 工作原理

压水堆核电厂的控制棒驱动机构普遍采用磁力提升式驱动机构（见图 3.14），它具有结构简单、容易加工、提升力大、拆装和维修方便等优点。

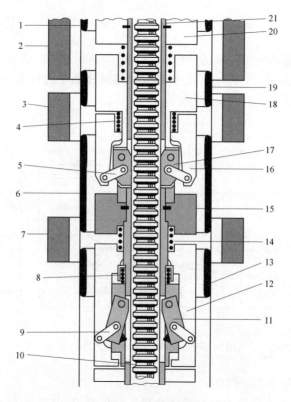

图 3.14　磁力提升式控制棒传动机构的结构

1、6、13、19—磁通环；2—提升线圈；3—移动抓钩线圈；4、14—衔铁复位弹簧；5、9—抓钩连杆；
7—固定抓钩线圈；8—抓钩复位弹簧；10—驱动轴；11—抓钩；12—衔铁；15—抓钩磁极；
16—移动抓钩衔铁；17—移动抓钩；18—提升衔铁；20—提升磁极；21—导管

磁力提升式驱动机构由磁轭、耐压壳、内部部件、驱动轴及位置指示器等 5 个部件组成。内部部件支撑在耐压壳下部的密封壳内端面上，它与套在密封壳外面的磁轭部件的 3 个工作线圈相对应，构成磁回路。3 个线圈中上部是提升线圈，中部为移动抓钩线圈，下部是固定抓钩线圈。当 3 个工作线圈按设计程序通直流电时，装在内部部件中的 3 对磁极和衔铁相应地被感应而吸合，带动两组钩爪与驱动轴部件中环形槽交替啮合，使驱动轴部件带动控制棒组件向上或向下一步一步移动。3 个工作线圈都断电时，控制棒靠重力插入堆芯。驱动轴部件上部上光杆上端是位置指示器的传感器部分,中部环形杆有环形槽与内部部件的钩爪相啮合,下部下光杆有环形槽与内部部件的钩爪相啮合,下部下光杆有可拆芯杆与控制棒组件相连接。在反应堆运行期间确保不脱开,其拆装由专用工具完成。

控制棒组件在反应堆内的轴向位置由套在位置指示内套管外面的位置指示器部件及其指示仪表指示。

控制棒驱动机构布置在压力容器顶盖管座上,其驱动轴穿过顶盖伸进压力容器与控制棒组件的连接柄相连接。为了防止反应堆冷却剂泄漏,控制棒驱动机构的钢密封承压壳焊接在反应堆压力容器顶盖的底座上。驱动机构在承压壳外。运行期间与控制棒驱动机构外部用空气冷却,耐压壳部件内充满一回路高温高压水,驱动机构的驱动轴在密封水内上下运动。

3.3 反应堆冷却剂泵

3.3.1 概述

反应堆冷却剂泵又叫做主泵,它的作用是为反应堆冷却剂提供驱动压头,保证足够的强迫循环流量通过堆芯,把反应堆产生的热量送至蒸汽发生器,产生推动汽轮机做功的蒸汽。

反应堆冷却剂泵是压水堆核电厂的最关键设备之一,对它的基本要求如下:

(1) 能够长期在无人维护的情况下安全可靠地工作;

(2) 冷却剂的泄漏要尽可能少;

(3) 转动部件应有足够大的转动惯量,以便在断电情况下,利用泵的惰转提供足够流量,使堆芯得到适当的冷却;

(4) 过流部件表面材料要求耐高温含硼酸水的腐蚀;

(5) 便于维修。

反应堆冷却剂泵可分为两大类:屏蔽电机泵和轴封泵。

3.3.2 屏蔽电机泵

早期的压水堆核电厂采用屏蔽电机泵来解决冷却剂的密封问题。如图 3.15 所示为西屋公司设计的卧式屏蔽电机泵典型结构,它主要由水力部件、承压壳体、轴承、电动机等组成。这种泵的叶轮和电机转子连成一体,由装在一个能承受系统全部压力的密封壳体内的屏蔽电机驱动。电机的定子绕组按常规结构制造,由一层薄的屏蔽套使转子与电机线圈隔离,因此定子绕组是干的,没有放射性介质外漏的可能,故又称为全封闭泵。为了使电机免受高温,叶轮上方设有隔热屏,起热屏障作用。密封壳体外部盘绕蛇形管换热器,蛇形管外部通设备冷却水。蛇形管内部为一次冷却水。一次冷却水是与反应堆冷却剂连通的,所以蛇形管内压力就是一回路压力。一次冷却水从泵的右侧进入小叶轮,从小叶轮流出后沿定子与转子的间隙向左流动,吸收转子与定子的发热,并润滑止推轴承,最后进入蛇形管,被设备冷却水冷却了的一次冷却水再从泵的右端进入,冷却泵径向轴承后返回小叶轮吸入口,形成封闭的循环。这种设计使蛇形管成为一回路压力边界的一部分。屏蔽套一般用因科镍合金制造。由于转子浸没在液体中,回转阻力高以及屏蔽套有涡流损失,因此效率较低。

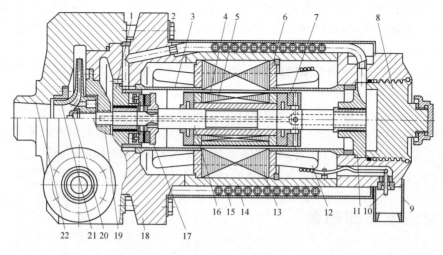

图 3.15　屏蔽电机泵的结构

1—轴承；2—螺栓；3—屏蔽套；4—转子外套；5—转子；6—压紧板；7—小叶轮；8—盖；
9—接线盒；10—接线柱；11—径向滑动轴承；12—线圈；13—硅钢片；14—蛇形冷却管；15—外壳；
16—轴；17—止推轴承；18—电机壳；19—盖及迷宫密封件；20—螺母；21—叶轮；22—泵壳体

　　屏蔽电机泵长期在核动力舰艇上使用，其密封性能好，运行安全可靠。但由于它的效率低（比轴封泵低），屏蔽电动机造价昂贵，容量小，不宜安装大尺寸飞轮，因而转动惯量小，再加上维修不便等原因，在第二代核电厂中已普遍被轴封泵取代。但在核动力舰艇、钠冷快堆以及一些实验研究堆等场合下，屏蔽电机泵仍发挥着重要作用。如 AP1000 采用屏蔽电机泵（见 10.2 节）。

　　为了克服采用屏蔽套带来的缺点，有人提出采用湿定子电机泵。如图 3.16 所示为沸水堆上使用的湿定子电机泵。这种泵不用屏蔽套，定子绕组也是湿的，采用特制的绝缘导线制成，水在电动机绕组间循环以加强冷却。图中整个泵的外壳与堆压力容器焊接在一起。在先进的沸水堆核电厂 ABWR 的设计中，选用了这种泵。

3.3.3　轴封泵

1. 轴封泵的总体结构

　　随着对核电厂安全性和经济性要求的提高，特别是为适应大容量机组的要求，轴封泵的技术得到迅速发展并已经成熟，它有下列优点。

　　(1) 采用常规的鼠笼式感应电机，成本降低，效率提高，比屏蔽电机泵效率高 10%～20%；

　　(2) 电机部分可以装一只很重的飞轮，提高了泵的惰转性能，从而提高了断电事故时反应堆的安全性；

　　(3) 轴密封技术同样可以严格控制泄漏量；

　　(4) 维修方便，轴密封结构的更换仅需 10 h 左右。

　　现代压水堆核电厂使用最广泛的反应堆冷却剂泵是立式、单级轴密封泵。图 3.17 给出了轴封式反应堆冷却剂泵的总体图。从底部到顶部，它由水力机械部分、轴封组件和电机三部分组成。采用立式放置便于布置，减小反应堆厂房径向尺寸。

下面以图 3.17 所示压水堆核电厂普遍采用的轴封泵为例,对反应堆冷却剂泵主要部件结构作一介绍。

1) 水力机械部分

水力机械部分包括泵的入口和出口接管、泵壳、法兰、叶轮、扩压段、泵轴、径向轴承及热屏组件。其基本功能是将泵轴的机械能传递给流体并变为流体的静压能。

(1) 泵壳

泵的外壳包容并支撑着泵的水力部件,是反应堆冷却剂系统压力边界的一部分。泵壳是一个不锈钢铸件,其出入口接管焊接在一回路系统管道上。冷却剂从泵壳底部沿叶轮轴线流入,向上经导流管进入叶轮。通过叶轮后的冷却剂经扩散器后通过与叶轮成切线方向的出口接管排出。

(2) 叶轮

叶轮由不锈钢铸成,有 7 个叶片,用热装和加键固定在泵轴的下端,并在轴端用螺母锁紧。叶轮是泵的核心部件。靠叶轮的旋转使流体获取能量。

(3) 吸入导流管和扩压器

吸入导流管是一个不锈钢圆筒,用螺栓固定在泵壳的内侧。它把吸入流体引进叶轮中心。吸入导管和叶轮吸入接管之间由迷宫密封环阻挡从排出室向吸入室的流体泄漏。

扩压器由不锈钢铸造而成,它有 12 个导叶,位于叶轮外侧。扩压器的作用是降低在扩压叶片之间的延伸流道中的流体流速,把流体的速度头转换成静压头。扩压器末端与泵壳焊在一起。

(4) 泵轴承

泵的径向轴承为泵轴提供径向支撑和对中。它由斯太立合金堆焊的不锈钢轴颈和石墨环构成的套筒组成,用水润滑和冷却。使通过轴承的水保持低温是重要的,因为高温会破坏石墨环并使轴承损坏。所用的轴承冷却水是化学和容积控制系统(简称化容系统)的轴封注入水的一部分。

(5) 热屏组件

在叶轮与泵径向轴承之间装有热屏。它的作用是阻止泵壳内高温的反应堆冷却剂向泵上方的泵径向轴承和密封组件传热,使泵径向轴承免受高温。热屏组件主要由两部分组成:一是安装在导叶内侧的隔热套(又称防护套筒),二是安装在叶轮与泵径向轴承之间的由盘管组成的扁平状热交换器。隔热套阻止反应堆冷却剂向上方的泵径向轴承传热;而热交换器用来冷却可能沿轴向上的反应堆冷却剂流,从而保护径向轴承和轴封组件,在轴封水断流的情况下,它还能冷却向上流动的冷却剂,以确保轴承的冷却和润滑。热屏热交换器盘管内

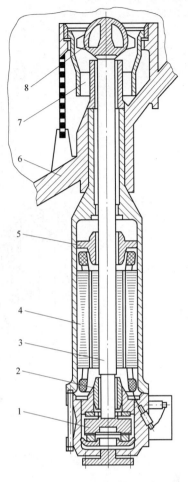

图 3.16 湿定子电机泵

1—止推轴承;2—下部径向轴承;3—轴;
4—定子;5—上部径向轴承;6—堆壳;
7—扩压器;8—叶轮

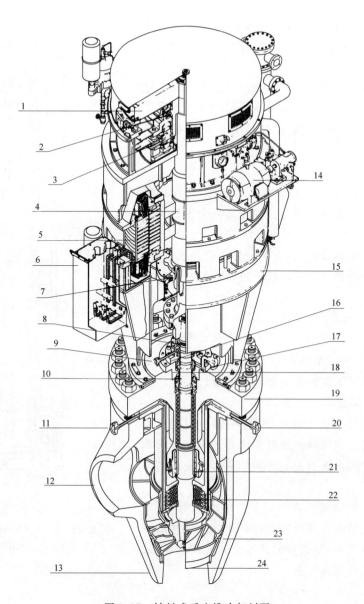

图 3.17　轴封式反应堆冷却剂泵

1—飞轮；2—上部径向轴承；3—止推轴承；4—电机轴；5—电动机定子；6—接线盒；
7—电机下部径向轴承；8—通向大气的蒸汽引漏；9—2 号密封注入水引漏；10—泵轴；
11—冷却水进口；12—泵出口接管；13—泵进口接管；14—止推轴承油提升泵和电动机；
15—电动机组件；16—上部密封套；17—1 号密封引漏；18—下部密封套；19—主法兰；
20—冷却水出口；21—泵径向轴承；22—热屏和热交换器；23—泵壳；24—叶轮

循环着设备冷却水，供水温度 35℃。

　　2）电机部分

　　驱动反应堆冷却剂泵的电动机是立式、鼠笼、单速三相感应式，采用防滴结构，由空气冷却，而空气由两台热交换器用设备冷却水冷却。下面对它的几个部件作进一步说明。

（1）轴承

支撑电动机的有两个径向轴承和一个止推轴承。位于电动机转子下端的径向轴承采用碳钢上挂巴式合金的设计，它浸在下油池中，在油池中装有一个有设备冷却水通过的油冷却器。电动机转子上部是径向轴承和适于上下止推的双向金斯泊里（Kingsbury）型止推轴承的组合体，它们放在上油池中，在泵工作时轴承是自润滑的。在止推轴盘上铣了一些槽道，靠止推轴盘旋转的离心作用将油循环到外部油冷却器，由设备冷却水进行冷却。设置了一个泵启动时使用的止推轴承油提升系统，以减小启动电流和防止止推轴承损坏（止推轴承只在较高泵速下才是自润滑的）。有一台小型高压油泵，在反应堆冷却剂泵启动或停转前将轴瓦提升而离开止推轴盘。泵运转时，推力由上止推轴承轴瓦承载，这个载荷来自反应堆冷却剂系统的压力和泵的动态力，它抵消转子的重力后尚有余；泵静止时，下止推轴承轴瓦承受转子重力。

（2）飞轮

在发生反应堆冷却剂泵断电情况下，停堆后短时间内必须保持足够的流量通过堆芯。用键将一个飞轮固定在电动机轴的顶端，以增加反应堆冷却剂泵机组的转动惯量，从而延长泵的惰转时间。飞轮提供的惯性流量不仅在断电后短时间内提供了足够排热能力，还有利于建立后续的自然循环。

主泵转轴部件的动能与它的转动惯量和转速的平方成正比，主泵的惰转时间特性主要取决于主泵机组转动惯量，并可表示为

$$I = \frac{P_0}{\omega_0^2 \eta_0} \times \frac{t}{[n_0/n(t)] - 1} \tag{3.5}$$

式中，I 为主泵机组转动惯量，$kg \cdot m^2$；P_0、η_0 为额定工况下泵的有效功率和效率；n_0、$n(t)$ 分别为泵的额定转速和断电后 t 时刻的转速，r/min；t 为自断电开始计算的时间，s；ω_0 为额定角速度，弧度 $/s$。

根据核电厂安全分析的要求，断电后的一定时间内，应保证主泵有一定的转速，根据式（3.5）即可计算主泵应具有的转动惯量，进而确定飞轮的质量。

飞轮是关系到反应堆安全的重要部件，它的破坏将带来严重后果，因此飞轮采用优质锻钢制作，并经过 100% 超声波探伤检查。

（3）防逆转装置

如果一台反应堆冷却剂泵停运，而其他环路上的泵还在运行，停运的环路上冷却剂将发生逆向流动。这部分逆向流量旁路了堆芯，于堆芯冷却无益。逆流还会使停运的泵反转，这时若启动该泵，就会产生过大启动电流，可能导致电机过热或引起其他损坏。

防逆转装置可以防止冷却剂倒流情况下泵发生反转。该装置利用单项离合器原理（图 3.18）进行工作，它包括由一个固定在电动机机架上的棘齿板和一组装在飞轮底部边缘上的棘爪以及棘齿板用的恢复弹簧和振动吸收器。主泵停转时，棘爪与棘齿板上的齿啮合，防止反转；启动时，棘爪与棘齿完全叩开之前，棘爪在棘齿板上拖过；当电机转速达到额定转速的 1/3 时，其离心力使棘爪保持在升高的位置上，与棘齿完全脱开。

（4）电动机定子空气冷却器

电动机定子绕组是由空气冷却的。电动机转子两端均带有风叶，电动机旋转时，风叶强迫空气流动。为增加冷却能力设置了空气冷却器，空气冷却器冷却管内有设备冷却水通过。

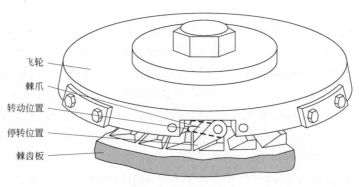

图 3.18　防逆转装置

从安全壳吸入的空气经该空气冷却器降温后，流入电动机机架中的冷却槽冷却定子绕组，然后排入安全壳大气中。

3）轴封组件

轴封组件位于泵水力机械部分和电机之间，它通常由自下而上串联的三级密封组成。下面详细阐述其结构和工作原理。

2．轴封泵的密封结构和工作原理

在泵轴末端附近设置轴封组件，它的作用是保证在电厂正常运行期间，从反应堆冷却剂系统沿主泵泵轴向安全壳气空间的反应堆冷却剂泄漏量基本为零。轴封组件的三级密封自下而上依次称为 1 号、2 号、3 号密封，其中头两道是按承受全部系统压力设计的轴封，而第三道密封只是一个泄漏水导流轴封，即将第二道密封的泄漏水导流至收集点。密封是指避免反应堆冷却剂系统的水泄漏至安全壳气空间。图 3.17 给出的主泵轴封组件示出了三道密封相对位置。轴封组件通过主法兰装到轴上，与泵轴同心放置。这些轴封装在一密封外罩内，而外罩由螺栓固定在主法兰上。

1）1 号密封

1 号密封位于泵轴承上方，它是密封组件中最重要的部件，又称主密封。它是一种密封表面彼此不接触的依靠液膜悬浮的流体动力密封。液膜是由通过此级密封上下游间的压降建立的，因而存在可控泄漏。液膜的形成不需要轴旋转。它的主要部件是一个随轴一起转动的动环和不转动的静环，动环和静环都是不锈钢圆环，表面涂氧化铝，动环和静环的两个断面之间由一层薄水膜相隔，因而不会直接接触产生磨损。在运行中如果两个表面接触，密封就会被破坏，并将发生过量泄漏。1 号密封的压降约为 15.4 MPa，对应的泄漏量为 0.7 m^3/h。

在正常运行时，来自化容系统的高压纯净密封注入水从泵径向轴承与 1 号密封之间以 1.8 m^3/h 流量注入，其中 1.1 m^3/h 经热屏热交换器向下，它阻止高温冷却剂向上进入泵径向轴承和轴封区，此股水流最终汇入泵腔室；其余 0.7 m^3/h 的密封水流通过 1 号密封，一部分流向 2 号密封，其余流回化容系统。

由于通过 1 号密封的泄漏量是预先确定的并受到控制，此种密封又称为"受控泄漏"密封。控制方法是保证静环与动环之间的间隙始终维持一个定值。这是通过利用静环的力的平衡来实现的。

图 3.19 是 1 号密封原理图。动环与轴连在一起转动,静环不能转动,但可以上下移动。
动环与静环间的环状间隙是两段锥度不同的锥面,泄漏由
外侧流向内侧。正常运行时,静环受到 F_1 和 F_2 两个力的
作用,向下的作用力 F_2 等于静环的上表面积与密封两侧
的压差的乘积,在力的平衡图上以矩形 $cdef$ 的面积表示。
向上的作用力 F_1 不仅取决于静环下表面积,而且与两环
之间的间隙大小有关,在力的平衡图上以四边形 $abcd$ 的
面积表示。由于静环下表面采用了不同锥度的间隙,所以
出现了力的断点和拐点。

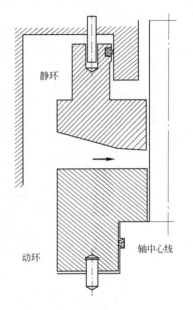

当两环间隙等于设计间隙时,上下作用力平衡,图中,
$A_1 = A_2$,间隙保持不变。

当间隙减小时,阻力增加,拐点 b 上移,上下作用力不
平衡,图中,$A_1 > A_2$,产生向上的推力使静环上移直至受
力平衡为止。

当间隙增大时,阻力减小使拐点 b 下移,上下作用力
不平衡,图中,$A_1 < A_2$,使静环下降恢复至正常值。这样,
靠力的平衡使密封间隙维持在设计值。

应当指出,上述分析中忽略了静环的重量,而在低压
下静环本身的重量是不可忽视的分量。当密封两侧压差
小于 1.9 MPa 时,作用于静环的推力不足以保持间隙。
因此,对于特定的反应堆冷却剂泵,运行规程都规定了启
动的压力阈值。

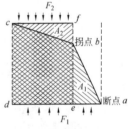
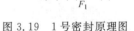

图 3.19 1 号密封原理图

2) 2 号密封

2 号密封的主要作用是阻挡 1 号密封的泄漏,它作为
1 号密封损坏时的备用密封,在 1 号密封失效时,承受全部运行压力,维持一段时间(30 min)
以便停运反应堆冷却剂泵。

2 号密封是一种具有摩擦面的密封。动环密封面材料为碳化铬,静环密封面材料为石
墨。这些密封面材料叫做摩擦副,可以更换。如图 3.20(a)所示,2 号密封的润滑由 1 号密
封泄漏量的一小部分来保证。很小的流量流过 2 号密封,流过 2 号密封的密封水通过 2 号
密封引漏接管收集到反应堆冷却剂疏水箱内。正常工况下,2 号密封前的压力为 0.45
MPa,2 号密封前后压差为 0.35 MPa,通过 2 号密封的泄漏量为 7.6 L/h,这与 1 号密封的
泄漏量相比是很小的。

3) 3 号密封

3 号密封是一个具有摩擦面的双侧型密封,它的作用是将 2 号密封的泄漏引导到排气
疏水系统,从而避免泄漏水进入安全壳。同时,3 号密封还要防止含硼水流产生硼结晶,保
证对密封面材料的润滑和冷却。3 号密封不是按承受全部系统压力设计的,它的结构如
图 3.20(b)所示。

3 号密封由一根立管提供静压头,立管内水柱高出 3 号密封 2 m,从而使 2 号密封建立
并保持了 0.02 MPa 的背压。它的 1/2 流量流经密封的上游侧,冲洗、冷却和润滑摩擦面,

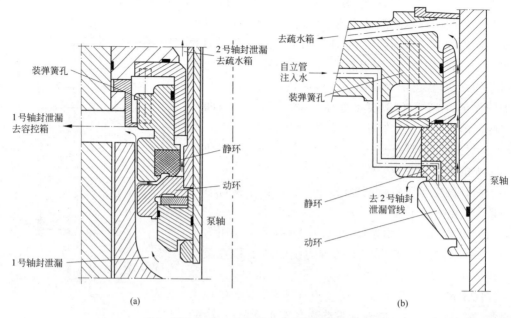

图 3.20　2 号密封和 3 号密封结构

(a) 2 号密封结构；(b) 3 号密封结构

并排入 2 号密封泄漏管线；另外 1/2 流量流过密封的下游侧，冲洗轴封末端并排入排气疏水系统。立管水位还对 2 号密封起监测作用。若 2 号密封损坏，水位上升；若 3 号密封损坏，立管水位下降。

综上所述，安置在泵轴上三级串联的轴封将反应堆冷却剂向安全壳气空间的泄漏减到最小。从化容系统引来的高压纯净轴封水在泵下部径向轴承和 1 号密封之间注入。轴封水引入后分为两路。一路向下，冷却泵径向轴承，并阻止下部高温流体可能沿泵轴向上的泄漏，此部分轴封水最终进入泵壳。另一路向上，进入到密封段，经过 1 号密封的泄漏流引导到化容系统的容积控制箱；经 2 号密封的泄漏流汇集到蓄水立管，为 3 号密封提供恒定的静压，过量的泄漏经立管溢流后和 3 号密封的泄漏一起引导到排气疏水系统的反应堆冷却剂疏水箱。

3. 轴封泵的运行

反应堆冷却剂泵是反应堆冷却剂系统唯一高速运转的设备，又是十分精密的功率强大的设备。为保证正常运行，对泵的运行制定了专门的规程。这里仅择其要点进行介绍。

1) 反应堆冷却剂泵启动的条件

(1) 有关的支持系统：化容系统向反应堆冷却剂泵提供 1.8 m³/h 的轴封水；设备冷却水系统向电机的空气冷却器和油冷却器及热屏热交换器提供冷却水；反应堆硼和水补给系统可用，以便向立管及 3 号轴封供水；反应堆冷却剂泵电动机的电源是由非重要厂用电供给，供电须保证。

(2) 对泵的要求：泵电机上下轴承的油位正常；2 号密封下游立管的水位正常。

(3) 对反应堆冷却剂系统的要求：反应堆冷却剂系统的压力大于 2.3 MPa 时，主泵才能启动，以保证 1 号密封静环、动环的分离。这个压力相应于大于 1.9 MPa 的 1 号密封压差及大于 50 L/h 的 1 号密封泄漏流量。为了防止泵发生汽蚀,必须遵循如图 3.21 所示的运行条件。

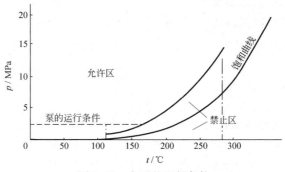

图 3.21 主泵的运行条件

2）主泵的操作要点

（1）主泵启动前,需启动顶轴油泵,油压需高于 4.2 MPa;主泵启动后 50 s 顶轴油泵才能停运。

（2）由于低压,仅靠 1 号密封泄漏量不能保证泵径向轴承润滑时,要打开 1 号密封的旁路管线。只要 1 号密封泄漏量低于 180 L/h,就要开着旁路管线。

（3）主泵停运,须先启动顶轴油泵。

3.3.4　叶轮泵的一般特性

1. 叶轮泵的特性参数

上面介绍的两种类型反应堆冷却剂泵属于离心泵或轴流式泵。它借助于叶轮带动流体旋转把能量传递给流体;流体获取能量后,压力升高,从而实现冷却剂在一回路的强迫循环。叶轮泵的主要特性参数介绍如下。

1）体积流量 q_V

体积流量指单位时间内泵输送的流体体积,单位为 m^3/s。

2）扬程 H

扬程是泵所输送的单位重量流体流经泵所获取的能量,以液柱高表示。

单位重量的液体所具有的能量在水力学中称为水头。水头包括由静压力形成的水头,称为压力水头,其大小为 $p/(\rho g)$;由动压力形成的水头,称为速度水头,其大小为 $w^2/(2g)$;以及由基准面以上高度形成的水头。

3）转速 n

转速指泵叶轮每分钟转数,单位为 r/min。

4）功率 P, P_{ef}

泵功率指原动机输送给泵轴上的功率,又称为轴功率,记为 P。有效功率是根据泵的扬程与流量计算的功率,即在单位时间内,泵对流经的液体所做的有效功率,记为 P_{ef}。其单位都是 kW。P_{ef} 表示为

$$P_{ef} = \frac{g\rho q_V H}{1000} = \frac{\rho q_V H}{102} \tag{3.6}$$

5）效率 η

泵的效率为泵有效功率 P_{ef} 与轴功率 P 之比，又称为泵的效率。泵在工作时，由于存在水力损失（流体在流道中的摩擦和局部阻力）、流量损失（由于密封不严及流体回流）以及机械损失（部件摩擦损耗），因而轴功率不可能完全转变为有效功率。效率是表示泵的动力利用程度的一项重要技术经济指标。由此得到泵从原动机得到的实际功率为

$$P = \frac{\rho q_v H}{102 \eta} \tag{3.7}$$

6）汽蚀余量

汽蚀余量又称为泵的净正吸入压头（NPSH），是用来判断水泵是否发生汽蚀的物理量。

汽蚀是这样一种现象：由于流体动力作用，运动液体的局部压力降低到液体温度下的饱和压力时，液体就开始汽化而形成汽泡，汽泡随液体到达静压超过饱和蒸汽压力的区域时，蒸汽突然凝结而使汽泡破裂。这种破裂在很短时间内发生，周围的液体以极高的速度向汽泡原来所占的空间冲去，产生了强烈的高频水力冲击，从而使泵的构件受到严重损伤。这种液体汽化—汽泡产生、蒸汽凝结—汽泡破裂的整个过程及其一系列现象，称为汽蚀。

当泵吸入口处的压头不能保持使液体通过流道时的最低压力高于饱和蒸汽压力时，就会发生汽蚀。当汽蚀发生时，大量汽泡破坏液流的连续性，流道阻塞，使流阻增大，泵的扬程、效率显著下降。此外，在高频水力冲击（水锤作用）下，流道与液体接触表面上产生局部应力和局部温度升高，并产生噪声和振动，再加上液体与零件材料之间的化学和电化学腐蚀作用，最终造成具有海绵状或蜂窝状特征的汽蚀损坏。

（1）可用汽蚀余量 $H_{NPS,av}$

在冷却剂进入水泵前所剩余的并能有效地加以利用来防止汽蚀的这部分能量称为可用汽蚀余量，记为 $H_{NPS,av}$。它仅和泵进口处绝对压力 p、液体在相应温度下的饱和压力（汽化压力）p_v 以及泵进口截面上的液体平均速度 w 有关，定义为

$$H_{NPS,av} = \frac{p}{\rho g} - \frac{p_v}{\rho g} + \frac{w^2}{2g} \tag{3.8}$$

式中，p 的单位为 Pa；ρ 为水的密度，kg/m^3；速度 w 的单位是 m/s；$H_{NPS,av}$ 代表泵进口处单位重量液体所具有超过汽化压力的富裕能量，以米水柱表示。反应堆冷却剂压力 p 越低，温度越高（p_v 高），则 $H_{NPS,av}$ 就越小，汽蚀危险增加。

（2）必需汽蚀余量 $H_{NPS,re}$

必需汽蚀余量和水泵的结构、转速及流量有关，是衡量水泵抗汽蚀性能好坏的一个物理量。水泵制造厂在产品出厂时应提供 $H_{NPS,re}$。$H_{NPS,re}$ 越小，表明泵的抗汽蚀能力越强。$H_{NPS,re}$ 随转速提高而增加，如给水泵转速为 $5000\sim6000$ r/min 时，其 $H_{NPS,re}$ 约为 20 m，当采用 1500 r/min 时，$H_{NPS,re}$ 约为 9 m；所以低转速泵的 $H_{NPS,re}$ 低于高转速泵。$H_{NPS,re}$ 还随流量增加而增加。$H_{NPS,av}$ 则随流量增加而减少。当水泵进口处超过汽化压力的能量数值（$H_{NPS,av}$）降低到正好等于 $H_{NPS,re}$ 时，叶轮内将开始产生汽蚀。故水泵不发生汽蚀的必要条件是

$$H_{NPS,av} > H_{NPS,re}$$

或

$$\Delta H_{NPS} = H_{NPS,av} - H_{NPS,re} > 0 \tag{3.9}$$

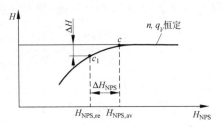

$H_{NPS,re}$ 与流量的关系,目前尚无精确的计算方法,只能由试验得到。当保持流量和转速恒定时,减小 NPSH 直到扬程开始下降(图 3.22),c 点标志汽蚀已发展到一定程度(汽泡常在此之前就发生,但由于不影响或不明显影响外特性,称为潜在汽蚀),但要直接测定临界点 c 很困难。通常用扬程较 c 下降某一 ΔH 值的 c_1 点来代替临界点。由 c_1 所得的汽蚀余量即为泵的必需汽蚀余量。ISO 标准规定 c_1 点的选择为:$\Delta H = (3+x)H\%$,其中离心泵 $x=0$,混流泵 $x=1$,轴流泵 $x=2$。

图 3.22　q_V 恒定条件下的汽蚀试验

在初步分析时,必需汽蚀余量可按下式估算:

$$H_{NPS,re} = \left(\frac{5.62n\sqrt{q_V}}{C}\right)^{4/3} \qquad (3.10)$$

式中,n 为转速,r/min;q_V 为设计流量,m^3/s;C 为经验系数,对单侧进水口混流泵 C 值可取 $900 \sim 1000$。现代大型压水堆电站主泵,设计点附近的 $H_{NPS,re}$ 一般设计在 $0.5 \sim 0.75$ MPa $(50 \sim 75 \text{ mH}_2\text{O})$ 之间。

7) 比转数 n_s

比转数是一个判别泵水力特性的相似准则数,它可以理解为一台假想的标准泵的转速。这台标准泵的过流部分尺寸与所研究的实型泵几何相似,当它在最高效率下,体积流量为 $0.075 \text{ m}^3/\text{s}$、扬程为 1 m、有效功率为 0.735 kW 时,该标准泵的转速称为比转数,以 n_s 表示:

$$n_s = \frac{3.65n\sqrt{q_V}}{H^{3/4}} \qquad (3.11)$$

式中,n(单位为 r/min)、q_V(单位为 m^3/s)、H(单位为 m)均为实型泵在额定工况下的参数。

比转数是从相似理论中引出的一个形似准则数,因此,相似的泵在相似的工况下,比转数相等。然而,同一台泵在不同工况下的比转数并不相等,通常用最佳工况点(最高效率点)的比转数来代表一台泵的比转数。

比转数作为决定泵的相似准则数,其数值大小可以反映一台泵的流量与扬程间的关系。同一型号的泵,比转数越大,则流量越大,扬程越低。

双吸泵等于两台单吸泵并联工作,相应的比转数公式为

$$n_s = \frac{3.65n\sqrt{q_V/2}}{H^{3/4}} \qquad (3.12)$$

多级单吸泵等于几台单吸泵串联工作,其比转数公式为

$$n_s = \frac{3.65n\sqrt{q_V}}{(H/i)^{3/4}} \qquad (3.13)$$

式中,i 表示级数。

2. 叶轮泵的工作原理

通常用速度三角形来研究流体通过工作轮的分速度。图 3.23 是工作轮入口和出口的速度三角形。其中,绝对速度 c 为流体相对于泵体的速度,α 为绝对速度 c 与圆周速度 u 的夹角;相对速度 w 为流体相对于工作轮的速度,β 为相对速度与沿反方向的圆周速度 u 之间的夹角;工作轮任一点的圆周速度 $u = Dn\pi/60$。绝对速度等于相对速度和工作轮圆周速度

的向量和。下标 1、2 分别表示入口和出口参数；下标 u 表示相对速度和绝对速度在圆周方向上的分量；在入口和出口处，绝对速度的圆周法向分量分别以 c_{m1} 和 c_{m2} 表示。

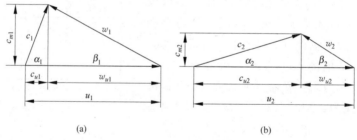

图 3.23　速度三角形示意图

(a) 入口速度三角形；(b) 出口速度三角形

将动量矩定理用于流经工作轮流道的流体质量，则可得到离心泵的理论扬程的表达式。动量矩定理说明：物体对于旋转轴线的动量矩对时间的变化率，等于作用在物体上的合力对于同一轴线的力矩。

现在研究充满工作轮的两相邻叶片间的流体运动。叶轮泵的工作原理如图 3.24 所示。在时间 $t=0$ 时，该流体的位置为 $abcd$，经过时间间隔 dt 后，该流体的位置变为 $efhg$，自工作轮流道流出的无限薄的液层 $abfe$ 的质量用 dm 表示，该质量等于在 dt 时间间隔内进入工作轮流道的液体（以 $cdgh$ 表示）的质量。位于工作轮两叶片间的流体 $abhg$，在 dt 时间间隔内动量矩没有变化，因此，流道内整个容积的动量矩变化等于进入工作轮的质量 $dm(cdgh)$ 和自工作轮排出的质量 $dm(abfe)$ 的动量矩的变化。这个动量矩的变化等于作用在工作轮两叶片间流体上的全部外力矩。用 M 表示外力矩，则动量矩定理表示如下：

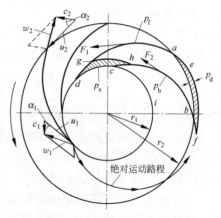

图 3.24　叶轮泵的工作原理

$$M = \frac{dm}{dt}(r_2 c_2 \cos\alpha_2 - r_1 c_1 \cos\alpha_1) \tag{3.14}$$

作用于叶片间流体上的外力有以下几种。

(1) 每个叶片两侧的压力 p_f 和 p_b 之差。

(2) 在微小流体截面的端面 ab 和 cd 上的压力 p_d 和 p_s。这些压力产生径向力，而径向力对于旋转轴线的力矩等于零。

(3) 水力摩擦力。这个力的方向与流体相对运动的方向相反，并产生一个力矩附加在工作轮叶片所产生的力矩上。在理想流体中，水力摩擦力可略去不计。

当 dm/dt 扩展到整个工作轮流道时，它表示流经工作轮的质量流量的时间变化率。质量流量等于 ρq_V。将该值代入式(3.14)并在等式两边都乘以角速度 ω，可得

$$M\omega = \rho q_V \omega (r_2 c_2 \cos\alpha_2 - r_1 c_1 \cos\alpha_1) \tag{3.15}$$

式(3.15)的左边是工作轮叶片作用于流体的轴功率 P。将 $u_2 = \omega r_2$，$u_1 = \omega r_1$，$c_2 \cos\alpha_2 = c_{u2}$，

$c_1\cos\alpha_1 = c_{u1}$ 代入上式,得

$$P = \rho q_V(u_2 c_{u2} - u_1 c_{u1})$$

若认为从工作轮到总扬程测定点之间没有扬程损失,则 P 是理想泵的有效功率。将式 (3.6)代入上式得

$$g\rho q_V H = \rho q_V(u_2 c_{u2} - u_1 c_{u1})$$

从方程两边消去 ρq_V,得到扬程 H 的表达式为

$$H = \frac{u_2 c_{u2} - u_1 c_{u1}}{g} \tag{3.16}$$

由于将在泵的实际总扬程测量点之间的全部水力损失略去不计,所以 H 值是理论扬程,方程(3.16)称为欧拉方程式。由图 3.23 的速度三角形可知

$$w_1^2 = c_1^2 + u_1^2 - 2u_1 c_1 \cos\alpha_1$$
$$w_2^2 = c_2^2 + u_2^2 - 2u_2 c_2 \cos\alpha_2$$

代入欧拉方程式,得

$$H = \frac{c_2^2 - c_1^2}{2g} + \frac{u_2^2 - u_1^2}{2g} + \frac{w_1^2 - w_2^2}{2g} \tag{3.17}$$

式(3.17)的第一项表示流过工作轮的流体动能增量,第二项和第三项共同表示从叶轮入口到出口间的压力的增加量。

在式(3.16)中,如果液体进入工作轮时没有圆周分速度,即 $c_{u1}=0$,则欧拉方程式简化为

$$H = \frac{u_2 c_{u2}}{g} \tag{3.18}$$

这是一个线性方程式,它表示扬程随流量的变化情况。当 u_2 和 c_{u2} 增加时,泵的扬程增加。将

$$c_{u2} = u_2 - w_{u2} = u_2 - \frac{c_{m2}}{\tan\beta_2}$$

代入式(3.18),此处 c_{m2} 为 c_2 的径向分量(见图 3.23),得

$$H = \frac{u_2^2}{g} - \frac{u_2 c_{m2}}{g\tan\beta_2} \tag{3.19}$$

在式(3.19)中,c_{m2} 与流量成正比,因为 q_V 等于 c_{m2} 与垂直于 c_{m2} 的面积的乘积。因此,可以做出流量-扬程曲线如图 3.25 所示。当流量为零时,它与扬程轴相交于点 $(0, u_2^2/g)$,而与 q_V 或 c_{m2} 轴相交于点 $(u_2 \tan\beta_2, 0)$。该直线的斜率与角 β_2 有关。当 $\beta_2 = 90°$ 时,流量扬程曲线与流量轴平行;当 $\beta_2 < 90°$ 时,扬程随流量的增加而减小;当 $\beta_2 > 90°$ 时,扬程随流量的增加而增加。

如果吸入结构使工作轮入口前的液体已经产生预旋,即 $c_{u1} \neq 0$,则式(3.16)中的第二项不等于零。可用下述方法求得流量扬程曲线:

$$H' = \frac{u_1 c_{u1}}{g}$$

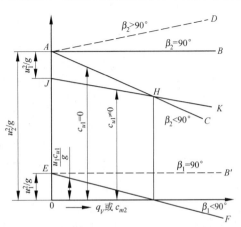

图 3.25 欧拉流量-扬程曲线

与推导式(3.19)的方法一样,将三角关系代入,得

$$H' = \frac{u_1^2}{g} - \frac{u_1 c_{m1}}{g\tan\beta_1} \tag{3.20}$$

该式与式(3.19)的形式相同,也表示与扬程轴交于点 $\left(0, \dfrac{u_1^2}{g}\right)$ 的直线。当 $\beta_1 = 90°$ 时,该直线与流量轴平行;$\beta_1 < 90°$ 时,是一条下降的曲线(图 3.25 中的 EF 线)。自 AC 线的纵坐标中减去 EF 的纵坐标即得表示欧拉扬程的 JK 线。虽然由于工作轮入口形状的影响,预旋有时是不可避免的,但是,采用特殊装置来谋求任何方向的预旋都不会带来什么收益。由于这个理由,在离心泵中从来不用入口导向叶片。

3．叶轮泵的特性曲线

1）特性曲线

图 3.25 给出的是泵的理论上的特性曲线,在对实际流体计入各项损失后,才能得出它们的实际性能曲线。实际性能曲线只能通过实验得到。

如前所述,叶轮泵的主要参数有 H、q_V、n、P、η、H_{NPS} 等,这些参数之间有一定的内在联系。通常将反映主要参数之间关系的曲线称为泵的特性曲线。

在一定转速下,扬程与流量(H-q_V)、功率与流量(P-q_V)以及效率与流量(η-q_V)三组关系曲线称为泵的特性曲线,有时还增加一条汽蚀余量与流量关系曲线。图 3.26 给出了一组离心泵的特性曲线。由此图可知,效率曲线具有最高值,若泵的设计工况点取在此值附近,则使用最为经济合理。

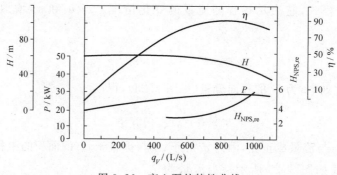

图 3.26　离心泵的特性曲线

由于泵的结构形式和几何尺寸是多种多样的,相应的泵的曲线也各不相同。利用比转速的概念,可以将一系列几何形状相似的泵予以分类。根据 n_s 的不同,将泵分为离心泵、混流泵、轴流泵三大类,它们的扬程-流量曲线具有不同的特点。表 3.3 给出了各种比转数下泵叶轮形状及其相应的特性曲线。

从功率曲线"P-q_V"可知,低比转速泵的功率随流量加大而增加。随着比转速增高,功率随流量的增加趋于平缓,混流泵的功率曲线显示出当流量增加时,功率反而下降。轴流泵的功率在小流量时取得最大值,而流量加大时反而下降。根据 P-q_V 特性曲线的不同,泵的启动方法也不同。一般离心泵采取关闭排出管阀门启动,而轴流泵却不能用此法启动,以免电动机过载烧毁。现代压水堆核电厂中一回路主管道上都不装阀门。

表 3.3　各种比转数下泵叶轮形状及其相应的特性曲线

水泵类型	离 心 泵			混 流 泵	轴 流 泵
	低比转数	中比转数	高比转数		
比转数	$30 < n_s < 80$	$80 < n_s < 150$	$150 < n_s < 300$	$300 < n_s < 500$	$500 < n_s < 1000$
叶轮简图					
尺寸比	$\dfrac{D_2}{D_0} \approx 3$	$\dfrac{D_2}{D_0} \approx 2$	$\dfrac{D_2}{D_0} \approx 1.4\sim1.8$	$\dfrac{D_2}{D_0} \approx 1.1\sim1.2$	$\dfrac{D_2}{D_0} = 1.0$
叶片形状	圆柱形叶片	入口处扭曲 出口处圆柱形	扭曲形叶片	扭曲形叶片	轴流式翼型片
工作性能曲线					

从效率曲线"$\eta\text{-}q_V$"看,低比转速泵的 $\eta\text{-}q_V$ 曲线比较平稳,尤其在高效率点两侧更为平坦,其高效率区较宽;而高比转速泵的 $\eta\text{-}q_V$ 曲线变化比较剧烈,高效率区域较窄,要达到高效率比较困难。

为了分析相似泵的性能,采用无因次特性曲线表示方法。将最优点的流量、扬程、轴功率和效率取为 100%,其他工况点用百分比表示,这样可以显示不同比转速泵的特性曲线的差别。

核电厂冷却剂泵的流量-扬程曲线由总体性能确定之后,主泵电机转速在 50 Hz 时一般采用 1500 r/min,这样实际上就决定了主泵的比转数 n_s。此数值一般在 340～465 范围内,属于混流泵范围。主泵一般具有陡降的性能曲线,这种特性有一个优点:当实际的主冷却剂系统阻力低于计算值时,主泵的流量变化较小。为了获得较高的效率和较大范围内稳定的特性曲线,需要进行水力模型实验研究。

2)泵的工作点

泵的工作点就是泵工作在某瞬时的实际流量、扬程、轴功率及效率等的总称,它表示了泵的工作能力。泵的工作点与管路系统特性曲线有关。

管路系统特性曲线,就是管路中通过的流量与所需要消耗的能头的关系曲线。管路系统所需的扬程 H 取决于液体在系统的终点与始点的静压差、位能差及液体通过系统的阻力。管路系统中的阻力损失 h_w 与流量的平方成正比,即 $h_w = \varphi q_V^2$,所以,管路系统特性曲线是一条抛物线,如图 3.27 所示。

管路系统特性曲线与泵的 $H\text{-}q_V$ 曲线的交点 M 为该系统的工作点。在此点流体所需的能量与泵提供的能头相平衡。由工作点可定出泵的工作流量 q_V 和扬程等参数。在确定工作点时,应尽可能使工作点处于泵的高效区范围内,以提高运行的经济性。

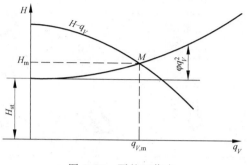

图 3.27　泵的工作点

3.3.5　泵的全特性曲线

前述泵的各种特性曲线都是水泵在正常运行情况下的性能曲线。这里所说的"正常运行工况"是指泵的转动方向和水流方向均属正向，其工作参数均属正值，即 $+n$（正常情况下叶轮向着规定方向旋转）、$+q_V$（水流从泵汲入口流向排水口）、$+H$（泵出口压力高于汲入口压力）、$+P$（动力机向泵轴输入功率）、$+M$（原动机加在泵轴上的转矩方向与正转方向相同），特性曲线位于 $H\text{-}q_V$ 坐标系的第一象限内。然而，在实际中，泵可能在某些异常情况下运行。本节将讨论泵在其扬程、转速、流量、转矩超出正常运行范围之外的情况。在异常的运行工况下，水泵可能在这些参数中的一个或几个具有负值的情况下运行，相应的性能曲线会布满 4 个象限。其中，某些特殊运行工况是不可避免的，另一些情况是偶然发生的，还有些情况只可能在实验室内或在从一个工况过渡到另一个工况时才发生。综合泵所有可能出现的各种运行工况下的各种参数组合，就称为泵的全特性曲线。

研究泵的全特性曲线，对于核电厂安全分析有重要意义，因为流体回路的瞬态过程主要受到泵的瞬态过程影响，并往往由泵的瞬态过程引发。泵的启动和停止都属于核电厂的日常操作。丧失动力源及操作失误引起的泵运行故障，相对地说是比较平常的事故。

迄今为止，泵的全特性曲线只能借助试验获得。为了使同一组特性曲线能适用于与之相似的泵，在构造特性曲线时，扬程、流量、转速和转矩往往均以最高效率工况时各值的百分数表示，公式为

$$h = \frac{H}{H_R}, \quad \nu = \frac{q_V}{q_{V,R}}, \quad \alpha = \frac{n}{n_R}, \quad \beta = \frac{M}{M_R} \tag{3.21}$$

式中，下角标 R 表示各量的额定值，h、ν、α、β 分别表示上述各量的无量纲值。

对于一台泵来说，扬程 h、流量 ν、转速 α 和转矩 β 中，只有两个运行参数是独立的，另外两个参数将由泵的特性决定。通常，假设泵的瞬态特性与稳态时相同。

为了在一张图上表示出这 4 个参数的所有试验数据，取 4 个参数中的两个作为独立的坐标，而其余两个作为参变量。显然，由各对自变量可以有 6 种组合。但是，实际使用表明，用转速和流量作坐标轴画图最为方便。图 3.28 为离心泵的 $\alpha\text{-}q_V$ 坐标轴上的 8 个工况区。

由图 3.28 可以看出，$\alpha\text{-}\nu$ 平面被无量纲流量 ν 轴、无量纲转速 α 轴，以及零扬程（$h=0$）曲线、零转矩（$\beta=0$）曲线分成 8 个扇形区域。其中有两个水泵工况区——第一象限的正转

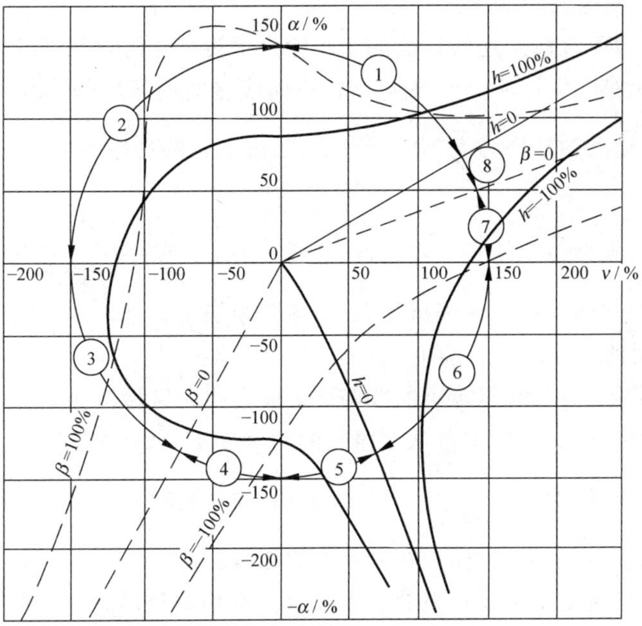

图 3.28　离心泵的 8 个工况区

水泵工况区①和第四象限的反转水泵工况区⑤；两个水轮机工况区——第三象限的正转水轮机工况区③和第一象限的反转水轮机工况区⑦。任何相邻的两个有用工况区(不管是正还是负)之间，都有一个耗能的工况区把它们隔开。例如第一象限的正泵和第三象限的正水轮机之间就被第二象限的耗能工况区分开。在耗能区既不对水流做有用功，也不利用水流做有用功。

下面分别研究各运行工况区的状态及运行特性。

1) 正转水泵工况区——①区

该区在第一象限，由 α 轴与零扬程曲线 $h=0$ 界定。该区中，H、q_v、M、n 均为正，水泵吸收动力机功率$\left(\dfrac{\pi}{30}M \cdot n > 0\right)$，并将能量传递给水，水流获得的能量为 $\rho g q_v H > 0$。

与通常的水泵特性曲线相比，全特性曲线上的①区描述了水泵各种不同转速下(包括零转速)的流量特性、扬程特性、转矩特性。

2) 正转逆流制动工况区——②区

图 3.28 的第二象限，$\alpha>0$，$\nu<0$，$h>0$，$\beta>0$，水泵轴得到的功率 $\dfrac{\pi}{30}Mn>0$，水泵输出的功率为 $\rho g(-q_v)H<0$，即水泵没有给水输送能量，反而水流过泵后能量减少。这部分减少的能量与由动力机传递给泵的能量相抵消，反向的水流使正转的水泵逐渐减速，所以这一工况区叫制动耗能工况区。

泵在运转中忽然失电时，由于水泵机组转子不能维持原有的恒定转速，因而其工作扬程随之降低，一旦工作扬程低于实际水头时，即出现此情况。两台扬程相差很大的水泵并联运转时，低扬程泵也属于这种工况。

3）正水轮机工况区——③区

水泵因动力故障而过渡到逆转逆流的正水轮机运转工况时，泵的转速和流量均为负值，其对应于图 3.28 上第三象限中，$-\nu$ 轴与零转矩曲线之间的区域（$\nu<0,h>0,\alpha<0,\beta>0$）。这时水泵由动力机输入的功率为 $\frac{\pi}{30}M(-n)<0$，水流吸收的功率为 $\rho g(-q_v)H<0$，即水流

过水泵后能量减少，水泵像水轮机一样运行，其效率为 $\eta=\dfrac{\dfrac{\pi}{30}(-n)M}{\rho g H(-q_v)}>0$。

并联运转着的泵，当其中一台失掉动力后，该泵很快就会进入本工况。

4）倒转逆流制动工况区—— ④区

图 3.28 第三象限 $\beta=0$ 的零转矩曲线与 $-\alpha$ 轴之间的区域为逆转逆流制动工况区，在该区 $h>0,\nu<0$, $\beta<0,\alpha<0$。水流从泵吸收的功率 $\rho g H(-q_v)<0$，即水流过泵后能量减少，水泵由动力机吸收的功率为 $\frac{\pi}{30}(-M)(-n)>0$，加在泵轴上的功率消耗在过泵水流的摩擦阻力上，叶轮像制动器一样，消耗加在泵轴上的能量。

本区是指动力机拖动水泵在较高的正实际水头作用下反转，由于离心泵反转产生的正扬程低于正实际水头，故水倒流（若为轴流泵，则反转产生负流量和负扬程）。

5）反转水泵工况区——⑤区

在反转水泵工况，水泵由动力机拖动反转，水泵的 α、β 均为负值；而对于离心式水泵，产生正的扬程和流量，水泵由动力机输入的功率为 $\frac{\pi}{30}(-M)(-n)>0$，水泵输出功率为 $\rho g H q_v>0$。

与离心泵不同的是，混流泵和轴流泵的零扬程曲线位于第三象限，其反转水泵工况亦位于第三象限，其输出功率为 $\rho g(-H)(-q_v)>0$。

6）倒转正流制动工况区——⑥区

第四象限 $h=0$ 曲线与 $+\nu$ 坐标轴之间的区域为倒转正流制动工况区，该区泵汲入口压力高于排水口压力，$h<0$，水流从汲入口流向排水口，$\nu>0,\alpha<0,\beta<0$，水泵吸收功率为 $\frac{\pi}{30}(-M)(-n)>0$，水泵输出功率为 $\rho g(q_v)(-H)<0$。因此水泵从动力机吸收的功率被水流量的减少所消耗，水泵像制动器那样转动，没有做有用功。

本区是指水泵在动力机驱动和负实际水头作用下反转，其流量小于在自然实际负水头作用下的自流流量，反转的叶轮对负实际水头作用下的正流量起阻滞作用。

7）倒转水轮机工况区——⑦区

在该工况区中，$\alpha>0,\beta\leqslant0,\nu>0,h<0$ 水泵吸收功率为 $\frac{\pi}{30}(-M)n<0$，水泵输出功率为 $\rho g q_v(-H)<0$。水流过泵后能量减少，水泵向动力机输出功率。

本区的特点是水泵在负水头作用下使动力机正转，流量为正，串联运行的水泵，下游水泵动力中断，而水依然正流。泵在正向水流冲动下正向转动属于此工况。

8）正转正流制动耗能工况区——⑧区

在图 3.28 第一象限，$\beta=0$ 曲线与 $h=0$ 曲线之间的区域为正转正流制动耗能工况区。

该区 $\nu>0$, $h<0$, $\alpha>0$, $\beta>0$，水泵吸收功率为 $\dfrac{\pi}{30}Mn>0$，其输出功率为 $\rho g q_v(-H)<0$，即水流过泵后能量减少，动力机输给泵的功率被正向水流所消耗。

本区是指水泵在动力机驱动和负实际水头作用下正转，由于水泵在动力机驱动下的正转流量小于负实际水头作用下的自流流量，水泵对自流水头而言起阻滞作用。

上面对离心泵可能存在的 8 个运行工况进行了分析，各运行工况参数特点归纳在表 3.4 中。

表 3.4   离心泵的 8 个运行工况

参数 \ 序号	1	2	3	4	5	6	7	8
n	+	+	−	−	−	−	+	+
q_v	+	−	−	−	−	+	+	+
H	+	+	+	+	+	−	−	−
M	+	+	+	−	−	−	−	+
工况	正水泵	耗能	正水轮机	耗能	反水泵	耗能	反水轮机	耗能

如图 3.29 所示为 $n_s=77$ 的泵的全特性曲线图，从曲线上任一点，可以查出相应的 ν、h、α、β 值。今以 $h=100\%$ 的等扬程线为例，简要说明泵的运行工况从一个工况向另一工况的过渡。

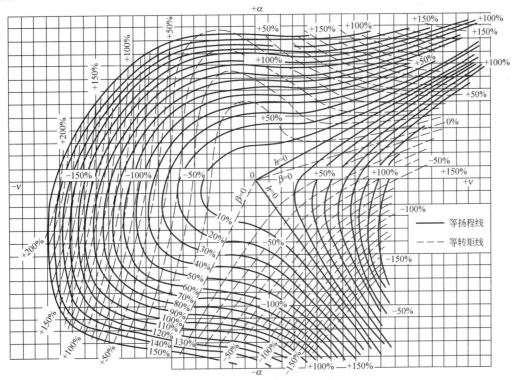

图 3.29   离心泵的全特性曲线

设 A_0 点为泵的正常工况点，泵轴在外加转矩 $+\beta_0$ 作用下，以转速为 $+\alpha_0$ 和流量为 $+\nu_0$ 运转，并位于第一象限的水泵工况区（图 3.30）。随着正转矩的减小，转速和流量降低（保持泵扬程不变，仍为 $h=+100\%$），工况点由 A_0 降至 A_1、A_2、……。当降至 B 点时，转速减小为 α_B，流量变为零。如果转速继续减小，水便开始倒流，这时要维持泵正转必须加大正向外加转矩以阻止倒泄水流形成的反向转矩。当倒泄流量增大到某一值 ν_C 时，转速 $\alpha=0$（图 3.30 上的 C 点）。此时外加转矩和倒泄水流产生的反向转矩相平衡。从 B 点到 C 点为正转倒流，称为泵制动耗能工况（简称制动工况），此后如减小正外加转矩，泵在倒泄水流的作用下开始反转，转速为负值，进入第三象限的倒转倒流水轮机工作状态，称为水轮机工况。随着 $+\beta$ 的减小，倒转转速逐渐加大，这时倒泄流量则因转速加大引起的惯性离心力的加强而由大变小。当作用在泵轴上的转矩降为 $\beta=0$ 时，即泵在倒泄水流冲击下空转时，则机组处于所谓飞逸状态（图 3.30 的 D 点），此时的转速称飞逸转速 α，由于泵扬程不变（$h=+100\%$），机组即在这一状态下稳定运转。此后如继续使泵加速倒转，即在泵轴上加反向转矩 $-\beta$，则倒泄流量逐渐减小，当 $-\alpha$ 达某一值时，流量变为零（图 3.30 的 E 点）。在这一过程中，倒转转速加快而倒泄流量减小，称水轮机制动工况，此后如再加大倒转速度，水又开始正流而进入第四象限倒转水泵工况（图 3.30 的 F 点）。同理可得 $h=+90\%$，$h=+80\%$，…，$h=0$ 时的 ν-α 曲线，最后即可得到一组 $+h$ 时的等扬程曲线。

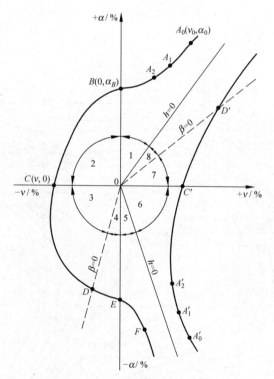

图 3.30　等扬程曲线的绘制及其变化

下面讨论负等扬程曲线的变化。设泵在第四象限以 $h=-50\%$，泵倒转和正流的点 A_0' 处运行。随着外加负转矩的减小，倒转转速降低，正流量逐渐减少。当 $-\alpha$ 减小到一定值时，由于负扬程的作用，流量略有增大，直到 $\alpha=0$，此时 $\nu\text{-}\alpha$ 曲线与横坐标交于 C' 点，即 $-h$ 对泵产生的转矩和加在轴上的负转矩相平衡。在此运行区，泵倒转、水正流，称倒转水泵制动工况。随着负转矩进一步减小，泵在 $-h$ 作用下开始正转、正流而进入第一象限反转水轮机工况。直到 $\beta=0$（图 3.30 的 D' 点），泵在扬程 $h=-50\%$ 的作用下而空转达到飞逸状态。此后在外加正转矩作用下，正转转速继续提高，泵在 $-h$ 和正转矩作用下，流量不断增大，$\nu\text{-}\alpha$ 曲线直线上升。由于这时所加的正转矩并没有对泵做出有效功（因水通过泵后能量减小），而消耗在水流加速的摩阻上，所以此工况称为倒转水轮机制动耗能工况区。

关于图 3.29 中的等转矩 β 曲线组的绘制及其变化规律也可做出类似的解释。从图 3.29 可以看到，一对 $h=0$ 线就是正负等 h 线的渐近线，一对 $\beta=0$ 线就是正负等 β 线的渐近线。

泵的全特性曲线也可用 $\pm q_V$ 和 $\pm H$ 作为坐标绘制。图 3.31 示出了 3 个不同比转速泵的转速特性。图中 $n=+1$ 表示泵正方向 100% 转速；$n=0$ 表示泵不转；$n=-1$ 表示泵反方向 100% 转速。

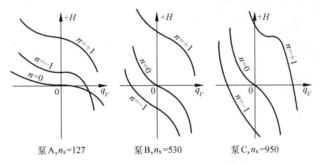

图 3.31　不同比转速泵的特性曲线

泵 A 是一台离心泵，$n_s=127$，在正常工作区域的特性曲线已为大家熟知。反转时因叶轮出水方向和蜗壳导流方向相反，水力损失很大，故产生的正扬程很小。泵 B 是一台混流泵，$n_s=530$，由于叶轮的形状在反转时主要产生负扬程，不能向正方向打水。泵 C 是一台轴流泵，$n_s=950$，反转时的负扬程更大。

离心泵、混流泵和轴流泵由于叶片的形式及水流通过叶轮的方向不同，其特性曲线的形状和各工况区的范围都有较大差异。

图 3.29、图 3.32、图 3.33 分别为 $n_s=77$ 的离心泵、$n_s=950$ 的轴流泵、$n_s=530$ 的混流泵的全特性曲线。从图中可以看出，只有离心泵反转情况下的零扬程曲线位于第四象限，因而，离心泵的全特性曲线中，第三象限有两个工况区（水轮机工况区和反转逆流制动工况区），第四象限也有两个工况区（反水泵工况区和反转正流制动工况区）。然而，轴流泵和混流泵反转情况下的零扬程曲线位于第三象限，因此，此类水泵的反水泵工况区也在第三象限，而第四象限的区域全部为反转正流制动工况区。

从特性曲线的形状来看，离心泵的等扬程曲线和等转矩曲线表示出较大的曲率变化，具

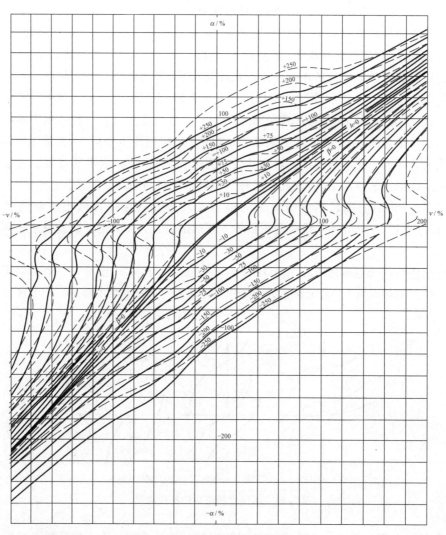

图 3.32　轴流泵的全特性曲线($n_s = 950$)

有较低的关死点扬程和转矩,在关阀的情况下,离心泵的转矩比同转速下开阀情况下的转矩小得多。与离心泵的全特性曲线相比,轴流泵的全特性曲线则迥然不同。轴流泵的等扬程曲线和等转矩曲线比较陡峻,转速和流量变化会导致其扬程和转矩剧烈改变。轴流泵具有很高的关死点扬程和转矩,因而这类泵一般不允许关阀启动。

　　一般来说,混流泵显示出类似于轴流泵的性能,它反转时,不产生正的流量和扬程,关死点的扬程和转矩介于离心泵和轴流泵之间,因此,混流泵的全特性是离心泵与轴流泵特性曲线之间的过渡。

　　应该指出,上述对泵全特性的讨论,是就可能发生的工况而言。在解决实际问题时,要根据具体情况,判断某一工况是否会发生。比如,对于核电厂反应堆冷却剂泵,一般都装有防逆转装置,只要防逆转装置不失效,反转工况就不会发生。

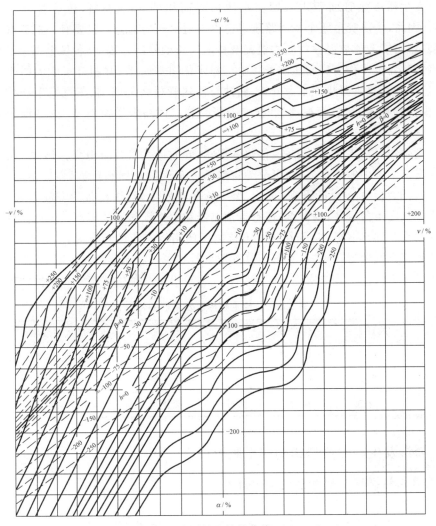

图 3.33　混流泵的全特性曲线($n_s=530$)

3.4　蒸汽发生器

3.4.1　概述

　　蒸汽发生器是压水堆核电厂一回路、二回路的枢纽,它将反应堆产生的热量传递给蒸汽发生器二次侧的给水,产生蒸汽推动汽轮机做功。蒸汽发生器又是分隔一、二回路工质的屏障,它对于核电厂的安全运行十分重要。

　　压水堆核电厂的运行经验表明,蒸汽发生器传热管断裂事故在核电厂事故中居首要地位。据报道,国外压水堆核电厂的非计划停堆次数中约有四分之一是因有关蒸汽发生器问题造成的。美国 1992 年更换磨石-2 堆的两台蒸汽发生器,停堆 192 天,耗资 1.9 亿美元。可见,蒸汽发生器的可靠性是比较低的,它严重地影响着核电厂运行的安全性、经济性及可靠性。

蒸汽发生器传热管面积占一回路承压边界面积的 80% 左右,传热管壁一般为 1～1.2 mm。因而,传热管是整个一回路压力边界中最薄弱的部分。只要有一根蒸汽发生器传热管断裂,就可能造成放射性物质的泄漏及核电厂长期停闭。因此,各核电国家都把改进和研究蒸汽发生器技术作为完善压水堆核电厂技术的重要环节,并制订了庞大的改进研究计划,其中包括蒸汽发生器热工水力分析、腐蚀与传热管材料的研制、蒸汽发生器结构设计的改进、无损探伤技术、传热管振动、磨损疲劳研究和二回路水质控制等。这些课题涉及多个学科。

蒸汽发生器可按工质流动方式、传热管形状、安放形式以及结构特点分类。按照二回路工质在蒸汽发生器中的流动方式,可分为自然循环蒸汽发生器和直流(强迫循环)蒸汽发生器;按传热管形状,可分为 U 形管、直管、螺旋管蒸汽发生器;按设备的安放方式,可分为立式和卧式蒸汽发生器;按结构特点,还有带预热器和不带预热器的蒸汽发生器。尽管核电厂采用的蒸汽发生器形式繁多,但在压水堆核电厂使用较广泛的只有 3 种,分别是立式 U 形管自然循环蒸汽发生器、卧式自然循环蒸汽发生器和立式直流蒸汽发生器,其中尤以立式 U 形管自然循环蒸汽发生器应用最为广泛。表 3.5 给出了几种主要蒸汽发生器的特征。

表 3.5　几种主要蒸汽发生器的特征

类别	放置方式	传热管	蒸汽	生产厂家或国家
自然循环	立式	U 形管	饱和汽	美国西屋公司、美国燃烧公司,法国,德国
	卧式	U 形管	饱和汽	俄罗斯
直流	立式	直管	微过热汽	美国巴布科克·威尔科克公司

3.4.2　蒸汽发生器的典型结构和工质流程

1. 立式自然循环 U 形管蒸汽发生器

1) 工质流程

图 3.34 给出了核电厂普遍采用的蒸汽发生器的总体图,其主要参数见表 3.6。蒸汽发生器由下封头、管板、U 形管束、汽水分离装置及筒体组件等组成。来自反应堆的高温冷却剂经进口接管进入入口水室,然后进入 U 形管束,流经传热管时,将热量传给二次侧,冷却剂经出口水室离开蒸汽发生器。二次侧给水由给水泵输送至给水接管,通过给水环分配到管束套筒与蒸汽发生器外筒体之间的环形下降通道内,在这里与由汽水分离器分离出来的再循环水混合后,向下流动,在底部经管束套筒缺口折流向上,进入传热管束区,沿管间流道向上吸收一次侧的热量,被加热至沸腾,产生蒸汽。汽水混合物离开传热管束后先进入第一级汽水分离器,由此分离出大部分水分,再进入由人字形板组成的第二级汽水分离器。分离出的水向下经疏水管,与其他再循环水混合。经二次分离的蒸汽湿度降至 0.25% 以下,经出口管送往汽轮机。

2) 结构

(1) U 形管束

如前所述,传热管对保障核电厂安全运行极为重要。为寻找高性能耐腐蚀的传热管材,

表 3.6　59/19 型蒸汽发生器的主要设计参数

参　数	数　值
一次侧设计压力/MPa	17.23
一次侧设计温度/℃	343
二次侧设计压力/MPa	8.3
传热管材料	Inconel-690
传热管尺寸/mm×mm	19.05×1.09
传热管数目/根	4474
传热面积/m²	5435
上筒体外径/m	4.48
总高/m	20.8

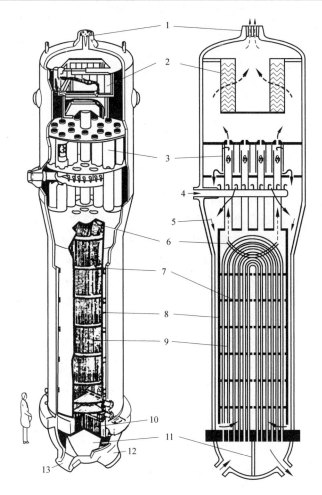

图 3.34　立式自然循环 U 形管蒸汽发生器

1—蒸汽出口管嘴；2—蒸汽干燥器；3—旋叶式汽水分离器；

4—给水管嘴；5—水流；6—防振条；7—管束支撑板；8—管束围板；

9 管束；10—管板；11—隔板；12—冷却剂出口；13—冷却剂入口

做了大量工作。20 世纪 60 年代后，美国采用 Inconel-600 合金（Cr15Ni74Fe），近几年改用经热处理的 Inconel-690 合金（Cr30Ni60）。该材料的抗腐蚀能力有显著改善。然而，大量研究实践表明，任何材料都只有在一定的条件下才具备优良的抗腐蚀性能。传热管的损坏还与蒸汽发生器的热工水力特性和水质条件密切相关。因此，只有从蒸汽发生器的结构设计、管材、水质控制等方面综合研究改进，才能收到预期效果。此外，对于同种管材，采取适当的热处理及表面处理工艺对提高其抗腐蚀性能有重要意义。

（2）管板

管板是二次侧压力边界的一部分，它用低合金高强度钢锻造而成。蒸汽发生器的管板厚度达 500～700 mm，属超厚锻件，要求材料具有优良的塑韧性及淬透性。大型管板的管孔达近万个，而且对孔径公差、节距公差、形位公差及管孔光洁度都有很高要求。因而，深钻孔成为蒸汽发生器制造的关键工艺，也是决定管板制造加工周期的重要因素。

管板下方及与冷却剂接触的表面，应堆焊镍基合金。管板二次侧表面附近，是发生传热管腐蚀最严重的区域之一。在管板表面的杂质淤积及管子与管板间隙的干湿交替现象，可能引起化学物的浓集。所以，现代蒸汽发生器一般采用管板全长度涨管工艺加端部密封焊接，由此来保证管子与管板之间的密封性，消除管子与管板的间隙。管板上表面水平地装设有两根多孔的管道供连续排污用。

（3）下封头

下封头是蒸汽发生器中承受压差最大的部件，通常呈半球形。由于表面开有 4 个大孔，应力状态十分复杂，通常采用冲压成型制造，技术难度大；也有的采用低合金钢铸造，工艺较简单，但须严格控制铸件质量。

（4）管束组件

管束是呈正方形排列的倒 U 形管。管束直段分布有若干块支撑板，用以保持管子之间的间距。在 U 形管的顶部弯曲段有防振杆以防止管子振动。支撑板结构的设计上，应考虑二次侧流体的通过能力、流体的流动阻力，限制流动引起的振动及管-孔间隙中的化学物质的浓缩。早期的支撑板采用圆形管孔和流水孔结构，导致在缝隙区出现局部缺液传热状态，因此产生化学物质浓缩。在电厂冷态工况下，管子和支撑板之间的间隙因二者的膨胀差而扩大，腐蚀产物沉积在间隙内。当高温时，膨胀差使间隙减小，这时管子被压凹，造成传热管凹陷及支撑板破裂。新的设计普遍采用四叶梅花孔（图 3.35）。AP1000 的蒸汽发生器 U 形传热管采用三角形排列，采用三叶梅花孔支撑板。这种开孔将支撑孔和流通孔道结合在一起，增加了管-孔之间的流速，减少了腐蚀产物和化学物质的沉积，使得该区的腐蚀状况大为改善。

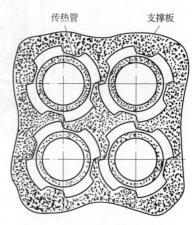

传热管四周用套筒包围，从而将二次侧分隔为下降通道及上升通道，形成二次侧自然循环回路。

（5）筒体组件

蒸汽发生器筒体组件包括上封头、上筒体、下筒体、锥形过渡段等。上封头呈椭球形，蒸汽出口管嘴中有若干文丘里管组成的限流器，用来限制主蒸汽管道破裂时

图 3.35　支撑板四叶梅花形孔

的蒸汽流量,防止事故时对一次侧的过度冷却,以避免反应堆在紧急停堆后重返临界。

上筒体设有给水管嘴并与给水环相连。上筒体还设有入孔,必要时可以进入更换干燥器。下筒体在靠近管板处设有若干检查孔,以便检查该区域内的传热管表面和管板二次侧表面。必要时可用高压水冲洗管板上表面的淤渣。

(6) 二次侧流量分配装置

给水环的位置稍低于第一级汽水分离器,运行时它淹没在水面以下。给水经焊接在环管上的倒 J 形管分配到下降通道。采用这种焊有倒 J 形管的给水分配环是为了避免水排空,防止给水再次进入时,过冷水使蒸汽迅速凝结发生水锤现象。

给水环上倒 J 形管沿周边是不均匀分布的。大亚湾核电厂的蒸汽发生器给水环,80%的给水流向热侧,20%的给水流向冷侧。这种布置使蒸发器两侧的含汽率大致相等,从而避免两侧之间发生热虹吸现象。

在管束下部略高于管板处,有一块流量分配板。板上钻的管孔比传热管的直径大,在中心处钻一大孔用于分配流量。流量分配板与 U 形管束中间设置的挡块相结合,保证径向给水分布大致均匀并以足够大的流速冲刷管板表面。

3) 汽水分离装置

蒸汽发生器的上部设有两级汽水分离器。汽水混合物离开传热管束后经上升段首先进入旋叶式分离器,除掉大部分水分,然后进入第二级分离器进一步除湿。第二级分离器一般是人字形板式干燥器。

旋叶式分离器的结构如图 3.36 所示。在分离筒内装有一组固定的螺旋叶片。当汽水混合物流过时,由直线运动变为螺旋线运动,由于离心力作用使汽水分离,在中心形成汽柱而在筒壁形成环状水层。水沿壁面螺旋上升至阻挡器,然后折返流经分离筒与外套筒构成的疏水通道而进入水空间。当出口管内径与汽水两相充分分层时的蒸汽柱大致相同时,能取得良好的分离效果。

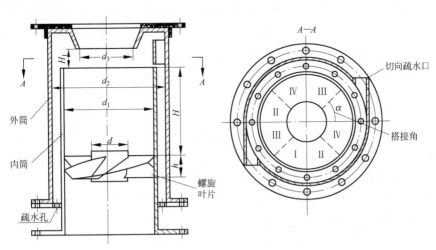

图 3.36　具有切向疏水口的旋叶式分离器

第二级汽水分离器一般采用图 3.37 所示的带钩波纹板分离器。汽水混合物在波纹板间流动过程中多次改变流动方向,从而使夹带的小水滴被分离出来。波纹板上的多道挡水钩收集板面水膜并捕集蒸汽流中的水滴,分离出的水汇集后沿凹槽流入疏水装置。

汽水分离器是自然循环蒸汽发生器的重要部件。这不仅由于合格的蒸汽品质是汽轮机安全经济运行的重要条件之一,还由于自然循环蒸汽发生器的尺寸在很大程度上取决于汽水分离装置的结构和工作特性。

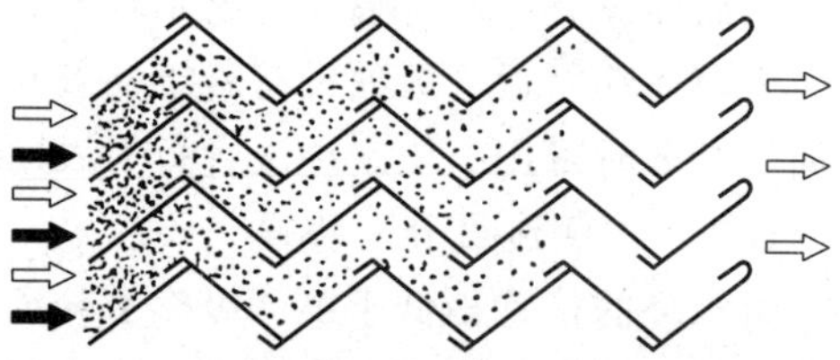

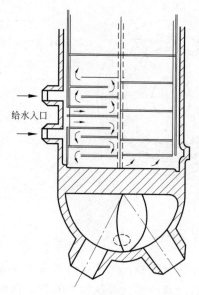

图 3.37　带钩波纹板分离器的工作原理

汽水分离器的主要性能指标如下。

（1）出口的蒸汽湿度

欧美各国规定,自然循环蒸汽发生器的蒸汽湿度为 0.25%。这就要求分离器具有高的分离效率。

（2）分离器的阻力

在蒸汽发生器二次侧自然循环的总压降中,分离器的阻力占有重要份额。目前倾向于提高循环倍率,要解决的重要课题之一是降低分离器的阻力。但是这通常与提高分离效率是相矛盾的。

（3）单位面积的蒸汽负荷

提高单位面积的蒸汽负荷意味着减小蒸汽发生器上筒体的直径。这是决定分离器尺寸的重要指标,目前已达到 100 kg/(m² · s) 以上的水平。

（4）蒸汽下携带量

在分离过程中,少量蒸汽难免会被疏水卷入而进入再循环。被夹带的蒸汽可能使水位发生波动,蒸汽进入下降通道影响水循环等。因此,分离器的疏水结构应能防止蒸汽回流。蒸汽下携带量定义为一次分离后疏水中所含蒸汽的重量百分数。正常运行时,此值应小于 1%。

以上介绍的立式 U 形管自然循环蒸汽发生器没有设置预热器。为了充分利用一次侧出口区的传热面,许多厂家设计了带预热器的蒸汽发生器,即在 U 形管束一回路侧出口布置了一体化预热器。在预热器中装有横隔板,使工质横向冲刷管束。部分给水由下部筒体进入预热器,在预热区被加热至接近饱和温度。图 3.38 给出了这种预热器的结构。

设置预热器可以提高二次侧压力,这一点可以通过图 3.39 予以说明。图中给出了温度随管长的变化。图中实线表示没有预热器的情况,其中的蒸汽温度受拐点 P_1 处温度的限制。虚线表示加了预热器后二次侧流体温度的变化。热段的二次侧流体温度按 A 线变化,而在预热器的二次侧流体温度则按 B 线变化,流体在距离管板较远处才达到饱和温度,所以拐点移到 P_2 处,从而提高了蒸汽温度。

给水入口

图 3.38　蒸汽发生器的预热器

2.卧式 U 形管自然循环蒸汽发生器

俄罗斯和一些东欧国家的压水堆核电,广泛采用卧式自然循环蒸汽发生器。这种卧式蒸汽发生器为水平

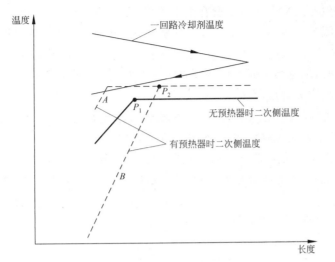

图 3.39 U 形管蒸汽发生器温度沿传热管长的变化

放置的单壳体结构(见图 3.40)。给水预热、二次侧蒸汽的产生、汽水分离及蒸汽干燥都在同一个外壳内进行。壳体由圆柱形筒体和封头组成。壳体沿高度方向分成两部分:上部为汽水分离器,下部为淹没在水面以下的 U 形管加热区。U 形管束固定在两个立式圆柱形联箱上。传热管束采用奥氏体不锈钢,管子内表面进行电化学抛光,外表面进行研磨,以提高管材的抗腐蚀能力。给水通过管束上方的给水总管进入蒸汽发生器。为了防止壳体产生过大的热应力,在给水总管贯穿壳体部位设有保护衬套。装在联箱上的给水分配短管垂直插入到 U 形管束中间,从给水总管来的给水通过这些多孔配水管进入换热器区域。这样附近的管排间隙就成为下降通道。其他管排间隙与管束及筒体的间隙即为上升通道。这里的上升与下降通道不像立式自然循环蒸汽发生器的那样分明。正常水位一般控制在最上一排传热管以上 300～400 mm。设置在汽空间的百叶窗式汽水分离器用来提高蒸汽干度。在百叶窗汽水分离器的上方装备有集汽顶板。它是一块多孔隔板,用来使流向蒸汽母管的汽流变得均匀、稳定。为保证水质,在壳体最低点设有连续排污管。

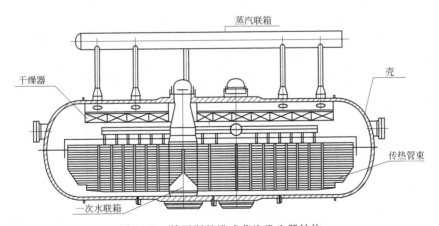

图 3.40 俄罗斯的卧式蒸汽发生器结构

这种蒸汽发生器的最大优点是没有水平管板，取而代之的是立式圆柱形连箱。在连箱表面不会形成滞流区。传热管根部具有一定的流速，杂质不会在这里沉积和浓缩，因而可避免传热管与联箱结合部位的腐蚀破裂。这已被良好的运行记录所证明。其另一个优点是具有较大的蒸汽空间，单位蒸发面的负荷较立式蒸汽发生器的小，因而采用较简单的汽水分离装置就能保证蒸汽质量满足标准。

卧式蒸汽发生器的缺点是出口蒸汽的湿度对水位波动比较敏感，因而对水位控制要求较高；另一个缺点是卧式安放，不便于在安全壳内布置。

俄罗斯的这种蒸汽发生器经过几次改进，包括采用较小直径的传热管使受热面积增加，联箱内腔结构改进以便允许修理和更换有缺陷的传热管。新型大功率蒸汽发生器示于图 3.40。其蒸发量为 1470 t/h，壳体直径为 4.4 m，长 14.5 m，传热管尺寸 16 mm×1.5 mm，共有传热管 9157 根。我国田湾核电站采用的是俄罗斯设计的卧式蒸汽发生器。

3. 直流式蒸汽发生器

在直流式蒸汽发生器中，二次侧工质的流动靠强迫循环。由给水泵输送给水流经传热管，在热侧流体的加热下，给水经预热、蒸发、过热而达到所要求的温度。尽管由于压水堆核电厂一次侧温度的限制，核电厂的直流蒸汽发生器只能产生微过热的蒸汽，但是这对于提高汽轮机工作的可靠性和提高循环热效率还是有利的。

直流蒸汽发生器有管外直流和管内直流两类。管内直流指二次侧工质在传热管内流动，这种类型多用于核动力舰船。在压水堆核电厂中均采用管外直流蒸汽发生器，即二次侧工质在传热管之间流动。

图 3.41 为美国巴布科克-威尔科克公司设计的直流蒸汽发生器原理图。它是一种直管管壳式蒸汽发生器。一次侧冷却剂由上封头入口进入，流经传热管后由下封头出口流出。二次侧给水通过环形给水管进入传热管束，相继被预热、沸腾，最后成为过热蒸汽。这种直管蒸汽发生器必须解决的一个问题是管束与筒体热膨胀差的补偿。本设计采用的是使用过热蒸汽加热筒体，即将过热蒸汽引到管束套筒与外筒体之间，并向下流动，适当选择蒸汽出口位置，即可使管束与筒体的热膨胀差达到允许水平。

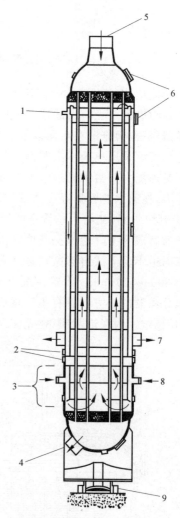

图 3.41 美国 B&W 公司的直流蒸汽发生器原理
1—辅助给水进口；2—人孔；3—预热段；
4—反应堆冷却剂出口；5—反应堆冷却剂进口；6—人孔；
7—蒸汽出口(2)；8—给水进口(2)；9—滑动支座

直流蒸汽发生器不能像自然循环蒸发器那样连续排污,给水带入的盐分将沉积在传热管表面,导致传热热阻增加及传热管腐蚀问题。因此,直流蒸汽发生器对传热管管材抗腐蚀性能和给水水质要求较高;又因储水量少,热容小,对自动控制要求高;此外,对直流蒸汽发生器,还存在水动力不稳定和整体脉动等问题,需注意解决。

3.4.3 蒸汽发生器的传热计算

1. 概述

蒸汽发生器的传热计算可分为两种:一种是传热设计计算,另一种是传热校核计算。传热设计计算是在结构形式和一、二回路参数已给定的情况下,求取传热面积的计算。传热校核计算则是在设备传热面积给定的情况下,由已知的一些参数求另一些参数的计算。例如,按额定负荷确定了传热面积之后,对低负荷工况进行的校核计算,以及按设备运行参数确定污垢热阻的校核计算。

本节着重介绍立式 U 形管自然循环蒸汽发生器的传热设计计算。

由载热方程可得

$$P_t = q_{m,p}(h_{in} - h_{out}) \tag{3.22}$$

式中,P_t 为反应堆冷却剂输送的热功率,kW;$q_{m,p}$ 为一回路冷却剂质量流量,kg/s;h_{in} 和 h_{out} 分别为反应堆冷却剂进、出蒸汽发生器的比焓,kJ/kg。

若不计排污损失,根据热平衡方程可求得蒸汽产量

$$q_{m,s} = \eta_{sg} \cdot P_t/(h_g - h_{fw}) \tag{3.23}$$

式中,h_g、h_{fw} 分别为饱和汽和给水的比焓,kJ/kg;η_{sg} 为蒸汽发生器热效率,一般取 0.97~0.99。

将热量由一次侧传递至二次侧所需的传热面积 A 为

$$A = P_t/(K\Delta t_m) \tag{3.24}$$

式中,K 为传热系数;Δt_m 为传热温差。

根据圆筒壁传热原理可得

$$K = \cfrac{1}{\cfrac{1}{\alpha_1} \cdot \cfrac{d_{ca}}{d_i} + \cfrac{d_{ca}}{\alpha_2} \cdot \cfrac{1}{d_o} + R_w + R_F} \tag{3.25}$$

式中,α_1、α_2 分别为一次侧和二次侧对流传热系数,W/(m² · K);d_i、d_o、d_{ca} 分别为传热管内径、外径和计算直径,m;R_w 为传热管壁热阻,m² · K/W;R_F 为污垢热阻,m² · K/W。传热系数应注明取定的计算直径,通常取传热管外径为计算直径。

管壁导热热阻由下式给出:

$$R_w = \frac{d_{ca}}{2\lambda_w}\ln\frac{d_o}{d_i} \tag{3.26}$$

式中,λ_w 为传热管材料的热导率,W/(m · K)。

当工质按顺流或逆流方式工作时,且两侧工质的流量、比热及沿传热面的传热系数均保持不变的条件下,传热温差可由传热方程和热平衡方程导出:

$$\Delta t_m = \frac{\Delta t_{max} - \Delta t_{min}}{\ln\cfrac{\Delta t_{max}}{\Delta t_{min}}} \tag{3.27}$$

式中,$\Delta t_{\max}$、$\Delta t_{\min}$分别为计算区段两侧最大及最小温差。

由上述分析可知,传热设计计算的内容就是计算传热温差,确定各项热阻特别是对流传热热阻,从而求得总传热系数,最后根据所传递的热量求得传热面积。考虑到所用公式和参数的误差、设备检修所允许的堵管量等因素,对由传热计算求得的传热面积应予适当增大,通常可增加 $8\%\sim10\%$。

2. 一回路侧的对流传热计算

压水堆核电厂广泛采用的立式 U 形管自然循环蒸汽发生器都设计成反应堆冷却剂在 U 形管内流动,二次侧汽水混合物在管外流动。这样设计对受力和传热都有利。

反应堆冷却剂对 U 形管壁的对流传热,一般属于湍流对流传热,Dittus-Boelter 公式应用最为广泛。

对于冷却

$$Nu = 0.0265 Re^{0.8} Pr^{0.4} \qquad (3.28)$$

对于加热

$$Nu = 0.0243 Re^{0.8} Pr^{0.4} \qquad (3.29)$$

对于 $Re > 10^4$ 的流体,McAdams 给出的 Dittus-Boelter 公式为

$$Nu = 0.023 Re^{0.8} Pr^{0.4} \qquad (3.30)$$

式中,各准则数的物性参数取流体的算术平均温度作为定性温度。

3. 管壁热阻和污垢热阻

管壁热阻指沿传热管壁厚方向的导热热阻,其大小与管子尺寸和管材有关。蒸汽发生器传热管一般采用小直径的薄壁管。管径和壁厚的选择是一个需要综合考虑的问题。小的管径对提高一次侧传热系数和受力是有利的,但增加了一次侧流动阻力。在强度和制造工艺等允许的情况下,应尽量减小壁厚。早些时期蒸发器传热管材用 Inconel-600,现改用强度和抗腐蚀性能更好的 Inconel-690。对于 Inconel-690,其热导率随温度的变化见表 3.7。Inconel-690 的热导率比 Inconel-600 略低。

表 3.7　Inconel-690 热导率随温度的变化

$T/℃$	100	200	300	400	500
$\lambda/(W/(m \cdot ℃))$	13.5	15.1	17.3	19.1	21.0

污垢热阻是管壁积垢而产生的热阻,它与传热管材料和水质有关。在工程计算中,有以下 3 种考虑污垢热阻影响的方法。

(1) 减小传热系数,以考虑相应侧污垢的影响。

(2) 列出专项,采用经验数据。如式(3.25)中的 R_F 项,西屋公司在参考安全分析报告中推荐的污垢热阻值为 8.77×10^{-6} m² · ℃/W。

(3) 计算总传热系数时不考虑污垢热阻,而在确定传热面积时,引入一个考虑污垢影响的安全系数。此系数常与堵管裕量、热力计算误差等因素综合起来考虑,一般可取 10% 左右。

4．二次侧的对流传热计算

在自然循环式蒸汽发生器中,二次侧工质主要处于管间流动沸腾的传热方式下。在选择传热计算模型时,有时按管内流动沸腾处理,有时则进一步简化,按大空间沸腾处理。

1）流动沸腾

考察一根沿全长均匀受热的竖直管道,管道承受低热负荷,在其下端入口以这样的流速供水,使得水在管道顶部出口时全部为过热汽,图 3.42 示出了沿管道全长上所出现的各种流型及相应的传热区域,图中 x 表示蒸汽干度。

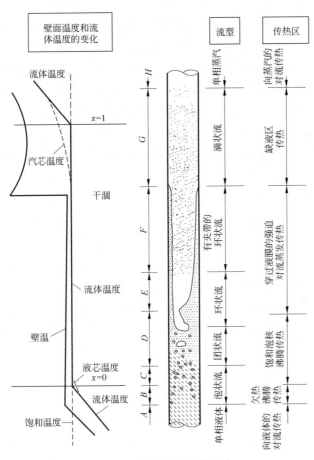

图 3.42　流动沸腾传热区域

当管壁温度低于汽化所必需的温度时,传热方式为单相对流传热(A 区）。从欠热沸腾起始到冷却剂温度达到饱和温度的区域称为过冷泡核沸腾区(B 区）。

按照热力学平衡态观点,欠热沸腾(B 区）和饱和沸腾(C 区）之间的转变点具有明确的定义,这是液体达到饱和温度(相应 $x=0$)的一点,可根据简单的热平衡计算得到。但是,按热力学非平衡态的观点,过冷区产生的蒸汽出现在 B 区与 C 区之间的转变点处($x=0$)。这样有些液体必须过冷以保证汽液混合物平均比焓与饱和液体比焓相等,因而,在通道中心流动的过冷液体要在点 $x=0$ 的下游某一距离处才达到饱和温度。因而,过冷液体可存在于如图 3.42 所示的饱和泡核沸腾区的液核中。

在 C 区到 G 区中，表征传热方式的变量是蒸汽干度 x。在饱和泡核沸腾区，随着干度的增加，会达到传热方式发生根本转变的一点，此时，"沸腾"过程被"蒸发"过程代替。就流动结构而言，这发生在从泡状或弹状流动变到环状流动（E 区和 F 区）之后。在后面的区域中，加热表面上液膜很薄，以至于有效的热传导就足以阻止与壁面接触的液体层过热到汽泡泡化的温度。通过液膜中的强制对流，把从壁面取得的热量加到液膜-汽核分界面上，并在分界面上产生蒸发。既然泡化被抑制，这种传热过程就不能再叫"沸腾"，而称为两相强制对流蒸发区（E 区及 F 区）。

在干度达到某个临界值时，发生液膜完全蒸发，此时称为"干涸"；对于工作于可控表面热负荷的通道，就会伴随壁温的升高。但此区汽流中心处仍有液体存在，所以蒸干点向干饱和汽（H 区）转变之间的区域叫做缺液区（G 区）（与滴状流动区域相对应）。"干涸"工况在某特定热流密度值下，常给出管内允许产生的蒸发量的一个有效极限，它对设计蒸汽发生器、核反应堆以及其他强制对流沸腾冷却装置是非常重要的。

直流蒸汽发生器二次侧包括整个上述流动传热过程。对于立式自然循环蒸发器，在正常运行时，宏观来说不会发生"干涸"；但在某些事故工况下，比如发生丧失给水 ATWS（未能停堆的预期瞬变）工况，也可能发生"干涸"工况。

2）二次侧预热区单相对流传热

在立式自然循环蒸汽发生器管外二次侧流体纵向流过管束时，传热系数可按 Dittus-Boelter 公式计算。这时应以管外流道的当量直径代替公式中的管内径。当考虑预热段装有用以固定管束和提高放热强度的支撑板的影响时，传热系数可按装有支撑板的管壳式热交换器壳侧的传热系数公式计算。

3）二次侧预热区欠热沸腾传热

在二次侧预热区对流传热中，要判断是否发生欠热沸腾。对于欠热沸腾，可用以下公式计算传热系数。

（1）Jens-Lottes 公式

$$\Delta T_s = 25 q^{0.25} e^{-\frac{p}{6.2}} \tag{3.31}$$

式中，ΔT_s 为壁面过热度，℃；p 为二次侧压力，MPa；q 为热流密度，MW/m²。式（3.31）是在下述试验条件下综合出来的：管子内径 d_i 为 3.63～5.74 mm；管长 L 为 (21～168)d_i；系统压力为 0.7～17.2 MPa；水温 115～340℃；质量流速为 11～1.05×10⁴ kg/(m²·s)；热流密度 $q \leqslant 12.5 \times 10^6$ W/m²。

（2）Thom 公式

$$\Delta T_s = 22.65 q^{0.5} e^{-\frac{p}{8.7}} \tag{3.32}$$

式中，p 与 q 的单位与式（3.31）同；试验条件是压力为 5.17～13.8 MPa；热流密度为 2.8×10⁵～6.0×10⁵ W/m²。

Rohsenow 指出，Jens-Lottes 公式和 Thom 公式不仅可用于欠热沸腾，也可用于低含汽率的饱和泡核沸腾传热计算。

4）二次侧沸腾区传热

自然循环蒸汽发生器二次侧大部分区域属管间流动沸腾传热。关于管间流动沸腾传热，还没有专门建立起该种过程的理论。工程上采用两类方法计算传热系数：一类是采用大空间泡核沸腾传热关系式，另一类是采用管内流动沸腾传热关系式。除了前面给出的 Jens-Lottes 公式和 Thom 公式可用于低含汽率的饱和沸腾放热计算外，较常用的还有以下一些公式。

（1）Rohsenow 公式

Rohsenow 对于水和有机物质的大空间泡核沸腾，得到下列关系式：

$$\alpha = \left(\frac{c_{p,\mathrm{f}}}{h_{\mathrm{fg}} Pr^m C_{\mathrm{wl}}} \right) \left(\mu_{\mathrm{f}} h_{\mathrm{fg}} \sqrt{\frac{g(\rho_{\mathrm{f}} - \rho_{\mathrm{g}})}{\sigma}} \right)^{0.33} q^{0.67} \tag{3.33}$$

式中，m 为实验系数，对于水 $m=1.0$，对其他有机物质 $m=1.7$；C_{wl} 为取决于加热表面与液体组合的常数，一般为 $0.0027 \sim 0.013$，对水-镍不锈钢可取 $C_{\mathrm{wl}}=0.013$；σ 为液体蒸汽界面的表面张力，$\mathrm{N/m}$；$c_{p,\mathrm{f}}$ 为饱和液体的比定压热容，$\mathrm{J/(kg \cdot K)}$；h_{fg} 为汽化潜热，$\mathrm{J/kg}$；μ_{f} 为饱和液体的动力粘度，$\mathrm{Pa \cdot s}$；ρ_{f}，ρ_{g} 为饱和液体和饱和蒸汽密度，$\mathrm{kg/m^3}$；q 为热流密度，$\mathrm{W/m^2}$；Pr 为饱和液体的普朗特数。

式(3.33)适用于单组分饱和液体在清洁壁面上的泡核沸腾，数据抛散度为 $\pm 20\%$。

（2）Kutateraze 公式

许多俄罗斯研究者基于相似理论的分析和实验结果，得到下列形式的大空间泡核沸腾传热的准则方程式：

$$Nu = A Pr_{\mathrm{f}}^{n_1} Pe^{n_2} Kp^{n_3} Kt^{n_4} \tag{3.34}$$

其中

$$Nu = \frac{\alpha}{\lambda_{\mathrm{f}}} \sqrt{\frac{\sigma}{g(\rho_{\mathrm{f}} - \rho_{\mathrm{g}})}}$$

$$Pe = \frac{q}{h_{\mathrm{fg}} \rho_{\mathrm{g}} a_{\mathrm{f}}} \sqrt{\frac{\sigma}{g(\rho_{\mathrm{f}} - \rho_{\mathrm{g}})}}$$

$$Kp = \frac{p}{\sqrt{\sigma g(\rho_{\mathrm{f}} - \rho_{\mathrm{g}})}}$$

$$Kt = \frac{(h_{\mathrm{fg}} \rho_{\mathrm{g}})^2}{\rho_{\mathrm{f}} c_{p,\mathrm{f}} T_{\mathrm{s}} \sqrt{\sigma g(\rho_{\mathrm{f}} - \rho_{\mathrm{g}})}}$$

式中，p 为液体饱和压力，$\mathrm{N/m^2}$；a_{f} 为液体热扩散率，$\mathrm{m^2/s}$。他们的研究结果归纳在表 3.8 中。

表 3.8　式(3.34)中的经验常数

序号	作　者	A	n_1	n_2	n_3	n_4
1	Kutateraze 等	7.0×10^{-4}	-0.35	0.7	0.7	-0
2	Borishanskiy 等	8.7×10^{-4}	0	0.7	0.7	0
3	Kruzhilin 等	0.082	-0.5	0.7	0	0.377
4	Labumstov 等	0.125	-0.32	0.65	0	0.35

Kutateraze 等还给出一个在工程上应用较广的简化公式：

$$\alpha = 5p^{0.2}q^{0.7} \tag{3.35}$$

式中，p 的单位为 MPa，q 的单位为 W/m²，α 的单位为 W/(m² · K)。

由上述公式可看出热流密度和压力对大空间泡核沸腾的影响。通常，传热系数正比于 q^n，由表 3.8 可见，n 为 0.65～0.70。此外，传热系数随压力升高而增大，但呈现比较复杂的关系。

（3）Chen 公式

关于管内流动沸腾与大空间沸腾的比较，研究表明，在欠热沸腾及低含汽率沸腾区，管内流动沸腾的核化过程和传热过程与大空间沸腾相类似。当含汽率增大时，蒸汽和液体的速度都大大增加，同时流型也发生了变化，使得其传热机理与大空间沸腾时有很大不同。在关于饱和强制对流沸腾的各种关系式中，J. C. Chen 公式被认为是较适用的关系式，它被推荐用于所有的单组分非金属流体。Chen 公式既包括了"饱和泡核沸腾区"，也包括了"强迫对流蒸发区"，而且可予以扩展而适用于欠热沸腾区。Chen 公式被应用于国外一些核电厂蒸汽发生器通用分析程序中，并覆盖了泡核沸腾区及欠热沸腾区。

基于 Rohsenow 提出的叠加原理，Chen 假设饱和泡核沸腾区和两相强制对流蒸发区内存在两种基本传热模式——泡核沸腾传热和强制对流传热，并用这两种作用的叠加来考虑其影响：

$$\alpha = \alpha_{\mathrm{mac}} + \alpha_{\mathrm{mic}} \tag{3.36}$$

因此，两相传热系数由两部分组成：α_{mic} 是微对流传热即泡核沸腾传热的作用；α_{mac} 是宏观对流传热即单相对流传热的作用。

根据受热通道中液体单相流动时的 Dittus-Boelter 方程，Chen 写出：

$$\alpha_{\mathrm{mac}} = 0.023F\left[\frac{G(1-x)D_{\mathrm{e}}}{\mu_{\mathrm{f}}}\right]^{0.8} Pr_{\mathrm{f}}^{0.4} \frac{\lambda_{\mathrm{f}}}{D_{\mathrm{e}}} \tag{3.37}$$

式中，G 为汽水混合物质量流速，kg/(m² · s)；x 为质量含汽率；D_{e} 为流道当量直径；其余均为液体的物性参数。式中 F 为修正因子，它只决定于 Martinelli 参数 X_{tt}。

F 是因为汽相的存在，强化了湍流的程度，从而强化了传热。F 可由实验曲线（图 3.43）给出，也可由下式近似：

$$F = \begin{cases} 1, & X_{\mathrm{tt}}^{-1} \leqslant 0.1 \\ 2.35\left(0.213 + \dfrac{1}{X_{\mathrm{tt}}}\right)^{0.736}, & X_{\mathrm{tt}}^{-1} > 0.1 \end{cases} \tag{3.38}$$

式中，X_{tt} 是 Martinell 参数，且

$$X_{\mathrm{tt}}^{-1} = \left(\frac{x}{1-x}\right)^{0.9}\left(\frac{\rho_{\mathrm{f}}}{\rho_{\mathrm{g}}}\right)^{0.5}\left(\frac{\mu_{\mathrm{g}}}{\mu_{\mathrm{f}}}\right)^{0.1} \tag{3.39}$$

对于微对流传热，Chen 采用 Forster-Zuber 的大空间沸腾关系式的修正形式：

$$\alpha_{\mathrm{mic}} = 0.00122\left[\frac{\lambda_{\mathrm{f}}^{0.79} c_{p,\mathrm{f}}^{0.45} \rho_{\mathrm{f}}^{0.49}}{\sigma^{0.5} \mu_{\mathrm{f}}^{0.29} h_{\mathrm{fg}}^{0.24} \rho_{\mathrm{g}}^{0.24}}\right]\Delta T_{\mathrm{s}}^{0.24} \Delta p_{\mathrm{s}}^{0.75} S \tag{3.40}$$

式中，ΔT_{s} 为壁面过热度，℃；Δp_{s} 为相应于 ΔT_{s} 的饱和蒸汽压差；h_{fg} 为汽化潜热。

Chen 导出抑制因子 S 为 Re 数的函数。可以预料在低流量下 S 接近于 1，在高流量上接近零。他根据发表的实验数据，计算出 F 与 S 的最佳拟合值，并绘成曲线，如图 3.43 所示。图中阴影线表示数据的分散范围。曾用 Chen 公式与 9 位研究者的实验数据点进行比较，其总的平均偏差不大于 11.6%。

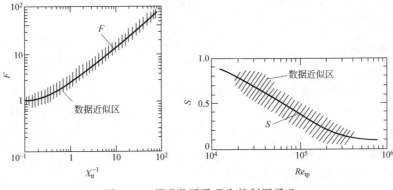

图 3.43　雷诺数因子 F 和抑制因子 S

S 的计算公式如下:

$$S = \begin{cases} [1 + 0.12(Re'_{tp})^{1.14}]^{-1}, & Re'_{tp} < 32.5 \\ [1 + 0.42(Re'_{tp})^{0.78}]^{-1}, & 32.5 \leqslant Re'_{tp} < 70 \\ 0.1, & 0.1 Re'_{tp} \geqslant 70 \end{cases} \quad (3.41)$$

式中

$$Re'_{tp} = F^{1.25}\left(\frac{G(1-x)D_e}{\mu_f}\right) \times 10^{-4}$$

Chen 公式用于欠热沸腾区的计算结果与实验数据相比,也取得了满意的结果。

Chen 公式用于欠热沸腾计算时,α_{mac} 用单相流动时的 Dittus-Boolter 公式;计算 α_{min} 时修正因子 S 仍用式(3.41)求出。其中 Re'_{tp} 用下式计算:

$$Re'_{tp} = \left(\frac{GD_e}{\mu_f}\right) \times 10^{-4}$$

应用 Chen 公式的具体计算步骤可参阅文献[20]。

3.4.4　蒸汽发生器的水力计算

本节以立式自然循环蒸汽发生器为例介绍水力计算的内容和方法。

1. 自然循环和循环倍率

自然循环是指在闭合回路内依靠流体的密度差所产生的驱动头而实现的循环。立式 U 形管自然循环式蒸汽发生器的水循环回路如图 3.44 所示。循环回路由下降通道、上升通道和连接它们的管束套筒缺口及汽水分离器组成。下降通道是管束套筒与蒸汽发生器筒体之间的环形通道,上升通道由套筒内侧传热管束之间的流道组成。

在循环回路中,下降通道流动的是单相水,而上升通道内流动的是汽水混合物。显然,在同一系统压力下,单相水的密度大于汽水混合物的密度,两者之差在回路中形成驱动压头,在此压头驱动下,水沿下降通道向下流动,汽水混合物则沿上升通道向上流动,这样建立起自然循环。

自然循环的一个重要参数是循环倍率。它的定义为:上升通道汽水混合物的质量流量与蒸汽的质量流量之比。

蒸汽发生器水循环计算的基本任务，就是通过求解水循环基本方程得到循环倍率，并校核循环倍率是否在合理范围内。

2. 水循环计算

1）基本方程

对任意结构的流道，两个给定截面之间的压降均可用下式表示：

$$\Delta p = \Delta p_f + \Delta p_{el} + \Delta p_a + \Delta p_{loc} \qquad (3.42)$$

式中，右边各项依次为摩擦压降、提升压降、沿程加速压降和局部压降。局部压降包括由于流体流过如弯管、接管及各种阀门引起的形阻压降和流通截面突变引起的加速压降。在稳定循环流动情况下，对于一个封闭回路，有

$$-\sum_i \Delta p_{el,i} = \sum_i \Delta p_{f,i} + \sum_i \Delta p_{a,i} + \sum_i \Delta p_{loc,i}$$
$$(3.43)$$

若以 H_d 表示驱头压头，则水循环稳定的基本条件是驱动压头等于总流动阻力，故有

$$\Delta p_d = -\sum_i \Delta p_{el,i} = \sum_i \Delta p_{f,i} + \sum_i \Delta p_{a,i}$$
$$+ \sum_i \Delta p_{loc,i} \qquad (3.44)$$

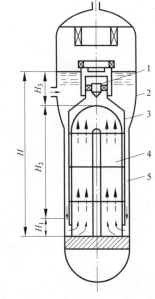

图 3.44　蒸汽发生器的基本循环回路
1—汽水分离器；2—筒体；3—套筒；
4—上升通道；5—下降通道

若回路内工质与外界无质量和能量交换，则有 $\sum_i \Delta p_{a,i} = 0$。

水循环计算的内容，就是确定特定回路的驱动压头和流动阻力。

2）驱动压头

确定驱动压头即要计算各区段的提升压降。在加热流道特别是受热两相系统中，汽水混合物的密度是连续变化的。一般的计算方法是将计算区分成若干小段，在每一小段中认为密度是常数，进而求取各段的提升压降。

在近似计算中，只需计算各区段的平均密度。

在假定循环倍率 C 初值后，可建立下降通道的热平衡方程：

$$h_{fw} + (C-1)h_{fs} = Ch_{dc} \qquad (3.45)$$

式中，h_{fw}、h_{fs}、h_{dc} 分别为给水、饱和水及下降通道流体的比焓。然后由 h_{dc} 及压力求出下降通道流体的密度 ρ_{dc}。

在预热区内流体平均密度 ρ_{sc} 近似取下述算术平均值：

$$\rho_{sc} = (\rho_{dc} + \rho_{fs})/2 \qquad (3.46)$$

沸腾区出口处汽水混合物的密度 ρ_{out} 为

$$\rho_{out} = \frac{\rho_{fs}}{1 + \dfrac{1}{C}\left(\dfrac{\rho_{fs} - \rho_{gs}}{\rho_{fs}}\right)} \qquad (3.47)$$

沸腾区内混合物密度随高度而改变。在近似计算中，可以假设密度与高度呈线性关系，由此计算沸腾区的混合物平均密度 ρ_b。曾有文献建议将 ρ_{fs} 及 ρ_{out} 的对数平均值作为混合物平均

密度,公式为

$$\rho_b = \frac{\ln\left(\dfrac{\rho_{fs}}{\rho_{out}}\right)}{\dfrac{1}{\rho_{out}} - \dfrac{1}{\rho_{fs}}} \tag{3.48}$$

驱动压头 Δp_d 可按下式计算:

$$\Delta p_d = \rho_{dc} g H - (\rho_{sc} g H_1 + \rho_b g H_2 + \rho_{out} g H_3) \tag{3.49}$$

3）流动压降

自然循环回路流动总压降由三部分组成,即下降通道压降、上升通道压降及汽水分离器压降。

（1）摩擦压降

下降通道内为单相摩擦压降。

在上升通道,预热区内为单相摩擦压降,在近似计算中,预热段内水的密度按式(3.46)计算;沸腾区内为两相流动,摩擦压降要按两相倍增因子修正。

（2）加速压降

下降通道内单相水的密度变化很小,因而下降通道内的加速压降可忽略不计。

上升通道进口水的密度为 ρ_{dc},出口为汽水混合物,在循环倍率取初值后,可以确定出口处的含汽率 $x_{out} = 1/C$ 以及空泡份额,进而按下式计算加速压降:

$$\Delta p_a = G^2 \left[\frac{(1-x_{out})^2}{\rho_{fs}(1-\alpha_{out})} + \frac{x_{out}^2}{\rho_{gs}\alpha_{out}} - \frac{1}{\rho_{dc}} \right] \tag{3.50}$$

其中,G 为上升通道汽水混合物的总质量流速,$kg/(m^2 \cdot s)$;ρ_{fs},ρ_{gs} 分别为饱和水和饱和蒸汽密度,kg/m^3;ρ_{dc} 为上升通道进口流体密度,kg/m^3。

（3）局部压降

自然循环回路中的局部压降包括套筒缺口处单相流横向冲刷传热管并折流而上的压降、流量分配挡板压降(如果有的话)、支撑板的压降以及汽水分离器的压降等。其中流量分配挡板及分离器压降通常用运动压头乘以局部阻力因数进行计算,即

$$\Delta p_{loc} = \xi \frac{\rho w^2}{2} = \xi \frac{G^2}{2\rho} \tag{3.51}$$

对于流量分配挡板,可取该处流体密度 $\rho = \rho_{dc}$;汽水分离器中汽水混合物密度,按 ρ_{out} 取值;局部阻力系数由相应的流量分配挡板及分离器的实验给出。

水循环稳定的条件是驱动压头等于总流动压降。驱动压头及各项压降均为流量的函数,为此要先假设流量,或在蒸汽产量给定的条件下假设循环倍率。一般来说,这样求得的驱动压头和流动总压降并不相同,为此必须重新假设,因而这是一个反复试算的迭代过程,直到在一定精度下驱动压头等于流动总压降,对应的循环倍率即为所求的值。

除迭代法外,还可用图解法,即同时假设一系列流量(或循环倍率)分别求出与每一流量(或循环倍率)对应的驱动压头及流动总压降,绘成曲线,如图 3.45 所示。由图可见,流动总压降随流量增加而增加,驱动压头则随流量增加而降低,交点的横坐标是系统的循环倍率。

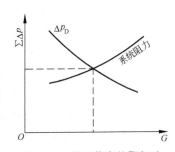

图 3.45　循环倍率的图解法

3．关于循环倍率的讨论

蒸汽发生器的循环倍率是表征其二次侧流动状态的重要参数，它对于传热管的腐蚀、流动稳定性、传热特性及分离器工作特性等都有重要影响。一般认为，在额定工况时循环倍率应大于4，其主要考虑的因素如下。

(1) 传热要求：循环倍率低，意味着管束出口区含汽率大，空泡份额高，因而传热差。为了保证管壁润湿，特别是防止局部区域出现缺液或干涸，一般要求管束出口处的蒸汽含量不超过20％～25％，相当于循环倍率大于4。

(2) 流动稳定性：循环倍率低可能导致流动不稳定，使流动产生振荡，从而使传热管束的部分表面周期性地露出。这种流动振荡现象使传热能力下降，当流动振荡的幅度足够大时，就可能引起水和蒸汽流量的大幅度波动。经验证明，只要使管束区的蒸汽含量保持在较低的值或相应地把循环倍率保持在较高的水平，就能使流动达到稳定。

(3) 管材腐蚀：传热管腐蚀与流动状态有密切关系。在局部滞流或低流速区，往往导致污垢沉积或浓缩。从防止腐蚀的要求出发，应适当提高循环倍率，以便在管板上表面及管束弯管区提高冲刷流速。降低含汽量将改善这些区域的热工水力特性。

大亚湾核电站蒸汽发生器的支撑板和汽水分离器流动阻力较大，循环回路高度又有一定限制，所以循环倍率较低。其循环倍率随负荷的变化见表3.9。

表 3.9　循环倍率随负荷的变化

功率/%	10	20	30	40	50	60	70	80	90	100
循环倍率	21.6	14.5	10.5	8.2	6.7	5.6	4.7	4.1	3.5	3.1

应当指出，上述驱动压头和流动压降的计算还是建立在集总参数法的基础之上的，具有很大的近似性，实际蒸汽发生器二次侧流动传热情况十分复杂，流体密度变化沿轴向也很不均匀，在密度与高度呈线性关系基础上得到的近似平均密度都比较粗糙，其结果也只能是近似的。比较精确的计算必须深入到沿传热管高度的不同截面及径向不同位置，这就是分布参数模型。现在已经有了蒸汽发生器的一维、二维、三维分析模型，可以比较准确地分析蒸汽发生器的局部传热和流动特性，有关内容可参阅3.4.5节。

3.4.5　蒸汽发生器的数学模型

研究蒸汽发生器的动态特性，对于核电厂设计和安全分析十分重要。研究蒸汽发生器的动态特性有两种方法：一种是理论分析法，另一种是实验研究；二者相辅相成。由于计算机技术和计算数学的飞速发展，理论分析研究开展日益广泛，这里主要介绍理论分析中采用的数学分析模型。

蒸汽发生器的动态数学模型可分为集总参数模型和分布参数模型。集总参数模型将蒸汽发生器划分成几个基本组成部分，如上升通道、下降通道、蒸汽空间、一回路水室等，各部分的参量用一平均值表示。该模型比较简单，计算工作量少，应用较方便；但此模型只能给出蒸汽发生器各区整体量随时间的变化。若想得到各参数随时间和空间的变化，则须采用分布参数模型。目前，在核电厂设计和安全分析中，一般采用分布参数的蒸汽发生器模型。

蒸汽发生器的热工水力特性是比较复杂的。尤其是二次侧,给水经历预热、欠热沸腾、饱和沸腾等不同的阶段;在事故工况下,传热管表面可能出现局部干涸、过热。因此,在蒸汽发生器二次侧可能出现两相流的大部分流型;由于 U 形管上升段和下降段的温差,二次侧流体径向空间分布是不均匀的,U 形管束的支撑隔板等二次侧结构件使二次侧流道不规则从而导致流场复杂。由于上述的复杂工况,对分析要求愈详细,模型愈复杂。迄今国外已发展了三维两相流模型的蒸汽发生器瞬态分析程序(参考文献[17]),然而,这些模型仍需辅之以各种经验关系式,影响了计算结果的准确性。上述三维蒸汽发生器瞬态分析模型仍限于部件程序,在安全分析采用的系统分析程序中,一般采用一维蒸汽发生器模型。

下面介绍一个自然循环蒸汽发生器的一维数学模型。该模型作了如下基本假设。

(1)蒸汽发生器内工质的流动是一维的,即工质的热力学和水力学参数只沿轴向位置改变,在同一截面上,具有相同的状态参量。

(2)在蒸汽发生器一次侧和二次侧,工质压力变化具有相同的时间特性。

(3)忽略一回路、二回路工质的轴向导热,忽略 U 形管壁的轴向导热,忽略蒸汽发生器的对外散热,忽略除传热管外任何构件的热容。

(4)管束套筒是绝热的,即不考虑上升通道流体与下降通道流体间的传热。

在上述假设的基础上,将整个蒸汽发生器二次侧划分为如图 3.46 所示的若干区域,分别为预热段、沸腾段、上升段及汽水分离段、蒸汽室、给水室和下降通道。U 形管加热段(即预热段和沸腾段)可细分为 N 个控制体,一回路侧 U 形管和管壁相应被分为 2N 个控制体,反应堆冷却剂进、出口水室各 1 个控制体。

从描述流体质量、动量、能量传递的基本守恒方程入手,可以写出每个区域相应的守恒方程。

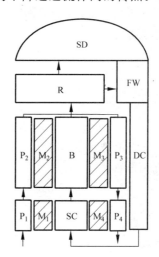

图 3.46　U 形管蒸汽发生器的区域划分

P——回路侧;M—金属传热管;SC—过冷段;B—沸腾段;
R—上升段;SD—汽室;FW—给水室;DC—下降段

1)一回路侧

一回路侧,反应堆冷却剂为过冷水,可假定流体不可压缩,且流道截面为常数,其质量与能量守恒方程分别为

$$\frac{\partial G_p}{\partial Z} = 0 \tag{3.52}$$

和

$$\rho \frac{\partial h_p}{\partial t} + G_p \frac{\partial h_p}{\partial Z} = -\frac{q_p U_{h,p}}{A_p} \tag{3.53}$$

式中,G_p 是一回路侧流体的质量流速;$U_{h,p}$ 为一回路热周界;q_p 为线热流密度。脚标 p 表示一回路侧。

反应堆冷却剂在进、出口水室的散热可忽略不计,进、出口水室焓方程可采用延迟模型。其焓方程如下:

$$\frac{dh_{p,1}}{dt} = \frac{q_{m,p}}{\rho_{p,in}V_1}(h_{p,in} - h_{p,1}) \tag{3.54}$$

$$\frac{dh_{p,2}}{dt} = \frac{q_{m,p}}{V_2\rho_{p,out}}(h_{p,out} - h_{p,2}) \tag{3.55}$$

式中，V_1、V_2 分别表示进口水室与出口水室容积；$\rho_{p,in}$、$\rho_{p,out}$ 分别为进入入口水室和进入出口水室反应堆冷却剂的密度；$h_{p,1}$ 和 $h_{p,2}$ 分别为入口水室和出口水室反应堆冷却剂的比焓；$h_{p,in}$、$h_{p,out}$ 分别为进入入口水室和进入出口水室冷却剂的比焓。

2）传热管壁

对于传热管壁的每个节点，采用集总参数导热模型，有

$$mC_M\frac{\partial T_M}{\partial t} = q_p U_{h,p} - q_s U_{h,s} \tag{3.56}$$

式中，m 为节段内金属质量；C_M 为金属比热容；q_s 为线热流密度。脚标 s 表示传热管二回路侧。

3）二回路侧

二回路侧对于上述不同的区域或节点，有不同的微分方程。

（1）过冷段

假定流体不可压缩，流通截面为常数，其守恒方程如下。

质量守恒方程

$$\frac{\partial G_s}{\partial Z} = 0 \tag{3.57}$$

能量守恒方程

$$\rho_{sc}\frac{\partial h_s}{\partial t} + G_s\frac{\partial h_s}{\partial Z} = \frac{q_{sc,s}U_{h,s}}{A_s} + \frac{\partial p}{\partial t} \tag{3.58}$$

式中，脚标 sc 表示过冷段。

动量守恒方程

$$-\frac{\partial p}{\partial Z} = \frac{\partial G_s}{\partial t} + \frac{\partial}{\partial Z}\left(\frac{G_s^2}{\rho_{sc}}\right) + \frac{fG_s^2}{2\rho_{sc}D_e} + \rho_{sc}g \tag{3.59}$$

式中，f 为摩擦因子。

（2）沸腾段

在沸腾段，流体呈现为汽、液混合物，汽、液两相轴向存在相对运动，空泡沿轴向分布不均匀。这里采用漂移流模型来描述沸腾段两相流。假定能量方程中位能和动量项可忽略，有汽相连续方程

$$\frac{\partial}{\partial t}(\alpha\rho_{gs}) + \frac{\partial}{\partial Z}(\alpha\rho_{gs}u_g) = \Gamma \tag{3.60}$$

液相连续方程

$$\frac{\partial}{\partial t}[(1-\alpha)\rho_{fs}] + \frac{\partial}{\partial Z}[(1-\alpha)\rho_{fs}u_f] = -\Gamma \tag{3.61}$$

式中，Γ 为蒸汽产生率。

混合物能量方程

$$\frac{\partial}{\partial t}[(1-\alpha)\rho_{fs}h_{fs} + \alpha\rho_{gs}h_{gs}] + \frac{\partial}{\partial Z}[(1-\alpha)\rho_{fs}u_f h_{fs} + \alpha\rho_{gs}u_g h_{gs}] = \frac{q_{2s}U_{h,s}}{A_s} + \frac{\partial p}{\partial t} \tag{3.62}$$

混合物的动量守恒方程

$$-\frac{\partial p}{\partial Z} = \frac{\partial G}{\partial t} + \frac{\partial}{\partial Z}\left(\frac{G^2}{\rho_{\rm B}}\right) + \frac{f\Phi_{\rm lo}^2 G^2}{2D_{\rm e}\rho} + \frac{\partial}{\partial Z}S_{\rm dg} + \rho_{\rm gs} \tag{3.63}$$

式中

$$G = J\rho - (\rho_{\rm fs} - \rho_{\rm gs})\alpha V_{\rm gj} \tag{3.64}$$

$$J = (1-\alpha)u_{\rm f} + \alpha u_{\rm g} \tag{3.65}$$

$$V'_{\rm gj} = V_{\rm gj} + (C_{\rm o} - 1)J \tag{3.66}$$

$$V_{\rm gj} = u_{\rm g} - J \tag{3.67}$$

$$S_{\rm dg} = \frac{(\rho_{\rm fs} - \rho)\rho_{\rm fs}\rho_{\rm gs}}{(\rho - \rho_{\rm gs})\rho}(V'_{\rm gj})^2 \tag{3.68}$$

上述式中,$\Phi_{\rm lo}^2$ 为两相流动摩擦系数倍增因子;J 为单位面积上汽水混合物体积流量;$S_{\rm dg}$ 为漂移流压降;$V_{\rm gj}$ 和 $C_{\rm o}$ 为漂移流特征参数。下脚标 B 表示二次侧沸腾段。

(3)上升段

汽水混合物离开 U 形管加热区,进入上升段。这一区的守恒方程与沸腾区不同的是混合物能量方程右边没有加热项,含汽量不变。具体方程参照沸腾区,这里不再重复。

(4)汽空间

假定汽空间任何时刻保持饱和,质量守恒方程可表示为

$$\frac{\rm d}{{\rm d}t}(\rho_{\rm gs}V_{\rm sd}) = x_{\rm out}q_{m,{\rm s}} - q_{m,{\rm st}} \tag{3.69}$$

式中,$V_{\rm sd}$ 为蒸汽空间的体积;$x_{\rm out}$ 为加热区出口的含汽率;$q_{m,{\rm s}}$ 为二次侧循环流量;$q_{m,{\rm st}}$ 为流出蒸发器汽空间的汽流量。利用饱和蒸汽密度与压力的关系可得

$$\frac{{\rm d}\rho_{\rm gs}}{{\rm d}t} = \frac{{\rm d}\rho_{\rm gs}}{{\rm d}p} \cdot \frac{{\rm d}p}{{\rm d}t}$$

代入式(3.69)得

$$\frac{{\rm d}p}{{\rm d}t} = \frac{x_{\rm out}q_{m,{\rm s}} - q_{m,{\rm st}}}{V_{\rm sd}\dfrac{{\rm d}\rho_{\rm gs}}{{\rm d}t}} \tag{3.70}$$

(5)给水室

在给水室,给水与汽水分离器分离出来的再循环水混合,其质量与能量守恒方程分别为

$$\frac{\rm d}{{\rm d}t}(\rho_{\rm dc}A_{\rm fw}L_{\rm fw}) = (1-x_{\rm out})q_{m,{\rm s}} + q_{m,{\rm fw}} - q_{m,{\rm m}} \tag{3.71}$$

$$\frac{\rm d}{{\rm d}t}(\rho A_{\rm fw}L_{\rm fw}h_{\rm m}) = (1-x_{\rm out})q_{m,{\rm s}}h_{\rm fs} + q_{m,{\rm fw}}h_{\rm fw} - q_m h_{\rm m} \tag{3.72}$$

式中,$A_{\rm fw}$ 为给水室流通截面;$q_{m,{\rm fw}}$、$q_{m,{\rm m}}$ 分别为给水流量和离开给水室的质量流量;$h_{\rm fw}$ 和 $h_{\rm m}$ 分别为给水比焓和给水室水的比焓。

(6)下降通道区域

根据假定,下降通道流体无热交换,并认为流体不可压缩,有质量守恒方程

$$\frac{\partial G_{\rm dc}}{\partial Z} = 0 \tag{3.73}$$

能量守恒方程

$$\rho_{\rm dc}\frac{\partial h_{\rm dc}}{\partial t}+G_{\rm dc}\frac{\partial h_{\rm dc}}{\partial Z}=\frac{\partial p}{\partial t} \tag{3.74}$$

动量守恒方程

$$-\frac{\partial p}{\partial Z}=\frac{\partial G}{\partial t}+\frac{fG_{\rm dc}^2}{2\rho_{\rm dc}D_{\rm e}}+\rho_{\rm dc}g \tag{3.75}$$

式中，$G_{\rm dc}$ 和 $h_{\rm dc}$ 分别为下降通道的质量流速和流体比焓；下脚标 dc 表示下降通道。

为了求解上述守恒方程，需要结构关系式。这些关系式主要有水和蒸汽的状态方程，计算流动压降的关系式和传热关系式，还有漂移流模型的特定参数 $C_{\rm o}$ 和 $V_{\rm gj}$ 等。

在上述方程和关系式基础上，再给定边界条件和初始条件，即可求解。

3.5 稳压器

3.5.1 稳压器的功能

稳压器的基本功能是建立并维持一回路系统的压力，避免冷却剂在反应堆内发生容积沸腾。稳压器在电厂稳态运行时，将一回路压力维持在恒定压力下；在一回路系统瞬态时，将压力变化限制在允许值以内；在事故时，防止一回路系统超压，维护一回路的完整性。此外，稳压器作为一回路系统的缓冲容器，吸收一回路系统水容积的迅速变化。

3.5.2 稳压器及其附属设备

1. 稳压器分类

按原理和结构形式的不同，将稳压器分为两类，即气罐式稳压器和电加热式稳压器。

气罐式稳压器的工作原理简单，实际上是一个容积补偿箱。它由气体压缩机、气罐、气体联箱和相关的阀门管道组成。当稳压器压力降低时，向稳压器补充压缩气体；当稳压器压力高于整定值时，安装于气体联箱上的阀门开启放气，以恢复稳压器压力。

气罐式稳压器靠气体体积的变化来控制压力，因而系统容积大，控制品质低，而且气体易溶于水。由于上述缺点，气罐式稳压器在核电厂已被淘汰。但因其结构简单，所需辅助系统少，所以在一些堆型，如实验堆、生产堆和一些实验台架中仍广泛采用。

现代压水堆核电厂普遍采用电加热式稳压器。下面以大亚湾核电厂稳压器为例介绍电加热式稳压器。

2. 稳压器本体结构

现代压水堆核电厂普遍采用如图 3.47 所示的电加热式稳压器。这种稳压器是一个立式圆柱形高压容器。其典型的几何参数为高 13 m，直径 2.5 m，上下端为半球形封头，总容积约 40 m³，净重约 80 t。立式容器安装在下部裙座上。

在稳压器的底封头上安装有电加热器。加热器通过底封头插入，立式放置。两块水平板在容器内侧支撑加热器，以防止横向振动。波动管接在底封头的最低点，其正上方设有挡板式滤网，使水波动进、出稳压器，并防止杂物进入反应堆冷却剂系统的其他地方。

在顶封头上装有喷淋管线和安全阀接管。喷淋水通过位于稳压器内顶部喷淋管末端的

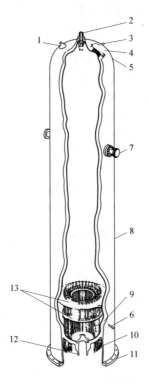

图 3.47 稳压器结构

1—卸压管嘴；2—喷淋管嘴；3—安全阀管嘴；4—入孔；5—上封头；6—仪表管嘴；7—吊耳；
8—壳体；9—下封头；10—电加热器；11—支承裙；12—波动管嘴；13—加热器支撑板

喷头喷入汽空间。喷淋管线与两个环路的冷管段连接。为了减小波动管和喷淋管线与稳压器本体贯穿处水温差别造成的热应力,在接管处设有热套管结构。

3. 稳压器喷淋系统

稳压器喷淋系统由两条接到两个环路的冷管段的喷淋管线组成。每个喷淋管线上有一个自动控制的气动调节阀门,每个阀的最大喷淋流量为 72 m^3/h,喷淋降压速率为 1.3 MPa/min。阀门装有一个保持小流量的下挡块,使阀门不能完全关闭,形成 230 L/h 连续喷淋流量。

保持连续喷淋的目的是为了降低喷淋阀开启时对稳压器喷淋贯穿管和管嘴的热应力和热冲击,保持稳压器内水温与水化学的均匀一致,同时为调节组(比例组)电加热器提供一个调节基值功率。

喷淋的驱动力是反应堆冷却剂泵出口与喷头出口间的压差。喷淋管的取水端伸入到一回路冷管段内,呈勺形正对冷却剂来流,以便利用一回路反应堆冷却剂流动的速度头增加喷淋的驱动力。

在喷淋管路布置上,连到稳压器的公共喷淋管路呈倒 U 形,以便形成一个水封,防止蒸汽积聚在喷淋阀后。

与化容系统的上充管线相连的辅助喷淋管线,通过一个止回阀,在喷淋阀的下游与喷淋管路相连。在反应堆冷却剂泵停运期间,由上充泵提供辅助喷淋。

在每条喷淋管线上设有测温装置,温度过低表明连续喷淋流量不足。

4．稳压器的电加热器

电加热器采用直管护套型电加热元件。加热元件的护套管上端用塞焊密封,下端用连接管座密封。镍铬合金电热丝作为加热元件放在不锈钢护套管中心,周围用压紧的氧化镁与套管绝缘。

加热元件共 60 根,总加热功率为 1400 kW,分成 6 组。其中 3、4 组为比例组,每组功率为 216 kW,以可调方式运行;其余 4 组为固定组,以通断方式运行,其中 1、2 组每组功率为 216 kW;5、6 组每组功率为 288 kW。

加热器的最小设计寿命为有效工作 2 万小时,每个加热元件可以单独更换。

5．超压保护装置

图 3.48 所示为三哩岛事故前稳压器卸压管线的设计。稳压器汽空间连有两种卸压管线。一种是 3 条安全阀卸压管线,每条管线上有一只弹簧压力式安全阀,当稳压器压力达到各安全阀开启定值时,进行事故排放。另一种是卸压管线上装有动力操作的卸压阀和电动隔离阀,卸压阀的开启压力低于安全阀的开启压力,当压力升至卸压阀开启压力时,卸压阀开启,压力下降至一定值时,卸压阀回座,停止排放;当发生卸压阀不能回座故障时,操纵员可以在主控制室根据卸压阀开关状态指示人为关闭与之相串联的电动隔离阀,以防止出现卸压阀不能回座造成的泄漏事故。

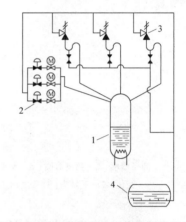

图 3.48　三哩岛事故前稳压器卸压管线的设计
1—稳压器；2—卸压阀；3—安全阀；4—卸压箱

三哩岛事故中,一回路升压导致卸压阀开启,卸压阀回座失效,卸压阀缺乏位置指示和操纵员未及时发现卸压阀开启状态指示灯造成持续的泄漏,酿成小破口事故。这些都暴露了超压保护装置在设计上的缺点。

法国电力公司以 Sebim 工厂制造的先导启动式阀门为基础,提出了由 3 条各装有两只串联先导启动式阀门组成的超压保护装置(又称 Sebim 阀)设计。图 3.49 给出的是安全阀(Sebim)先导控制器的原理图。

1) 安全阀

由图 3.49 可以看到,安全阀是自启动先导式阀门,每一台安全阀由先导部分和主阀部分组成。

主阀部分是一个液压启动随动阀,提供卸压功能。它包括以下两部分。

(1) 一个插入喷嘴的下阀体,主阀盘就座在喷嘴上。

(2) 一个包含活塞的上阀体,活塞的表面积比阀盘的表面积大,活塞使阀盘压到喷嘴上。

阀门的先导部分起压力感受和控制元件的作用。它由稳压器压力控制的先导活塞构成。先导活塞再控制一根由一个调节弹簧定位的传动杆,传动杆又借助一个凸轮启动两个先导阀 R1 和 R2。

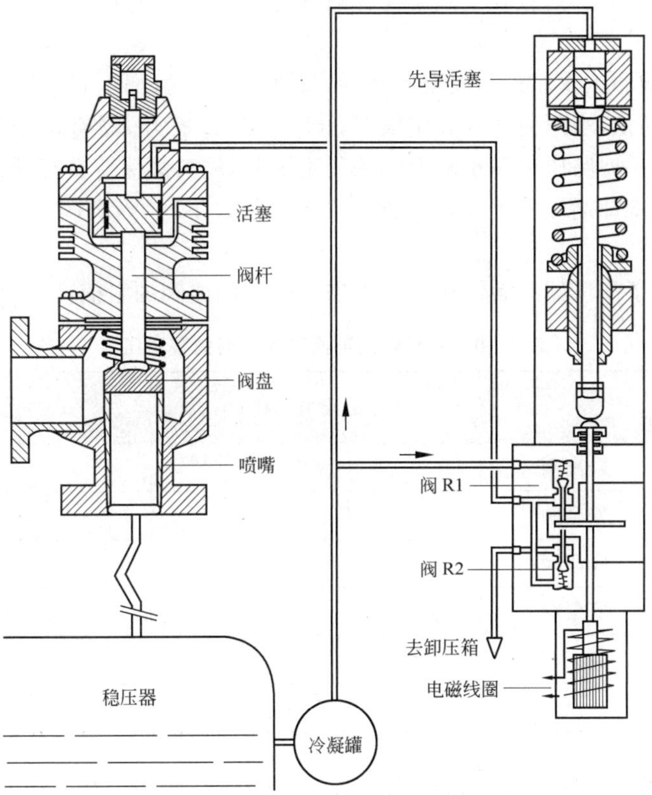

先导活塞

活塞

阀杆

阀盘

喷嘴

阀 R1

阀 R2

去卸压箱

电磁线圈

稳压器

冷凝罐

图 3.49　安全阀先导控制器的原理

　　阀门的先导部分与主阀部分及稳压器实体隔离。它由脉冲管线与稳压器及主阀相连。为了使先导阀免受高温蒸汽影响,稳压器与先导阀之间装有冷凝罐,脉冲管内充满水,以减少响应时间。

　　在先导阀的底部装有一个电磁线圈,它直接作用在传动杆和凸轮上,而凸轮用于操纵两个先导阀 R1 和 R2。这个电磁线圈提供一种使先导阀头直接卸压的方法,以便远距离手动强制开启阀门。

　　2) 安全阀的运行原理

　　当稳压器压力低于先导阀的整定压力时,先导阀的传动杆在上面位置,先导阀 R1 开启使稳压器与主阀活塞上部接通,由于主阀活塞表面积比阀盘大,因此安全阀呈关闭状态。

　　当稳压器压力升高时,它作用于先导活塞,使先导传动杆向下,先导阀 R1 关闭,使主阀活塞上部与稳压器隔离,此时安全阀仍保持关闭。

　　当稳压器压力继续升高,达到先导阀压力整定值时,先导传动杆进一步向下,使先导阀 R2 开启,主阀活塞上部容纳的流体排出,作用于主阀阀盘上的稳压器压力使安全阀开启。

　　当稳压器压力降低时,先导传动杆上升,先关先导阀 R2,然后开启 R1,使主阀活塞上部与稳压器接通,安全阀关闭。

　　安全阀在低于其整定压力下,通过使电磁线圈通电,可以强制开启。若先导阀 R1 处于开启位置(即压力低于先导阀 R1 的整定压力),通过使电磁线圈断电,在主阀活塞上可重新建立压力并关闭安全阀;反之,若先导阀 R1 维持关闭(稳压器压力高于 R1 的整定值),则不能重建主阀活塞上的压力,且安全阀维持开启状态。

3）隔离阀

隔离阀的结构和工作原理与安全阀相同,只是开启定值不同。因此,其开启定值较稳压器正常工作压力还低,当压力达到其定值时,R1 关闭 R2 打开,隔离阀处于开启位置。当安全阀正常开启,且一回路压力高于隔离阀关闭定值时,隔离阀保持在打开位置。但当安全阀发生卡开故障,而冷却剂压力下降到隔离阀关闭定值以下时,隔离阀关闭,从而避免了一回路压力失控下降。

表 3.10 给出了稳压器三条卸压管路上安全阀和隔离阀的定值。

表 3.10 稳压器隔离阀和安全阀的整定压力

组	状态 阀	开启压力/MPa	关闭压力/MPa
第一组	隔离阀	14.6	13.9
	安全阀	16.6	16.0
第二组	隔离阀	14.6	13.9
	安全阀	17.0	16.4
第三组	隔离阀	14.6	13.9
	安全阀	17.2	16.6

上面介绍的 Sebim 阀不仅用在稳压器上,其他系统,比如余热排出系统也使用这种阀门,仅是定值不同。

6. 稳压器卸压箱

稳压器卸压箱接受安全阀排放的蒸汽,使之冷凝和降温,以保证一回路压力边界的完整性。稳压器卸压箱还用于收集、凝结余热排出系统、化容系统安全阀的排放物及一回路阀门的阀杆填料装置的泄漏物。

卸压箱是一个卧式带椭球封头的圆筒形容器(见图 3.50)。正常运行时,卸压箱的约 2/3 容积充水,水面上用氮气覆盖,额定压力 0.12 MPa,阻止空气进入。水温维持在 40℃。稳压器安全阀开启时,蒸汽通过水面以下的鼓泡管排出,被水凝结和冷却。卸压箱内顶部装有一根用补水系统供水的喷淋管线,此喷淋管线正常情况下可用来向卸压箱补水以保持一定水位;卸压箱内温度压力升高时,可用来喷淋冷却。卸压箱底部有疏水管线,通过喷淋冷水和排放热水可冷却卸压箱。在卸压箱水面下设有由设备冷却水供水的冷却盘管,在正常运行期间维持卸压箱内正常温度。

卸压箱能接受 110%稳压器蒸汽容积的蒸汽设计(相当于 1700 kg 蒸汽);但它不能连续接受稳压器的蒸汽排放。超量的蒸汽排放将导致卸压箱内压力上升,压力达到一定值时,卸压箱顶部的防爆膜破裂,蒸汽排放到安全壳内。

3.5.3 稳压器的工作原理

反应堆冷却剂系统是一个以高温高压水为工质的封闭回路。正常功率运行时,稳压器内下部为水,上部为汽空间,由加热器加热使水处于饱和状态。一回路除稳压器上部的汽腔

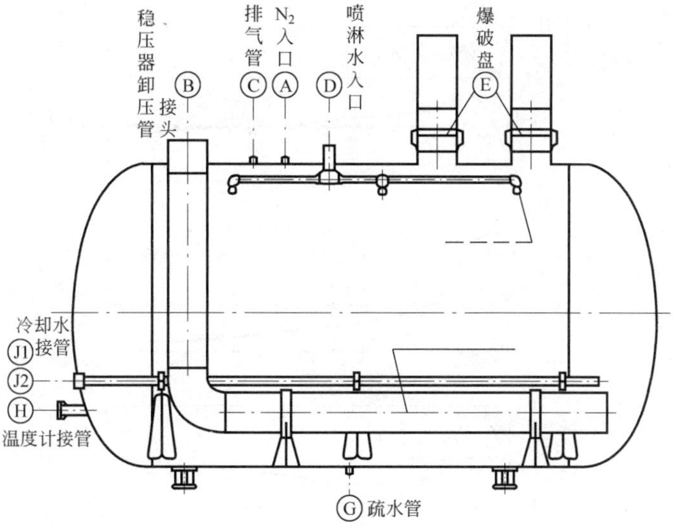

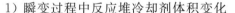

图中标注：稳压器卸压接管头、排气管、N₂入口、喷淋水入口、爆破盘、冷却水接管、温度计接管、疏水管

B、C、A、D、E、J1、J2、H、G

图 3.50 稳压器卸压箱的结构

以外,其余部分全部充满水。因此,稳压器汽腔的蒸汽压力传播到整个一回路系统。稳压器的压力代表了一回路的压力。

1. 压力波动的原因

根据水的热物理特性,反应堆冷却剂温度的任何改变,必将导致冷却剂密度的变化,进而引起系统内冷却剂体积的膨胀或收缩,最终表现为稳压器汽腔的膨胀或收缩,形成压力波动。因此,稳压器内压力波动来源于冷却剂体积的变化。

1) 瞬变过程中反应堆冷却剂体积变化

瞬变过程中反应堆冷却剂体积变化的基本原因是反应堆功率 P_R 与二回路载出功率 P_S 失配,反应堆功率 P_R 的过剩或不足,会造成冷却剂平均温度 T_{av} 升高或降低,即有

$$\frac{dT_{av}}{dt} = k(P_R - P_S) \tag{3.76}$$

式中,k 为比例系数,$\mathrm{℃/(s \cdot kW)}$。

图 3.51 给出了负荷阶跃降低 10% 瞬变过程中一回路主要参数的变化。汽轮机负荷阶跃下降 10% 额定功率时,汽轮机调节阀开度减小,反应堆功率控制系统应使堆功率相应降低,但由于测量和控制系统存在滞后,反应堆功率的减少落后于汽轮机负荷的降低,从而引起一回路、二回路间功率的失配,导致冷却剂温度升高。经过超调和振荡过程后,堆功率和汽轮机负荷趋于平衡。此过程中反应堆冷却剂平均温度先是由额定值上升,达到一峰值后逐渐降低,最后稳定在新的功率水平下对应的整定值上。稳压器的压力也经历了偏离额定值升高而后又回到额定值的过程。

负荷阶跃上升时的过程与上述过程情况相反。

可见,瞬变过程会带来稳压器压力比较大的波动,稳压器应能按设计要求,在瞬变过程中将压力控制在规定范围内。

2) 一回路冷却剂泄漏造成稳压器压力下降

压力下降是一回路泄漏最敏感的征兆。一回路的任何泄漏都将导致压力下降。

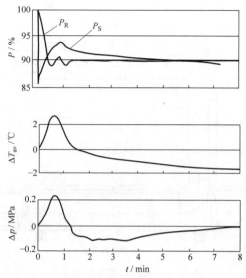

图 3.51　负荷阶跃降低 10％额定功率的瞬变过程

2．稳压器内瞬变过程

反应堆冷却剂平均温度的变化引起冷却剂体积膨胀或收缩，从而使部分冷却剂经波动管涌入或离开稳压器，导致稳压器内汽腔体积的收缩或膨胀。下面进一步分析这一过程。

1）不考虑喷淋和加热器工作

（1）反应堆冷却剂平均温度骤降的情况

图 3.52 给出了在加热和喷淋装置不起作用情况下，二回路负荷突然增加时稳压器内参

数的变化。二回路负荷突然增加引起反应堆冷却剂平均温度降低，进而因冷却剂体积收缩导致稳压器汽腔体积膨胀，体积骤然增大使压力突然降低，这使原来处于平衡态下的饱和水在新的较低压力下成为过热，因而一部分水闪蒸，使汽腔中的蒸汽密度增加，相应使压力略有回升，直至一个新的平衡压力建立为止，这个新的平衡压力小于初始压力。

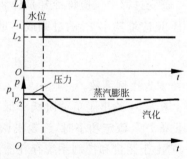

从上述分析可以看出，对于一个引起压力下降的瞬变，系统自身有一种使压力得以恢复正常的趋势，这是水的热物理特性所决定的。正是由于水的这种热物理特性，才使稳压器工作成为可能。但是，在没有外部能量加入的情况下，压力显然不会回升到原来值。

图 3.52　负荷骤增时稳压器压力变化（控制系统不工作）

（2）反应堆冷却剂平均温度骤升的情况

二回路负荷突然降低，会导致二回路载出功率小于一回路发出功率，引起一回路温度迅速升高。

冷却剂温度骤升导致一回路热管段的水突然涌入稳压器，使稳压器水位上升，汽腔先是受到挤压，压力暂时上升；由于热管段的水低于饱和温度，涌入的过冷水使稳压器内的水过

冷,使得部分蒸汽凝结,部分蒸汽凝结使得蒸汽压力下降,同时凝结热使水温有所上升,直至平衡在一个新的平衡压力,这个压力低于初始额定压力(见图 3.53)。

2) 喷淋和加热器工作的情况

上述分析表明,必须提供外部条件才能使稳压器起到稳压作用。对于稳压器压力降低的情况,加热使部分水被蒸发为饱和汽;对于稳压器压力高于整定值的情况,喷淋装置向汽空间喷洒过冷水使部分蒸汽凝结,当涌入过冷水过多时,为保持稳压器内的水处于饱和状态,加热器启动将涌入的冷水加热至饱和状态。

上述压力调节功能的实现借助了水的热物理性质。在一回路运行压力下,水的密度大约为蒸汽密度的 5.8 倍,即将饱和水加热成饱和汽时,就发生了 4.8 倍的体积变化。由于稳压器汽空间容积由水位控制系统确定,所以加热水为饱和汽时蒸汽密度必然增加,密度增加使压力提高。反之,喷淋过冷水使部分蒸汽凝结,蒸汽密度降低导致压力下降,稳压器正是通过改变其汽空间蒸汽的密度来实现压力调节的。从图 3.54 可以更清楚地看出这一点。

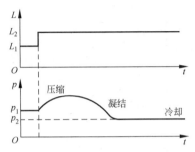

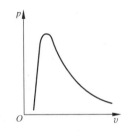

图 3.53　负荷骤降时稳压器内压力变化(控制系统不工作)　　图 3.54　饱和水和蒸汽 $p\text{-}v$ 图

在工作压力下水和蒸汽的密度使稳压器具备良好的瞬态响应特性,这意味着,较小的调节量就可以收到调节压力的效果。这就是为什么气罐式的稳压器在核电站被淘汰的原因。在气罐式稳压器中,依靠气体空间的变化来控制压力。利用气罐将氮气压入稳压器,通过控制氮气压力来维持稳压器的压力。在同一个水容积变化下,气相与蒸汽相两者容积相等时,气罐式稳压器的压力变化更大,因为在电加热式稳压器中,压力上升时部分蒸汽凝结,所以在其他条件相同时,同样的压力波动情况下,气罐式稳压器的容积比电加热式稳压器的容积大 0.5～1.0 倍,且瞬态响应特性差。

综上所述,稳压器是通过改变汽空间的蒸汽密度来调节压力的,因而正常工作时,汽腔必须建立,水必须处于饱和状态。显然,在满水状态下,不能靠加热和喷淋调节压力。

3.5.4　稳压器压力控制系统

稳压器压力控制系统的作用是维持稳压器压力在其恒定的整定值附近,使得电厂在正常负荷瞬变及汽轮机甩掉全部负荷的情况下不发生紧急停堆和安全阀动作。

1. 稳压器压力控制系统原理

稳压器压力控制系统原理示于图 3.55。该系统是一个单参数(压力)、多通道的调节系统。4 个压力测量通道经选择开关后分为两个控制通道。图中右侧所示为其主通道(A)调节系统原理图。被控制的设备有两台比例加热器、两台通断式加热器和两个比例喷雾阀。

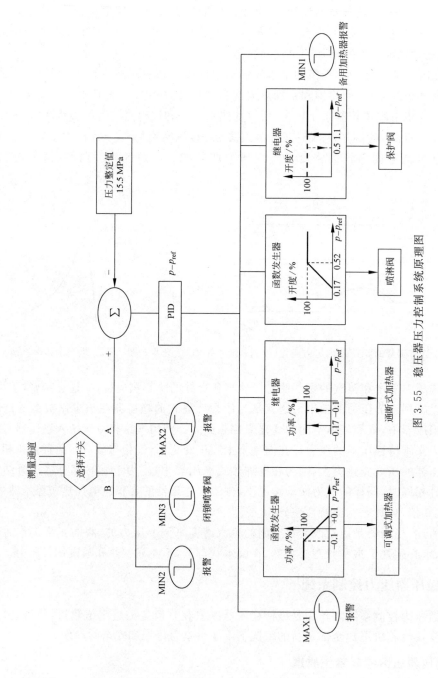

图 3.55　稳压器压力控制系统原理图

主通道控制器是一个比例积分微分控制器（PID）。由压力变送器得到的稳压器压力 p 与整定值 p_{ref} 相比较，控制器将压力偏差 $p-p_{ref}$ 进行比例积分微分运算，输出的补偿压差信号 $p-p_{ref}$ 用来对喷淋阀和比例加热器进行连续控制，对通断式加热器实施断续控制。

两台比例加热器的功率由函数发生器控制，$0\sim100\%$ 功率对应的补偿压差为 $0.1\sim-0.1\,MPa$。稳压器水位低于 14% 时，比例加热器的逻辑控制输出为零，切除比例加热器电源。

两只喷淋阀的开度由函数发生器控制，最小开度与最大开度之间对应的补偿压差为 $0.17\sim0.52\,MPa$。当稳压器压力低于 $14.9\,MPa$ 时，喷淋阀关闭。

对于通断式加热器，实际上是通过阈值继电器控制。当补偿压差小于 $-0.17\,MPa$ 时，通断式加热器启动；补偿压差回升到 $-0.1\,MPa$ 时，通断式加热器断开。当稳压器水位高出整定值 5% 时，也自动启动通断式加热器。当稳压器水位降到 10% 时，全部通断式加热器自动切除。

对于安全阀的控制，当补偿压差达到 $1.1\,MPa$ 时开启；当压力下降至补偿压差信号为 $0.5\,MPa$ 时保护阀关闭。在开启压力和关闭压力之间保持间隔是为了防止安全阀处于频繁动作状态。图中给出了定值最低的安全阀的情况，对于其余两个阀情况类似。

图 3.55 中的 B 通道是一个辅助控制通道。这个通道主要起通断（逻辑）控制作用，产生报警和停止喷淋用的逻辑信号。

2．稳压器压力控制程序

稳压器的额定工作压力为 $15.5\,MPa$，此压力下，比例加热器具有一定开度，以补偿稳压器的散热和最小喷淋流量的功率需求。

1）压力升高时的控制与保护动作

（1）比例喷雾阀开

压力升高至 $15.67\,MPa$ 时，比例喷雾阀开，在压力达到 $16.02\,MPa$ 时，比例喷雾阀达到满开度。在 $15.67\sim16.02\,MPa$ 之间，比例喷雾阀开度线性增加。

（2）高压停堆

压力达到 $16.55\,MPa$ 时，实行高压停堆保护。

（3）第一只安全阀开启

压力为 $16.6\,MPa$ 时，达到第一个安全阀的开启定值点，若因安全阀开启压力下降，则达到 $16.0\,MPa$ 时，此安全阀关闭。

第二只安全阀开启压力为 $17.0\,MPa$，关闭压力为 $16.4\,MPa$。第三只安全阀开启压力为 $17.2\,MPa$，关闭压力为 $16.6\,MPa$。

2）压力降低时的控制与保护动作

（1）通断式加热器投入

当稳压器压力低于整定值 $0.17\,MPa$ 时，发出低压报警（低压1），通断式加热器接通；若压力回升，则当压力低于整定值 $0.1\,MPa$ 时，通断式加热器断开。

（2）低压紧急停堆

若压力继续下降至 $15.2\,MPa$ 时，发出低压报警（低压2）；当压力达到 $13.1\,MPa$ 时，实行紧急停堆。

（3）闭锁喷淋阀

压力降至 14.9 MPa 时，发出低压报警（低压 3），同时闭锁喷淋阀。

（4）低压安注

压力降至 13.9 MPa 时，达到 P-11 的定值点，当压力继续下降到 11.93 MPa 时，便达到低压安注定值点。

应当指出，上面介绍的稳压器压力控制及定值是大亚湾核电厂的设计。它与西屋公司设计的主要区别是稳压器只有三只安全阀，没有动力卸压阀。开启定值最低的一只安全阀起到卸压保护作用。西屋公司的稳压器设计中，除安全阀外，还有动力卸压阀专门用来卸压保护。

3.5.5 稳压器水位控制系统

电厂正常运行时，反应堆冷却剂系统除稳压器上部汽空间外，其余部分充满了水。因此稳压器水位就代表了一回路的水装量。

电厂在加热升温或冷却降温过程中，反应堆冷却剂平均温度 T_{av} 将发生变化，引起反应堆冷却剂体积膨胀或收缩；在负荷瞬变过程中，由于 T_{av} 随负荷的变化而改变，因此一回路冷却剂的体积也随负荷的变化而改变；此外，一回路的任何泄漏也将引起冷却剂量的减少。所有这些，都会引起稳压器水位的变化。通过控制稳压器的水位，来保持一回路冷却剂的适当装量，这就是稳压器水位控制系统的任务。

1. 水位定值

水位定值规定了在电厂不同负荷下稳压器水位应具有的值，又叫做程序水位。稳压器的程序水位与一回路平均温度 T_{av} 呈线性关系，如图 3.56 所示。整定值是在化容系统无下泄流量和负荷从 0～100% 额定功率的条件下，使稳压器能承受一回路水容积变化而确定的。规定这样的程序水位是为了使之与反应堆冷却剂体积随温度升高而膨胀相适应，从而减少控制系统的上充水调节量。图 3.56 中水位上限值应使稳压器有足够的蒸汽空间，以利于稳压器的压力调节；下限值应在水位负波动瞬变中保证电加热器不露出水面，以防加热器烧毁。

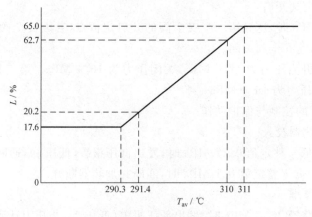

图 3.56　稳压器水位整定值

2．水位调节的干扰量

按照上述稳压器水位整定值与一回路平均温度的函数关系,核电厂运行时,维持下泄流量基本不变,靠改变上充流量来实现水位调节。这样减少了由于反应堆功率或汽轮机负荷改变对上充流量的影响。然而,快速瞬态负荷变化仍然会造成水位偏离整定值,此时水位控制系统根据稳压器实际水位偏离整定值的大小通过上充流量调节阀改变上充流量来调节水位。

除了由于负荷变化引起冷却剂平均温度改变而使稳压器水位发生变化外,实际水位与水位整定值之间的差值也可能由上充流量与下泄流量不平衡而产生。例如,打开另一个下泄孔板,启动第二台上充泵或冷却剂泄漏等。这些都是水位调节的干扰因素。

3．稳压器的水位调节原理

稳压器上装有 4 个差压型水位传感器,其中 3 个水位传感器是在正常运行温度下标定的,用于水位控制和保护;余下的 1 个是按冷停堆工况标定的,仅在启动期间建立稳压器汽空间时用于指示。它不参与执行控制和保护功能。

稳压器水位调节系统的原理如图 3.57 所示。

稳压器水位调节系统是由两个调节器组成的串级调节系统。主调节器是水位调节器,它处理水位误差信号,并加上下泄流量计算出上充流量设定值。副调节器是流量调节器,它处理上充流量误差信号,去调节上充流量调节阀来改变上充流量,以调节稳压器水位。

一回路平均温度最大值 $T_{av,max}$ 输入到函数发生器 GF1,产生水位定值,水位整定值见图 3.56。另外,一回路平均温度 $T_{av,max}$ 还输入比较器,它与根据二回路负荷而定的平均温度参考值 T_{ref} 在比较器中进行比较,其差值($T_{av,max} - T_{ref}$)输入函数发生器 GF2 作为前馈信号对水位整定值进行修正,以改善系统的动态性能。

操纵员也可以人为给定一个水位定值,这主要在自动给整定值元件故障时使用,水位整定值受到最低值限制,如图 3.56 所示最低水位不能低于 17.6%。这是为了防止因水位过低电加热器裸露在汽空间而烧毁。用高选单元实现这一要求。高选单元的输出即为水位调节器整定值。

水位整定值与水位测量值在一加法器中比较,其误差信号输入函数发生器 GF3。GF3是一个非线性增益环节,用来增大水位调节器的响应速度,又保证调节的稳定性。它在小的误差信号时降低增益,以提高调节稳定性,减少上充流量调节阀频繁动作;大的误差信号时保持较大增益,以加快其响应速度。

函数发生器 GF3 的输出作为水位调节器(PI)的输入,水位调节器的输出与实测的下泄流量相加后作为上充流量的整定值输入给函数发生器 GF4。GF4 的作用是对上充流量整定值进行上限、下限的限制。上限是为了保证上充泵提供给主泵的轴封水有足够的注入压头,下限是为了防止下泄流因在再生热交换器中得不到充分冷却在下泄孔板处汽化。经GF4 限值后的输出,实际作为上充流量调节的整定值。

上充流量调节整定值与上充流量实测值进行比较,其误差信号输入流量调节器(PI),给出上充流量调节阀的调节信号。

4．水位控制系统的控制保护动作

当测量水位比整定值低 5% 时,发出低 1 报警信号;如果水位测量值小于 14%,则发出

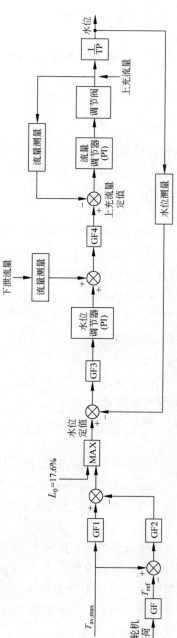

图 3.57　稳压器水位调节系统原理图

稳压器水位低2的报警信号,并断开所有的加热器,以免加热器裸露出水面而损坏;如果水位测量值小于10%,则关闭通往化容系统的下泄隔离阀和下泄孔板隔离阀,并发出稳压器水位低3报警。当测量水位比水位整定值高5%时,发出高1报警,并自动接通通断式加热器。这是由于有大量的一回路欠热水涌入了稳压器,若不及时接通加热器,会导致压力下降太大,接通加热器将这些欠热水加热到饱和状态,以便将压力恢复至整定值附近。当水位达到70%时,发出水位高2报警信号;当3个水位变送器中至少两个的量程达到满量程的86%,且P-7信号存在(低功率停堆闭锁解除)时,触发紧急停堆和高压报警信号。

3.5.6 稳压器的设计准则

3.5.3节中以负荷骤降10%为例,说明了导致一回路压力波动的基本原因。核电厂在不同运行工况下,反应堆冷却剂的温度变化速率和变化幅度相差很大,相应的压力波动也有很大差别。按照温度变化速率,核电厂的瞬态过程可分为三类。

(1)慢速波动。典型的慢速波动过程是反应堆冷却剂系统以28℃/h速率升温和降温,这是核电厂操作规程推荐的正常升温或冷却速率。

(2)中速波动。核电厂以每分钟5%的额定功率线性升降功率,或按10%额定功率阶跃升、降功率的过程属于此类,在后一种工况下,反应堆冷却剂平均温度最高变化速率可达每秒零点几摄氏度。

(3)快速波动。核电厂发生甩负荷、大破口失水事故及弹棒事故等时,冷却剂温度最高变化速率可达每秒几摄氏度以上。

对于不同的温度变化率,相应的压力瞬变过程差别很大。图3.58给出了几种典型工况下的压力瞬变过程曲线。

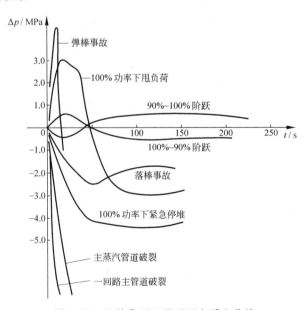

图3.58 几种典型工况下压力瞬变曲线

为了在正常瞬态过程和事故工况下均具备对压力控制的能力,对稳压器制定了设计准则,具体规定在各种工况下对稳压器压力和水位的要求。不同国家及不同核电厂制造厂商制定的稳压器设计准则略有不同。下面给出的是法国采用的稳压器设计准则。

（1）稳压器的水和蒸汽的总容积足以保证在正常运行瞬态下系统容积变化所引起的压力波动在预期的范围内，不会引起安全阀动作；

（2）水的容积足以保证在负荷阶跃增加10％额定功率时电加热器不致露出水面；

（3）蒸汽的容积在反应堆自动控制和二回路蒸汽排放有效的情况下，足以补偿负荷每分钟减少5％额定功率所引起的容积波动，且不会达到稳压器高水位停堆定值点；

（4）蒸汽的容积足以防止在外电源断电和稳压器高水位停堆后水通过安全阀排放；

（5）在紧急停堆和汽轮机停机后，稳压器不会排空；

（6）在紧急停堆和汽轮机停机后，稳压器压力不会导致安全注入系统启动。

稳压器的容积应大于等于上述各项要求确定的最小蒸汽容积、最小水容积或总容积。

3.5.7　稳压器的容积计算

正确确定稳压器的容积，对于核电厂的安全运行和技术经济指标，具有重要意义。

确定稳压器容积，应以设计准则为依据，需要对核电厂典型运行工况进行瞬态过程分析。

1. 稳压器内部容积的划分

稳压器内部容积可分为三部分，共五块，如图3.59所示。

第一部分为最小蒸汽容积 V_{s1}，这是指波动流入之前的稳压器内部蒸汽容积。它对于保证瞬态过程中压力变化不超过某一规定的定值来说是最小的。换言之，V_{s1} 是按照波动流入瞬态过程的要求而决定的。

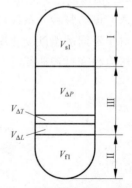

第二部分为最小水容积 V_{f1}，这是指波动流出之前的稳压器内部水容积。它对于保证瞬态过程中压力变化不低于某一规定的定值来说是最小的。换言之，V_{f1} 是按照波动流出瞬态过程的要求而决定的。

如果在瞬态过程中还要考虑由某种结构因素决定的水容积（例如电加热器不露出水面），则 V_{f1} 应受到补充条件检验，并应在两种限制条件中取其最大者。

图3.59　稳压器内部容积的划分

第三部分为稳态液位变化容积，这部分容积又由三块容积组成：

（1）稳态功率变化容积 $V_{\Delta P}$；

（2）液位计测量误差容积 $V_{\Delta L}$；

（3）温度测量及控制死区容积 $V_{\Delta T}$。

第三部分容积是由稳态运行的要求决定的。

2. 最小蒸汽容积和最小水容积的计算

最小蒸汽容积和最小水容积的计算需要通过瞬态分析解决，参见3.5.8节。

3. 稳态容积变化的计算

1）稳态功率变化容积 $V_{\Delta P}$

核电厂稳态运行特性给定了反应堆冷却剂系统温度对于功率的整定值，由于运行功率水平改变使相应产生的冷却剂容积改变,需通过稳压器补偿。

设 χ 为热段容积 V_H 与反应堆冷却剂系统总容积 V_0 之比值。当反应堆由零功率提升满功率时,热段内冷却剂温度由 T_{av0} 上升至 T_H,相应的质量改变为

$$\chi V_0 \left(\frac{1}{v_H} - \frac{1}{v_{av0}} \right)$$

而冷段内冷却剂由 T_{av0} 变为 T_C,相应的质量改变为

$$(1-\chi)V_0 \left(\frac{1}{v_C} - \frac{1}{v_{av0}} \right)$$

反应堆冷却剂系统内冷却剂质量总的改变量为两项之和。同时,考虑到稳压器和化容系统容积补偿的分工,稳压器分担的吸收份额为 β,则

$$V_{\Delta P} = \beta V_0 v_{fl} \left[\left(\frac{1}{v_C} - \frac{1}{v_{av0}} \right) + \chi \left(\frac{1}{v_H} - \frac{1}{v_C} \right) \right] \tag{3.77}$$

v_{av0} 为零功率时一回路冷却剂平均温度下的比体积;v_H、v_C 分别为热段冷却剂和冷段冷却剂比体积。

2) 液位计测量误差容积 $V_{\Delta L}$

对于设定的稳压器最高及最低水位,当存在液位计测量负偏差时,实际的最小蒸汽容积减小;当存在液位计测量正偏差时,实际的最小水容积减小。

设液位计量程为 L,测量误差为 $\pm \delta$,稳压器内径为 D,则液位计测量误差容积按下式计算:

$$V_{\Delta L} = \frac{\pi}{4} D^2 L \delta \tag{3.78}$$

3) 温度测量误差及控制死区容积 $V_{\Delta T}$

由于冷却剂温度误差及存在控制死区,二者叠加造成的平均温度误差为 $\pm \Delta T_{av}$,相应的冷却剂容积变化将由稳压器补偿。

冷却剂平均温度整定值为 T_{av},相应于 $(T_{av} + \Delta T_{av})$ 及 $(T_{av} - \Delta T_{av})$ 时冷却剂比体积分别记为 v_f' 及 v_f'',由此可求出相应的容积

$$V_{\Delta T} = V_0 v_{fl} \left(\frac{1}{v_f'} - \frac{1}{v_f''} \right) \tag{3.79}$$

3.5.8 稳压器瞬态过程分析模型

核电厂运行工况的改变,一般都伴随着反应堆冷却剂系统相应的压力响应。准确预测各种瞬态工况下稳压器的压力瞬变过程,不仅对最终确定稳压器的设计参数是必需的,而且对进行核电厂安全分析具有重要意义。

稳压器瞬态过程的数学模型可分为两类:平衡态模型和非平衡态模型。

1. 平衡态模型

平衡态模型将稳压器内汽液两相看作一个整体,始终处于热力平衡态。平衡态模型的基本方程如下。

质量方程

$$\frac{\mathrm{d}m}{\mathrm{d}t} = q_{m,in} \tag{3.80}$$

能量方程

$$\frac{\mathrm{d}U}{\mathrm{d}t} = q_{m,\mathrm{in}}h_{\mathrm{in}} + P_{\mathrm{h}} \tag{3.81}$$

其中

$$m = m_{\mathrm{f}} + m_{\mathrm{g}} \tag{3.82}$$

$$U = m_{\mathrm{f}}h_{\mathrm{f}} + m_{\mathrm{g}}h_{\mathrm{g}} - pV \tag{3.83}$$

$$V = m_{\mathrm{f}}v_{\mathrm{f}} + m_{\mathrm{g}}v_{\mathrm{g}} \tag{3.84}$$

状态方程

$$v_{\mathrm{f}} = v_{\mathrm{f}}(p) \tag{3.85}$$

$$v_{\mathrm{g}} = v_{\mathrm{g}}(p) \tag{3.86}$$

$$h_{\mathrm{f}} = h_{\mathrm{f}}(p) \tag{3.87}$$

$$h_{\mathrm{g}} = h_{\mathrm{g}}(p) \tag{3.88}$$

简化后，经联立得

$$\frac{\mathrm{d}p}{\mathrm{d}t} = \frac{v_{\mathrm{fg}}q_{m,\mathrm{in}}h_{\mathrm{in}} + q_{m,\mathrm{in}}(v_{\mathrm{g}}h_{\mathrm{fg}} - v_{\mathrm{fg}}h_{\mathrm{g}})}{v_{\mathrm{fg}}M_{\mathrm{h}} - h_{\mathrm{fg}}M_{\mathrm{v}}} \tag{3.89}$$

其中

$$M_{\mathrm{h}} = m_{\mathrm{f}}\frac{\mathrm{d}h_{\mathrm{f}}}{\mathrm{d}p} + m_{\mathrm{g}}\frac{\mathrm{d}h_{\mathrm{g}}}{\mathrm{d}p} - V \tag{3.90}$$

$$M_{\mathrm{v}} = m_{\mathrm{f}}\frac{\mathrm{d}v_{\mathrm{f}}}{\mathrm{d}p} + m_{\mathrm{g}}\frac{\mathrm{d}v_{\mathrm{g}}}{\mathrm{d}p} \tag{3.91}$$

$$v_{\mathrm{fg}} = v_{\mathrm{g}} - v_{\mathrm{f}} \tag{3.92}$$

$$h_{\mathrm{fg}} = h_{\mathrm{g}} - h_{\mathrm{f}} \tag{3.93}$$

上述各式中，m 为稳压器中冷却剂质量；U 为稳压器中冷却剂热力学内能；V 为稳压器中冷却剂体积；p 为稳压器压力；h 为比焓；v 为比体积；P_{h} 为加热器的加热功率。脚标 f、g 分别表示液相和汽相；脚标 in 表示流入。

显然，平衡态模型是对实际工况的近似。因为只要稳压器内压力一改变，汽相和液相就会偏离原来的平衡态，经历汽相、液相间的传热传质过程，逐渐达到新的平衡状态。这种模型简单，适于缓慢过程，但对于一回路小破口事故及汽轮机甩负荷等快速瞬变过程，平衡态模型不能满足逼真度要求。

2. 非平衡态模型

为了更真实地描述稳压器内的热力学过程，应将稳压器内汽、液两相分区考虑，不预先假定遵循某一热力过程，这就是两区非平衡稳压器模型。考虑到通过波动管流入稳压器的冷却剂温度低于稳压器中原有液体的温度，而且它不可能与稳压器中原有液体瞬时均匀混合，使得稳压器内液相区液体温度上面高，下面低。为了描述这一现象，提出了将液相区分成两区：主液相区和波动液相区（如图 3.60 所示），这样形成了三区非平衡稳压器模型。三区非平衡模型作了如下假设：三区具有同样的压力；每区在每一时刻具有各自的比焓；忽略喷淋液滴和壁面上的冷凝液滴到达液相区的时间；汽相的液滴在到达液相区前已达到饱和；稳压器的总体积不变。

1）三区非平衡态数学模型

波动液相区、主液相区和汽相区分别记为 1 区、2 区、3 区。

质量守恒方程为

$$\frac{\mathrm{d}m_1}{\mathrm{d}t} = q_{m,\mathrm{su}} - q_{m,\mathrm{bub}} \tag{3.94}$$

$$\frac{\mathrm{d}m_2}{\mathrm{d}t} = q_{m,\mathrm{bub}} + q_{m,\mathrm{sp}} + q_{m,\mathrm{cs}} + q_{m,\mathrm{wc}} - q_{m,\mathrm{ce}} - q_{m,\mathrm{itr}} \tag{3.95}$$

$$\frac{\mathrm{d}m_3}{\mathrm{d}t} = q_{m,\mathrm{ce}} - q_{m,\mathrm{cs}} - q_{m,\mathrm{wc}} - q_{m,\mathrm{re}} - q_{m,\mathrm{sa}} + q_{m,\mathrm{itr}} \tag{3.96}$$

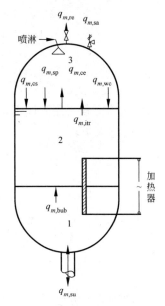

图 3.60　稳压器控制容积划分
1—波动液相区；2—主液相区；3—汽相区

上述各式中，$q_{m,\mathrm{su}}$为波动流量，当流入稳压器时为正，反之为负；$q_{m,\mathrm{bub}}$为汽泡上升流量；$q_{m,\mathrm{sp}}$为喷淋流量；$q_{m,\mathrm{cs}}$为喷雾冷凝流量；$q_{m,\mathrm{wc}}$为壁面冷凝流量，$q_{m,\mathrm{ce}}$为汽、液界面净汽化流量；$q_{m,\mathrm{itr}}$为由于整体蒸发或冷凝在汽液交界面的净质量流量；$q_{m,\mathrm{re}}$为释放阀流量；$q_{m,\mathrm{sa}}$为安全阀流量。

能量守恒方程为

$$\frac{\mathrm{d}(m_1 h_1)}{\mathrm{d}t} = q_{m,\mathrm{su}} h_x - q_{m,\mathrm{bub}} h_\mathrm{g} + P_{\mathrm{h1}} + V_1 \frac{\mathrm{d}p}{\mathrm{d}t} \tag{3.97}$$

$$\frac{\mathrm{d}(m_2 h_2)}{\mathrm{d}t} = q_{m,\mathrm{bub}} h_\mathrm{g} + q_{m,\mathrm{sp}} h_\mathrm{f} + q_{m,\mathrm{cs}} h_\mathrm{f} + q_{m,\mathrm{wc}} h_\mathrm{f} - q_{m,\mathrm{itr}} h_\mathrm{tr} - q_{m,\mathrm{ce}} h_\mathrm{g} + P_{\mathrm{h2}} + V_2 \frac{\mathrm{d}p}{\mathrm{d}t} \tag{3.98}$$

$$\frac{\mathrm{d}(m_3 h_3)}{\mathrm{d}t} = q_{m,\mathrm{itr}} h_\mathrm{tr} + q_{m,\mathrm{ce}} h_\mathrm{g} - q_{m,\mathrm{cs}} h_\mathrm{g} - q_{m,\mathrm{wc}} h_3 - q_{m,\mathrm{re}} h_3 - q_{m,\mathrm{sa}} h_3 + V_3 \frac{\mathrm{d}p}{\mathrm{d}t} \tag{3.99}$$

其中，h_f、h_g分别为饱和液焓与饱和汽焓，h_3为汽相焓；P_{h1}、P_{h2}分别为1区、2区加热器的加热功率；

$$h_x = \begin{cases} h_{\mathrm{su}}, & \text{正波动} \\ h_1, & \text{负波动} \end{cases}$$

$$h_\mathrm{tr} = \begin{cases} h_\mathrm{g}, & \text{蒸发起主导作用时} \\ h_\mathrm{f}, & \text{冷凝起主导作用时} \end{cases}$$

由稳压器容积守恒，得

$$\frac{\mathrm{d}V}{\mathrm{d}t} = \sum_{i=1}^{3} \frac{\mathrm{d}(m_i v_i)}{\mathrm{d}t} = 0 \tag{3.100}$$

其中

$$v_i = \begin{cases} v_i(h_i, p), & \text{单相} \\ x_i v_\mathrm{g} + (1 - x_i) v_\mathrm{f}, & \text{两相} \end{cases}$$

将容积守恒方程展开得

$$\sum_{i=1}^{3} \left(v_i \frac{\mathrm{d}m_i}{\mathrm{d}t} + m_i \frac{\mathrm{d}v_i}{\mathrm{d}h_i} \frac{\mathrm{d}h_i}{\mathrm{d}t} + m_i \frac{\mathrm{d}v_i}{\mathrm{d}p} \frac{\mathrm{d}p}{\mathrm{d}t} \right) = 0 \tag{3.101}$$

由上式得稳压器压力方程

$$\frac{\mathrm{d}p}{\mathrm{d}t} = \frac{\left[-\sum_{i=1}^{3}\left(m_i \frac{\mathrm{d}v_i}{\mathrm{d}h_i} \frac{\mathrm{d}h_i}{\mathrm{d}t} \right) - \sum_{i=1}^{3}\left(v_i \frac{\mathrm{d}m_i}{\mathrm{d}t} \right) \right]}{\sum_{i=1}^{3} m_i \frac{\mathrm{d}v_i}{\mathrm{d}p}} \tag{3.102}$$

2) 结构关系式

求解压力方程需用到以下结构关系式。

（1）物性关系式

$$\frac{\partial v_i}{\partial p} = \begin{cases} \dfrac{\partial v_i}{\partial p}, & \text{单相} \\[2mm] \dfrac{\partial v_f}{\partial p} + x_i \dfrac{\partial v_{gf}}{\partial p} + v_{gf} \dfrac{\partial x_i}{\partial p}, & \text{两相} \end{cases} \tag{3.103}$$

$$\frac{\partial x_i}{\partial p} = -\frac{x_i}{h_{gf}} \frac{\partial h_{gf}}{\partial p} - \frac{1}{h_{gf}} \frac{\partial h_f}{\partial p}$$

其中

$$v_{gf} = v_g - v_f, \quad h_{gf} = h_g - h_f$$

（2）波动流量方程

稳压器的波动流量等于一回路侧各控制体冷却剂的质量波动之和，即

$$q_{m,\mathrm{su}} = -\sum_{i=1}^{N} V_i \frac{\partial \rho_i}{\partial t} \tag{3.104}$$

（3）加热器功率

对于比例加热器，加热功率由下式确定：

$$P_{\mathrm{p}} = P_{\mathrm{p,max}} \frac{p_{\mathrm{off}} - p}{p_{\mathrm{off}} - p_{\mathrm{on}}} \tag{3.105}$$

式中，$P_{\mathrm{p,max}}$ 为比例加热器最大功率；p_{off} 为比例加热器关闭对应的压力，p_{on} 为比例加热器全开对应的压力。

备用加热器以通断方式运行，其加热器功率由下式确定：

$$P_{\mathrm{b}} = P_{\mathrm{b,max}}\left[1 - \exp(-t/\tau) \right] \tag{3.106}$$

式中，τ 为延时常数；$P_{\mathrm{b,max}}$ 为备用加热器额定加热功率。

（4）喷淋流量及喷淋冷凝率

喷淋流量由下式确定：

$$q_{m,\mathrm{sp}} = q_{m,\mathrm{sp,max}} \frac{p - p_{\mathrm{off}}}{p_{\mathrm{on}} - p_{\mathrm{off}}} \tag{3.107}$$

式中，$q_{m,\mathrm{sp,max}}$ 为最大喷淋量；p_{off} 为喷淋阀关闭对应的压力；p_{on} 为喷淋阀全开对应的压力。
并有下述关系：

$$q_{m,\mathrm{sp}} = \begin{cases} 0, & p < p_{\mathrm{off}} \\ q_{m,\mathrm{sp,max}}, & p > p_{\mathrm{on}} \end{cases}$$

由于喷淋而在喷淋水滴表面形成的冷凝率由下式给出：

$$q_{m,\mathrm{cs}} = q_{m,\mathrm{sp}} \frac{h_f - h_{\mathrm{sp}}}{h_g - h_f} \tag{3.108}$$

（5）壁面冷凝流量

在正波动的瞬变过程中，稳压器内饱和温度增加，壁温相应于饱和温度低，导致蒸汽在壁面冷凝。其计算公式如下：

$$q_{m,\text{wc}} = \frac{\Phi_{\text{wc}}}{h_{\text{fg}}} \tag{3.109}$$

式中，Φ_{wc} 为稳压器壁由于壁面冷凝发生的显热变化。

（6）主液相区与汽相区界面净蒸发量

主液相区与汽相区界面质量传递由气体动能理论求得。净质量传递速率由下式给出：

$$q_{m,\text{ce}} = f\frac{A}{\sqrt{2\pi RT}}(p - p^*) \tag{3.110}$$

式中，R 为玻尔兹曼常数；A 为汽液交界面积；f 为经验常数；p^* 为液体温度对应的饱和压力。

（7）汽泡上升和液滴下落

在压力降低的瞬变过程中，稳压器内过冷水和过热汽趋近于一个饱和态。过冷水达到饱和时液相区内产生汽泡上升到汽相区；同样，汽相区会产生液滴下落到液相区。由于压力降低，液相区产生汽泡的流率由下式给出：

$$q_{m,\text{be}} = \alpha_{\text{L}} A V_{\text{bub}} \rho_{\text{g}} \tag{3.111}$$

式中，α_{L} 为液相区的空液份额；A 为稳压器截面积；ρ_{g} 为饱和汽密度；V_{bub} 为汽泡速度，由下式确定：

$$V_{\text{bub}} = \max(V_{\text{b1}}, V_{\text{b2}}) \tag{3.112}$$

$$V_{\text{b1}} = \left(\frac{\alpha}{0.136}\right)^{0.5168}\left(\frac{\rho_{\text{f}} - \rho_{\text{g}}}{\rho_{\text{g}}}\right)^{0.1798}\left[\frac{d}{\sqrt{\dfrac{\sigma}{\rho_{\text{f}} - \rho_{\text{g}}}}}\right]^{0.1067}\left(g\sqrt{\frac{\sigma}{\rho_{\text{f}} - \rho_{\text{g}}}}\right)^{0.5} \tag{3.113}$$

$$V_{\text{b2}} = \left(\frac{\alpha}{0.75}\right)^{1.333}\left(\frac{\rho_{\text{f}} - \rho_{\text{g}}}{\rho_{\text{g}}}\right)^{0.4267}\left[\frac{d}{\sqrt{\dfrac{\sigma}{\rho_{\text{f}} - \rho_{\text{g}}}}}\right]^{0.2533}\left(g\sqrt{\frac{\sigma}{\rho_{\text{f}} - \rho_{\text{g}}}}\right)^{0.5} \tag{3.114}$$

液滴下落到液面的流率由下式确定：

$$q_{m,\text{bc}} = \alpha_{\nu} A V_{\text{d}} \rho_{\text{f}} \tag{3.115}$$

式中，α_{ν} 为汽相中液滴占据的面积份额；V_{d} 作为经验常数处理。

（8）安全阀和卸压阀流量

由于稳压器安全阀和卸压阀下游的压力与稳压器压力相比一般小很多，因此一般假定通过阀门喉部的流动是临界流。

上述基本方程加上结构关系式，构成稳压器瞬态分析模型，在此基础上编制程序，可以进行稳压器瞬态过程分析。

3. 稳压器数学模型的验证

关于稳压器数学模型的研究，近四十年来国内外已发表了大量的研究报告。与分析计算相比较，试验研究要少得多。美国希平港核电厂甩负荷实验数据被广泛用来检验计算模型的正确性。某些核电厂的实测结果也被用来证实分析结果的合理性。

美国希平港核电厂是美国早期的压水堆核电厂，与现代压水堆核电厂相比，它的设计参数较低，功率较小；但由于有比较完整的公开发表的数据，所以广泛地被研究者引用，以证实理论分析模型的合理性。图 3.61 给出的是希平港核电厂以 74 MW 为初始电功率的甩负荷过程。负荷分二级阶跃，第一级阶跃从 74 MW 电功率降至 10 MW 电功率，在 10 MW 电功率水平保持约 6 min，随后降为零。相应引起稳压器液位两次周期性变化。第一次波动流入使稳压器液位升高了约 0.635 m,在 6.5 min 负荷降低至零时,水位再次升高。图中波动流量是由液位变化计算得到的。图中给出了平衡态模型、三区非平衡模型计算结果与实验结果的比较。图 3.62 给出了实验测得的水温、汽温变化,可以看到,稳压器内出现了蒸汽过热及液相过冷现象。在快速波动流入时,汽相存在过热,而稳压器在低于汽-水交界面 1 m 处测得的水温表明,在压力峰值时有约 3 ℃过冷度。这一瞬变过程包括波动流入、流出、喷雾、电加热器投入等过程,对计算模型是一个较好的综合检验。

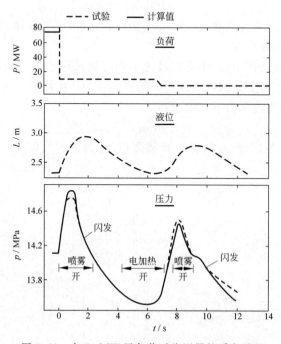

图 3.61 自 74 MW 甩负荷时稳压器的瞬态过程

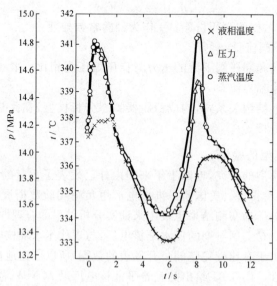

图 3.62 74 MW 甩负荷时稳压器内水温、汽温及压力变化

第 4 章

核岛主要辅助系统

核岛主要辅助系统是核岛的重要组成部分。它不仅是核电厂正常运行不可缺少的,而且在事故工况下,为核电厂安全设施系统提供支持。压水堆核电厂核岛辅助系统有以下几种功能。

1) 排出核燃料剩余功率

核燃料在停堆以后还要保持很长时间的剩余释热,这是核电厂与火电厂的重要差别。为了保证反应堆的安全,在反应堆停堆后的一段相当长时间内,必须保证足够的堆芯冷却,有效地排出堆芯余热。余热排出系统就是为此而专门设置的。

乏燃料组件从反应堆移到乏燃料水池后,乏燃料剩余释热会使水温度升高。反应堆换料期间,反应堆换料水池也需要冷却。反应堆换料水池和乏燃料水池冷却与净化系统就是为了排出乏燃料余热、净化反应堆换料水池和乏燃料水池水质而设置的。

2) 对反应堆冷却剂进行化学和容积控制

为了保证一回路系统内适当的水容积,由化学和容积控制系统对一回路冷却剂实行容积控制。化学和容积控制系统还在硼和水补给系统的支持下改变冷却剂中可溶毒物硼的质量分数,调整冷却剂的 pH 值和净化冷却剂,硼和水补给系统提供加硼、稀释、加联氨或氢氧化锂的操作。硼回收系统收集化学和容积控制系统下泄水和核岛排气疏水系统的可复用水,经处理后向硼和水补给系统供给水和硼酸。

3) 进行设备的冷却

设备冷却水系统向核岛内需要冷却的设备提供冷却水,然后将热量传输给重要厂用水系统的海水,从而将核电厂废热排入核岛的最终热阱。设备冷却水系统成为隔离反应堆冷却剂与环境水体的一道屏障。设备冷却水系统和重要厂用水系统不仅在正常情况下作为核岛向环境的排热通道,而且在事故工况下作为安全设施系统的支持系统将堆芯余热排入环境,以保证核电厂的安全。部分设备的冷却需要与核岛通风空调系统中的相关系统一起完成。

4) 废物的收集和处理

核电厂在运行中会产生放射性的废液、废气和固体废物,这是核电厂与火电厂的重要区别之一。对于放射性废物,必须谨慎对待,严格管理。按其放射性强度、化学物含量多少区别对待,或回收再利用,或经处理后按照国家的有关规定稀释排放,将对环境的影响减到最小。核岛排气疏水系统、硼回收系统、废液、废气和固体废物处理系统就是为此而设置的。

5) 核岛通风空调系统

通风空调在核电厂中具有重要作用,对于核岛通风及空气调节尤其重要。系统的设计应本着一个共同的目标,那就是:为工作人员提供舒适的环境,为设备的安全运行提供合适的环境条件,以及控制和限制污染空气或受到污染的气体排放。主要通过对空气温度、湿度、压力、洁净度、放射性及换气频率等参数的控制,来达到人员和设备所要求的工作条件。

核岛通风空调系统包括反应堆厂房、核燃料厂房、电气厂房、核辅助厂房、控制室以及连接厂房的通风空调系统。

4.1 化学和容积控制系统

4.1.1 系统功能

化学和容积控制系统的主要功能如下:

(1)通过改变反应堆冷却剂的硼质量分数,对堆芯进行反应性控制;

(2)维持稳压器的水位,控制一回路系统的水装量;

(3)对反应堆冷却剂的水质进行化学控制和净化,减少反应堆冷却剂对设备的腐蚀,控制反应堆冷却剂中裂变产物和腐蚀产物的含量,降低反应堆冷却剂的放射性水平;

(4)向反应堆冷却剂泵提供轴封水;

(5)为反应堆冷却剂系统提供充水和水压试验手段;

(6)对于上充泵兼作高压安注泵的化容系统,事故时用上充泵向堆芯注入应急冷却水。

4.1.2 设计依据

1. 反应性控制

现代压水堆采用可溶性化学毒物硼酸控制反应性。硼酸溶于水中,不需要任何额外空间就能起到吸收中子的作用,从而可以省去大量控制棒,简化了堆芯布置和反应堆压力容器顶部结构。可溶性硼酸均匀弥散在慢化剂中,消除了采用控制棒时造成的堆芯内中子通量密度不均匀现象。反应堆运行时,控制棒几乎可以全部抽出堆芯,使堆芯功率分布均匀,而且这种均匀的功率分布不随燃耗的变化而改变,这对提高燃耗深度是有利的。

利用硼进行反应性控制也有缺点。由于改变冷却剂硼质量分数是通过向一回路注入浓硼酸或纯水同时排出等量的一回路水来实现的,这一过程一般需要几分钟到几十分钟才能完成。因此,这种办法对反应性调节速度较慢,仅适于控制较慢的反应性变化。电厂升温过程中反应性的变化、燃耗引起的反应性变化和裂变产物氙和钐引起的反应性变化属于此类。对于补偿快速的反应性变化,如多普勒效应、空泡效应、快速的负荷跟踪和紧急停堆等必须采用控制棒。表4.1所示为典型的压水堆可溶性毒物反应性和棒控反应性分配。从中可以看出,硼酸控制的反应性量占总的反应性控制量的70%左右。

硼酸质量分数对慢化剂的温度系数有着重要的影响,由于随着水温升高,水的密度减小,单位体积的水中硼原子核数也减少,这就导致在较高的硼质量分数下,可能出现正的慢化剂温度系数,这是运行安全所不希望的。在压水堆核电厂,为了保证反应堆安全运行,技术规范中规定,运行中应使慢化剂温度系数保持负值,相应地规定了反应堆工作温度下冷却剂的硼质量分数不应大于 1.4×10^{-3} 的限值。

表 4.1　压水堆反应性控制的分配

反应性控制因素	反应性 ρ /%	
	棒　控	硼　酸　控　制
安全停堆	3.0	
冷态到热态		2.0
多普勒效应	2.2	
钐毒		0.8
氙毒		2.2
运行控制	0.8	
燃耗		9.0
总计	6.0	14

根据核电厂运行的需要,化容系统应调节冷却剂的硼质量分数,控制反应性的慢变化,并在冷停堆和换料过程中保持足够的停堆深度。

1)启动及停堆

冷停堆前,应提高冷却剂的硼质量分数,以提供足够的停堆深度;反应堆启动前,应使冷却剂硼质量分数减小到临界所需的范围。硼质量分数的改变应足以补偿多普勒效应、慢化剂温度效应、^{135}Xe 及 ^{149}Sm 毒性以及由维持足够的停堆深度到堆启动所需的反应性变化。一般来说,大型压水堆的冷停堆和启动要求冷却剂硼质量分数的相应改变量为 $300 \times 10^{-6} \sim 500 \times 10^{-6}$。

2)补偿燃耗

在反应堆运行过程中,剩余反应性逐渐减少,需要不断调整冷却剂的硼质量分数,这是通过注入除盐水来实现的。

3)反应堆检修及换料

对于换料冷停和维修冷停堆,要求硼质量分数至少为 2100×10^{-6},以保持必需的停堆深度。

4)负荷变化

现代压水堆核电厂的负荷变化也可通过改变硼质量分数实现。若功率调节频繁,将会造成数量可观的硼水。

2.容积控制

化容系统补偿核电厂从冷停堆到热态零功率启动过程或从热态零功率到冷停堆过程中按允许升温或降温速率运行所引起的一回路水体积的变化。

在正常的变功率运行过程中,该系统维持稳压器的程序水位。

对于较快的负荷变化,如每分钟 $\pm5\%$ 额定功率的线性功率变化,或 $\pm10\%$ 额定功率的功率阶跃改变,化容系统与稳压器共同承担容积补偿。一般说来,化容系统分担上述过程中容积变化的 $30\% \sim 40\%$。

对于一回路小的泄漏,由化容系统提供足够的补给水。

3．水质控制

化容系统在设计规定的燃料包壳破损率（一般为 0.5％）情况下，应能保证冷却剂达到规定的放射性水平和水质指标。

1）放射性水平的控制

冷却剂的放射性来自：①水及其中杂质的活化；②裂变产物的释放；③腐蚀产物的活化；④化学添加物的活化。水活化产物中最重要的是 ^{16}N，其 γ 射线很强，是决定一回路系统二次屏蔽设计的主要因素。但 ^{16}N 的半衰期极短，当冷却剂进入辅助系统，或反应堆停闭时，它很快就衰变掉了，一般不列入冷却剂总放射性。水中其他杂质以及添加物的活化影响很小。事实上冷却剂放射性绝大部分来自裂变产物，小部分来自腐蚀产物活化。有些核电厂对冷却剂总放射性指标做出规定，一般为 $4\times10^4 \sim 4\times10^5$ Bq/L。此指标完全由燃料包壳破损率和冷却剂净化系统的效率所决定。

反应堆运行过程中，堆芯产生大量的裂变产物，这些产物照各自的衰变规律依次转换成新的核素，并可能通过燃料包壳的缺陷进入冷却剂。为保证不超过核电厂的安全规定值，化容系统应清除反应堆冷却剂中的放射性物质，系统的能力应以设计规定的燃料容许破损率为依据。

裂变产物向冷却剂的释放速度是以逃逸系数来衡量的，定义为单位时间内裂变核由燃料包壳缺陷释放出来的份额，单位为 s^{-1}。实验证明，裂变产物的释放速度正比于它在燃料中的累积量，对一定的核素可以列出如下两个方程：

$$\frac{\mathrm{d}N_f}{\mathrm{d}t} = FY - \lambda N_f - \gamma N_f \tag{4.1}$$

$$\frac{\mathrm{d}N_L}{\mathrm{d}t} = \gamma N_f - \lambda N_L - k_d N_L \tag{4.2}$$

式中，N_f、N_L 分别为燃料和冷却剂中的核素数目；F 为裂变率；Y 为裂变产额；λ 为衰变常数；k_d 为核素在冷却剂中的减少率（核素在离子交换树脂上的吸附，在设备表面的沉积、泄漏等）；γ 为逃逸率系数。

由式(4.2)可以看出，冷却剂中裂变产物的放射性大小取决于三个因素：裂变产物逃逸率；核素衰变；净化作用、裂变产物沉积等原因造成的裂变产物损失。

表 4.2 列出了一座典型的 1000 MW 级压水堆核电厂在冷却剂中各种裂变产物和活化腐蚀产物的放射性。可以看出，冷却剂的放射性主要是由惰性气体（占 90％以上）、碘（占 3％以上）、铷（占 1％）、钼（约占 1％）和铯（小于 1％）组成的。进入一回路冷却剂的放射性惰性气体每年大约有数千万 GBq，绝大部分是 Kr、Xe 等短寿命的同位素，它们在运行过程中自行衰变，排出堆外后很快就消失，需作净化处理的仅占很小一部分。

化容系统的设计应能有效地去除上述放射性物质，在设计规定的燃料包壳破损情况下（例如 0.5％），保持冷却剂低于规定的放射性水平。

2）水质指标控制

水作为冷却剂在一回路的高温高压和强辐射场中循环，它除了载热和慢化中子外，还发生一系列的反应，其中包括：水及其中杂质的中子活化反应，水的辐射分解，水对材料的腐蚀及腐蚀产物的活化、迁移和沉积，裂变产物从破损的燃料元件中逃逸及其随冷却剂的转

表 4.2　压水堆冷却剂的放射性(电功率 1000 MW,冷却剂温度 303℃,燃料包壳破损率 1%)

产物	核素	放射性/(kBq/mL)	产物	核素	放射性/(kBq/mL)
惰性气体裂变产物	^{85}Kr	41.07	非惰性气体裂变产物	^{91}Y	1.76×10^{-2}
	^{85m}Kr	54.02		^{92}Sr	2.08×10^{-2}
	^{87}Kr	32.19		^{92}Y	2.05×10^{-2}
	^{88}Kr	95.46		^{95}Zr	1.86×10^{-2}
	^{133}Xe	6.438×10^{3}		^{95}Nb	1.739×10^{-2}
	^{133m}Xe	72.89		^{99}Mo	78.07
	^{135m}Xe	5.18		^{131}I	57.35
	^{138}Xe	13.32		^{132}Te	6.29
	合计	6930.1		^{132}I	22.94
活化腐蚀产物	^{54}Mn	0.1554		^{133}I	94.35
	^{56}Mn	0.814		^{134}Te	0.81
	^{58}Co	0.2997		^{134}I	14.43
	^{59}Fe	0.0666		^{134}Cs	2.59
	^{60}Co	0.0518		^{135}I	51.8
	合计	1.369		^{136}Cs	12.21
非惰性气体裂变产物	^{84}Br	1.11		^{137}Cs	15.91
	^{86}Rb	94.72		^{138}Cs	17.76
	^{89}Rb	2.479		^{144}Ce	8.51×10^{-3}
	^{89}Sr	9.324×10^{-2}		^{144}Pr	8.51×10^{-3}
	^{90}Sr	1.64×10^{-3}		合计	473.6
	^{90}Y	1.99×10^{-3}			

移等。这些过程都导致水质恶化、回路中放射性增高以及结构材料损坏等不良后果。在上述这些过程中,腐蚀带来的问题尤为重要。腐蚀除了能引起结构材料破坏外,也是裂变产物释放和腐蚀产物活化的根本原因。水的辐射分解只是由于辐射分解的氧会加剧腐蚀才被重视。至于水和其中杂质的活化,其影响更为有限。归结起来说,防止腐蚀是冷却剂化学的中心任务。为此,一方面应发展耐腐蚀的结构材料,另一方面应该严格控制冷却剂的水质。对于一个建成的核电厂,冷却剂的质量指标的确定是以防止材料腐蚀为基本出发点。核电厂运行经验也表明,严格实行水质监督是保证核电厂安全运行的重要措施之一。

对于压水堆核电厂反应堆冷却剂,应严格限制其氧、氯和氟等杂质的质量分数,将 pH 值控制在合适的范围,同时对其中的 pH 值控制剂和总悬浮体含量确定一个限制指标。

(1) 氧

水中游离氧的存在是造成金属材料腐蚀的重要原因。在无氧的高温水中,不锈钢表面将生成 Fe_3O_4 和 $\gamma\text{-}Fe_2O_3$ 型氧化物。它们构成了致密的氧化膜,保护金属不被进一步氧化。

相反，若水中存在游离氧，则生成 $\alpha\text{-}Fe_2O_3$ 型氧化物。它结构疏松，不具备保护作用。

氧的存在还将加剧不锈钢氯离子应力腐蚀破坏。试验表明，在氯离子质量分数相同的条件下，加载试样出现裂缝的时间与溶液中氧的质量分数成反比。当冷却剂中游离氧的质量分数低于 0.1×10^{-6} 时，可以避免氯离子引起的应力腐蚀发生。于是这个数值就成为冷却剂中游离氧含量的上限值。

（2）氢

在辐射作用下，水发生分解生成 H_2、O_2、H_2O_2 以及多种自由基。当游离氧已去除时，辐射分解的氧化产物就成为材料腐蚀所需氧的来源。若水中含有氢气，则由于它和辐解氧的合成作用，能够抑制水的辐射分解，从而抑制了金属腐蚀。试验表明，当每千克冷却剂中含有 14 mL 氢气时，才能有效地抑制水的辐射分解。实际核电厂运行中，考虑到泄漏和不均匀等因素，每千克冷却剂中加入 25～40 mL 氢气。

（3）氯离子和氟离子

研究表明，不锈钢应力腐蚀破坏的几率正比于氯离子质量分数和游离氧含量的乘积。当水中氧含量较高时，即使氯离子质量分数低于 1×10^{-6} 时，应力腐蚀破裂也会发生。在泡核沸腾条件下，氯离子可能在传热表面或结构缝隙处浓缩，从而增加发生应力腐蚀的机会。为防止发生应力腐蚀，除限制含氧量外，氯离子质量分数也不宜超过 0.1×10^{-6} 或 0.15×10^{-6}。

水中存在微量氟离子既能明显加剧锆合金的腐蚀和吸氢，又能与氧共同作用引起不锈钢的应力腐蚀。在不发生沸腾的情况下，氟离子含量小于 2×10^{-6} 的水对锆合金已无危害。考虑到在堆芯可能发生局部沸腾浓缩，目前压水堆一回路水质标准将氟含量规定在 0.1×10^{-6} 以下。

（4）pH 值及 pH 值控制剂

压水堆一回路水浸润表面材料主要是不锈钢和镍基合金。研究表明，对于不锈钢和镍基合金，水质偏碱性会导致腐蚀加剧。试验表明，当 pH<11.3 时，对锆腐蚀速率无明显影响；而当 pH>12 时，腐蚀明显加剧。

pH 值对腐蚀产物在回路中的迁移也有影响。腐蚀产物迁移是由于回路中温度不同引起腐蚀产物的溶解度不同，从而形成腐蚀产物在溶解度大的地方溶解，流到溶解度小的地方沉积下来的现象。对于亚铁离子溶解度与 pH 值及温度关系的研究表明，在碱性介质中，亚铁离子的溶解度在某一温度下有一最小值，pH 值越高，相应的最小溶解度温度越低。此后，亚铁离子的溶解度随温度升高而增加。这样，在碱性溶液中，腐蚀产物从一回路较热的地方溶解，转移到温度低的地方沉积下来。因此，冷却剂保持较高的 pH 值，能使腐蚀产物从堆内迁移至堆外。

综合上述因素，对于现行的压水堆核电厂一回路结构材料，水质偏碱性较好，以 pH 值为 9.5～10.5 为宜。

常用的 pH 值控制剂有两种，分别是氢氧化锂和氢氧化铵。

氢氧化锂广泛地用作 pH 值控制剂。它的 pH 值控制能力强，中子吸收截面很低，不引进额外核素；其缺点是作为非挥发性碱，局部浓缩会造成苛性腐蚀，其原料用 99.9% 的 $_3^7Li$，价格较高。

俄罗斯的压水堆核电厂用氢氧化铵作为 pH 值控制剂。氢氧化铵作为挥发性碱,不会因局部浓缩而造成苛性腐蚀,不产生感生放射性,价格低廉。氢氧化铵作为 pH 控制剂的缺点是达到最佳 pH 值添加量大,另外,在辐照作用下分解成氮和氢,不仅增加了用量,还因冷却剂中氮的增加会给运行带来一些麻烦。

(5) 电导率

电导率是水中离子总质量分数的一个指标,单位为 $\mu S/cm$,水越纯净,电导率越低。电导率是水纯度的一个度量标准。

压水堆一回路冷却剂中加入硼酸和 pH 值控制剂后,电导率已不能有效地反映冷却剂的纯度,而只能规定一个允许范围,具体取值大小取决于硼酸和 pH 值控制剂的添加量。通常电导率范围为 $1\sim40\ \mu S/cm$。

表 4.3 给出了一些国家或厂商(或电站)压水堆一回路冷却剂的水质标准。

表 4.3　压水堆核电厂一回路冷却剂质量标准推荐值

项　　目	法国	秦山二期3、4 号机组	美 国		俄罗斯新沃罗涅什电站	日本	德国
			燃烧工程公司	西屋公司			
电导率(25℃)/($\mu S/cm$)			取决于添加物浓度	取决于添加物浓度		$1\sim40$	$2\sim3$(最大为 30)
总悬浮体质量分数/10^{-6}	1		<0.5	1.0	<0.1		
pH(25℃)		$4.5\sim10.5$	$4.5\sim10.2$	$4.2\sim10.5$	$10\sim10.5$	$4.5\sim10.5$	$4.5\sim9.5$
硼质量分数/10^{-6}	2500	$0\sim2500$	<2500	$0\sim4000$	$0\sim3000$	$0\sim4000$	$0\sim682$
锂离子质量分数/10^{-6}	$0.7\sim2.2$	$0.35\sim3$	<0.5	$0.22\sim2.2$			$0.2\sim2$
溶解氧质量分数/10^{-6}	<0.1	<0.1	<0.1	<0.1	<0.02	<0.1	<0.05
水中溶解氢质量分数/(mL/kg)(标准状态)		$25\sim50$	$10\sim50$	$25\sim35$	$30\sim60$	$25\sim35$	$<3\times10^{-6}$
氨质量分数/10^{-6}			<0.5		$10\sim30$		
氯离子质量分数/10^{-6}	<0.15	<0.15	<0.15	<0.15	<0.05	<0.15	<0.15
氟离子质量分数/10^{-6}	<0.15	<0.15	<0.15	<0.10	<0.15	<0.15	0.2
联氨质量分数/10^{-6}							<20

4.1.3　系统流程

化容系统的流程示意图见图 4.1。按照功能分,该流程图可分为下泄管线、净化段、上充管线和轴封水回路 4 个部分。

1. 下泄管线

核电厂正常运行时,从一回路的冷管段引出一股冷却剂,称为下泄流。其正常流量约为 $13.6\ m^3/h$,经下泄隔离阀进入再生热交换器的壳侧,冷却至 140℃,再经过节流孔板,将压力降至约 2.4 MPa 后,进入下泄热交换器的管侧。由壳侧的设备冷却水将下泄流温度降低

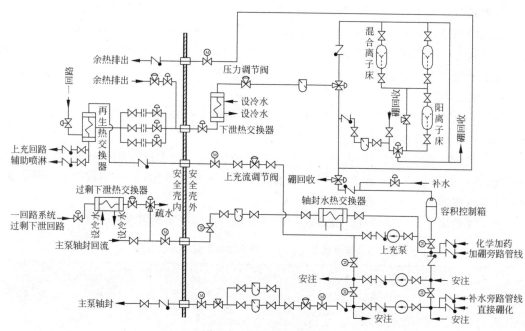

图 4.1　化容系统流程图

至 46℃左右,离开下泄热交换器的下泄流经下泄压力调节阀再次降压,进入过滤器,滤去水中 5 μm 以上的悬浮颗粒,经温控三通阀,进入净化段。

正常下泄是两次降温降压过程,第一次降温降压是通过布置在安全壳内的再生热交换器和其下游的节流孔板,使反应堆冷却剂从 15.5 MPa、291.4℃降至 2.4 MPa、140℃左右;第二次降温降压是通过安全壳外的下泄热交换器及其下游的下泄压力调节阀。下泄压力调节阀使下泄流在下泄热交换器内具有足够压力,防止冷却不足时在下泄过程中造成闪蒸导致流动不稳定。为了防止闪蒸,应先降温,后降压。

在余热排出系统运行期间,一回路处于低温低压状态。这时从余热排出热交换器出口的一部分冷却剂从节流孔板下游进入下泄热交换器,经一次降温降压后进入净化回路。

一回路系统还有一条下泄通道——过剩下泄通道,在正常下泄不可用时或临时需加大下泄时可投入使用。过剩下泄流从一回路的蒸汽发生器下游引出,经过剩下泄热交换器冷却后可与轴封水回流汇合,一同返回上充泵汲入口,也可导向排气疏水系统。过剩下泄流量等于主泵密封水进入一回路的流量。

2. 净化段

净化段的离子交换树脂的正常工作温度范围为 46～62.5℃。为了使离子交换树脂免受高温,在净化段入口设置了温控三通阀。若下泄流温度高于 57℃,三通阀将自动切换,使下泄流旁路离子交换树脂床,防止离子交换树脂经受高温后失效。

在正常情况下,下泄流经温控三通阀进入两台并联的混合离子床中的一台,除去大多数离子状态的裂变产物和腐蚀产物,然后进入间歇运行的阳离子床除去铯、钼和过量的锂离子。阳离子床不运行时可以旁路。

在除盐床下游,设置三通阀,借此可将下泄流导向硼回收系统进行除硼操作。硼回收系统装有除硼床,每台除硼床在堆运行的寿期末可将 200 m^3 反应堆冷却剂的硼质量分数从 $(10\sim150)\times10^{-6}$ 降至 5×10^{-6} 以下。

下泄流在进入容积控制箱前经过一个三通阀,此三通阀受容积控制箱液位控制,在容积控制箱内水位高时可部分或全部将下泄流导向硼回收系统。

下泄流最后进入容积控制箱,经容积控制箱顶部的喷头喷出,雾化,释放出冷却剂中的部分气态裂变产物,同时吸收部分氢气。

下面对上述各净化设备做进一步讨论。

1) 过滤器

在下泄热交换器出口,设置了前置过滤器,用来拦截悬浮颗粒;在下泄流离开除盐床之后,设置了后置过滤器以清除树脂碎片。

2) 混合离子床

由于冷却剂中加入了硼酸和氢氧化锂,为了使离子交换树脂在吸附杂质同时不改变硼和 pH 控制剂含量,混合离子床采用硼酸型阴离子树脂和锂型阳离子树脂,这些树脂对绝大多数可溶性杂质有很好的吸附作用,但对若干阳离子,如钼、钇、铯去除效果不佳。

3) 阳离子床和除硼离子床

阳离子床是 H^+ 型阳离子床,由于硼酸作为中子吸收剂,$^{10}B(n,\alpha)$ 反应将生成 ^7Li,特别是在寿期初,^7Li 生成量较大,需适时地使下泄流经过 H^+ 型阳离子床,以除去冷却剂中多余的 ^7Li;又由于硼质量分数随燃耗增加会不断降低,这样 pH 值就会提高,也需要用阳离子床降低 ^7Li 浓度。此外,该阳离子床还能吸附锂型和硼酸型混合除盐床所不易吸附的钼、钇、铯等阳离子,对提高冷却剂净化深度有利。

硼回收系统的除硼离子床是 OH^- 型阴离子树脂床,其作用是用来去除冷却剂中的硼酸。随着反应堆的运行,过剩反应性减少,冷却剂的硼质量分数需相应降低。前半寿期,硼质量分数高时,加水稀释效果较好;寿期末,硼质量分数很低时,充水稀释会造成大量含硼水,这时采用 OH^- 型除硼离子床来降低硼质量分数就比较合理。

4) 容积控制箱

容积控制箱可以收集和容纳下泄流,为一回路冷却剂提供容积补偿。它作为高位水箱,为上充泵提供净正汲入压头。容积控制箱上部的气空间起到除气和加入氢气作用。

下泄流从容积控制箱顶部的喷头喷出,雾化,增加了气液传质表面,裂变气体从冷却剂中解析出来。半衰期较短的裂变气体在容积控制箱滞留过程中就衰变掉了,对长半衰期核素(如 ^{85}Kr)去除效果较差。因此提出了一种定期用氢气和氮气扫气的方法,将裂变气体载带到废气处理系统。据报道,这样可以使冷却剂中 ^{85}Kr 的浓度降低到原浓度的 1/30,喷淋还利于氢气被冷却剂溶解。

上述净化流程就是压水堆核电厂化容系统冷却剂净化的一般流程,它仍存在某些缺点。实践表明,上述流程对于冷却剂的化学净化是有效的,混合离子床和阳离子床能使水的电导率降低一个数量级以上;但是对于放射性水平的降低,效果并不显著。首先因为树脂工作温度的限制,这就使净化流量不能选得太大。可以设想,如果不启用净化装置,冷却剂中短半衰期核素(例如 ^{139}Ba,$T_{1/2}=85\ min$)由于从燃料元件中的逃逸率同衰变率很快达到平衡,浓度不再增加;而长半衰期的核素(例如 ^{137}Cs,$T_{1/2}=30\ a$)的浓度将不断增加。与此相反,一旦净化装置投入运行,长半衰期核素的浓度急剧减小,而短半衰期核素的浓度则变化不大。这可以从式(4.2)中看出,对于那些半衰期很短的核素,$\lambda \gg k_d$,式中第三项可以忽略,也就是说核素在冷却剂中的浓度仅与逃逸率和衰变率有关,而与净化速度无关。因此,在净化流量较小的情况下,这一系统对短半衰期核素的去除能力有限。同时,这一系统流程对于占了冷却剂比活度绝大部分的惰性气体的去除也不彻底。总之,现有的净化系统并不能显著降低冷却剂的总放射性水平。设置净化系统的目的,主要是保持冷却剂的化学水质。

3．上充泵和上充管线

上充泵采用卧式多级离心泵,它从容积控制箱汲水,将水压升高到一回路压力以上。在布置上,容积控制箱高出上充泵 5 m 以上,为上充泵提供净正汲入压头。

大亚湾核电厂的上充泵组如图 4.2 所示,它主要由离心泵、电动机、异径接头齿轮箱、空气油冷却器、底座等部件组成,泵底座与齿轮箱底座分开。电动机通过一个带有两个(高速和低速)联轴器的异径接头齿轮箱驱动水泵。

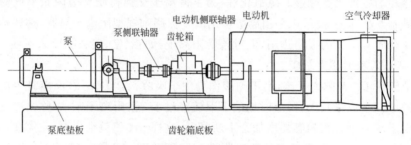

图 4.2　大亚湾核电厂化容系统的上充泵组

空气冷却系统是带扁平散热片的管子,装在电动机空气吸入口。一个挠性罩与电动机相连,靠电动机的风机使空气流过油冷却器。

为了使泵得到冷却,在泵的出入口之间设置了最小流量管线使一定流量通过。

上充管线上设有流量调节阀,按稳压器水位控制系统的要求改变上充流量,上充流经过再生热交换器时吸收下泄流的热量,在汇入一回路前被加热到接近冷管段冷却剂主流温度。

4．主泵轴封水回路

上充泵流量的一部分,进入主泵的轴封水回路。密封水流经流量控制阀和过滤器后进入主泵轴封水系统。密封水在主泵的密封组件和泵下部轴承之间引入后分成两股:一股水流向上,经过密封组件,绝大部分水流进入化容系统,经轴封水热交换器及过滤器后返回到上充泵汲入口;另一股水流向下,冷却、润滑泵的下部径向轴承,然后进入泵壳汇入一回路冷却剂主流。

4.1.4　系统设备布置

本系统的高温高压部分,即从一回路系统冷段下泄支管经下泄隔离阀、再生热交换器到节流孔板出口的设备及管线,以及过剩下泄热交换器及其管道阀门都布置在安全壳内。其他部分的设备及管线布置在核辅助厂房和连接厂房。

系统的高压部分之所以布置在安全壳内,是由于高压设备及管线泄漏和破损的几率较大,万一发生泄漏,放射性物质仍在安全壳内;在布置上还考虑到下泄流在安全壳内经过一段流程,以保证在最大下泄流时,下泄的反应堆冷却剂在安全壳内滞留一段时间再穿过安全壳,使 H_2O 的 $^{16}O(n,p)$ 反应生成的半衰期短的放射性物质 ^{16}N 大部分衰变掉,从而降低核辅助厂房的放射性水平。

在核辅助厂房,根据剂量分区的原则,剂量水平较高的设备,如过滤器、除盐床集中布置在两台机组共用的除盐床及过滤器隔间,有很厚的水泥墙防护,相应的阀门也采用穿墙穿地板的机构以防射线对人体的危害。

三台上充泵平行布置,中间用隔墙隔离。容积控制箱安放在高出上充泵 5 m 的楼层上。其他设备如下泄热交换器、轴封水热交换器等布置在上充泵周围。

4.1.5　系统运行

1. 正常功率运行

稳态功率运行时,下泄流量由一回路净化流量决定。这个流量基本保持恒定(正常流量为 13.6 m³/h),由稳压器水位控制系统调节上充流量,使稳压器的水位满足规定的整定值,硼和水补给系统设定在"自动"位置,按照容积控制箱的水位进行自动补给。

负荷变化时,引起的一回路水体积改变大部分由稳压器补偿,容积控制箱提供小部分补偿能力。当容积控制箱水位下降到低水位时,自动启动硼和水补给系统恢复正常水位;当容积控制箱水位达高水位时,受容积控制箱水位控制的三通阀将下泄流部分或全部导向硼回收系统。

长时间升降功率时,需要调节硼质量分数,补偿由于温度、氙毒变化而引起的反应性变化。

2. 启动

启动时,由硼和水补给系统供水,经上充泵将水注入一回路。经过一回路重力排气和动力排气后,用下泄压力控制阀控制一回路压力。达到主泵启动的最小工作压力时,启动主泵,投入稳压器加热器升温,将一回路升温速率控制在小于 28℃/h。

一回路水温在 90～120℃ 时,加联氨除氧,并根据要求加入 pH 值控制剂。水中氧质量分数合格后,容积控制箱建立氢气空间。

当稳压器内的温度达到相应压力下饱和温度时,稳压器内开始产生汽泡,此时下泄压力控制阀切换为自动控制方式,手动减小上充流量。当稳压器达到零功率水位时,稳压器压力控制切换为自动控制方式。

3. 冷停堆

一回路降温降压前必须使一回路冷却剂达到所需的冷停堆硼质量分数,为了加快硼化过程,开启两组节流孔板增加下泄流。

若反应堆准备进入换料或维修停堆,要对容积控制箱进行除气操作,以降低冷却剂中氢的质量分数和放射性水平。除气操作是通过提高容积控制箱的水位排气,并用氮对容积控制箱进行扫气,气体排往废气处理系统。

一回路的冷却最初由蒸汽发生器进行,随着一回路温度下降,冷却剂体积收缩,靠增加上充流量来维持稳压器水位。水的补充由硼和水补给系统根据容积控制箱水位自动补给。

当一回路改由余热排出系统冷却时,一部分冷却剂直接进入下泄热交换器,降温降压后净化,但下泄管线上的节流孔板仍然开着,以避免一回路超压。稳压器汽腔完全消失后,一回路压力由下泄压力控制阀控制。

4. 安注启动后化容系统的运行

绝大多数压水堆电厂化容系统的设计,将化容系统的上充泵兼作高压安注泵,这样的化容系统一般配备三台上充泵,由两条应急供电母线供电。正常运行时,一台上充泵运行,另一台上充泵作为其维修备用泵,第三台上充泵作为应急备用。

正常运行时,一台上充泵从容积控制箱汲水,水被升压后注入上充回路和轴封水系统;一旦接到安注信号,另一台应急备用的上充泵启动,两台上充泵这时作为高压安注泵运行。高压安注泵从低压安注泵排水管或换料水箱汲水,升压后将水注入高压安注管线。一股小流量仍保证轴封水供应。安注信号使上充泵通向容积控制箱和上充管线上的隔离阀关闭,上充泵最小流量管线上的隔离阀也关闭,以保证足够大的压力和流量向安注系统供应应急冷却水。

4.2　反应堆硼和水补给系统

反应堆硼和水补给系统是化容控制系统的一个支持系统,它辅助化容系统完成主要功能。此外,该系统还有若干附加功能。

4.2.1　系统功能

反应堆硼和水补给系统具有如下功能。

（1）为一回路系统提供除气除盐含硼水,辅助化容系统实现容积控制;

（2）为进行水质的化学控制提供化学药品添加设备;

（3）为改变反应堆冷却剂硼质量分数,向化容系统提供硼酸和除气除盐水;

（4）为换料水储存箱、安注系统的硼注入罐提供硼酸水和补水,为稳压器卸压箱提供喷淋冷却水,为主泵轴封蓄水管供水。

4.2.2　设计依据

反应堆硼和水补给系统是一个两台机组共用的系统。

对于补给水的要求,两个容积各为 $300 m^3$ 的除气除盐水箱为两台机组共用。正常运行时,一个水箱对两台机组供水,另一水箱处于充水或备用状态。一个水箱的容量足以保证寿期末从冷停状态启动达到额定功率状态稀释所需的水量。

对于硼酸补给,三个储存量各为 $81 m^3$ 的硼酸箱,每个机组一个,第三个共用。两个硼酸箱所容 4% 硼酸的量,足以保证同时一个机组在寿期初冷停而另一个机组在寿期末的换料冷停所需的硼酸溶液量,这一部分是与安全相关的。在某些事故下需要向反应堆紧急注硼。

4.2.3　系统描述

图 4.3 为大亚湾核电厂的硼和水补给系统示意图,该系统为两台机组共用。它主要由水补给、硼酸制备及补给和化学添加三个子系统组成。

1. 水补给子系统

水补给系统位于图 4.3 的下方。两个补给水储存箱,容积各为 300 m³。运行时,由硼回收系统供水,初次充水或硼回收系统供水不足时,由核岛除盐水经过辅助给水系统的除气器处理后供给。

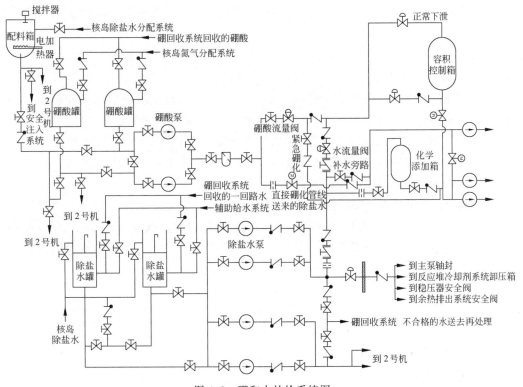

图 4.3　硼和水补给系统图

每台机组有两台离心泵向化容系统或其他用户补给除盐除气水。

2. 硼酸补给子系统

硼酸补给子系统位于图 4.3 的左上方。3 个装有硼质量分数为 7000×10^{-6} 的硼酸箱(图中 2 号机组的一个未画出),每个容量 81 m³,供两台机组使用。硼酸来自硼回收系统,系统还设有硼酸制备设备(配料罐),可配置需要的硼酸溶液。换料水箱的含硼水也由此子系统供给。

每台机组有两台硼酸泵,向化容系统提供硼质量分数为 7000×10^{-6} 的硼酸溶液,通过调整进入混合器的硼酸和水的比例以满足不同硼质量分数的补给要求。

3. 化学添加子系统

系统中备有一个 20 L 的化学添加罐,由补给水将罐中化学药品冲到上充泵入口。

4.2.4　补给量计算

调节硼质量分数的最简便方法是向一回路注入浓硼酸或纯水,同时从一回路排出相同数量的反应堆冷却剂。由于经化容系统加入的水或酸与一回路冷却剂循环量相比很小,可

以认为注入的水或酸迅速地与整个回路的水混合,排出的已是均匀混合了的冷却剂,由上述充排过程可以得到

$$V = V_0 \ln \frac{C_0 - C_i}{C_0 - C_f} \tag{4.3}$$

式中,V 为需要加入的浓硼酸或水的量,m^3;V_0 为一回路反应堆冷却剂总量,m^3;C_0 为注入浓硼酸或水的硼质量分数;C_i 为冷却剂的初始硼质量分数;C_f 为调整后冷却剂达到的硼质量分数。

例如,$V_0 = 200\ m^3$,反应堆运行时,$C_i = 800 \times 10^{-6}$,停堆需将硼质量分数改变至 $C_f = 1200 \times 10^{-6}$,注入浓硼酸的硼质量分数为 7000×10^{-6},由式(4.4)可求出停堆需加入浓硼酸 13.5 m^3。同例,若停堆时硼质量分数 $C_i = 1200 \times 10^{-6}$,为实现反应堆启动应使硼质量分数改变至 $C_f = 800 \times 10^{-6}$,则求出应注入纯水 80 m^3。可见,要增大硼质量分数,由于 C_0 远大于 C_i 和 C_f,所以加酸量不大;但对于稀释,注入纯水的量要大得多。显然,在反应堆堆芯寿期末,如仍采用加水稀释的办法降低硼质量分数,排出的含硼水的量会大大增加。这种情况下,利用除硼床降低硼质量分数具有明显的优越性。

在核电厂运行过程中,往往使用查图表来代替上述计算。图 4.4 和图 4.5 为大亚湾核电厂反应堆冷却剂硼化(或稀释)过程酸(或水)容积计算曲线。以图 4.5 所示稀释过程容积计算为例,由 C_i 和 $C_i - C_f$ 的值确定一条直线,该直线与需要注入一回路的水容积刻度线的交点对应的读数即为所求水容积。如初始硼质量分数为 700×10^{-6}(C_i 刻度线的 A 点),欲

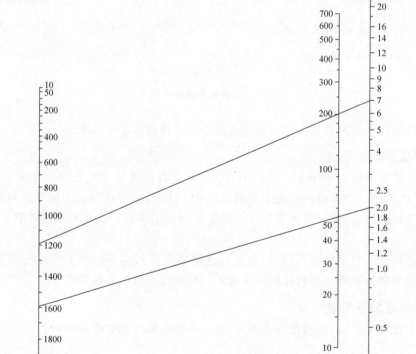

图 4.4　大亚湾核电厂反应堆冷却剂硼化过程硼酸容积计算

降至 600×10^{-6}，$C_i - C_f = 100\times10^{-6}$（$\Delta C$ 刻度线的 B 点），则 A、B 两点连线与 V 刻度线的交点 C 的读数即为所求水容积 30 m^3。应该指出的是，该图仅适用于从热停堆到满功率运行温度范围。对于其他运行工况要进行修正。表 4.4 给出了大亚湾核电厂一回路和化容系统水质量的修正因数。

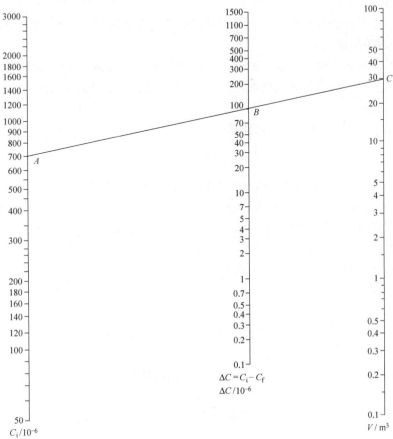

图 4.5 大亚湾核电厂反应堆冷却剂稀释过程水容积计算

表 4.4 一回路和化容系统水质量修正因数

电 厂 工 况		稳压器水位	修正因数 K
压力/MPa	平均温度/℃		
15.5	291.4～310	正常功率运行	1
11.1	260	无负荷	1.05
2.6	180	无负荷	1.18
2.6	150	无负荷	1.20
2.6	150	满水	1.33
2.6	93	满水	1.43
2.6	38	满水	1.48

4.2.5　补给方式

硼和水补给系统向化容系统的补给方式有 5 种,分别为自动补给、稀释、快稀释、硼化及手动补给。

1) 自动补给

自动补给方式补给与当时一回路冷却剂硼质量分数相同的含硼水,它主要用于容积控制,不改变一回路的硼质量分数。

自动补给受容积控制箱的水位控制。当容积控制箱水位达到 23% 时,自动补给启动,一台补给水泵按恒定的流量供应纯水,一台硼酸泵按操纵员设定的流量供给硼酸,经混合器后注入容积控制箱。

自动补给时,硼酸的流量按下式计算:

$$C_B = C_0 \frac{X}{X+Y} \tag{4.4}$$

式中,C_B 为一回路当时的硼质量分数;C_0 为浓硼酸的硼质量分数;Y 为纯水流量,自动补给时,纯水的流量是恒定的。当一回路硼质量分数大于 500×10^{-6} 时,纯水的流量整定值为 $20 \ \mathrm{m^3/h}$;当一回路硼质量分数小于 500×10^{-6} 时,纯水的流量整定值为 $27.2 \ \mathrm{m^3/h}$。X 为所需注入的硼酸流量。

当进行稀释或硼化操作后再投入自动补给方式时,应按改变后的一回路硼质量分数按式(4.4)重新设定硼酸流量。

2) 稀释

将硼酸补给管线隔离,向一回路加入除盐除气水,这就是稀释。

操纵员可根据要求的硼质量分数改变量用式(4.3)或图 4.5 确定所需水的总量,根据稀释速率要求确定纯水的流量,补给由一台补水泵完成,补给水注入容积控制箱。

3) 快稀释

此种补给方式与稀释的区别在于补给纯水直接注入容积控制箱下游的上充泵供水管,因而见效较快。

4) 硼化

将除盐除气水隔离,将硼质量分数为 7000×10^{-6} 的硼酸溶液注入上充泵入口侧,以提高冷却剂硼质量分数,这就是硼化。

根据加硼后的预期硼质量分数和原有硼质量分数用式(4.3)或图 4.4 确定所加硼酸量,根据加硼速率的要求可确定注入硼酸的流量。补给由一台硼酸泵完成,当补给酸容积达到设定值时硼化终止。

5) 手动补给

手动补给方式用来向换料水储存箱或其他临时连接的某些地方补充预定量的硼酸水溶液。当用手动补给方式时,补给管线上的阀门要手动打开完成。手动补给方式仅限于在一些特定情况下使用,如给换料水储存箱的补水或最初充水,为提高容积控制箱的水位以进行排气操作等。对后一种情况下的补水,需根据当时的一回路硼质量分数确定补给酸量和纯水量,以免改变一回路硼质量分数。

4.3 余热排出系统

余热排出系统又叫做停堆冷却系统。一座以一定功率水平运行了一段时间的反应堆,在它停闭以后,由裂变碎片和中子俘获产物的衰变所产生的衰变功率将缓慢下降,并长时间地持续下去。因而,《核电厂设计安全规定》明确要求,核电厂必须设置一个用来排出堆芯余热的系统。该系统必须能以一定的速率从堆芯及一回路系统排出以下各项热量:

（1）堆芯剩余发热;

（2）一回路及余热排出系统流体和设备的显热;

（3）主泵运行加给一回路的热量。

4.3.1 系统功能

对于法国设计的大亚湾核电厂,余热排出系统的功能如下:

（1）在停堆后第二阶段,排出堆芯和一回路热量;

（2）反应堆在冷停期间,进行换料或维修操作时,排出堆内余热,维持一回路温度低于60℃;

（3）在电厂加热升温初期,控制一回路平均温度;

（4）在换料操作后,将换料水从换料水池输送至换料水箱。

4.3.2 系统描述

大亚湾核电厂的余热排出系统流程如图4.6所示。该系统由两个独立的系列组成,每个系列由一台余热排出泵、一台立式U形管壳式热交换器及相应的管道、阀门和仪表组成。整个系统布置在安全壳内。

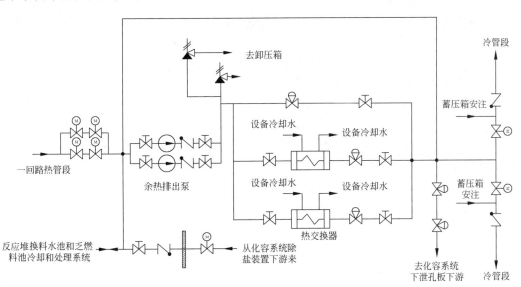

图4.6 大亚湾核电厂余热排出系统流程图

余热排出系统是一个与反应堆冷却剂系统并联的低压回路,其入口接二环路热管段,冷却剂经余热排出泵进入热交换器,被壳侧的设备冷却水冷却后,经蓄压箱注入管线进入 1、3 环路冷管段。

余热排出系统的入口,有两条并联的管线,每条管线上有两个电动隔离阀串联连接。这两个电动隔离阀,具有阈值锁定功能,保证一回路与余热排出系统间的隔离,避免余热排出系统经受高压。它们的正常位置为关闭,可由柴油发电机安全母线供电。

在余热排出泵的出口,有两个安全阀,开启压力分别为 4.5 MPa 和 3.9 MPa。这两个安全阀对余热排出系统起超压保护作用,在该系统投入运行期间对一回路提供超压保护。它们是 sebim 阀,除定值不同外,原理与前面所述稳压器安全阀完全相同。

两台热交换器的出口都分别设有流量调节阀,用来调节通过各台热交换器的流量,控制一回路的冷却速率。此外,还与两台热交换器并联设置了一条旁路管线,该管线上装有旁路流量调节阀,它用来控制通过余热排出系统的总流量,使余热排出泵的流量维持恒定。

在热交换器出口联管与两台余热排出泵入口联管之间设有一条最小流量管线,管线上无阀门,允许一定流量通过,以保护余热排出泵,防止泵体过热和丧失汲入流量。

在通往 1、3 环路冷段的返回管线上,各设有一个电动隔离阀和一个止回阀,余热排出系统的返回管线同蓄压箱注入管线共用一段接管与一回路系统冷管段相连。

在两台热交换器出口的联管上,还有一条通往化容系统下泄节流孔板下游的管线。在余热排出系统运行期间,部分冷却剂经此管线进入化容系统净化。

4.3.3 系统运行

1. 运行参数范围

余热排出系统的运行参数范围是:一回路压力从大气压到 2.8 MPa;冷却剂平均温度范围是 10～180℃。

2. 余热排出系统的正常启动

该系统的正常启动在反应堆由热停堆过渡到冷停堆的过程中进行。该系统投入运行的条件是一回路冷却剂平均温度在 160～180℃,压力在 2.4～2.8 MPa 之间。

余热排出系统启动时主要包括两项操作。一是要检验硼质量分数。若余热排出系统内水的硼质量分数小于一回路硼质量分数,则必须对反应堆冷却剂系统加硼,防止因余热排出系统投入导致对一回路的误稀释。系统投入时的另一项操作是缓慢地对余热排出系统升压和加热,避免对余热排出热交换器和泵的压力冲击和热冲击,从而防止泵叶轮和泵壳由于受热不均导致摩擦或卡死现象。为此,要限制冷却剂与泵壳间的温差不超过 60℃。一回路的降温速率控制在 28℃/h 的范围内。

3. 电厂加热升温过程中余热排出系统的运行

在反应堆从冷停状态开始加热升温时,余热排出系统主要用来控制一回路的升温速率,将其控制在 28℃/h 的范围内。余热排出系统的最高运行温度是 180℃。在此之前的加热过程中,余热排出热交换器的壳侧始终供给设备冷却水,泵则处于停运备用状态。启动余热排出泵即可限制一回路冷却剂温度升高。

4. 余热排出系统的停运

余热排出系统的正常停运在反应堆从冷停堆向热停堆过渡的过程中进行。余热排出系统停运的条件是,一回路平均温度在 160～180℃;一回路压力为 2.4～2.8 MPa。稳压器可以控制一回路压力,至少两台主泵在运行且蒸汽发生器可用。

余热排出系统停运过程中的主要操作是降温、降压并与一回路隔离。应该强调的是,要对余热排出系统入口的隔离阀进行泄漏检测,以确保其隔离功能。

4.3.4 系统综述

上面介绍的是法国设计的压水堆核电厂余热排出系统情况,其功能是排出余热。在其他国家的许多压水堆设计中,余热排出系统往往设计成兼容的,即电厂正常停运后执行余热排出功能,事故时作为低压安全注入系统执行专设安全功能。美国西屋公司的设计就属这种情况,这样的余热排出系统设计如图4.7所示。与图4.6不同的是,余热排出泵汲入口除了接一回路热管段外,还与换料水箱和安全壳地坑相接,而回水管道接到一回路热段和冷段。在系统布置上,余热排出系统的设备布置在核辅助厂房和连接厂房。

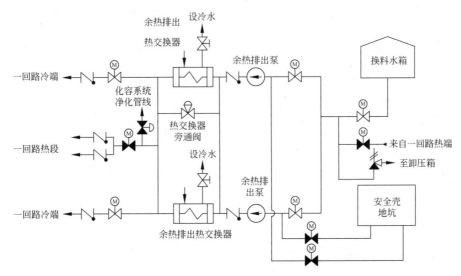

图 4.7 美国西屋公司设计的余热排出系统

电厂冷却降温时期,余热排出系统执行排出余热功能。电厂正常运行时,余热排出系统处于安注准备状态。一旦接到安注信号,余热排出泵即启动,将换料水箱的冷却水直接注入一回路或注入到高压安注泵的汲入口。在换料水箱低水位时,余热排出泵改从安全壳地壳汲水,通过余热排出热交换器冷却,将水直接注入一回路或经高压安注泵注入堆芯。

4.4 设备冷却水系统

4.4.1 系统功能

设备冷却水系统向核岛内各换热器提供冷却水,把热量经重要厂用水系统排到环境。其功能如下。

(1)为核岛内需要冷却的介质设备提供冷却。

(2)作为中间冷却回路,通过重要厂用水系统将热量传送给海水。在核岛各冷却对象与海水之间,形成一道阻止放射性物质进入海水的屏障。

（3）设备冷却水系统不仅在电厂正常运行的各种工况用来从核岛系统除热，而且在事故工况下作为专设安全设施的支持系统，将热量经重要厂用水系统排入环境。

4.4.2　系统描述

1. 系统组成

大亚湾核电厂的设备冷却水系统示意图如图 4.8 所示，对于双机组核电厂的每一台机组，设备冷却水系统包含两个独立系列、一个公共环路和两机组之间的共用部分。两个独立系列用来向事故工况下要保证冷却的冷却对象供应冷却水，这些冷却对象包括专设安全设施系统和余热排出系统。公共环路上连接的是事故工况下不必供应冷却水的冷却对象，它们在正常工况下的冷却由两个系列中的一个系列承担。设备冷却水系统的共用部分指两个机组共用的设备，它们的冷却水供应由某一机组的一个系列承担。

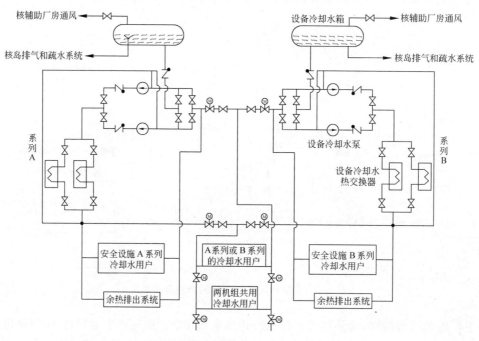

图 4.8　大亚湾核电厂设备冷却水系统示意图

1）两个独立系列

位于图 4.8 两侧的两个独立系列，每个系列由两台 100% 容量的单级离心泵、两台 50% 容量的板式热交换器、一个设备冷却水箱和相应阀门、管道和仪表组成。两个系列上的电器设备分别由相互独立的应急配电系统供电，并可由应急柴油发电机作为备用电源。两个系列的热交换器由重要厂用水系统的两个独立系列冷却，每个系列在事故工况下，都能提供100% 的应急冷却能力。每个系列换热器出口引出水流，冷却泵电机后回到泵吸入口，管路上设有流量开关提示电机冷却情况。

设备冷却水箱的位置高出设备冷却水泵入口约 10 m，为泵提供净正汲入压头，它能补偿由于温度变化引起的水容积变化以及系统可能的小的泄漏。水箱补水来自核岛除盐水，设备冷却水箱内设有溢流管，溢流水排往核岛排气疏水系统。设备冷却水箱的气空间可能带有放射性，因而排气管通到核辅助厂房通风系统。设备冷却水中添加磷酸钠作为缓蚀剂和 pH 值调节剂。设备冷却水系统水质指标见表 4.5。

表 4.5　设备冷却水系统水质指标

项　　目	指　　标	项　　目	指　　标
25℃时的 pH 值	11.5～12.5	溶解盐总量质量分数/10^{-6}	0.5
氯化物质量分数/10^{-6}	0.15	缓蚀剂含量/(g/L)(以磷酸根计)	0.5～0.6
氟化物质量分数/10^{-6}	0.15	悬浮物质量分数/10^{-6}	1.0

2）公共环路

公共环路的设备冷却水用户是那些事故工况下不需投入的冷却器。借助于阀门的切换，这些设备可由系列 A 供水，也可由系列 B 供水，也可由两个系列共同供水，只有事故情况下才停止向公共环路的用户供水。

3）共用部分

共用部分指那些两台机组共用的系统中的设备冷却水用户，如硼回收系统、废液处理系统、辅助蒸汽分配系统等，这部分可以由 1 号机组或 2 号机组的设备冷却水系统供应冷却水。

2. 系统设计特点

在所有的运行工况下，设备冷却水系统的压力都低于它冷却的一回路系统及辅助系统压力，以防止设备冷却水系统的除盐水在热交换器出现泄漏时进入一回路系统，而引起一回路系统的硼水稀释。

在设备冷却水泵出口，设置了辐射监测装置和压力监测装置。辐射监测装置对设备冷却水的放射性水平进行监测，以发现系统可能的泄漏；压力监测装置监测到泵出口低压时自动启动同系列的另一台泵，以保证足够的供水量。

表 4.6 给出了几种主要工况下设备冷却水系统需要导出的热负荷和供水量。由表 4.6 可见，停堆后 4～20 h 向冷停堆过渡工况的负荷最大。在这种工况下，海水最高温度为 30℃ 时，供给的设备冷却水温度为 40℃。在失水事故工况下，在海水最高温度为 33℃ 时，设备冷却水的供水温度会达到 45℃。除了上述两种工况，在海水最高温度为 30℃ 时，设备冷却水的供水温度不超过 35℃。

表 4.6　设备冷却水系统各工况下负荷

运行工况	A 系 列			B 系 列		
	泵/台	流量/(m³/h)	热负荷/MW	泵/台	流量/(m³/h)	热负荷/MW
机组启动	2	3033.2	43.6			
正常运行	1	2656	27.7			
机组冷停(4～20 h)	2	3552	59.0	1	1178.1	34.96
保持冷停(20 h 后)	2	3450	32.8	1	1178.1	11.5
失水事故	1	2095.1	54.7			

3. 板式换热器

大亚湾核电厂的设备冷却水系统采用板式换热器，这种换热器结构见图 4.9。它主要由换热板、密封圈、盖板及紧固装置组成。每块板有 4 个角孔，板的周围和角孔附近有放置密封圈的槽，放置密封圈后，相邻两板之间就形成一流道。利用拉杆将多片金属片夹紧，并固定于能拆卸的盖板之间，便构成一台板式换热器。

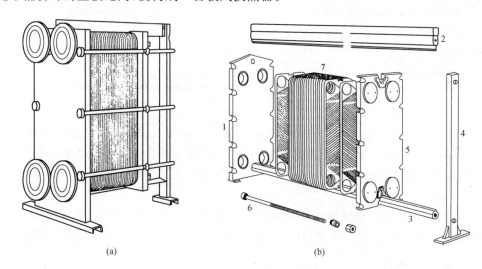

图 4.9　板式换热器结构简图

（a）板组件；（b）板式换热器部分解图

1—固定压板；2—上导杆；3—下导杆；4—支柱；5—活动压板；6—螺杆；7—板片组

　　换热板是板式换热器的核心部件。板面几何尺寸决定其传热及流阻性能。典型的有凸起状板、波纹板、人字形板等。密封圈的设计，可使板一侧的两个角孔为一种流体的进出孔，也可按对角的两个角孔为一种流体的进出口设计。

　　大亚湾核电厂的设备冷却水/重要厂用水换热器的换热元件是钛板，选用钛作结构材料是因其耐海水腐蚀。每块板重 10.5 kg，板厚度为 0.8 mm，表面积约 2.6 m²；每台热交换器由 323 块钛板及密封圈压在一起，叠积件总长为 1647 mm，两块相邻钛板之间的净距离仅为 4.4 mm，这就是流体换热时经过的空间。由于垫片交错布置，使得相邻两个空间的流体分离；当所有钛板和垫片压在一起后，板角的孔形成不间断的流道，这如同母管一般，流体从进口母管通过狭窄的换热空间汇集到出口母管之中。

　　板式换热器具有以下优点。

　　（1）传热系数高。板式换热器流道窄小，板片是波形，截面变化复杂，增加了流体流动扰动，具有较高的传热系数，对于液-液换热器，其传热系数可达 2500～6000 W/(m² · ℃)。

　　（2）结构紧凑，体积小，耗材少，因此，相同的金属耗量下比管壳式换热器的传热面积大得多。

　　（3）易于拆洗、清除污垢，便于维修。

　　板式换热器的主要缺点如下。

　　（1）承压较低；一般不超过 1 MPa。

　　（2）密封性较差，易泄漏。

　　（3）流动阻力较大。

　　板式换热器的密封圈是板式换热器的重要部件，它起着密封板与板之间的流体流道的作用。板式换热器的最高使用温度,取决于密封圈的耐热性能;其最高使用压力,也在很大程度上取决于密封圈的材质和断面形状。因此,它是提高板式换热器性能和使用范围的一个关键部件。

4.4.3　系统运行

为保证电厂的正常运行,各工况下设备冷却水系统投入运行设备的容量应满足表 4.6 的要求。

1. 正常功率运行

在核电厂正常功率运行时,需要设备冷却水系统带走的热负荷不大,每一机组只需一台泵和一台热交换器运行,因而只需系列 A 或 B 的任一系列投入运行即可。若运行着的泵出口低压或故障不可用,该系列上的第二台泵自动启动。

2. 事故运行

1) 安注发生后系统的运行

一旦接到安注信号,备用的系列上的一台泵启动,正在运行中的系列运行状态不改变。

2) 安全壳喷淋系统启动后设备冷却水系统的运行

接到安全壳喷淋信号后,设备冷却水系统向安全喷淋热交换器的供水阀开启,通向公共回路的隔离阀关闭,此时公共回路用户不需冷却,备用的系列上启动一台泵,这样设备冷却水系统即进入安全壳喷淋阶段的运行状态。

在再循环喷淋阶段后期,热负荷逐渐减小,一个喷淋热交换器即可满足要求,安全喷淋系统的一个系列(例如 B)即停止运行,这时与此相对应的设备冷却水系列(B)也停止运行,处于备用状态。

上述事故过程设备冷却水系统从正常状态到事故运行状态的改变是自动完成的。

3. 两个系列的相互切换

设备冷却水系统的两个系列 A、B 与重要厂用水系统的两个系列 A、B 是对应的,运行时需互相匹配,包括运行泵的数目和供电母线。在任何情况下,设备冷却水系统两个系列之间的切换都会导致重要厂用水系统对应系列的切换。切换可通过手动或自动完成。

4. 热交换器的运行

设备冷却水/重要厂用水热交换器是板式热交换器,为使传热板免受大的压力作用,投入运行时,先启动低压侧(重要厂用水侧),再启动高压侧(设备冷却水侧);停止运行时,先停设备冷却水泵,后停重要厂用水泵。

4.5　重要厂用水系统

4.5.1　系统功能

重要厂用水系统的主要作用是冷却设备冷却水,将设备冷却水系统传输给的热量排入海水。此系统又称为重要生水系统,是核岛的最终热阱。

重要厂用水系统与设备冷却水系统一样,是专设安全设施系统的支持系统,无论在电厂正常运行还是事故工况,该系统都必须将设备冷却水系统传输的热量排入海水。

4.5.2 系统描述

重要厂用水系统示意图见图4.10,其构成与设备冷却水系统相似。系统由两个独立的且实体隔离的系列组成,电气设备可由柴油发电机供电。每个系列并联两台容量各为100%的重要厂用水泵,两台容量各为50%的板式热交换器。重要厂用水泵从循环水过滤系统汲入海水,使其通过热交换器吸收热量后经循环水排水渠流入大海。

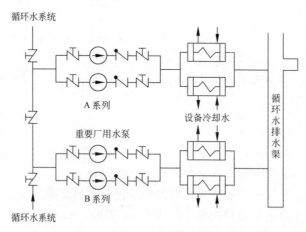

图4.10 重要厂用水系统示意图

重要厂用水系统既作为专设安全设施系统的支持系统,又是开式循环回路。大亚湾核电厂在设计时考虑到以下几点。

(1)泵入口处海水水位变化,最低水位为 -3.00 m,最高水位为 $+6.22$ m,在此范围内保证泵的净正汲入压头。

(2)为防止海洋生物(水草、水母、贝类等)污染和阻塞管道,采用经循环水过滤系统过滤、加氯处理后的海水,并将海水在管道中的流速设计在 2 m/s 以上。

(3)每一个系列的热交换器上游,配置一台不锈钢制作的水生物捕集器。它是一个柱状过滤器,网孔为 4 mm,海水沿柱轴线进入,过滤水从侧面流出。

(4)选用耐海水腐蚀的材料,如热交换器用钛板制成。

(5)设计时考虑能抗拒外部灾害,如水淹、火灾、地震等。

4.5.3 系统运行

为了保证对设备冷却水的冷却,重要厂用水系统在运行的系列和运行泵的数目方面,须与设备冷却水系统相匹配。当机组处于正常功率运行时,一个系列的一台泵运行即可,另一系列处于停运状态。在机组启动阶段(加热升温阶段),最多只要求一个系列的两台泵运行,另一个系列处于备用状态。在停堆后的冷却降温阶段,一个系列的两台泵和另一系列的一台泵同时投入运行。在停堆后48 h保持冷停堆状态下,只需一个系列的两台泵工作已足够了。表4.7给出了重要厂用水系统在主要工况下的运行参数。由表可见,在失水事故时,重要厂用水系统的一个系列即可提供100%的冷却能力。

表4.7 重要厂用水系统主要工况下运行参数

工 况	运行的泵/台		设计流量 /(m³/h)	最高入口温度/℃	最大温升/℃
	A 系列	B 系列			
机组启动	2	0	4410	30	9
正常运行	1	0	3332	30	8
机组冷停 4～20 h A 系列 B 系列	2	1	4410 3332	30 30	12 9
机组冷停 20 h 后 A 系列 B 系列	2	1	4410 3332	30 30	7 3
失水事故	1	0	3332	33	15

4.6 反应堆换料水池和乏燃料池冷却和处理系统

反应堆换料后,卸出的乏燃料要在乏燃料水池中存放半年以上,待燃料冷却到一定程度,再送往后处理工厂。

4.6.1 系统功能

反应堆换料水池和乏燃料池冷却和处理系统的主要功能如下。

(1) 对乏燃料池的水进行冷却,带走乏燃料的衰变热;

(2) 去除反应堆换料水池和乏燃料池中的腐蚀产物、裂变产物和水中悬浮杂质,保持水的良好的能见度和低的放射性水平;

(3) 向反应堆换料水池和乏燃料水池充水和排水,使水池有足够的水层,为操纵人员提供良好的生物防护,保证乏燃料组件处于次临界状态;

(4) 为安全注入系统和安全壳喷淋系统提供足够的含硼水;

(5) 换料或停堆检修期间,当一回路处于开启状态,在余热排除系统不可用时,本系统用来冷却堆芯。

4.6.2 系统描述

图4.11为反应堆换料水池和乏燃料池冷却和处理系统的流程图。

1. 反应堆换料水池及净化系统

1) 反应堆换料水池

反应堆换料水池是一个近于长方形的水池,位于反应堆厂房。它由两部分组成:位于反应堆压力容器正上方的部分(称为换料腔)和与它相通的堆内构件储存池。池的四周和底面衬有不锈钢板覆面。只有在换料前,反应堆压力容器要打开顶盖时,反应堆换料水池才需要充水。

2）反应堆换料水池的净化

（1）过滤回路

过滤回路由一台水泵和两个各 1/2 流量的过滤器组成（见图 4.11 中左下方），两台机组共用。在装卸料操作期间，换料水池的水通过过滤器循环净化。

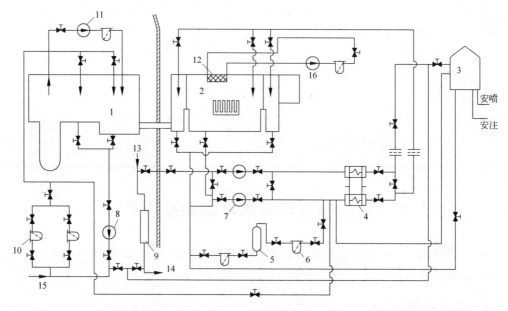

图 4.11　反应堆换料水池和乏燃料池冷却和处理系统流程图

1—反应堆换料水池；2—乏燃料存储水池；3—换料水箱；4—冷却器；5—除盐床；

6、10—过滤器；7、8、11、16—泵；9—余热排出热交换器；12—滤网；

13—来自一回路热段；14—去一回路冷段；15—来自另一机组

（2）水面去浮渣回路

水面去浮渣回路由水泵和过滤器组成（见图 4.11 中反应堆换料水池的上方）。在压力容器开盖后，通过过滤去除水面杂质，保持水层的清洁和透明度。这对于以池水作为屏蔽的水下换料作业和水下燃料运输操作很重要。

2. 乏燃料水池的冷却和净化

1）乏燃料水池

乏燃料水池位于燃料厂房内。它也是一个长方形的水池，与反应堆换料水池一墙之隔。它又分隔成几个长方形小区。紧靠墙的是燃料元件输运池，它有一个与安全壳内堆内构件储存池相连的通道。正常运行时，通道是隔离的，换料时才打开。紧靠燃料元件输运池的是乏燃料储存水池，它用来存放乏燃料。紧靠乏燃料储存水池另一侧的是乏燃料装卸罐储存池。以上三个区彼此相通，可由气密闸门加以隔离。还有一个与乏燃料装卸罐储存池相邻的乏燃料装卸罐冲洗池。

乏燃料储存水池的储存能力是 13/3 个活性区的燃料组件。乏燃料组件放置在带有镉条的格架上。乏燃料储存水池里只要存放有乏燃料，就必须充满含硼水，以确保核燃料的安全。

2）冷却系统

冷却系统由两个容量为 100% 的系列组成,每个系统包括一台水泵、一台热交换器。正常运行时,一个系列运行,另一个系列备用。换料操作期间,一个系列用于乏燃料储存池的冷却,另一个系列作为余热排出系统的备用。

3）乏燃料水池的净化

在乏燃料水池冷却系统两台泵的进出口,跨接着由过滤器和除盐床组成的净化回路。进口过滤器除去颗粒杂质,出口过滤器除去碎树脂颗粒。除盐床除去溶解的腐蚀产物和裂变产物。

此外,设有水面去除浮渣回路,由一台泵和过滤器组成,以保持水层清洁和透明度。

3.　换料水箱

换料水箱容积 1600 m³,储存硼质量分数为 2100×10^{-6} 的含硼水。反应堆换料前,它用来为反应堆换料水池充满水;同时它又是安注系统和安全壳喷淋系统的水源。

换料水箱安放在反应堆厂房的外面,四周用钢筋混凝土墙围着。为了防止换料水箱中的硼结晶,箱内设有电加热器,使水箱的水温在冬季保持在 7～13℃。

4.6.3　系统运行

正常运行时,只要乏燃料水池有乏燃料,冷却回路必须连续运行,即一台水泵和一台热交换器投入运行,另一序列处于备用状态。部分流量去除盐回路净化。

反应堆在维修和换料情况下,堆芯余热是由余热排出系统带出的;只有在一回路处于打开状态、一回路水位超过主管道中心线且水温低于 70℃ 时,才能用乏燃料水池冷却回路带走余热。

当需要改善反应堆换料水池和乏燃料水池中水的透明度时,可启动水面去浮渣回路。

4.7　废物处理系统

4.7.1　概述

如同一般工厂一样,压水堆核电厂在运行时,也会产生一些废物。这些废物中,有非放射性的气体、液体和固体,也有放射性的气体、液体和固体。显然,对放射性废物的处理和管理是核电厂与其他工厂的重要区别之一。为了保护周围环境免受放射性污染,防止对工作人员和居民造成过量的放射性辐射,所有的放射性废物在排放到环境和最终处置前,必须经过收集和处理。

压水堆核电厂放射性的气体、液体(主要是废水)和固体的来源、分类及特点见表 4.8。由表可见,放射性废水有可复用废水和不可复用废水。可复用废水经过处理分离成水和硼酸再利用,这是硼回收系统的任务;不可复用废水须按放射性水平高低、化学物含量多少分别处理,这是废水处理系统和废水排放系统的任务。废气主要分为放射性水平较高的含氢废气和低放射性水平的含氧废气,对它们分别处理。固体废物处理系统处理废树脂、放射性水蒸发浓缩液、废滤芯和其他固体废弃物等。

表 4.8　放射性废物的来源、分类和特点

分 类			来 源	特 点	
				正常运行	停 堆
废水	可复用废水		一回路冷却剂扩容(升温)、硼质量分数变化时排水,收集不接触空气的排水	含放射性;含硼;含氢气;含放射性气体	含放射性;含硼;含空气
	不可复用废水	工艺废水	收集一回路不含氢的剩余废水	放射性;不含氢气;含硼;无化学污染	
		化学废水	化学污染废水(如放射性废水回收系统)、乏燃料容器洗涤排水、核辅助厂房化学产物槽和设备排水	放射性;化学污染;含空气	地面去污排水增多,放射性污染增高
		地面废水	放射性厂房地面冲洗水、放射性洗衣房与淋浴等的废水	放射性及化学污染低;含空气	
废气	含氢废气		一回路冷却剂脱气(硼回收系统)含氢废水储槽的气垫(化容、硼回收系统)	放射性气体、氢气、水蒸气等	一回路不再含有含氢废水及废气
	不含氢废气		含空气废水的脱气、含空气废水储槽的排气	极低放射性	
	通风排气		核岛、核辅助厂房等现场通风	可能有放射性沾污	
固体废物	浓缩液		蒸发浓缩液、特殊情况下硼回收系统浓缩液及放射性废水回收系统排水	硼:$40\,000 \times 10^{-6}$(废液处理系统);放射性:$1.85 \times 10^9 Bq/L$;盐量:$250\,g/L$	
	放射性废树脂		废液处理、硼回收系统、乏燃料池冷却和处理系统、化容系统	树脂吸附放射性高,树脂被硼酸饱和	
	非放废树脂		蒸汽发生器排污系统	无或极低放射性	
	过滤器芯子		乏燃料池冷却和处理系统、化容系统、废液处理系统、硼回收系统	剂量率$>2\,mSv/h$	
	各种杂物(装入金属桶)		各操作间的放射性废纸、破布等;过滤器芯子(剂量率$<2\,mSv/h$);金属固体废物(剂量率$<2\,mSv/h$)	放射性水平低;有些可压缩	

4.7.2　放射性废水处理方法

1. 离子交换工艺

离子交换技术在压水堆一回路的补给水制备、冷却剂净化、废水处理方面得到广泛的应用,在二回路系统中,还用来处理凝结水和蒸汽发生器的排污水。

最常用的有机合成离子交换树脂(又称骨架)是由苯乙烯与二乙烯苯聚合而成的高分子化合物。向聚合体骨架上引进各种基团,就得到不同性能的离子交换树脂,其中强酸和强碱树脂已在核工业中得到广泛的应用。

1) 离子交换过程

若将含有 $B^{\pm}$ 离子的溶液在一定的温度下,以一定的速度通过结构为 $R\text{-}A^{\pm}$ 型的树脂

床,并测量进出口溶液浓度的变化,可以得到图 4.12 所示的曲线,即 $B^{\pm}$ 离子对 $R\text{-}A^+$ 型树脂床的穿透曲线。运行初期,$B^{\pm}$ 离子能被相当彻底地去除,以后树脂逐渐饱和,交换能力下降,直至完全失效。这一离子交换过程可用下面方程式表示:

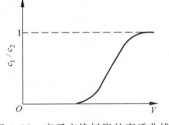

$$R\text{-}A^{\pm} + B^{\pm} \Longleftrightarrow R\text{-}B^{\pm} + A^{\pm}$$

式中,R 为不溶性树脂本体;$A^{\pm}$ 为交换基团中能够发生交换作用的离子;$B^{\pm}$ 为溶液中的交换离子。离子交换作为一种化学反应,同样受温度、pH 值、溶液的化学组分等因素的影响。

图 4.12　离子交换树脂的穿透曲线

2) 净化效率和去污因子

为衡量离子交换树脂床的功效,引入净化效率和去污因子的概念。净化效率 η 定义为流经树脂床后,溶液中核素被去除的份额:

$$\eta = \frac{c_1 - c_2}{c_1} \times 100\%$$

式中,c_1 和 c_2 分别为树脂床进出口溶液中核素质量分数和进出口料液的比活度。

去污因子 D_F 定义为树脂床进出口料液中特定核素的质量分数或比活度之比:

$$D_F = \frac{c_1}{c_2}$$

虽然人们常用 D_F 表示离子交换系统的性能,但在核电厂中树脂饱和常常不是决定树脂更换的主要因素,而决定因素往往是树脂床的辐射剂量过大或树脂床压降过高。

3) 放射性核素的离子交换过程

废水处理系统中,设置离子交换系统的主要目的是去除微量的放射性核素。在带硼运行反应堆中,离子交换过程往往是在含有常量质量分数的阳离子(如 Li^+、NH_4^+)和阴离子(如硼酸根离子)溶液中进行的,这使离子交换过程具有一些特点。

国产商品阳树脂一般为钠型,阴树脂为氯型,显然不能直接使用。当冷却剂含有 pH 值控制剂时,应转为相应的控制剂型。如用 ^7LiOH 作控制剂时,应转为 $^7Li^+$ 型;用 NH_4OH 时,应转为 NH_4^+ 型。这样,当冷却剂通过时,其中 pH 值控制剂就不会被截留,而且树脂在去除杂质离子的同时会放出相应的碱金属离子。同样,阴离子交换树脂应由氯型转为 OH^- 型使用,运行过程中阴树脂能够吸附冷却剂中的硼酸根,逐渐转变为硼酸型。

试验和运行经验表明,锂-硼酸型混床对铯以外各种离子的交换情况令人满意。其中对腐蚀产物 Ni^{2+}、Cr^{3+}、Fe^{2+}、Fe^{3+} 以及 I^- 的去污因子可以达到数百以上。但是,混床对冷却剂总放射性的去除率并不高。由于在冷却剂放射性组成中,惰性气体占 90%,其次是 Cs^+、$Mo(Ⅵ)$,而混床对这些核素恰恰没有或很少有去除作用,因此,与其说其效用是降低冷却剂的放射性水平,还不如说是保持冷却剂的化学水质和减少活化腐蚀产物的累积。

4) 离子交换树脂的再生

在树脂达到饱和(或失效)后,需进行再生,将已交换上去的杂质离子洗脱,并代之以新的 H^+ 或 OH^- 离子,使之重新获得离子交换能力。常用的再生方法是化学药剂法,又称酸、碱再生法。再生实际上是交换过程的逆过程,如阳离子交换树脂的再生反应为

$$R\text{-}SO_3M^* + HNO_3 \longrightarrow R\text{-}SO_3H + M^*NO_3$$

式中,M^* 为交换上去的一价阳离子杂质(若 M^* 属高价阳离子 M^{n+},则需 n 倍的 HNO_3 量再生)。根据离子交换平衡原理,增大酸的浓度,平衡即向右进行。再生效果还与再生剂耗

量、流速、温度等因素有关。为防止压水堆一回路不锈钢材料的氯离子应力腐蚀，阳树脂不得用盐酸再生，宜用硝酸再生。

5）废水处理

废水处理系统采用的树脂一般为商品树脂，无须额外处理，但阳树脂应转为 H^+ 型，阴树脂应转为 OH^- 型。水质较纯净、放射性水平较低的废水可以直接用离子交换法处理；而放射性水平较高的废水则需先经蒸发、冷凝及冷却，而后再用离子交换处理。

2. 蒸发工艺

蒸发是处理放射性废水的主要手段。它是通过加热使溶剂沸腾，从而使挥发性与非挥发性溶质分离的方法。经过蒸发，放射性废水大部分转化成干净的二次蒸汽冷凝液，可以排放或复用，浓缩液可进行固化处理。蒸发对于非挥发性核素的去除效率很高，一般可达到三个数量级以上。但它的成本较高，在多数情况下，仅限于用来处理放射性较高的废水。蒸发单元一般由预热器、蒸发器、雾沫去除器、冷凝器等构成。用于核电厂放射性废液处理的蒸发单元与普通化工的相比，有如下特殊之处：①放射性废水的蒸发要求尽可能彻底地汽水分离，蒸发对微量非挥发性放射性核素的去除程度直接取决于汽水分离程度，所以蒸发流程都设有几重雾沫分离装置；②放射性废液蒸发单元的可靠性、稳定性和安全性要求较高，故设备选材、制造安装的规范特别严格；③放射性废液蒸发是一种放射性操作过程，必须有充分的防护和屏蔽，要求整个设备适于远距离操作，设备易于去污和维修。

应该指出，多数电厂蒸发装置在运行一段时间后，其实际去污因子要比设计值低。若干水冷堆核电厂蒸发装置的实测去污因子在 10^3 左右，当一级蒸发达不到预定的净化要求时，可采取两级蒸发。在废液处理系统中通常设置离子交换器，来提高去污效果。

3. 超细过滤工艺

在压水堆核电厂的水处理系统中，过滤被广泛用作去除悬浮颗粒杂质的手段。冷却剂中的固体悬浮物主要是腐蚀产物。为了选择恰当的过滤方法，首先要搞清楚悬浮颗粒的质量分数、成分、形状、粒径及有关的物理化学性质。

实验发现，78%以上的悬浮颗粒大于 $5~\mu m$，小于 $2~\mu m$ 的极少。从固体悬浮物的质量分数、粒度和过滤要求来看，一回路水的过滤已属于超纯过滤范围。由于悬浮物的质量分数极低，只能靠超细过滤材料来完成过滤操作。表 4.9 列举了几种典型的超细过滤材料。

表 4.9 超细过滤介质

类　型	例　子	最小截留粒度/μm
多孔烧结体	素瓷,烧结高分子材料	1
	烧结金属	3
非编织纤维	滤纸	<2
	毡类	0.5
纺织纤维	多层人造或天然纤维滤布	2
堆积粒状滤料	砂层,石墨粒层,树脂层	<1
滤膜	超滤渗透膜(分子过滤)	0.005

对过滤介质的基本要求,除截留粒度(又称过滤精度)外,还有:具有足够的强度、耐腐蚀性和辐射稳定性,具有足够的过滤杂质负荷量,易于再生,运行阻力小,制造方便,价格低廉等。

表 4.9 列举的各种介质,除强度和稳定性较差的滤膜外,都已在压水堆核电厂中得到了应用。

4. 膜分离工艺

反渗透和电渗析法都属于膜分离工艺(或称隔膜分离技术)。这两种方法都是 20 世纪 50 年代以后发展起来的。它们多用于常温水处理,设备紧凑简单,效率高,运行方便,在工业废水净化、海水淡化领域已得到广泛应用。目前,在放射性废水处理方面也已得到应用。美国已将反渗透工艺列入水冷堆废水处理的标准设计,而电渗析工艺也在一些核工业废水处理中得到了应用。

4.7.3 氚的产生及性质

氚(^{3}H,T)是氢的同位素,其核电荷数为 1,原子量为 3,是一种弱 β 发射体,β 射线的平均能量为 5~6 keV,最大能量为 18.64 keV,半衰期为 12.3 年。

无论在自然界或在压水堆中,氚主要以氧化物——氚水(HTO)形式出现。

氚放出的 β 射线能量很低,在水或人体软组织中的最大射程仅有 5 μm 左右,因而不致构成外照射危害。但是,氚水很容易通过皮肤和肺进入人体,随血液向整个身体扩散并达到平衡。它与有机体组织的结合以及从中排泄都很快,进入体内的氚水,有 1%~3% 能与机体组织中的氢进行交换而稳定地与之结合。当摄入氚水较多时,可能引起遗传基因突变。据研究,氚对躯体的内照射效应比 ^{85}Kr 大 10 倍,遗传效应大 50 倍。

我国《放射防护规定》要求,露天水源中氚的限制比活度为 10^4 Bq/L,放射性工作场所空气中氚的最大比活度为 185 Bq/L。

自然界中存在一定数量的氚。最初存在的氚,主要是由宇宙射线中的中子与大气的作用产生的;但是目前地球上一部分氚是由核武器试验产生的。

在压水堆核电厂中,由于核燃料的裂变及冷却剂的活化,会不可避免地产生氚。

1) 三元裂变

压水堆中氚可由重核元素三元裂变产生。产生的氚由燃料向冷却剂的释放过程与惰性气体类似,即首先由燃料基体扩散到燃料芯块与包壳的间隙中,而后可能扩散穿透金属包壳或由包壳缺陷处逸出。在反应堆运行温度下,三元裂变产生的氚有 30% 可以穿透不锈钢包壳,而对锆合金包壳的穿透率只有 0.1%~1%。这是锆合金燃料包壳的优点之一。

2) 中子反应

(1) 锂的中子反应

氢氧化锂常用来控制冷却剂的 pH 值。天然锂由 7.5% 的 ^{6}Li 及 92.5% 的 ^{7}Li 构成,其中 ^{6}Li(n,α)T 反应生成大量的氚(中子吸收截面 $\sigma = 6.35 \times 10^{-26}$ m^2)。为减少因引进 ^{6}Li 造成氚的增生,应采用高富集度 ^{7}Li(99.9% 以上)的氢氧化锂作为 pH 值控制剂。

(2) ^{10}B 的中子反应

压水堆广泛采用硼酸作为中子吸收毒物。在反应堆初始装料中,还装入一定量的含硼中子毒物棒。作为主要中子吸收核素的^{10}B,可以发生一系列伴随着氚的产生的中子反应。

（3）氚的活化

天然水中氘的比例为 1：5000。氘的中子吸收反应可生成氚,但数量很少。

对于任一压水堆,当其运行比较稳定时,由上述因素生成的氚的量大体是一定的。这样,冷却剂中氚的积累比活度就主要取决于冷却剂的更新频率。如果冷却剂的排放或泄漏量较大,补进的纯水较多,则氚的比活度就较低。各个核电厂的反应堆冷却剂氚比活度差别很大,高的达 1.5×10^8 Bq/L,低的只有 3.7×10^3 Bq/L。现代核电厂由于采用了冷却剂循环复用流程,反应堆冷却剂排放更新量大大减少,导致氚比活度不断上升。

含氚废水处理的困难在于,4.7.2 节中所述的任一水处理方法都不能除去氚,用同位素分离技术除氚费用又很昂贵,远不能实际应用于分离压水堆电厂废液中的氚。因此,目前低放射性含氚废液除了稀释排放外,别无他法。随着核电厂排出的氚量不断增加,氚对环境的污染已日益引起人们的注意。

4.7.4 硼回收系统

1. 系统功能

（1）硼回收系统接受来自一回路的放射性废水,经处理检测将合格的核纯级水和硼酸供硼酸和水补给系统复用；

（2）接受来自化学和溶剂控制系统的下泄流,直接除硼。

2. 系统的组成

硼回收系统(图 4.13)由净化、硼水分离和除硼三个部分组成。净化部分包括前置储存、过滤除盐和除气三个工段,设置了两个完全相同的系列各用于一台机组,同时又可以互为备用；硼水分离部分包括三台储存箱、两套蒸发装置、两个蒸馏液监测箱和一台浓缩液监测箱,两机组共用。除硼部分有三台除硼床,两台机组各用一台,第三台作为两机组的备用。

3. 系统的流程

1）净化

净化部分包括前置储存、过滤除盐和除气三个工段,反应堆冷却剂排出液收集在有密封氮气覆盖的前置储存箱内。可用泵搅拌液体,防止悬浮固体在箱底沉积。前置储存箱内废水达到一定量时除气装置启动,由泵将箱内液体经过滤除盐后送入除气装置。氢气和放射性裂变气体等不可凝气体送往含氢废气处理系统。除过气的废水由泵送往中间储存箱。

2）硼水分离

中间暂存箱内液体由泵再循环,搅拌均匀后取样分析,箱的气空间与含氧废气系统相连并保持负压。由泵将中间暂存箱内液体送往蒸发装置,产生的蒸馏液送往蒸馏液监测箱。由泵对蒸馏液监测箱的液体再循环,搅拌均匀,经取样分析合格的水送往硼酸和水补给系统的补给水箱备用。当蒸馏液的硼质量分数超过 5×10^{-6} 时,用备用的除硼床处理,化验合格的水送往补给水箱。浓缩液送往浓缩液监测箱,搅拌均匀经化验合格后送往硼酸和水补给系统的硼酸补给箱备用。必要时,可以用蒸馏液调节浓缩液的硼质量分数。

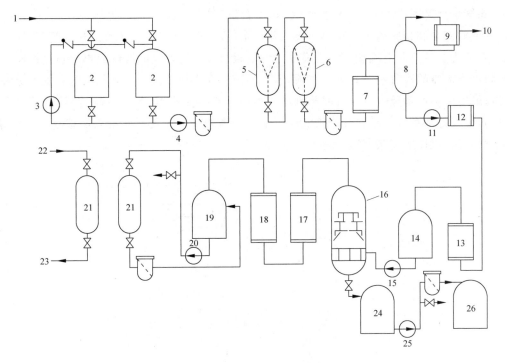

图 4.13　硼回收系统流程示意图

1—含硼酸废水；2—前置储存箱；3—循环泵；4—进料泵；5—阳离子床；

6—混合离子床；7—预热器；8—除气器；9—凝汽器；10—不可凝气体；11—泵；

12—再生热交换器；13—冷却器；14—中间暂存箱；15—泵；16—蒸发装置；17—凝汽器；

18—蒸馏液冷却器；19—蒸馏液监测箱；20—泵；21—除硼床；22—来自化容系统；

23—去化容系统容积控制箱；24—浓硼酸监测箱；25—硼酸泵；26—硼酸储存箱

3）除硼

除硼用于以下两种情况。

（1）每台机组有一台除硼床，用于化容系统的下泄流除硼操作，除硼后的冷却剂返回化容系统的容积控制箱。

（2）当蒸馏液监测箱蒸馏液的硼质量分数超过 5×10^{-6} 时，用备用的除硼床处理。

4．主要工艺设备

1）除盐床

硼回收系统的除盐床共有三种，分别是：净化段的阳离子床、混合离子床和除硼段的除硼离子床。净化段的阳离子床、混合离子床去污因子为 $10 \sim 100$，处理能力为 $25000 \ m^3$；除硼离子床的处理能力为将 $200 \ m^3$ 硼质量分数为 $(10 \sim 150) \times 10^{-6}$ 的冷却剂的硼质量分数降低至 5×10^{-6} 以下。

2）除气装置

除气装置用来除去废水中的氢气、氮气和放射性气体，还用于反应堆压力容器开盖前的冷却剂除气，处理能力为 $27.2 \ m^3/h$，按进出口比活度计算，对放射性裂变气体（如 Kr、Xe 等）的除气因子为 10^6。

除气装置见图 4.14,它由一台除气塔、一台排气冷凝器、一台再生热交换器、一台冷却器、一台输液泵和相应的仪表阀门组成。除气塔的底部装有用辅助蒸汽加热的管束,使塔釜内蒸发产生的蒸汽向上流动。沿塔高度设有塔板组件。待除气的废液经再生热交换器加热后,和重力回流的冷凝液一起进入塔顶,下行的液流在塔板上被上行的蒸汽流脱除掉溶解的气体,最后汇集在塔釜内。上行的蒸汽从塔顶引到排气凝汽器,蒸汽冷凝后回流,不可凝气体排到废气处理系统。已脱气的废液经再生热交换器和冷却器后在准备阶段送回除气塔;在生产阶段,送往中间储存箱。

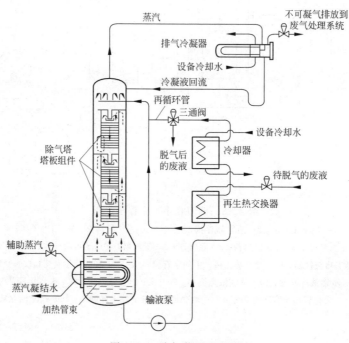

图 4.14　除气装置流程图

3) 蒸发装置

蒸发装置将除气后的废水进行硼水分离,得到蒸馏液(含硼小于 5×10^{-6})和浓缩液(硼质量分数为 $(7000 \sim 7700) \times 10^{-6}$)。

如图 4.15 所示,每套蒸发装置由一台蒸发器、一台立式再沸腾器、一台冷凝器、一台强制循环泵、一台再生热交换器、两台分别用于冷却蒸馏液和浓缩液的冷却器、一台进料泵和一台蒸馏液输送泵以及相应的仪表阀门组成。

蒸发装置采用批量运行方式。料液通过再生热交换器升温后送到蒸发塔与再循环泵入口之间的再循环管线,由强制循环泵再循环。再循环回路的加热器是管壳式热交换器。料液由壳侧的辅助蒸汽加热,经预热和部分蒸发之后进入蒸发塔中汽化。蒸汽流在蒸发塔中上升,经过上部的金属筛网并与回流液接触,对蒸汽进行洗涤,使蒸汽中硼质量分数减少。蒸发塔顶部的压力约为 0.11 MPa,蒸汽在进入凝汽器之前,经过金属筛网汽水分离器除去蒸汽中夹带的液滴,分离出来的液体定期排到蒸发塔中。

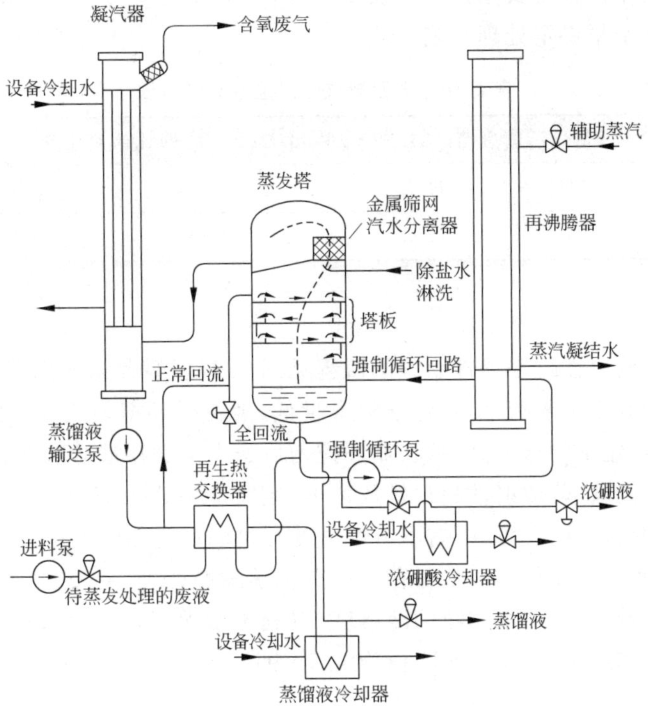

凝汽器 ─→ 含氧废气

设备冷却水

蒸发塔

金属筛网
汽水分离器

─→ 辅助蒸汽

再沸腾器

除盐水
淋洗

塔板

正常回流

蒸汽凝结水

强制循环回路

蒸馏液
输送泵

全回流

再生热
交换器

强制循环泵

─→ 浓硼液

进料泵

待蒸发处理的废液

设备冷却水

浓硼酸冷却器

─→ 蒸馏液

设备冷却水

─→ 蒸馏液

蒸馏液冷却器

图 4.15　蒸发装置流程图

凝汽器由管侧的设备冷却水冷却,蒸汽在约 0.96 MPa 压力下凝结成水。蒸馏液由输送泵经再生热交换器和冷却器冷却到 50℃以下后进入蒸馏液监测箱。不可凝气体从凝汽器顶部排往含氧废气处理系统,凝汽器的除氧因子能达到 100。

蒸发塔的蒸发量由加热器的加热蒸汽流量控制。当蒸发塔中浓缩液的硼质量分数达到 7700×10^{-6} 时,由再循环泵将浓缩液经过冷却器冷却后送往浓缩液监测箱。蒸馏液和浓缩液的排放是交替进行的。

4.7.5　废水处理系统

1.概述

在核电厂运行和检修过程中,一回路及其辅助系统不可避免地会产生相当数量的放射性废水,如设备的排放水,泵、阀门的泄漏水,放射性设备的冲洗水,实验室及热室下水和洗涤水、淋浴水、洗衣水等。

废水来源不一,成分复杂,即使是同一来源的废水,放射性强度和化学成分相差也很大。因而,不能采用一种处理方法。但随着环境保护要求的日益提高及核电厂的大型化,逐渐形成了一套较为规范的流程。废水处理系统应具备较为灵活多样的工艺手段和高的净化能力,在严格区别收集不同来源废水的基础上,根据原水水质和放射性水平,采用不同的处理方法。一般情况下,对放射性较高的废水,采用过滤、蒸发处理,必要时,将二次蒸汽冷凝液再进行一次离子交换,这样得到的净化水比活度低于 37 Bq/L;对于各种放射性较低的地面冲洗水,一般情况下,采用过滤和离子交换就足够了,如需要时,也可送去进行蒸发处理。而洗衣水、淋浴水等，则往往可直接排放。表4.10给出了大亚湾核电厂废水处理方法，它依化学物含量和放射性水平确定处理工艺。

表4.10   大亚湾核电厂废水处理方法

化学物含量	低比活度废液（≤1.85×10^4 Bq/L）	高比活度废液（＞1.85×10^4 Bq/L）
低	过滤	除盐床
高	过滤	蒸发

2. 系统流程

大亚湾核电厂放射性疏水处理系统的流程见图4.16。暂存箱分别接受工艺疏水、地面疏水和化学疏水。对于工艺疏水，若化学物含量低，则在循环搅匀后送入除盐床处理，然后进入暂存箱储存；若化学物含量高，则在循环搅匀后送入蒸发器进行蒸发处理。地面疏水和化学疏水暂存箱的废液，若放射性超过排放标准，则将废液送入蒸发器处理；若放射性低于排放标准，则将废液送入图4.16中右下方的过滤器过滤后送往废液排放系统。

图4.16中地面疏水和化学疏水暂存箱设有化学添加管线，用来添加 NaOH 或 HNO_3，以便调节废液的酸碱度，增加浓缩液的溶解度，以利于水泥固化；也可以为直接排放疏水调节 pH 值，使其在可接受的范围内（pH 值为5.5～9）。

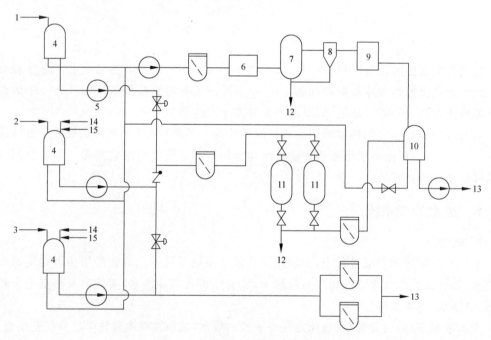

图4.16   放射性废水处理系统流程图

1—工艺疏水管线；2—地面疏水管线；3—化学疏水管线；4—暂存箱；5—泵；
6—预热器；7—蒸发器；8—汽水分离器；9—冷却器；10—蒸馏液暂存箱；
11—除盐床；12—去固体废物处理系统；13—去废液排放系统；14—酸添加；15—碱添加

4.7.6　废气处理系统

1. 概述

废气处理系统是两台机组共用的系统,处理电厂运行中产生的放射性废气。根据废气的来源和特点,分为含氢废气和含氧废气两种。

2. 系统描述

1) 含氢废气处理工艺及系统

这类废气的主要成分是氮、氢和裂变气体,放射性水平高。它们主要来自存放反应堆冷却剂的容器和除气器,如稳压器卸压箱、化容系统的容积控制箱及硼回收系统的除气器等。

含氢废气的处理工艺有储存衰变法及活性炭吸附法。

（1）加压储存衰变法

表4.11给出了含氢废气中各种气态裂变产物的半衰期和产额,可以看到,半衰期较长,产额也较高的是^{133}Xe,其他产额较高的核素半衰期较短。所以基本负荷运行时大亚湾核电厂含氢废气储存时间定为60 d,已超过^{133}Xe的10个半衰期,其放射性已衰减到1/1024。至于^{85}Kr,其半衰期虽然很长,但产额少,影响不大。在负荷跟踪工况下,含氢废气增加,储存时间缩短到45 d。所以,对含氢废气处理的基本方法是储存衰变,待其放射性衰变到可以向环境排放的水平后,经过监测、过滤、除碘并用空气稀释后从烟囱排放。

表4.11　气态裂变产物的半衰期和产额

核素	^{85}Kr	^{85m}Kr	^{87}Kr	^{88}Kr	^{133}Xe	^{133m}Xe	^{135}Xe	^{138}Xe
半衰期	10.7 a	4.48 h	76 min	2.77 h	5.29 d	2.19 d	15.6 min	17 min
产额/%	0.293	1.3	2.49	3.57	6.59	0.16	1.8	5.45

含氢废气处理子系统流程图见图4.17。缓冲槽接受其他系统排出的废气。缓冲槽上游设有测氧仪,连续监测氧的含量。废气中的凝结水由缓冲槽上游的汽水分离器排出。然后,缓冲槽的废气由两台并联的压缩机压缩,经冷却器降温,通过汽水分离器除湿后,进入衰变箱。系统设有6个衰变箱,它们通过一条公用的排气管排气。6个衰变箱间有管道相连,可用压缩机将一个衰变箱的气体转移到另一个衰变箱,经监测,衰变箱内气体的放射性水平满足要求后,将废气经碘过滤器过滤,再由非放射性气体稀释排往烟囱。

6个衰变箱的连接方式是一个衰变箱进行充气,另一个用作衰变储存,第三个用于排放,其余作为备用。

上述系统已经安全运行10多年。运行中所发现问题是衰变箱容量较紧张,尤其是对容控箱定期吹扫或大修期间对一回路吹扫时,最大废气流量达75 Nm^3/h①,衰变箱容量更显得不足。后来经技术改造,增设两个18 m^{3}的衰变箱。其次是缓冲罐的容量也较小,废气流量大时,压缩机启动频繁,容易损坏压缩机薄膜。

在改进的CPR机组中,增大了衰变箱容量,共设计了18 m^{3}和60 m^{3}的衰变箱各4个。

加压储存处理放射性废气,系统简单,适于应对流量变化较大的放射性废气,具有较丰富的运行经验,是一种较成熟的放射性废气处理工艺。

---

①　本节Nm^{3}是标准立方米即在标准大气压、20℃状态下的气体体积单位(立方米)。

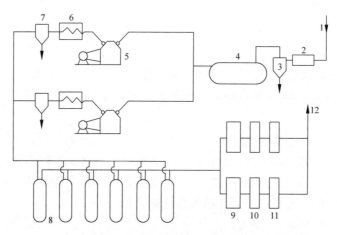

图 4.17　含氢废气处理子系统流程图

1—含氢废气进口；2—氧分析仪；3、7—汽水分离器；4—废气缓冲罐；
5—压缩机；6—冷却器；8—衰变箱；9—初过滤器；
10—高效过滤器；11—活性炭过滤器；12—去烟囱

（2）活性炭滞留床吸附法

活性炭滞留床吸附法是利用疏松多孔的活性炭对放射性惰性气体进行吸附，放射性气体进入滞留床后，其中的放射性核素如 Xe、Kr 等因其分子量较大而被活性炭优先吸附，与其他分子量较小的非放射性载带气体如氢气、氮气等分离。由于这些放射性核素在活性炭上的移动速度很缓慢，在移动过程中，它们不断衰变为其他稳定的核素，随即不断地被后面的载带气体洗脱下来，形成吸附—滞留—衰变—洗脱的动态平衡。洗脱下来的新核素随载带气体一起排出。活性炭滞留床对惰性气体的滞留时间受多种因素影响，包括活性炭类型、气体的温度、湿度等。在一定条件下活性炭滞留床对惰性气体的滞留时间由下式给出：

$$T = \frac{k_{\mathrm{d}} M}{q_{\mathrm{v}}}$$

式中，T 为活性炭的滞留时间，s；M 为活性炭的填装量，g；q_{v} 为气体体积流量，$\mathrm{cm^3/s}$；k_{d} 为活性炭对气体的动态吸附系数，$\mathrm{cm^3/g}$。

AP1000 的废气处理系统示意图如图 4.18 所示。它是一个直流常温活性炭延迟系统。系统由一台气体冷却器、一台活性炭保护床、两台活性炭延迟床及监测仪表组成。

来自一回路废液处理系统除气器和反应堆冷却剂疏水箱的含氢废气首先进入气体冷却器，被冷冻水系统将其降温至 7.2℃，然后进入汽水分离器，去除气体中的湿气。离开汽水分离器后，废气进入保护床。保护床具有除湿和除去碘和化学（氧化）污染物功能，避免异常的水汽夹带和化学污染物对延迟床的影响。然后，废气流入两台 100% 容量的延迟床。裂变气体被延迟床里的活性炭吸附，其通过的速率相对于废气流中的氢气和氮气有延迟，在滞留期间裂变气体得到衰变，离开延迟床的气体中裂变气体活度明显降低。延迟床出口管线上设有放射性监测仪表，当达到高放射性时，放射性监测仪表联锁关闭废气处理系统的排风隔离阀。正常时，处理后的废气经核辅助厂房通风系统排出。排风隔离阀在核辅助厂房通风系统出口气流低的情况下也关闭，防止通风管内氢气积累。

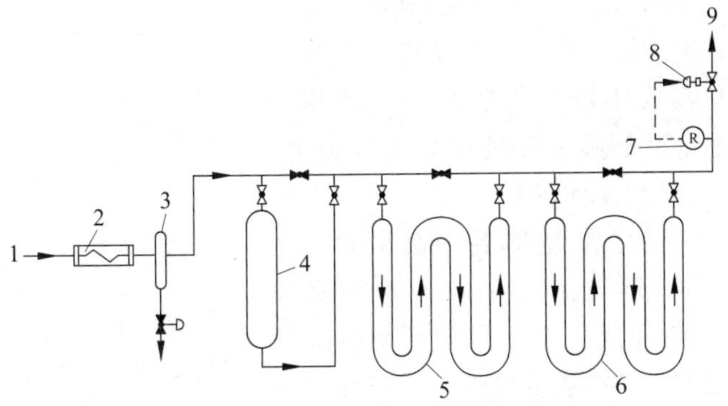

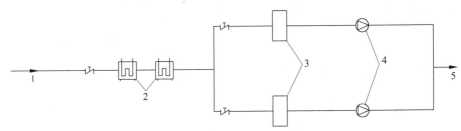

图 4.18　AP1000 的废气处理系统示意图

1—含氢废气；2—气体冷却器；3—汽水分离器；4—活性炭保护床；5—延迟床 A；
6—延迟床 B；7—辐射监测点；8—排气隔离阀；9—去核辅助厂房通风系统

活性炭吸附是近几年发展起来的放射性废气处理工艺，具有安全性好、设备占用空间小、操作简单的特点，适于处理流量较小的放射性废气，该方法的发展和改进尚有很大空间。不同种类的活性炭对惰性气体的吸附能力相差很大，高性能的活性炭不仅可以延长惰性气体的滞留时间，改进处理效果，而且还可以减少活性炭的填装量，降低二次废物量。

2）含氧废气处理子系统

含氧废气的主要来源是盛放与空气接触的放射性液体的容器的通风排气，如硼回收系统的中间储存箱、除气器和蒸发器，浓缩液和废树脂储存箱，核取样系统通风柜，一回路通风系统的排气等。其主要成分为带饱和水蒸气的空气，另外还含有少量放射性气体。

含氧废气处理子系统的流程图如图 4.19 所示。它由两个系列组成，每个系列由一台 100% 容量的风机、加热器和活性炭碘吸附器组成。废气进入系统后，经加热除去水分，然后经过活性炭碘吸附器，最后由风机升压将废气排往核辅助厂房通风系统，由空气稀释后经烟囱排放。

图 4.19　含氧废气处理子系统流程图

1—空气入口；2—加热器；3—活性炭碘吸附器；4—风机；5—去核辅助厂房通风系统

本系统在负压下运行，负压是通过调节进入系统的新鲜空气量来实现的。

3）"近零排放"处理法

上述废气处理后最终都将排放，故势必有一定量的放射性气体，如 ^{85}Kr 这样的长半衰期放射性物质排向大气。为了最大限度地减少向大气排放放射性物质，提出了一种更先进的"近零排放"处理法，其示意图见图 4.20。

"近零排放"处理系统由废气压缩机、氢催化复合器、衰变箱等设备组成。运行时，一小股氢气连续地通过容积控制箱，与反应堆冷却剂脱出的气体相混合，排入废气系统压缩机的吸入侧的循环氮气流中，经压缩进入催化复合器。在此处按一定比例加入氧气，使之与氮气流中的氢复合为水，冷凝后去除。剩余气体通过气体衰变箱回到压缩机的吸入侧，如此完成一个循环。这样不断往复以至无须向环境排放任何废气，这就是"近零排放"的基本原理。一旦在役的衰变箱内压力达到限制值，进气阀门将自动关闭，停止进气，另一台备用的衰变箱投入使用。这样，废气中的放射性气体都保留在衰变箱或氮气流中。废气中的大部分放射性气体半衰期很短，它们经 12 个月的衰变后即可达到平衡，只有像 ^{85}Kr 这样的长半衰期核素逐渐积累，估计反应堆运行 40 年后，废气系统积聚的放射性不会超过第一年运行结束时的 2 倍。此时系统中的放射性主要是 ^{85}Kr。而 ^{85}Kr 的 β 辐射又很弱，箱体和管道可提供足够的屏蔽，因而废气系统中 ^{85}Kr 的积聚不会对核电厂和周围环境构成威胁。

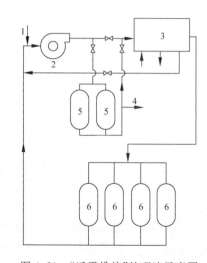

图 4.20 "近零排放"处理法示意图
1—来自化容系统容积控制箱；2—压缩机；
3—氢催化复合器；4—去容积控制箱；
5—停堆衰变箱（停堆时用）；6—气体衰变箱

4.7.7 固体废物处理系统

1. 固化技术

固体废物按其来源分为四类：废树脂、放射性废水蒸发残液、过滤器芯子及其他固体废弃物和零部件。这些废物含有 ^{137}Cs、^{90}Sr、^{60}Co 等长寿命核素，欲使其衰变到无害水平，需经 500 年以上。因此，要对这些废物进行妥善处理和封装，以便于运输和长期储存。固体废物的储存要比液体废物安全得多。因此，一般都将放射性蒸残液、放射性废树脂及过滤器芯子等渗入固化体中。为保证长期储存的安全性，放射性废物固化应满足下列基本条件：放射性的水浸出率低；体积小，即减容比大；能长期储存，不易老化；足够的强度及不燃烧等。现在，核电厂蒸残液和废树脂的固化技术有以下 4 种。

1) 水泥固化

将水泥与蒸残液以一定比例掺混搅匀，注入桶中令其自然固化。这种方法十分简便，且有较好自屏蔽作用，不会燃烧，耐微生物侵蚀，所以曾得到广泛应用。其缺点是某些核素（特别是 ^{137}Cs）的水浸出率较高，但若加入某些添加剂，则可固定这些核素。此外，法国和日本等国已发展一种先进的水泥固化工艺，体积减为原来的 1/8。其原理是在废液中加入 $Ca(OH)_2$，使其产生沉淀，而后去掉水分，再进行固化。经改进的水泥固化技术可克服原水泥固化体积庞大的缺点。

2) 沥青固化

蒸残液与 150～230℃ 的融溶沥青一起加热搅拌，使蒸残液中的水分几乎完全蒸发，冷却后即得到沥青固化体。这种方法的优点是，易溶核素在水中的浸出率仅为水泥固化体的

1/2000~1/20,体积小,耐微生物侵蚀。但其固化过程温度高,对可燃的沥青等物质是一个不安全因素。此外,沥青固化不适于直接固化废树脂,成本也较高。但沥青固化在日本已普遍采用。

3) 聚乙烯固化

这种方法仅用于废树脂的固化。将聚乙烯加热到 100~170℃,使之成为流动的熔化物,然后加入废树脂,使其充分混合。等所有的挥发性气体蒸干后,在180℃下将聚乙烯-废树脂混合物倒入储存桶中,冷却后即得到废树脂固化体。塑料固化体的强度和化学稳定性与纯塑性相近,耐辐照性能等于或优于沥青固化体。

4) 脲醛树脂固化

脲醛树脂是尿素与甲醛聚合得到的大分子热固性树脂。其固化过程分两步:第一步是使甲醛与尿素在微酸性条件下缩聚到一定程度后,将溶液中和到 pH 为 7~8;第二步是将上述中间物与废树脂和蒸残液在 pH 为 5~8 时按比例混合,然后向混合物中加入酸性触媒(通常用磷酸氢钠或磷酸),调节 pH 到 1.5 左右,此时即发生缩聚反应。待完全固化后,即可运走储存。这种方法的优点是固体物体积小,重量轻,浸出率低,操作简便;缺点是成本较高,固化后会产生游离水,而且作为有机物,其稳定性尚有争议。

2. 固体废物处理系统

大亚湾核电厂采用水泥固化方法来处理高放射性的固体废物,如废树脂、过滤器芯子、高放射性浓缩液等。整个系统由废树脂处理、蒸发浓缩液处理、过滤器芯子支承架装卸、装筒、混合物配料最终封装和压缩等部分组成。

对于废树脂,由水力输送,经计量箱计量,与干混合料(水泥、砂、石灰)混合后卸入混凝土筒,制成废树脂装筒均质固化块。

对于蒸发浓缩液,经计量箱计量,与干混合料(水泥、砂、石灰)混合后卸入混凝土筒,制成均质固化块。

过滤器芯子,由专门工具装入混凝土筒,与湿混合料一起制成废物固化块。

对于各种可压缩低放射性水平固体杂物,装到金属筒内,用压实机压缩后封装。

上述处理过程均属强放射性物质操作,在核辅助厂房和废物辅助厂房进行。核辅助厂房内的废物处理设备布置在设有铅玻璃窗的生物屏蔽墙后面,由远距离操作和电视机监控运行。为防止操作失误造成放射性污染,有严格的操作程序,重要操作之间设有联锁程序。

4.8　核岛通风空调及空气净化

4.8.1　概述

核岛通风、空调及空气净化系统是核电厂通风空调的一部分,属于核岛辅助系统。它除了像一般工业通风系统那样保持室内良好的空气质量、给工作人员提供良好的工作环境、减少职业病、提高劳动生产率、保证生产有序进行和保证产品质量外,还承担着控制和消除放射性物质对环境污染的责任。它是保障核电厂工作人员和周围公众健康的重要设施。因此,通风、空调和空气净化系统成为核电厂的重要组成部分,承担着以下几方面任务。

（1）确保工作人员人身安全。通过良好的通风和合理的气流组织有效防止工作场所空气中放射性剂量的增高，保障工作人员的人身安全。

（2）控制污染的空气保护环境。通风系统将被污染的空气局限在一个小范围内，经净化后排放，防止其扩散造成大面积污染，以保护电厂邻近地区公众的人身安全。

（3）满足核电厂运行的工艺要求。工艺设备、仪器仪表的正常工作对核电厂安全运行十分重要。它们对环境的温度、湿度和空气的清洁度有一定的要求。为了使运行人员高效、舒适地工作，也需要一个良好的人居环境。此外，运行中产生的热、湿、有毒有害及易燃易爆气体都会影响核电厂的安全运行。

概括地说，核岛通风、空气净化系统的任务可以归纳为：排除和净化工作场所的污染空气，以减少放射性物质对厂内外环境的危害，保障人身安全；提供温度、湿度、洁净度满足设备运行要求的环境条件，保障设备运行安全。

核岛的通风、空调及空气净化系统包括反应堆厂房、核燃料厂房、电气厂房、主控制室、核辅助厂房及连接厂房的通风空调。以大亚湾核电厂为例，核岛通风、空调及空气净化系统就其性质来讲可分为以下几种。

（1）与安全相关的系统。这部分系统要求在发生事故的情况下仍能运行，以保证设备安全和人员安全。例如，安全壳大气监测系统，在发生大的失水事故情况下，燃料元件裸露，应急冷却水注入后发生锆水反应产生大量氢气。这时，安全壳大气监测系统用来搅拌安全壳内大气，防止氢聚集达到爆炸体积分数（体积分数 4% 左右）；同时监测氢的体积分数，并适时投入氢复合器进行消氢操作。执行上述功能的部分都属于专设安全设施。法国新设计的安全壳大气监测系统中还增加了砂堆过滤器，以防止在某些严重事故下（安全壳超压）放射性物质的释放，从而使该系统更加具有专设安全设施性质。

（2）非与安全相关的系统。这类系统中的一部分系统用来防止被污染的不符合环境要求的放射性气体排入大气或使室内剂量保持在最低允许范围内，保证工作人员的工作环境，以免损害工作人员健康。例如，安全壳换气通风系统，就是为了停堆后降低安全壳内气体的比活度以允许人员持久进入而设置的。另一部分是为电气、仪表、电缆等设备运行创造一定环境（温度、湿度等）而设立的。如堆坑冷却、控制棒传动机构冷却系统等。再就是为创造一个舒适环境，保持人员正常工作而设置的，如主控制室空调系统。

4.8.2 设计原则

在核电厂设计时，为了防止放射性物质任意扩散，在建筑物设计上规定了分区原则，即所谓的三区划分。这三区是非限制区（又称清洁区或 3 区）、限制区（又称较脏区或 2 区）和控制区（又称最脏区或 1 区）。这种原则仅提供了防止污染扩散的良好条件，但它不能控制空气的流动。空气污染的传播是通过空气流动而形成的，气态物质扩散能力很强，无孔不入，而且传播的方向无规律性，因此，必须通过正确的气流组织设计才能使空气按要求的方向流动。要求流动的方向是：清洁空气从干净区（3 区，又称清洁区、操作区）流经较脏区（2 区，又称过渡区）再流向最脏区（1 区，又称工艺设备区）。也就是由清洁空气逐渐被污染为脏空气，经排风净化处理后由烟囱排至大气中。

通风系统分区布置原则与建筑物内分区布置原则是一致的。通风系统的气流组织，就整个核岛厂房来说，是使空气从清洁区流向较脏区（低放射性污染区），最后流向最脏区（高放射性污染区)。就局部工作地点来讲,空气流动路线应先经过人的工作岗位,而后再流向工艺设备,最后由工艺设备的排气口排出。在同一区域内允许空气再循环,但禁止从高污染区向低污染区或清洁区的再循环。即使在同一区域内,再循环空气也必须先使循环空气通过高效空气净化装置后才能返回本区内。此外,三区之间都应有一定的压差,即2区相对于3区保持30~50 Pa的负压,1区相对于2区保持30~50 Pa的负压。

实现上述气流路线的主要措施有以下两种。

(1)通过送、排风量之差及相应措施,对核电厂核岛整体来说,清洁区相对于室外环境处于正压状态,以防室外风沙、尘埃侵入清洁区。常用的办法是将清洁区的总送风量设计为略大于排风量,多余空气通过外门、外窗及其他缝隙漏出室外。较脏区相对于室外处于零压状态,即送排风量相等。对外一般采用密封门窗。

(2)在建筑物内部,清洁区相对于过渡区处于正压,使空气由清洁区流向过渡区。设备区只设排风口,把过渡区的排风口当作设备区的进风口,并在进风口处设置高效空气过滤器或余压阀,使排风系统停运时设备区污染空气不会倒流入过渡区。

4.8.3 进风系统及其净化处理

1. 系统功能

设置进风系统是为了吸入室外的清洁空气,根据需要对其进行过滤、加热或降温、干燥或加湿、消毒防臭或电离处理等,然后将符合质量要求的新鲜空气通过送风系统送到各房间或工作区,对室内或工作区进行通风换气、消除余热、稀释有害物质浓度以及保持室内所要求的空气温度、湿度、洁净度以及正负压。

2. 设计原则

核岛送风系统一般不采用自然通风,而是设置机械通风系统。设计送风系统应考虑将新鲜空气送到清洁区,然后再流向污染区这一原则。一般清洁区只设送风系统而不设排风系统,使清洁区形成正压,让新鲜空气靠压差流向限制区,最后流入控制区。控制区一般在脏区不设送风系统。在限制区有送有排,其送风设计原则如下:

(1)送风量应满足各房间的换气要求,并加上送入其他房间的气量;

(2)送风口设置在接近工作人员工作地带,并保证有一定的空气流速;

(3)送、排风口的相对位置应合理,尽量减少室内空气涡流区;

(4)送、排风综合平衡后应使该区相对于清洁区保持负压而相对于脏区保持正压状态。

进风净化处理一般比较简单,使用各种初效、中效空气过滤器去除空气中的灰尘,但也有要求比较高的进风净化处理。核电厂的主控制室因为在内部或外部事件时需要成为独立的"安全岛",所以在进风净化处理上有特殊的要求,它不但要加高效空气过滤器,还要加活性炭碘吸附器,以便当外部空气被放射性污染或者毒气污染时,仍然能维持主控制室工作人员必要的操作。这些特殊处理能起到至关重要的作用,一些国家甚至将其列为核安全级。

3. 系统组成

进风系统由进风采气口(包括进风百叶)、进风过滤器、空气加热器(空气冷却器)、空气加湿器、进风调节阀、风机、风管、调节阀、隔离阀、防火阀以及送风口等组成。在特殊情况下有些进风系统还包括有高效空气过滤器、气体吸附器等,详见图4.21。

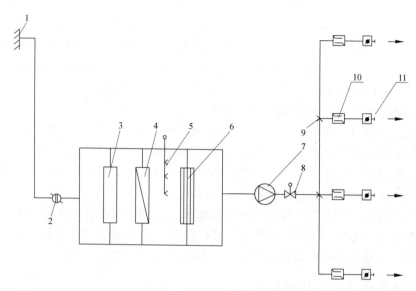

图 4.21　进风系统示意图

1—进风采气口；2—调节阀；3—过滤器；4—空气加热（冷却）器；5—加湿器；
6—挡水板；7—风机；8—隔离阀；9—三通调节阀；10—防火阀；11—出口阀

4．系统布置

1）进风采气口

进风采气口的位置应该符合以下几个要求。

（1）进风采气口应布置在排风口的全年主导风向上风侧，且低于排风口。

（2）进风采气口底部距室外地面的高度不应低于 2 m；在风沙大的地区，进风口应尽可能设置于高处，一般建议距室外地面 15 m 左右。

（3）当进风口和本厂房从屋顶排出的非放射性排风系统的风口处于同一标高时，则水平距离应该大于 20 m。

（4）进风采气口不应靠近散发有害物及大量热的房间。

2）进风机房

进风机房的位置应尽可能远离放射性工作区，而选择在该建筑物空气污染最小的区域。为了免受污染及便于工作，进风机房应与其他的房间完全隔离开，设在建筑物的一端。可使管理人员不经其他的房间直接进入该机房，进风机房应考虑有通往外部清洁道路的出入口。

3）进风净化处理机组

进风净化处理机组的布置基本上与一般的民用建筑相同，都由空气净化处理段、通风机和控制等部分组成。由于核电厂是昼夜不停运转的，所以重要的进风净化机组应有备用机组。备用机组有以下两种形式。

（1）空气净化处理段的每段（例如空气过滤、加热、冷却等）设备容量按系统的风量设计，而通风机由两台通风机并联组成，每台通风机风量为总风量的 50%（或 100%）。

（2）两套通风机组分别设置独立的空气净化处理段，一套工作，另一套备用。

4.8.4　排风系统及其空气净化处理

1．系统功能

在核电厂运行中,排风净化设施是不可缺少的组成部分,而且肩负着重要责任,是核岛空气向周围大气排放前最后的安全屏障。

设置排风系统的目的是按照辐射防护卫生要求将核电厂运行中以及发生事故后散入空气中的有害物充分排除,使空气中放射性有害物排出含量不超过国家标准规定的限值。

2．排风净化设计准则

核电厂运行过程中,工艺设备及一回路各个工艺系统不可避免地存在"跑、冒、滴、漏"现象。运行经验表明,反应堆停堆后打开反应堆压力容器时,空气中都有大量放射性气溶胶和气体存在。排风系统设置净化装置十分必要。在发生设计基准事故时,燃料棒可能烧毁,放射性物质会释放出来,只有设置排风净化装置,才能阻止过量有害物质排放到大气中。严重事故在核电厂运行时也应予以考虑,排风净化系统可以减轻放射物质释放对环境的污染。

因此,在核电厂的通风系统中,排风净化处理比进风净化处理重要得多,也比一般工业与民用建筑中排风净化处理要求严格得多。有些系统直接与反应堆安全有关,并定为核安全二级或者三级,一些设备、部件也是核安全级设备,有严格的加工、制造、检验等一系列的技术要求。此外,为了确保系统的可靠性和安全性,一些能动部件或者重要设备有一定的冗余度,对能动部件的动力也有严格的要求。这些系统在发生单一故障时要求仍不丧失原有的功能。

核电厂排风系统除少量非放射性排风外,一般将排风集中到一个排风烟囱将空气排至高空。对放射性物质及有毒、有害物质须进行净化处理,并达到国家标准后才允许排入烟囱。空气净化处理部件一般集中设置在一个金属或混凝土的净化小室中,以便于运行中监督和管理。

151

核电厂排风系统的设置针对不同的服务对象(工艺设备间、操作间、反应堆厂房内各不同区域)的不同要求而定(如确定系统大小,专一或共用,分散或集中)。凡工作性质不同的排出气体不允许合并或不允许气流相互串通时,应分别设置排风系统。系统划分原则如下:

(1)排出的气体和粉尘混合后能形成有害的混合物或化合物的,应分开;

(2)凡两种或两种以上的气体、蒸汽和粉尘混合后能引起燃烧或爆炸的,应分开;

(3)混合后的蒸汽容易凝结或聚集粉尘的,应分开;

(4)剧毒物的排风与一般排风应分开;

(5)有放射性的与非放射性的应分开;

(6)放射性强度相差悬殊的应分开;

(7)需要过滤的或特殊处理的与不要求过滤的应分开;

(8)以风量为主的和以负压为主的系统应分开。

3．系统组成

排风系统由排风风口、排风管道、调节阀、隔离阀、防火阀、排风过滤器、气体吸附器、风机及烟囱(风帽)等组成,如图 4.22 所示。

4．系统布置

排风系统由排风口、排风净化处理设备(净化小室)、排风机以及排风烟囱等组成。

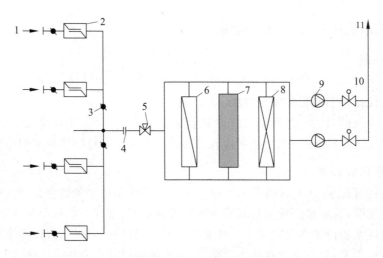

图 4.22　排风系统流程图

1—吸风口；2—防火阀；3—调节阀；4—流量计；5—排风调节阀；6—预过滤器；
7—活性炭碘吸附器；8—高效空气过滤器；9—排风机；10—隔离阀；11—风帽(烟囱)

1) 排风口布置

室内排风口应避免靠近送风口，防止气流短路，应使其与进风口位置相协调，以便达到较好的通风效果。

2) 排风机组的布置

从辐射防护的要求考虑，排风机组应靠近排风风帽(烟囱)，以减少风管的正压段；从操作管理的要求考虑，排风机组应尽量集中布置。

对于放射性剂量不高的系统，经剂量防护核对后从屋顶上直接排入大气；而对于高放射性剂量的排风系统，则必须从高空排放，其风机应集中设置在专门的排风中心内。如果排风机房布置在楼层的顶层，必须与其他的清洁房间隔离，并有单独的出入口，室内围护结构应考虑能去污。

3) 净化小室的布置

在核电厂排风系统中净化小室(图 4.22 中方框)是一个重要的组成部分。净化小室分为两大类型：一种为在早期经常采用的混凝土过滤小室，另外一种为目前发展的金属组件过滤净化小室。净化小室包括小室以及安装在小室内的全部部件(包括过滤器、除雾器、加热器和吸附器等)，要求小室在给定的压差下通过压力边界的泄漏量小于规定值。一般小室多安装在风机的吸入端，即负压端，这样即使有泄漏，也只能使外部空气向小室内泄漏，可以避免外部空间被污染，这时小室所经受的最大的负压为小室上游风阀关闭时风机峰值压力的内部负压值，若是安全级净化小室有抗震要求，设计小室时还应该考虑可维护准则(包括维护通道、维护内部空间以及可进入性)。

4.8.5　通风系统主要设备及其性能

1. 预过滤器

预过滤器用来保护高效空气过滤器。由于高效空气过滤器的加工、制作以及一系列的特殊性能,要求十分严格。同时又因是一次性使用部件,其容尘量很小,所以价格昂贵。预过滤器设置在高效空气过滤器的上游,这样可以阻留一些大颗粒的尘埃或者来自送排风系统中不可预见的杂物,即使它被阻塞或者损坏,后面还有高效空气过滤器在起作用,而预过滤器容尘量较大,加工制作要求不高,成本低廉。所以,它在保护高效空气过滤器和延长其使用寿命方面有着重要的经济意义。

岭澳二期核电厂的预过滤器的过滤效率不小于 85%,过滤器阻力不大于 50 Pa。

预过滤器的外框材料一般分木质和金属两种。核电厂中一般使用金属。其滤芯材料有合成纤维布、无纺布、玻璃纤维滤纸等。

预过滤器的主要技术指标为:过滤效率、阻力、容尘量。

2. 高效空气过滤器

高效空气过滤器是一种用于过滤放射性气溶胶的净化设备。它对 $0.3~\mu m$ 的粒子的过滤效率高达 99.97%。用于核工业的高效空气过滤器有极严格的要求,能适应恶劣的环境条件,属于一次性使用,用完以后即废弃的干式过滤设备。它有一个刚性外壳,其中装满了过滤材料。

其主要技术参数如下。

(1) 过滤效率:中国等国家用钠焰法检测的过滤效率达 99.99% 为合格。

(2) 阻力:在额定流量下初始阻力不大于 250 Pa。并规定,设计终阻力为两倍的初阻力,即当过滤器由于尘埃使阻力由 250 Pa 上升到 500 Pa 时应更换过滤器。

(3) 环境特性要求:要求过滤器具有耐热空气、耐湿和耐腐蚀、霉度、辐照以及抗震等性能。

(4) 阻燃性能要求:要求过滤器外壳材料、过滤材料、密封胶料等有耐火、阻燃性能。

3. 碘吸附器(除碘器)

在核空气和气体净化系统中最应引起重视的气体就是放射性碘。尽管其含量极低,但人体的甲状腺对于放射性碘有非常高的吸收能力,使它对公众和核电厂职工成为一个主要的潜在放射源。放射性碘可以是元素碘,也可能是以甲基碘为主的有机碘化合物。在核空气净化系统中,活性炭碘吸附是去除空气中放射性碘的常用方法。碘吸附器在通风系统中主要用于事故后排风净化系统中,用以去除放射性碘之类的气体。

碘吸附器的主要性能参数包括:搜集放射性碘的效率、穿透容量、对被吸附的放射性碘的滞留能力、空气流量和速度、气流阻力以及耐燃烧性等。

4. 风机

风机是将机械能转变为气体势能和动能的一种流体机械。通风机的选择是以所在的通风系统管道阻力计算的结果作为依据,也就是说不同的系统应选择不同的种类、型号的风机。在核电厂中常用的风机按照其工作原理可以分为离心式和轴流式两种,应用最普遍的是离心式风机。

技术性能参数是风量、风压、转速、噪声、电机功率等。

5. 密封隔离阀

密封隔离阀在核电厂通风系统中是作为压力边界的部件。在发生事故后必须把安全壳封闭起来,这时隔离阀起隔离作用。因为是与安全有关的部件,因此密封阀属于安全级,该隔离阀要求与安全壳有相同的承压能力，并且在这个设计压力下阀门内外以及上下游不能泄漏。关闭隔离阀信号由主控制室发出。电源为可靠电源（安全级电源）。

技术性能指标：要求在 0.4～0.5 MPa 压力下阀门内外和上下游都不发生泄漏，关闭时间小于 3 s。

6. 防火阀

在核电厂建筑中，从消防的角度把建筑物分为若干个防火隔离区，这样万一在某一区域中发生火灾，可不让火灾蔓延到其他区域中去。由于通风系统一般是一个统一的管网，不可能一个防火隔离区一个系统。当一个区域内发生火灾的时候，火势可能通过风道蔓延出去，所以当通风道穿过每一个防火隔离区的时候，在隔离墙、楼板等处设置防火阀，当风道内空气温度大于 70℃ 时，防火阀就会自动关闭，并向报警中心或控制室发出声光信号，以便及时处理。

防火阀的品种很多，最简易的是大于 70℃ 低温熔断片熔化关闭阀门，更换新熔断片后手动将阀门复位；复杂一些的防火阀具备风量调节功能，既可以代替风道上的风量调节阀，同时又是防火阀，更换熔断片后复位至原先调节位置。再复杂一些的防火阀还具有远程信号并电动复位，并可联锁有关机械、仪器设备，称之为全自动防火调节阀。

4.8.6 核岛通风空调和空气净化系统简介

大亚湾核电厂的核岛通风、空调系统包括 17 个系统，表 4.12 给出了这些系统的概况。

表 4.12　大亚湾核电厂的核岛通风、空调系统

系　　　统	功　　　能	性　　　质
控制棒驱动机构通风系统	维持控制棒驱动机构控制柜及位置指示器正常工作温度	非核安全相关
安全壳内连续通风系统	正常运行和热停堆情况下，保证安全壳内设备正常运行及人员进入所需室温	部分与核安全相关
安全壳内空气净化系统	安全壳内发生放射性污染时，人员进入前及逗留期间降低空气放射性活度	非核安全相关
反应堆堆坑通风系统	正常运行和热停堆时，对反应堆堆坑进行冷却	部分与核安全相关
安全壳换气通风系统	冷停时，降低安全壳内放射性；冷停期间，保持人员工作所需温度	非核安全相关
核燃料厂房通风系统	提供设备正常运行和人员进入所需温度，限制空气中蒸汽含量，事故时降低放射性水平	其中小风量排风净化部分为核安全相关系统
核辅助厂房通风系统	正常运行时，保持核辅助厂房所需的室内温度，限制放射性水平	部分与核安全相关
电气厂房主通风系统	保证运行设备及人员进入所需温度，保持正压，外部污染时实行闭路循环冷却通风	部分与核安全相关
电气厂房排烟系统	火灾发生时排烟	核安全相关系统
电气厂房电缆层通风系统	为电缆及有关设备提供适宜温度	核安全相关系统
主控制室空调系统	为主控制室、相关电器设备间、计算机房所有运行控制设备提供空调环境	非直接与核安全相关

系 统	功 能	性 质
安全壳外贯穿件房间通风系统	为安全壳外贯穿件房间提供排风,控制气流方向,防止污染气体向环境扩散,保证这些房间的排风过滤	核安全相关系统
上充泵房应急通风系统	对上充泵房应急通风,保证上充泵房温度	核安全相关系统
辅助给水泵房通风系统	保证辅助给水泵房和控制棒传动机构设备间设备与人员温度环境	核安全相关系统
设备冷却水系统设备间通风系统	保持合适温度、适当正压和换气次数,满足人员工作需要	核安全相关系统
安注和安全壳喷淋泵房通风系统	保证设备运行和人员进入的环境条件	核安全相关系统
安全壳内大气监测系统	正常运行时,净化安全壳大气,限制放射性升高;保持压力低于规定值;事故后,对安全壳内大气取样、混合和氢复合	其中安全壳内大气取样、混合和氢复合部分为专设安全设施系统

限于篇幅,下面择其中两个系统作进一步介绍。

1. 安全壳空气净化系统

1) 系统功能

在反应堆厂房内发生放射性污染时,本系统用来降低气载放射性的水平,使得工作人员在进入安全壳以前对安全壳内气体进行必要的处理。

2) 系统描述

安全壳空气净化系统流程图如图4.23所示。本系统为安全壳内闭路循环净化通风系统。它由并联的两个系列组成。每个系列由50%设计容量的空气过滤净化装置、一台100%设计容量的风机以及其他相应的阀门、管道、风口等组成。进风取自安全壳连续通风系统的送风系统,以利用该系统的进风预过滤器,进入本系统后分成两个系列,经电加热器使空气相对湿度调节到40%以下,使碘吸附器能达到最高的设计效率。然后经过高效空气过滤器、碘吸附器,通过送风机将空气送到安全壳内±0.00 m的安全壳环廊通道空间内,再回到安全壳连续通风系统中去。两个系列的两台风机一台运行,一台备用。

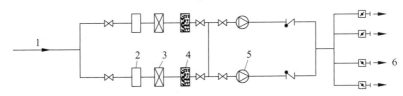

图4.23 安全壳空气净化系统流程图

1—送风;2—电加热器;3—高效空气过滤器;4—碘吸附器;5—风机;6—去安全壳环廊

3) 系统运行

核电厂正常运行时,若反应堆安全壳内空气中放射性碘水平超过预设值,在将安全壳内大气监测系统小风量换气系统投入运行前,启动本系统。两台风机中的一台以正常设计风量20000 m³/h运行,循环净化安全壳内被放射性污染的空气。若空气相对湿度大于40%,

则由湿度检测计触发,自动启动电加热器。

当安全壳内发生燃料装卸事故时,为降低放射性水平,隔离安全壳,启动本系统。

2. 上充泵房应急通风系统

1）系统功能

当核辅助厂房通风系统不能维持上充泵房的温度要求时,本系统投入,将上充泵房内温度保持在要求的水平。

2）系统描述

上充泵房应急通风系统流程示意图如图4.24所示。本系统为再循环通风系统,三间上充泵房内的热负荷由本系统中的空气冷却器中的冷却水带走。

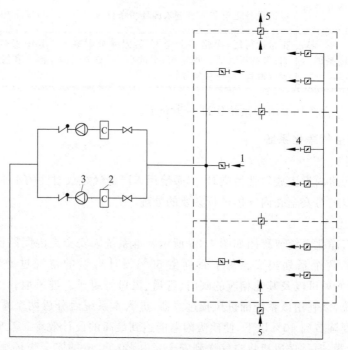

图4.24　上充泵房应急通风系统流程示意图
1—吸风口；2—冷却器；3—风机；4—排风口；5—去核辅助厂房排风

本系统由两个100%设计容量的系列组成,每一系列由一个送风隔离阀、一台空气冷却器、一台循环风机、一个止回阀以及风管、风口等组成。每台能动部件均有两路独立电源,若这两路电源丧失时延迟20 s,备用应急柴油发电机投入供电。当上充泵房中放射性液体泄漏时,本系统以及设备可能被污染,因此本系统机房布置在限值区域内。

本系统要保证上充泵的油冷却器的吸入空气温度在正常运行时≤40℃,在事故或故障时≤55℃。

本系统属于与安全有关的系统,系统按抗震一类设计。

3）系统运行

在核电厂正常运行期间本系统不运行,上充泵房的通风由核辅助厂房通风系统承担。这时本系统的防火阀、阻火器都处于打开状态。

在核辅助厂房通风系统失效时或者事故情况下,该系统启动。具体情况有以下几种。

(1)核辅助厂房通风系统停运,手动启动本系统风机(不包括丧失电源的情况)。

(2)核辅助厂房通风系统运行期间,上充泵房温度≥46℃时,本系统一个系列的风机自动启动。

(3)安注信号触发两台高压安注泵启动时,本系统两台风机自动启动。

由于本系统的任务是保持上充泵油冷却器事故下的进气温度≤55℃,因此运行人员可通过关闭备用上充泵泵房的送风口阀门,增大运行的上充泵房的送风量来改善运行上充泵房的冷却效果。

在所有情况下,由运行人员决定是否停运本系统风机。

第 5 章

专设安全设施

5.1 概述

为了在设计基准事故工况下确保反应堆停闭,排出堆芯余热和保持安全壳的完整性,避免在任何情况下放射性物质的失控排放,减少设备损失,保护公众和核电厂工作人员的安全,核电厂设置了专设安全设施。它们包括:安全注射系统、安全壳、安全壳喷淋系统、安全壳隔离系统、安全壳消氢系统、辅助给水系统和应急电源。这些设施的作用是:在核电厂发生事故时,向堆芯注入应急冷却水,防止堆芯熔化;对安全壳气空间冷却降压,防止放射性物质向大气释放;限制安全壳内氢气浓集;向蒸汽发生器应急供水。保证了这些功能,就能限制事故的发展,减轻事故的后果。

为使专设安全设施发挥其功能,设计中应遵循下述原则。

(1) 设备高度可靠。即使在发生安全停堆地震(从区域性和局部性地质学和地震学考虑能产生的最大振动性地面运动的地震)的情况下,专设安全设施仍能发挥其应有的功能。

(2) 系统具有多重性。一般设置两套或两套以上执行同一功能的系统,并且最好两套系统采用不同的原理设计,这样即使单个设备故障也不影响系统正常功能的发挥。

(3) 系统相互独立。各系统间原则上不希望共用其他设备或设施。重要的能动设备必须进行实体隔离,以防止同一台设备故障殃及其他设备失效。

(4) 系统能定期检验。能对系统及设备的性能进行试验,使其始终保持应有的功能。

(5) 系统具备可靠动力源。在发生断电事故时,柴油发电机应在规定时间内达到其额定功率。柴油发电机应具有多重性、独立性和试验可用性的特点。

(6) 系统具有足够的水源。在发生失水事故后,始终都满足使堆芯冷却和安全壳冷却所需的水量,蒸汽发生器的辅助给水系统还设有备用水源。

(7) 系统按设计基准事故确定的冷却性能须满足如下要求:

① 燃料包壳最高温度保持低于 1204℃;

② 最大包壳氧化程度不超过包壳总厚度的 17%;

③ 最大产氢量不超过包壳—水化学反应产氢量的 1%;

④ 安全壳内压力保持在设计压力以下;

⑤ 堆芯几何形状的改变限制在可对堆芯进行冷却的限度之内;

⑥ 应急堆芯冷却系统保持其对堆芯进行长期冷却的能力。

5.2 安注系统

5.2.1 系统功能

安注系统又叫做应急堆芯冷却系统。它的主要功能如下。

（1）当一回路系统破裂引起失水事故时，安注系统向堆芯注水，保证淹没和冷却堆芯，防止堆芯熔化，保持堆芯的完整性。

（2）当发生主蒸汽管道破裂时，反应堆冷却剂由于受到过度冷却而收缩，稳压器水位下降，安注系统向一回路注入高质量分数含硼水，重新建立稳压器水位，迅速停堆并防止反应堆由于过冷而重返临界。

（3）在失水事故后的再循环注入阶段，安注系统的部分承压边界作为安全壳的延伸，起安全壳屏障作用。

5.2.2 系统描述

为了实现上述功能，安注系统必须能够根据事故引起一回路系统压力下降的情况，在不同的压力水平下介入。因此，安注系统通常分三个子系统：高压安注系统、蓄压箱注入系统和低压安注系统。图 5.1 给出了大亚湾核电厂高压安注和低压安注系统示意图。

159

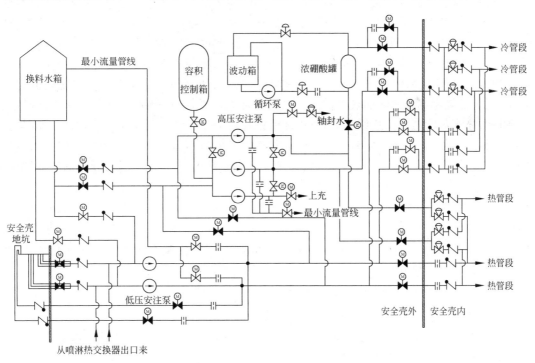

⋈ 表示阀门在开启状态　◀▶ 表示阀门在关闭状态(下同)

图 5.1　大亚湾核电厂高压安注和低压安注系统示意图

1. 高压安注系统

一回路小的泄漏或发生主蒸汽管道破裂事故引起一回路温度和压力下降到一定值时，高压安注系统投入运行，向一回路注入含硼水。

高压安注系统由换料水箱、高压安注泵、浓硼酸再循环回路和通往一回路的注入管线及相关阀门组成。

高压安注系统由两个系列 A 和 B 组成，每个系列提供百分之百的应急冷却水。每个系列上由一台空气冷却的高压安注泵和一台水冷的低压安注泵。在正常运行时，一台高压安注泵作为化容系统的上充泵运行，另一台高压安注泵处于备用状态，一旦接到安注信号即可启动。此外，第三台高压安注泵是正常运行时作为上充泵运行的那台泵的备用，它在电气上通常是断开的。低压安注泵排出的压力低于一回路压力时，作为高压安注泵的前置增压泵。

高压安注系统的工作分为直接注入阶段和再循环注入阶段。在直接注入阶段，高压安注泵优先从低压安注泵的排水管吸水，水经高压安注泵升压后注入一回路。在低压安注泵故障时，高压安注泵也可从换料水箱吸水。当换料水箱达到低水位时，低压安注泵改从安全壳地坑吸水，而通往换料水箱的管线被隔离，水经低压安注泵升压后再经高压安注泵注入一回路，这就是再循环注入阶段。在再循环注入阶段，当需要对安全壳地坑的水进行冷却时，安全壳地坑的水须经过安全壳喷淋系统的热交换器冷却后再注入一回路，因此，安全壳地坑、低压安注泵、安全壳喷淋热交换器也是高压安注系统的一部分。

硼注入罐容纳硼的质量分数为 7000×10^{-6} 的浓硼酸溶液，在发生主蒸汽管道破裂事故时向堆芯引入负反应性。为了防止硼酸结晶，保证硼注入罐内的硼酸溶液质量分数均匀，硼注入罐敷以隔热层并由电加热器加热。设置了浓硼酸的循环回路，循环回路由两台硼酸循环泵、缓冲箱、硼注入罐及相应的阀门管道组成。两台硼酸循环泵都是全密封的离心泵，泵轴承用输送的流体润滑。每台泵安装在一个隔间内，为使泵保持在高于硼溶解度限值的温度下，隔间环境用冗余的电加热器加热。电厂正常运行时，一台硼酸循环泵连续运行，另一台备用泵也充满除盐水并连续加热，可以随时迅速启动。一旦接到安注信号，硼注入罐与循环回路相连的隔离阀关闭，同时与注入管线相连的隔离阀自动开启，高压安注泵的排水将浓硼酸注入一回路冷管段。硼注入罐两侧的隔离阀为并联布置，并由不同的母线供电，以便在即使发生能动故障的情况下，每对阀中只要一个打开就能保证系统的运行。

除了经硼注入罐的注入线路外，还设置了另一条与硼注入罐并联的通往一回路冷管段的高压注入管线。这条线路进入安全壳经止回阀后与硼注入线路汇集到一起，再重新分成三条管线，通往每环路冷管段。这条并联的冷段注入支路，在硼注入罐所在管线失效时，可以向一回路注入质量分数为 2400×10^{-6} 的含硼水。

高压安注泵组出口还有通往一回路热管段的注入管线，供热段注入时使用。

2. 蓄压箱注入系统

蓄压箱注入系统图如图 5.2 所示。该系统由安装在安全壳内的三个蓄压箱及其与一回路冷管段相连的管道和阀门组成。蓄压箱为两端带有半球形封头的圆筒形压力容器，每个蓄压箱盛有来自换料水箱的含硼水，上部空间充有一定压力的氮气。在蓄压箱与一回路冷管段连管上有一只电动隔离阀和两只止回阀。两台机组共用的水压试验泵是容积式泵，它用于一回路水压试验，也用来从换料水箱向蓄压箱充水。在全厂断电事故情况下，该泵还用于向主泵供应轴封水。

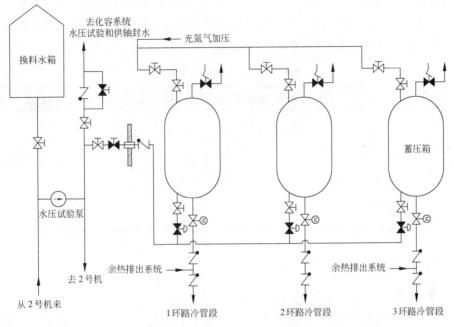

图 5.2 蓄压箱注入系统图

蓄压箱注入系统为非能动系统,不用安注信号启动任何电气设备。在失水事故情况下,一旦一回路系统的压力低于蓄压箱的注入压力时,蓄压箱内氮气压力使止回阀打开,蓄压箱内的含硼水迅速注入堆芯,每个蓄压箱的水量可淹没半个堆芯。在发生大破口失水事故时,一回路压力大幅度下降,应急堆芯冷却系统的三个子系统将全部投入。启动高压安注泵和低压安注泵有时间延迟,且流量也受限制,蓄压箱注入系统可靠、迅速地向堆芯注入大量含硼水,保证堆芯得到及时冷却。

蓄压箱注入系统无须信号触发,不需要电气系统支持,从而减少了不可用度,在先进轻水堆核电厂设计中被广泛采用(有关内容见第 10 章)。

蓄压箱注入系统布置在反应堆厂房内。

3. 低压安注系统

低压安注系统包括两个独立的系列。每个系列由一台低压安注泵,通往换料水箱和安全壳地坑的吸水管道,向一回路冷、热管段的注入管道和阀门组成。低压安注泵在直接注入阶段从换料水箱吸水,再循环注入阶段从安全壳地坑吸水,排出的水送到高压安注泵入口,或当泵出口压力高于一回路压力时直接注入一回路。

两台低压安注泵是带诱导轮的立式圆筒形离心泵,每台泵安装在一个竖井内。这些泵都装有机械密封和球形止推轴承。轴颈轴承和机械密封都由泵输送的流体润滑,电机和机械密封热交换器由设备冷却水冷却。两台低压安注泵都设有通往换料水箱和安全壳地坑的最小流量管线,以便有一定流量通过使水泵得到冷却。

安全壳地坑位于反应堆厂房环廊区域内,它收集泄漏和喷淋下来的含硼水,供安注系统和安全壳喷淋系统再循环期间使用。因而,它是一个重要设施。两台低压安注泵从安全壳地坑吸水口吸水。每个泵的吸水口有一台长方体过滤器,这两台过滤器与安全壳喷淋系统的过滤器一起被一个大碎片拦污栅包容。安全壳地坑的飞射物防护由铺板和环形防护罩构成。

表 5.1 给出了安注系统的主要参数。

表 5.1 安注系统的主要参数

设　　备	数　　量	水容量/m³	硼质量分数/10⁻⁶	流量/(L/s)
换料水箱	1	1600	2400±100	—
蓄压箱	3	33.2×3	2400±100	—
硼注入罐	1	3.4	7000	—
高压安注泵	2	—	—	44.4
低压安注泵	2	—	—	236

5.2.3 系统运行

1. 备用状态

电厂正常功率运行时,高压安注系统除一台高压安注泵作为上充泵运行,一台硼酸循环泵连续运行外,其他设备处于备用状态。在一回路压力高于 7.0 MPa 后,蓄压箱与一回路之间的电动隔离阀处于打开状态,下游的逆止阀由于一回路高于蓄压箱侧压力而关闭。

2. 启动信号

下列任一信号可启动安注系统:

(1) 稳压器低压力(低达 11.9 MPa);

(2) 安全壳高压(高达 0.14 MPa);

(3) 一台蒸汽发生器压力比其他两台的压力低(压差高达 0.7 MPa);

(4) 两台蒸汽发生器蒸汽流量高,同时发生一回路平均温度低到 284℃;

(5) 两台蒸汽发生器蒸汽流量高,同时发生蒸汽低压力(低达 3.55 MPa);

(6) 手动启动。

3. 安注过程

1) 直接注入阶段

当出现安注信号时,安注系统同时执行下述动作:

(1) 启动另一台高压安注泵和两台低压安注泵;

(2) 打开高压安注泵通往换料水箱的电动阀,在这两个阀达到全开位置时,关闭高压安注泵通往容积控制箱的阀门;

(3) 打开硼注入罐上、下游的 4 个阀门;

(4) 关闭硼注入罐与硼酸循环回路间的阀门;

(5) 发出打开低压安注泵与换料水箱间的阀门的指令(实际已在开启状态);

(6) 打开低压安注泵出口通往高压安注泵的阀门;

(7) 隔离化容系统正常上充管线和上充泵最小流量管线,但仍保持轴封水注入管线上的阀门开着;

（8）打开低压安注泵通往换料水箱的最小流量管线上的阀门；

（9）发出打开蓄压箱冷段注入管线上的阀门的指令（实际已在开启状态）。

上述动作完成后即进入直接注入阶段。对于中、小破口失水事故，一回路压力缓慢下降，低压安注泵出口压力低于一回路系统压力时，作为高压安注的前置增压泵运行；一回路压力下降到蓄压箱注入压力以下时，加压氮气将含硼水迅速注入堆芯；当一回路压力下降到低于低压安注泵的出口压力时，低压安注泵直接将含硼水注入一回路冷管段。

直接注入阶段是向一回路冷管段注入，水源是换料水箱。图 5.3 所示为处于直接注入阶段高压、低压安注系统的状态。

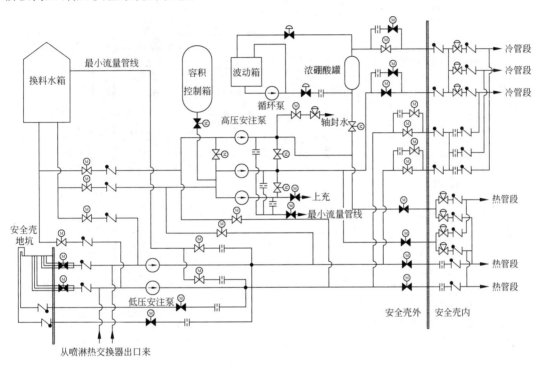

图 5.3　直接注入阶段高压、低压安注系统的状态

换料水箱的水位随注入过程下降，当换料水箱水位降至低 2（水位为 6.92 m，高出换料水箱底 5.9 m）且安注信号仍存在时，系统做再循环注入的准备，即把低压安注泵出口通往换料水箱的最小流量管线切换到通往地坑，以避免转入再循环注入后安全壳地坑的水污染换料水箱。但这时仍属于直接注入阶段。

2）再循环注入阶段

当换料水箱水位达到低 3（水位为 3.12 m，高出换料水箱底 2.1 m）且安注信号依然存在时，开始再循环注入。低压安注泵通往安全壳地坑的隔离阀打开至全开位置时，通往换料水箱的隔离阀关闭，这时，低压安注泵从安全壳地坑吸水，水升压后被送往高压安注泵入口或直接注入一回路冷管段。

对于冷管段破口，为了防止硼酸在堆内结晶，要在事故后 12.5 h（大亚湾核电厂 18 个月换料循环模式要求的切换时间是 7 h）从冷段注入改为冷热段同时注入，以热段注入为主，以便使热段注入的水对堆芯起到反冲洗作用，使反应堆压力容器内硼的质量分数大致上与安全壳地坑内水一致。以后每隔24 h,冷段注入与冷热段同时注入交替一次,交替操作由操纵员在主控制室进行。

在冷热段同时注入时,冷段注入管线上装有节流孔板的并联支路上的阀门打开,节流装置用来减小冷段注入流量,以便使大部分应急冷却水经热段注入管线注入堆芯。

在发生失水事故后24 h,关闭两台高压安注泵汲入管间的电动阀,使两台泵隔离,进入长期再循环阶段。

图 5.4 是进入长期再循环注入阶段后,采用冷热段同时注入、以热段注入为主的注入方式时系统的状态。

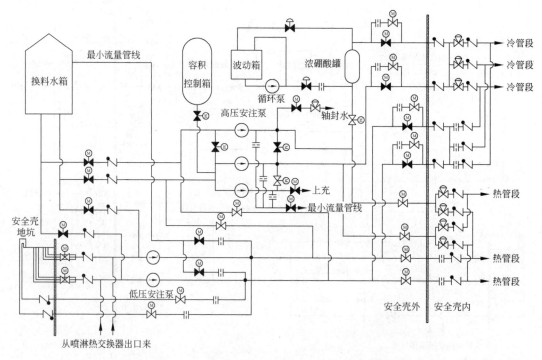

图 5.4　长期再循环注入阶段安注系统的状态

在发生失水事故后15 d,为了去除余热,由安全壳喷淋系统的热交换器将地坑的积水冷却后再注入一回路。这时安全壳喷淋系统的泵从安全壳地坑汲水,经喷淋热交换器冷却后的水输送到低压安注泵入口,这就是安注系统与安全壳喷淋系统的联合运行方式。

3）安注的停运

安注信号出现5 min后,操纵员可以根据电厂具体情况和操作规程,在进行安注信号的手动复位后,停运或改变安注系统的设备运行状态;在安注信号出现后的前5 min内,手动复位是被锁定的,这种"锁定"可以保证在操纵员明确知道不需要安注投入之前不得中断安全设施的任何功能。

5.2.4　安注系统的设计改进

1. 单独设立高压安注泵,实现功能分离

许多压水堆核电厂的设计中,化容系统的上充泵同时兼作高压安注泵,这种一泵两用减

少了设备,简化了设计,降低了投资。但一泵两用也带来不少问题:首先是增加了高压安注泵的故障率;其次是运行中上充模式和安注模式之间的切换问题,对用上充泵兼作高压安注泵的高压安注系统故障树分析表明,从正常上充模式到安注模式的切换失效是高压安注失败的重要原因之一;第三是一泵两用不能使泵运行在最佳效率范围,影响经济性。作为高压安注扬程过高,若电厂正常运行期间安注误启动,将给核电厂的运行带来不利的影响。因而,有将高压安注与正常上充分开的趋势。我国秦山核电厂则将化容系统上充泵在事故时作为安注使用,同时还专设了两台高压安注泵,将高压安注泵的扬程适当降低了;田湾核电厂实现了高压安注泵与上充泵分离。日、美 APWR 设计实现了高压安注泵与正常上充泵的分离。

2.地坑过滤器性能

安全壳地坑是失水事故后长期再循环冷却的水源,在发生失水事故后,大量碎渣(保温材料、油漆、水泥屑等)可能随泄漏的冷却剂和喷淋液输运并且最后堆积在地坑滤网处形成碎渣床,增大流体通过滤网的阻力,降低 ECCS 和 CSS 泵的净正吸入压头(NPSH)裕量并导致堆芯、安全壳丧失冷却,从而威胁核电厂安全。

对于地坑滤网的传统设计给出了 50% 地坑滤网面积堵塞的假设。即假设有一半的流通面积堵塞时仍应满足 ECCS 和 CSS 泵净正吸入压头(NPSH)裕量要求,可以保证 ECCS 和 CSS 完成其功能。世界上大多数的 PWR 核电厂都是基于这一假设进行设计的。然而研究表明,由于对地坑滤网堵塞风险考虑不足,原有设计中假定地坑滤网堵塞率为 50% 是不保守的。

历史上曾发生过几起沸水堆安全壳地坑滤网堵塞事件,2002 年美国洛斯阿拉莫斯国家实验室(LANL)在经过一系列的定量分析后发布的"案例分析"中认为:美国 69 座压水堆核电厂中的 60 座在大破口失水事故后"非常可能"或"可能"由于混合碎渣问题丧失 ECCS 和 CSS 在再循环模式下的运行。

地坑滤网设计研究包括碎渣源产生、特性、迁移分析,在滤网处积累和压头损失计算,确定需要的滤网面积,而最终的滤网面积及布置方案是通过滤网制造商的验证试验确定的。按照这样设计出的地坑过滤器流通面积与以往设计相比显著增加了 8~10 倍。由于安全壳底部空间有限,所以需要采用新型的地坑滤网,以尽量在有限的空间内增大滤网面积。

地坑滤网性能改进是一项综合的、纵深防御的系统工程,包括减少碎渣量,如减少纤维状保温材料的使用,安全壳内不使用未经鉴定的油漆材料等;增加拦截措施;增大滤网的有效流通面积,设计新型滤网,减少碎渣堵塞滤网造成的压头损失等。

5.3 安全壳系统

5.3.1 安全壳的功能

安全壳是包容反应堆冷却剂系统的气密承压构筑物。其主要功能如下。

(1) 在发生失水事故和安全壳内的主蒸汽管道破裂事故时承受内压,容纳喷射出的汽水混合物,防止或减少放射性物质向环境释放,作为放射性物质与环境之间的第三道屏障。

(2) 对反应堆冷却剂系统的放射性辐射提供生物屏蔽,并限制污染气体的泄漏。

（3）作为非能动安全设施，能够在全寿期内保持其功能，必须考虑对外部事件（如飞机撞击、龙卷风等）进行防护和内部飞射物及管道甩击的影响。

5.3.2　安全壳的形式

安全壳有多种形式，按结构材料分，有钢结构的、钢筋混凝土或预应力混凝土的，也有既用钢也用钢筋混凝土或预应力混凝土的复合结构，有单层的，也有双层的；按性能分，有干式的和冰冷凝式的；从几何形状上看，有圆柱形的和圆形的。上述几个因素组合产生了各具特色的安全壳设计。

1. 带密封钢衬的预应力混凝土安全壳

这种是压水堆核电厂比较通用的大型干式安全壳。它是由 6 mm 厚的碳钢作衬里、壁厚近 1 m 的预应力混凝土圆柱形构筑物，上部冠以半球或椭圆形穹顶，其中的预应力钢索使安全壳混凝土墙在失水事故下仍然受轻微的压缩，从而允许安全壳承受更高的内压。钢衬里与混凝土墙贴紧，锚固在混凝土墙上，仅用作防漏膜。安全壳的尺寸取决于堆功率，1 GW 级的压水堆核电厂安全壳的直径约 40 m，高约 60 m，自由容积约 50 000 m^3。安全壳尺寸是由满足能量释放所需的净自由容积决定的，最小内部高度通常由设备装卸的空间决定，而高度、直径也取决于经济性。图 2.11 所示的纵剖面图给出了安全壳内的主要设备布置情况。我国秦山和大亚湾等多数核电厂使用这种安全壳。

2. 双层安全壳

田湾核电厂的安全壳是双层结构，内层是带有钢衬的预应力混凝土壳，它是半球形圆顶和混凝土加固底座的圆柱形结构。安全壳内直径为 44.0 m，内层密封壳总体积为 84 000 m^3，圆顶部墙厚 1.0 m，圆柱部分墙厚 1.2 m。外层安全壳是带有半球形圆顶的重混凝土结构，厚度为 0.6 m。外壳为内壳提供实体防护，使内壳免受外部危害。内、外层安全壳之间自由空间达到 1.8 m。环形空间保持微负压，环形气空间设有过滤通风系统，抑制向环境的泄漏。所有贯穿安全壳的管道均固定在内层安全壳的墙内并与钢衬里焊在一起，贯穿安全壳的管道都将装备隔离阀。由内层安全壳向外层安全壳空间设计泄漏率为安全壳内空气质量的 0.2%/d。内层安全壳的设计压力为 0.50 MPa，设计温度为 150℃。

德国采用的双层球形安全壳设计，内层为承压的球形钢壳，外层为半球形混凝土壳，两层之间的环腔由通风系统维持负压，内壳的任何微小泄漏在释放到环境之前都可得到净化处理。

3. 负压安全壳

负压安全壳是干式安全壳的一个变种，其独具特色之处是：安全壳设计成在低于大气压力（约 0.069 MPa 的绝对压力）的条件下工作。在发生失水事故时，压力达到大气压力之前就有约 0.031 MPa 的压力升高裕量，此外，安全壳内在失水事故后被加热空气的量也减少了，总的效果是失水事故后安全壳内峰值压力可以降低一些，安全壳体积可以略小一些。

5.3.3　安全壳贯穿件

许多管道和电缆要穿过安全壳壁，人员和设备也需要进出安全壳。穿过安全壳壁的管道和设备称为安全壳贯穿件。主要的安全壳贯穿件如下。

（1）设备闸门：作为重型设备的进出口，直径 7.4 m 的开孔用一个滑动门封住，构成一道放射性辐射屏蔽。

（2）人员闸门：包括人员闸门和应急人员闸门，直径为 2.9 m 的双封门钢构件，双门有联锁机构，不能同时开启。

（3）燃料运输管：一端有电动闸，另一端为密封塞。

（4）管道、电缆贯穿件。

所有的安全壳贯穿件，在大多数情况下是由封闭套筒构成的双屏障组件。双屏障之间的空间由贯穿加压系统连续加压。对这一系统的泄漏加以监测，以指示贯穿点的泄漏。图 5.5 所示为典型的安全壳管道贯穿件示意图。

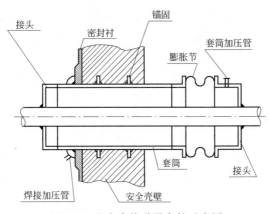

图 5.5　安全壳管道贯穿件示意图

5.4　安全壳喷淋系统

5.4.1　系统功能

安全壳喷淋系统的主要作用是在发生失水事故或导致安全壳内温度、压力升高的主蒸汽管道破裂事故时从安全壳顶部空间喷洒冷却水，为安全壳气空间降温降压，限制事故后安全壳内的峰值压力，以保证安全壳的完整性，此外，在必要时向喷淋水中加入 NaOH，以去除安全壳大气中悬浮的碘和碘蒸气。

如 5.2.2 小节所述，法国设计的 900 MW 压水堆核电厂应急堆芯冷却系统中没有配置热交换器，因而，在再循环安注模式下，安全壳地坑的水由安全壳喷淋系统的热交换器冷却后再注入堆芯。安全壳喷淋系统是在设计基准事故下可以排除安全壳内热量的唯一系统。

5.4.2　系统描述

安全壳喷淋系统如图 5.6 所示。该系统由容量相同的两个系列组成，每个系列都能单独满足系统要求。每一系列由一台喷淋泵、一台热交换器、一台喷射器、喷淋管线和阀门组成。换料水箱和 NaOH 循环系统是共用的。喷淋泵为立轴筒式泵，安装在竖井中，泵和电机由设备冷却水冷却。热交换器为卧放、管壳式，热流体走管内，设备冷却水流过壳侧。四条环形喷淋管（每个系列两条）以安全壳中心线为中心固定在安全壳拱顶上，共计 506 只喷头,喷出水滴平均直径 0.27 mm,喷头的定位和配置保证每一系列喷洒的冷却水都能覆盖安全壳整个空间。喷射泵连接在喷淋泵的旁路管线上。系统运行时,从喷淋泵旁路经过的喷淋水通过喷射器时,将氢氧化钠吸入并与喷淋水混合后送入喷淋泵入口,含有氢氧化钠的喷淋液经泵升压后喷出。

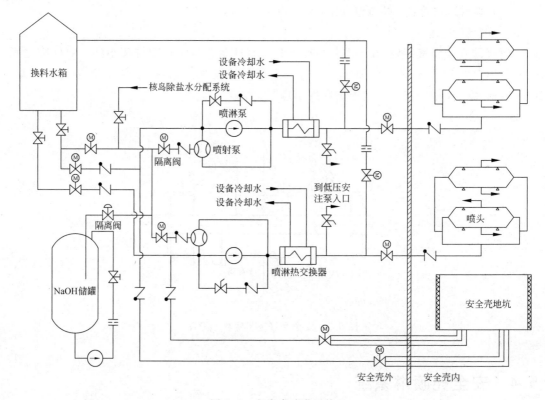

图 5.6　安全壳喷淋系统

表 5.2 给出了安全壳喷淋系统主要参数。

表 5.2　安全壳喷淋系统主要参数

喷淋水	加硼水$(2400\pm100)\times10^{-6}$
化学添加剂	NaOH 溶液(30%)
直接喷淋流量(一个系列)	236 L/s
再循环喷淋流量(一个系列)	292 L/s
化学添加剂注射流量	4 L/s
一个系列排热能力	46.8 MW
安全壳地坑水温(最大)	116℃
设备冷却水温(最高)	45℃

为了去除安全壳大气中的悬浮碘和碘蒸气,设置了氢氧化钠添加回路。它由一个化学添加罐、一台化学添加剂循环泵和两台位于喷淋泵旁路管线上的喷射器及相应的阀门管道

组成。喷射器以喷淋泵的部分输出作为动力流体,从氢氧化钠添加罐吸入氢氧化钠溶液与主流混合。每台喷射器进水管上装有一只电动阀,可使化学添加罐与喷淋系统隔离。化学添加罐内装有质量分数为 30% 的氢氧化钠,为使化学添加罐内溶液均匀,一台循环泵间歇运行,搅拌溶液。喷淋液的 pH 值维持在 9.9~10.5 之间,低限是为了保证除碘效果,高限是考虑到喷淋液与其所接触材料的化学相容性。为了防止空气进入化学添加罐生成碳酸钠堵塞喷头,将化学添加罐用氮气覆盖。

注入氢氧化钠除碘的原理如下:

$$3I_2 + H_2O \rightleftharpoons IO_3^- + 5I^- + 6H^+$$

加入 NaOH 后,上述化学平衡向右移动:

$$2H^+ + 2NaOH + IO_3^- + I^- \longrightarrow Na^+I^- + Na^+IO_3^- + 2H_2O$$

NaI 和 $NaIO_3$ 都溶于水,因此,加入 NaOH 可使游离的单质碘溶于水,从而限制碘的释放。

5.4.3 系统运行

1. 正常运行

电厂正常运行时,安全壳喷淋系统处于备用状态,氢氧化钠再循环回路的循环泵,每 8 h 运行 20 min,以保证箱内溶液均匀。

2. 启动信号

安全壳内 2/4(4 个压力传感器中有两个)达到 0.24 MPa 时,喷淋系统自动启动。

安全壳喷淋系统可在控制室手动启动。

1) 直接喷淋

出现喷淋信号时,两台喷淋泵自动启动,同时自动打开通往换料水箱的隔离阀及安全壳喷淋热交换器的设备冷却水供水阀,进入直接喷淋阶段。

喷淋系统启动后延时 5 min 注入氢氧化钠,5 min 的延时供操纵员考虑是否需要添加氢氧化钠,操纵员可以关闭氢氧化钠添加管线上的隔离阀以避免氢氧化钠误加入。

2) 再循环喷淋

喷淋水和从一回路泄漏到安全壳内的水被收集在安全壳地坑中,当换料水箱内的水位达到低 3(水位标高 3.12 m,水面高出箱底 2.1 m)且安喷信号仍存在时,自动从直接喷淋过渡到再循环喷淋,喷淋泵从安全壳地坑汲水,经热交换器冷却后喷入安全壳空间。

需要指出的是,由于喷淋系统启动的安全壳压力阈值比安注系统高,所以喷淋系统启动时可能安注系统已运行了一段时间。如果喷淋系统启动时,换料水箱水位已经达到低 3 阈值,在这种情况下,安全壳喷淋系统以再循环喷淋方式启动,对于大破口事故,安注和喷淋可能几乎同时启动的情况下,直接喷淋阶段大约持续 20 min。

再循环喷淋阶段持续时间可能很长,操纵员可根据冷却情况停运一个系列。

对于法国设计的 900 MW 压水堆核电厂,失水事故后期,必要时,安全壳地坑的水经过安全壳喷淋系统的热交换器冷却再经安注系统注入堆芯。

5.5 安全壳隔离系统

5.5.1 系统功能

安全壳隔离系统为贯穿安全壳的流体系统提供隔离手段，使事故后可能释放到安全壳中的任何放射性物质都包封在安全壳内。在设计基准事故发生后需要安全壳隔离系统起作用，以隔离贯穿安全壳的非安全相关流体系统，保持安全壳密封的完整性。

5.5.2 系统设计

安全壳隔离系统是靠设置在贯穿安全壳的流体系统管道上的阀门来实现安全壳隔离的。隔离阀系统的设计可分为两大类。

（1）凡属一回路的一部分或直接与安全壳内大气相通的贯穿管路，或者在安全壳内未形成封闭系统的，一般都采取在安全壳内外各设一个隔离阀。隔离阀的设置方式有下列几种。

① 在安全壳内外侧各设一个锁闭的隔离阀。

② 在安全壳的一侧（内或外）设自动隔离阀，另一侧（外或内）设锁闭的隔离阀。

③ 在安全壳内外侧各设一个自动隔离阀。

④ 在事故后要运行而在安全壳内无法动作的阀门，可在安全壳外侧设两个自动隔离阀（如安全壳大气监测系统的小风量换气、氢复合系统）。

⑤ 满足下列条件的，可以只在安全壳外设一个隔离阀：

a. 系统在安全壳外是封闭的；

b. 系统属于专设安全设施；

c. 系统中由安全壳贯穿件至阀门（包括阀体在内）的一段置于一个封闭套管中（如 4 根由安全壳地坑到低压安注和喷淋泵的汲入管道）。

（2）非一回路的一部分，又不直接通安全壳大气的贯穿管道，能符合封闭系统要求的，则至少在安全壳外侧设一个隔离阀，可以是封闭的或自动的，也可以是远距离手动操作的。图 5.7 给出了典型的安全壳隔离阀的设置方式。

5.5.3 系统特点

安全壳隔离系统作为专设安全设施，具有下述特点。

（1）事故时需要关闭来保持安全壳完整性的阀门能快速自动关闭，安全壳隔离用的气动阀是按照气源丧失时失效于关闭位置设计的。

（2）每一个事故后必须动作的自动隔离阀，都另外装有一个手动操作控制开关，这些自动隔离阀的位置在主控制室内有状态指示灯指示。

（3）位于安全壳内的隔离阀，按照正常运行和设计基准事故下存在的辐射、压力、温度环境条件工作而进行设计。

（4）隔离阀按照抗震 I 类要求设计，这些阀门能在地震载荷作用时和作用后工作。

170

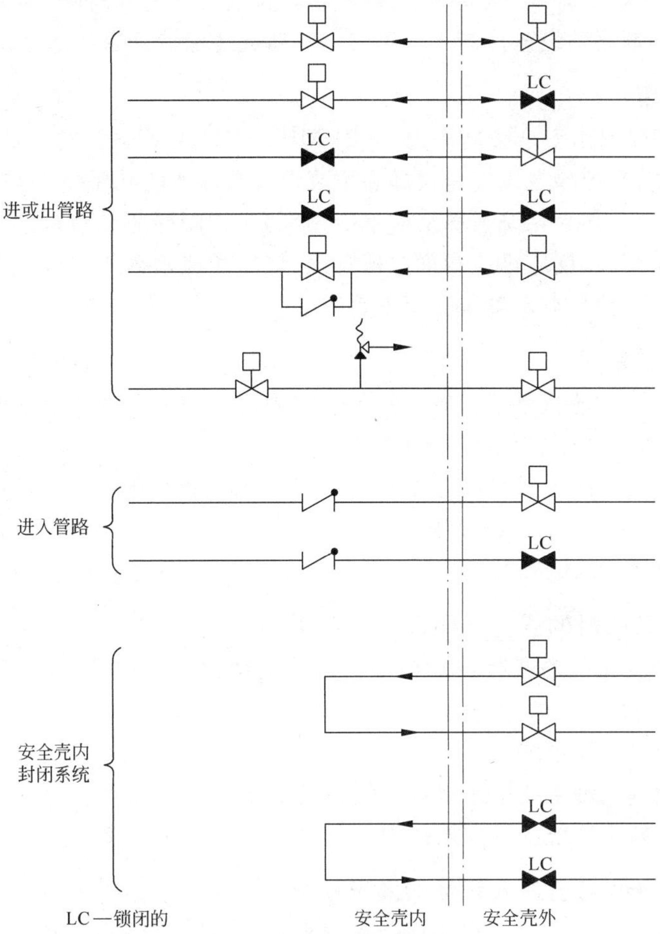

进或出管路

进入管路

安全壳内
封闭系统

LC—锁闭的　　　　　　　安全壳内　安全壳外

图 5.7　典型的安全壳隔离阀的设置方式

5.5.4　系统运行和控制

核电厂在正常运行和停闭工况下,隔离阀的状态取决于各系统的运行要求。事故发生后,阀门的状态取决于事故时对系统的要求,一般来说专设安全设施系统的隔离阀应当打开或保持开启状态,其他隔离阀大都应关闭。

隔离阀的动作都是由某些与安全有关的参数触发的信号来启动的,这些参数主要有压力、温度及放射性水平等。根据事故发展的过程,安全壳隔离一般分为两个阶段,即 A 阶段和 B 阶段,某些特定系统的隔离阀受特定事故的相关信号启动。下面分别叙述。

1. A 阶段隔离

安全注入信号产生的同时触发安全壳 A 阶段隔离。它关闭大部分非安全设施系统的安全壳隔离阀。例如化学和容积控制系统的下泄管线、轴封水返回管线和上充管线,蒸汽发生器排污管线、取样系统中除反应堆冷却剂取样管线外的所有管线、安全壳通大气的通风接管上的隔离阀,安注系统试验管线、设备冷却水系统通稳压器泄压箱和过剩下泄热交换器的管线、核岛氮气分配系统管线、硼和水补给系统的补充水分配管线、核岛排气疏水系统的冷却剂排放管线、工艺排水管线、地面排水管线、含氢排放管线的隔离阀。某些重要的隔离阀，如通往反应堆冷却剂泵的设备冷却水的管线上隔离阀还保持开启状态。

2．B 阶段隔离

B 阶段安全壳隔离由安全壳高压力（0.24 MPa）信号或手动引发。安全壳 B 阶段隔离是最高级别的隔离，它把除专设安全设施和主泵轴封水以外的几乎所有在 A 阶段未隔离的管路隔离，包括设备冷却水系统通往反应堆冷却剂泵、控制棒驱动机构通风冷却器、余热排出换热器的冷却水管线、反应堆冷却剂取样管线、核岛冷冻水系统管线、仪表用压缩空气分配系统管线等。这一信号启动安全壳喷淋系统。

3．蒸汽管线的隔离

每台蒸汽发生器主蒸汽管线上有一只主蒸汽隔离阀和一只旁路隔离阀，它们只受主蒸汽管道破裂信号控制。这些信号包括以下几种。

（1）高蒸汽流量并伴随低蒸汽管道压力，或高蒸汽流量伴随低反应堆冷却剂平均温度；

（2）低-低蒸汽管线压力（3.1 MPa）；

（3）安全壳高压（0.19 MPa）。

4．燃料吊装事故时的安全壳隔离

这种情况下由安全壳内或排放烟囱中的高放射性信号使部分系统的安全壳隔离阀关闭，将通向外界或辅助厂房的管道隔离。所涉及的系统管道有以下几种：

（1）安全壳换气通风系统；

（2）安全壳大气监测系统中小风量换气和氢复合管道；

（3）核岛排气疏水系统的反应堆疏水、地面排水和工艺疏水管。

5．安全壳喷淋和安全注入管线的隔离

安全壳喷淋和安注系统属于发生设计基准事故后继续工作的系统，这些管路上的隔离阀不由安全壳隔离信号控制，而是在主控制室远距离手动操作。

5.6 可燃气体控制系统

5.6.1 概述

可燃气体控制系统用来监测、控制安全壳气空间的氢气体积分数，防止失水事故后安全壳内氢气积累到超过燃烧或爆炸限值水平。

在发生失水事故后，造成安全壳内氢气积累的原因如下：

（1）由燃料包壳材料 Zr 与水发生化学反应；

（2）冷却剂中溶解氢的释放；

（3）水在堆芯内的辐射分解；

（4）水在安全壳地坑内的辐射分解；

（5）喷淋溶液与安全壳内材料（与喷淋液不相容的材料在安全壳设计要求中是有限制的）化学反应产生的氢气。

5.6.2 系统描述

为了满足失水事故后对安全壳内可燃气体的监测和控制要求,压水堆核电厂设计中采用了氢气取样系统、事故后安全壳气体混合系统、氢气复合系统和氢气排放系统。

1. 事故后氢气取样系统

事故后氢气取样系统,用来提供安全壳气体样品,通过取样分析监测安全壳内氢气的体积分数,确保氢复合器的及时投入。该系统由若干台风机、管路和一个样品容器组成,管路应保证可从安全壳内若干有代表性的点采集样品。

2. 安全壳气体混合系统

该系统用来混合安全壳大气,防止局部空间氢气体积分数增高;该系统由若干风机和配气管路组成,管路的布置应防止出现氢气体积分数可能增高的滞流区;该系统事故后投入运行,搅拌安全壳大气。

3. 内部热力氢复合器

氢复合器用来使氢气和氧气在受控的速率下合成水,从而去除安全壳大气中的氢气。

图 5.8 所示为电热式热力氢复合器示意图。这种装置由一个入口预热段、一个加热复合段和一个混合室组成。空气靠自然对流通过入口百叶窗被汲入并进入预热段,预热段由直管护套型电加热元件组成,预热提高了系统的效率并能蒸发可能被空气夹带的微小水滴。预热的热空气经一个孔板向上流入加热段。孔板用来控制进入整个装置的空气流量。在加

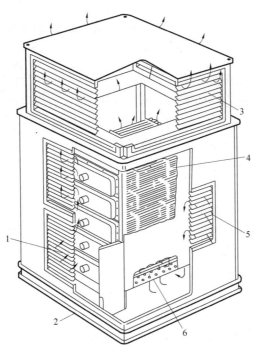

图 5.8 电热式热力氢复合器示意图

1—冷却空气;2—滑橇;3—排气;4—电加热器;5—吸入口;6—流量孔板

热段,空气温度升高到620～760℃,导致氢和氧的复合,复合温度大约为613℃。空气离开加热段后进入设在装置顶部的混合室,在这里热空气与较冷的安全壳空气混合后,以较低的温度排回安全壳。电加热器由1E级配电系统供电。

该装置是完全封闭的,内部构件是防安全壳喷淋水冲击的。除底座用碳钢、加热器套管用Incoloy合金之外,其主要结构部件都是用不锈钢和Inconel-600合金制造的。

4. 外部氢复合器系统

图5.9所示为法国设计的900 MW压水堆核电厂氢复合系统原理图。该系统由一台空气压缩机、一台气体加热器、一个反应室、一台冷却器和相应的管道、阀门仪表组成。安全壳空气由空气压缩机抽出,加热至320℃左右,进入催化床,在钯催化剂的作用下,氢与氧复合成水,除氢后的空气经冷却、除湿后返回安全壳内。

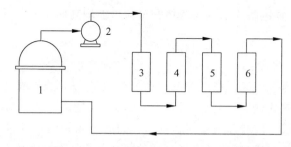

图5.9　法国设计的900 MW压水堆核电厂氢复合系统原理图

1—反应堆厂房；2—压缩机；3—加热器；4—催化装置；5—冷却器；6—除湿器

两台轻便式氢复合器平时放置在燃料厂房,失水事故后,接入系统。

5. 事故后氢气排放系统

该系统用来在发生失水事故后从安全壳内排出足够数量的气体,使安全壳内氢的体积分数在假定无其他除氢设施存在的条件下保持低于4%的容许限值。该系统是冗余氢复合器系统的后备系统,它包括排气系统和供气系统。供气系统向安全壳提供外部空气,它由若干风机和管路、阀门组成;排气系统由若干台风机与管路、一个前置过滤器、一个高效微粒空气过滤器和一个活性炭过滤器组成,排气的过滤部分是必需的,借以将事故后剂量控制在规定的限值以内。

上面所述各种可燃气体控制系统,并非在一个设计中全部采用。西屋公司压水堆的设计中,采用了氢气取样、事故后氢气排放、事故后安全壳大气混合和氢复合等措施。氢复合器可以放在安全壳内,也可以放在安全壳外。事故后氢复合系统是氢复合器的冗余备用。如果复合器不能控制氢气水平,可通过事故后氢气排放系统进行排气。

大亚湾核电厂设计中,在安全壳内大气监测系统中设有一个混合、取样和复合子系统,该子系统属于安全设施(见图5.10)。这个子系统由两根平行的管线组成,一根供正常使用,一根作为备用。这根风管从安全壳顶部抽风,经位于安全壳外侧的两个密封的蝶阀,百分之百容量的电动风机用于使空气从安全壳顶部到下部的再循环,在每台风机的进出口侧有一个管嘴,使用一部可移动的取样装置,使之通过两个管嘴之间循环的空气小流量取得空气样品。一根返回管道引导空气返回到安全壳的下部,这样进行了安全壳大气的混合和取样。为了降低安全壳内氢气的体积分数,备有两台可移动氢复合器供两个机组使用。正常情况下,分别在每个机组的燃料厂房安放一台,发生失水事故后,两台氢复合器全部移到出故障机组的燃料运输罐吊装大厅内。氢复合器启动后不超过 2 h,返回安全壳的气体中氢的体积分数低于 0.1%。分析计算表明,失水事故后 11～22 d 之间,有必要将氢复合器投入运行。

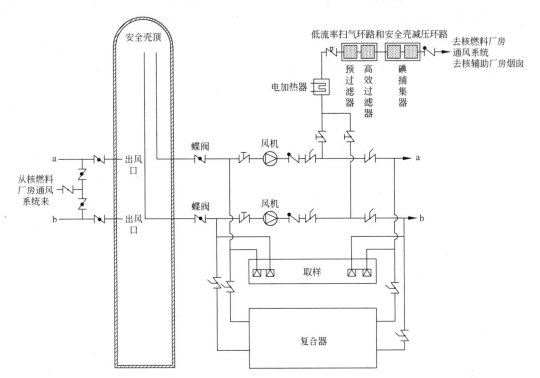

图 5.10 安全壳大气混合、取样和复合子系统

5.7 辅助给水系统

5.7.1 系统功能

辅助给水指向蒸汽发生器供水。迄今为止,大多数压水堆核电厂的辅助给水系统都是兼容的系统。在电厂启动、热备、热停和从热停向冷停堆过渡的第一阶段,辅助给水系统代替主给水系统向蒸汽发生器二次侧供水;在事故工况下,该系统向蒸汽发生器应急供水,排出堆芯余热直至达到余热排出系统投入的运行条件。

5.7.2 系统描述

大亚湾核电厂的辅助给水系统的示意图如图 5.11 所示。该系统主要由储水箱、辅助给水泵和相关的管道阀门组成;此外,还有两台机组共用的一套除气装置,见图 5.12。

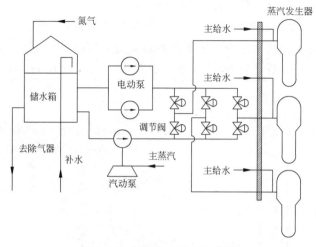

图 5.11　辅助给水系统示意图

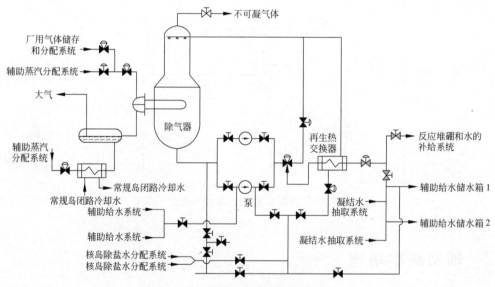

图 5.12　辅助给水系统的除气装置

辅助给水系统作为专设安全设施系统，为了满足单一故障准则，设计成两个容量为100%的系列。一个系列是两台各为50%容量的电动辅助给水泵，可由不同的应急母线供电；另一个系列是一台100%容量的汽动辅助给水泵（或柴油机驱动泵），由主蒸汽系统或辅助锅炉供汽。

1. 储水箱

储水箱是辅助给水系统的水源，水在氮气覆盖下，氮气压力为 0.01～0.012 MPa 表压，以保证水质。箱内水温保持在 7～50℃ 之间。

大亚湾核电厂辅助给水系统的储水箱容量是根据表 5.3 中所列几种典型工况的安全分析得到的。

表 5.3　辅助给水系统储水箱容积的确定

参　　数	失去主给水 （工况 Ⅱ）	失去厂外电 （工况 Ⅱ）	主给水管道破裂 （工况 Ⅳ）
破口隔离前时间/h	—	—	5
经破口流失水/m³	—	—	125
热停工况时间（延迟＋加硼操作）/h	2	2	2.5①
热停时期用水/m³	265	238	440②
堆冷至余热排出工况时间/h	4	8	4
冷却速率/（℃/h）	28	15	28
余热排出系统投入准备时间/h	1.25	1.25	（无准备）
本时段所用水/m³	445	522	350
需要总水容积/m³	710	760	790
可供使用容积/m³	790	790	790
自主时间/h	＞7.95	＞10.25	6.5

　　注：① 包括破口隔离前的时间；
　　　　② 包括经破口流失的水体积。

　　在第Ⅱ类工况下，从落棒时起在 2 h 内（热停堆状态）向蒸汽发生器供水并维持水位。考虑到剩余发热、在 102％额定功率与零功率之间反应堆显热的变化以及在主泵运行情况下主泵产生的热量，这段时间内所需水容积为 265 m³；对于厂外电源不可用的情况，停堆后 2 h 内所需水容积为 238 m³。从热停堆到余热排出系统投入运行，在有厂外电源时（一台主泵运行）约需 4 h，包括余热排出系统投入准备时间 1.25 h，这段时间需要水量 445 m³；在无厂外电源时，无主泵运行，一回路靠自然循环排热，冷却到余热排出系统投入需 8 h，包括余热排出系统投入准备时间 1.25 h，需要水量 552 m³。

　　在第四类工况下，发生主给水管道破裂时计入 30 min（这段时间供运行人员采取行动）内从破口泄漏的水量（125 m³），共需水量为 790 m³。

　　据以上分析，辅助给水系统储水箱容量要求 790 m³。

　　储水箱的充水和补水可由凝结水泵或除气装置进行。在大亚湾核电厂，除气装置是辅助给水系统的一个附属部分，为两台机组共用。除气装置对除盐水（pH＝9）进行除氧，之后向储水箱充水；当储水箱中的水含氧量超出要求时，对其进行再处理，此除气装置还将除盐水（pH＝7）除气后向反应堆硼水补给系统供水。一些核电厂设计中储水箱与主冷凝器热井之间设有水位控制阀，当凝结水储存箱的水位达到规定值时，由热井向储水箱补水，以保证辅助给水系统储水箱的最低水位。

　　储水箱的第二备用水源是常规岛除盐水，在紧急时，消防水作为第三备用水源。一些电厂的设计上将防火系统通过一个短管接头接到每台电动泵的下游，在很少发生的电厂地面被水淹时直接向蒸汽发生器供消防水。

2. 辅助给水泵

　　两台由应急电源供电的多级卧式离心泵，每台提供 50％额定流量（这是大亚湾核电厂的情况）。此外，汽动辅助给水泵也广泛用作辅助给水系统的唧送设备。汽源来自主蒸汽隔离阀前的支管，控制调节阀保证速度调节，乏汽经消音器排往大气，驱动汽轮机在 0.76～

8.6 MPa 范围内运行，0.76 MPa 蒸汽压力对应于一回路可使余热排出系统投入的温度。在电厂正常运行时，辅助给水泵的驱动汽轮机的供汽管处于预热状态，随时准备投运。

在我国自行设计的秦山核电厂中，辅助给水系统除了电动泵外，还采用柴油机驱动的泵。这样，辅助给水系统由两台各 50% 容量的电动泵和一台 100% 容量的柴油机驱动的泵组成。

3. 除气装置

除气装置由一台除气器、两台除气给水泵及一台再生热交换器组成。

除盐水在 5～40℃ 的温度下进入再生热交换器，经加热温度达到 88～96℃ 之间。水从除气器顶部喷出，雾化。由水位信号控制供水阀的开度，保持除气器内水位不变。通过调节加热蒸汽的流量来保持除气器的压力为 0.12 MPa。不凝结气体从除气器顶部排出，排气量为 60 kg/h。加热蒸汽来自辅助蒸汽供应系统，加热蒸汽在除气器下部的管束内凝结后，经过冷却返回辅助蒸汽供应系统。

经过除气后的水温约 105℃，由除气给水泵输送，经再生热交换器降温后排向相应的水箱，水温在 50℃ 以下。除气器的除气因子为 800。

表 5.4 给出了辅助给水系统主要参数。

表 5.4　辅助给水系统主要参数

流　　体	除盐除氧水（pH＝9）
每台电动泵流量/(L/s)	32
汽动泵流量/(L/s)	59.2
汽轮机蒸汽流量/(kg/s)	6.6
汽轮机运行压力范围/MPa	0.76～7.6
辅助给水储存箱容量/m³	790
辅助给水储存箱水温/℃	7～50

5.7.3　系统运行

1. 正常运行

电厂正常功率运行时，辅助给水系统处于备用状态，电动辅助给水泵处于备用状态；汽动泵汽轮机和供汽管处于预热状态，通往蒸汽发生器的辅助给水管线上阀门处于全开。

2. 启动信号

辅助给水系统的电动和汽动给水泵可以自动或手动启动，除气装置就地手动操作。

自动启动信号如下。

（1）一台蒸汽发生器 2/4(4 个水位探测器中的两个，下同)低低水位信号且给水流量低(＜6% 额定流量)时，电动和汽动辅助给水泵同时启动。

（2）一台蒸汽发生器 2/4 低 2 信号，延时 8 min，电动和汽动辅助给水泵同时启动。

（3）一台蒸汽发生器高高水位时，使主给水泵停运，导致两台电动辅助给水泵间接启动。

（4）失去厂外电源时，将引起主泵转速降低，在主泵惯性飞轮的作用下，冷却剂流量将能维持一定的时间，这需要二回路用辅助给水供给蒸汽发生器以带走余热，当两台主泵转速减少到 91.9% 额定转速时且 P-7 信号存在，自动启动汽动辅助给水泵。

（5）凝结水泵供电母线失电（电压小于 0.7 倍额定电压）时，电动辅助给水泵延时 6 s 后自动启动。

（6）安注信号直接启动两台电动辅助给水泵。

（7）发生 ATWS（未能停堆的预期瞬变）事故时，电动和汽动辅助给水泵自动启动。

5.7.4　系统的设计改进

运行经验与安全分析表明，辅助给水系统在绝大多数设计基准事故后都起着非常重要的作用。概率安全分析也表明，该系统在很多超设计基准事故中对于防止堆芯熔化也起着极为重要的作用，因而出现过多种不同的辅助给水系统设计，设计的改进围绕在以下方面。

1. 增设启动给水回路，实现功能分离

长期以来，大多数压水堆核电厂的辅助给水系统都设计成兼容的系统，即在电厂启动和停堆期间执行正常运行功能，并在事故下执行应急供水的功能，这样增加了辅助给水系统的运行时间。世界核电界的运行经验表明，由于辅助给水系统承担了在反应堆启动和停堆阶段向蒸汽发生器提供给水的功能，它的故障率是专设安全系统中最高的。

URD（先进轻水堆用户要求文件）和 EUR（先进轻水堆欧洲用户要求文件）均明确提出了"应急给水系统用作专门的安全系统"的要求，应设置专门的启动给水系统，用于反应堆的正常启动和停堆。在正常运行工况下不需要应急给水系统运行。岭澳一期核电厂的设计中，增设了一个启动给水回路。该回路主要由一台小容量电动泵及管道阀门组成，按非专设安全设施设计，在电厂启动和停堆后向蒸汽发生器供水，而辅助给水系统只用于事故时的应急供水。准确点说，这样的辅助给水系统应称为应急给水系统。比较新的压水堆核电厂，都设置了专门的启动给水系统（如法国的 N4 和法、德的 EPR，西屋的 M314 型设计及我国的 1 GW 二代改进型电厂等）。这样的辅助给水系统承担单一的安全功能。

2. 系统动力源的多样性

为了应对丧失电源事故，应急给水泵都有多样化的动力源。一般系统中都较多采用电动泵和汽动泵。正常电源丧失的情况下，电动泵都可以通过应急柴油机加载。即使在全厂断电事故下，汽动泵也能向蒸汽发生器供水，完成堆芯的余热排出任务。

汽动泵的供汽来自主蒸汽系统，在二回路大破口的事故工况下，汽动泵汽源会受到影响，供水主要靠电动泵。通常汽动泵的转速很高（达 7000～9000 r/min）。

从目前汽动应急给水泵的设计和运行来看，汽动泵至少存在两个问题。首先是蒸汽压力变化和转速控制的问题。对于不同工况，汽动泵的蒸汽压力在 0.58（余热排出系统接入时）～8.89 MPa（发生未能停堆的预期瞬态 ATWS 时）之间。这就要求，在高蒸汽压力下，汽动泵不会触发超速保护。若转速和扬程过高，会为系统设计带来很大困难。以秦山二期和岭澳二期为例，汽动泵的关闭扬程接近 18 MPa，迫使泵出口管系的设计压力提高。在余热排出系统可以接入的情况下，蒸汽压力降得很低，此时汽动泵仍然需要保持一定的注入流量，维持蒸汽发生器的水位。

汽动泵的另一个问题是要保持备用，往往采用了水润滑水冷却的模式。秦山二期和岭澳二期的汽动泵都是使用吸入口的水为轴承提供润滑和冷却，造成储水箱中水不断流失。以秦山二期为例，每隔17天就要启动一次水箱补水，使得系统的安全性和经济性都受到影响。

辅助给水泵采用电动、汽动或电动、柴油机驱动的不同动力组合，电动泵启动迅速，但需安全电源保证所需动力，从而增大了安全电源需求；汽动泵需长期处于备用状态，供汽压力范围广，汽动泵的控制系统比较复杂，常见的是采用电动与汽动泵的组合。岭澳二期的辅助给水泵采用两台容量各为50%的电动泵系列和两台容量各为50%的汽动泵系列。欧洲压水堆(EPR)则提出了不设置汽动应急给水泵而又保持动力源的多样性的方案(见10.3节)。

3. 给水接管位置改进

在以往的设计中，应急给水的接管是与主给水管道相连的，应急给水也是通过主给水管道进入蒸汽发生器。这样应急给水受主给水管道破裂的影响较大。目前 N4、EPR 和 VVER 的应急给水管线都是直接与蒸汽发生器相连，这就保证了应急给水系统的可靠性。

4. 储水箱容量

URD 要求应急给水水箱能够使反应堆维持在热备用状态至少8 h，而 EUR 则要求水箱的容积足以支持24 h 的热停堆。

增大应急给水水箱的容积可以延长反应堆的热备用和热停堆时间，可以为运行和维修人员提供很长的时间裕量对出现的事故进行分析诊断，对失效的设备进行修理或更换，无须在事故(或事件)后立即将反应堆冷却到冷停堆工况，从而提高了电厂运行连续性。热备用和热停堆时间的延长还可以为余热排出系统(RHR)的接入准备提供充足的时间裕量，使反应堆的运行更平稳安全。计算表明，按照 URD 要求，岭澳二期这样 1 GW 机组的储水箱容积扩大到 $1210\ m^3$ 就可以满足 URD 的水量要求。

5. 可靠的水源补给水量

对于法国设计的大亚湾、岭澳这类 1 GW 级核电厂，应急给水箱优先使用凝结水抽取系统的凝结水泵进行充水或补水。这样做的优点是：第一，速度快，不像除氧器装置那样在投入之前要进行一系列的准备工作，而且还可将除氧器留给硼和水补给系统使用。第二，使用应急给水除氧器系统充水或补水，该系统将核岛或常规岛除盐水除氧后，通过给水泵为应急给水箱补水。第三，直接将核岛或常规岛除盐水通过给水泵或重力流的方式为应急给水箱补水(不经除氧)。最后，直接将消防水接入应急给水泵，向蒸汽发生器供水。

6. 限流器的改进

应急给水系统在设计时，不但要考虑到满足堆芯冷却的最小流量要求，还应防止流量过大，在主给水或主蒸汽管道破裂的Ⅳ类工况下，在破口隔离前，要限制通过破口流失的水量。因此需要在应急给水管道上装限流装置。

计算表明，限流器的阻力占整个系统阻力的 50% 左右。若限流器的阻力太大，会导致给水泵扬程升高；如果限流器的阻力太小，则流量限制作用小，会导致从管道破口的跑水增多，需要更大的储水箱。

法国的压水堆电厂通常采用简单的节流孔板来进行流量控制。目前比较好的限流装置是文丘里限流器(也称为汽蚀文丘里管，Cavitating Venturis)，它利用汽蚀原理，在正常流量下的阻力系数较小,一旦发生管道破裂或流量陡增,则可以提供较大的阻力系数,减少流体的过量流失。汽蚀文丘里管已经应用于美国西屋公司设计的压水堆核电厂及 EPR 的应急给水系统。

7. 控制应急给水量过大

在保证堆芯冷却的最小流量的同时,URD 中还明确规定要防止应急给水的流量过大。如果应急给水流量过大,会带来负面影响。首先,会造成蒸汽发生器的满溢和二次侧系统超压,影响到二回路的正常运行。事故后如果过多的水充入安全壳,有可能引起安全壳的压力上升。此外,应急给水流量过大,则需要更大功率的电机,这就增大了应急柴油机的负荷。

第 **6** 章

核电厂热力学

6.1 热力学基础

6.1.1 理想循环的研究

在核电厂,核能转变为机械功是通过热力循环来完成的。核燃料的链式裂变反应产生的高温热源将热能传递给工质水,水受热产生蒸汽并输送至汽轮机做功,完成热功转换。做功后的乏汽排入凝汽器放热并凝结成水,水经升压后送往高温热源,恢复其初始状态,然后再重新获得热能,从而构成了热力循环。如此周而复始,使热功转换过程连续进行。

热力循环的完善性对于核电厂的热经济性指标具有重大影响,因此,分析和评价热功转换过程的完善性,研究提高核电厂热经济性指标的途径,是核电厂设计和运行中的一个重要课题。

对热力循环的研究建立在热力学第一定律及第二定律的基础上。对实际热力循环的研究一般分为两个步骤:首先将实际循环简化为理想的可逆循环,即暂时忽略不可逆因素的影响,研究影响该热力循环热效率的主要因素以及为提高热效率而可能采取的措施;然后,在研究理想可逆循环的基础上,进一步研究实际循环中存在的不可逆损失,找出这些损失的环节、大小、原因以及相互关系,并研究减少不可逆损失的方法,分析可能提高热经济性的程度。

对于一切热功转换过程,热效率定义如下:

$$\eta_t = \frac{\text{输出功}}{\text{从热源获得的热量}} = \frac{W}{Q_1} \tag{6.1}$$

对于理想循环,有

$$W = Q_1 - Q_2$$

式中,Q_1 为自高温热源获得的热量;Q_2 为向低温热源放出的热量。

热力学第二定律指出,在相同温度界限内的任何热力循环,其热效率不可能高于卡诺循环的效率。

卡诺循环是由两个定温过程及两个绝热过程组成的理想循环。工质在同温度的 T_1 下,自高温热源吸入热量 Q_1,在可逆绝热膨胀过程中,工质温度自 T_1 降低到 T_2。然后,工质在温度 T_2 下向同温度的低温热源放出热量 Q_2。最后,经可逆的绝热压缩过程,工质温度由 T_2 升高到 T_1,完成一个可逆循环。卡诺循环的热效率公式如下:

$$\eta_t^C = \frac{T_1 - T_2}{T_1} \tag{6.2}$$

卡诺循环奠定了热力学第二定律的基础。它指出,从高温热源获得的热量,只有一部分可以转化为机械功,而另一部分热量转移至低温热源。从卡诺循环的分析可以得到3条重要结论。

(1)卡诺循环确定了实际热力循环的热效率可以接近的极限数值,从而可以度量实际热力循环的热力学完善程度。

(2)卡诺循环对如何提高热力循环的热效率指出了方向:尽可能提高工质吸热时的温度以及使工质膨胀至尽可能低的温度,在接近自然环境温度下对外放热。

(3)对于任意复杂循环,提出了广义(等价)卡诺循环的概念,即以平均吸热温度 T_1 及平均放热温度 T_2 来代替 T_1 及 T_2 的概念,两者具有相同的热效率。

尽管卡诺循环在热力学理论方面具有重大的意义,但是,迄今为止,在工程上还没有造成完全按卡诺循环工作的热力发动机。这是因为:对于以理想气体为工质的循环,不易实现定温加热和定温放热。过热蒸汽实现定温过程也是困难的。对于采取饱和水蒸气作为工质的循环,因为水的吸热汽化和蒸汽的放热凝结过程,当压力不变时,温度也不变,实际上就有了定温加热和定温放热的可能性,所以采取饱和蒸汽作为工质时,原理上是可能实现卡诺循环的。

核电厂大多数使用饱和蒸汽,但仍不采用卡诺循环。主要原因之一是在绝热膨胀末期,蒸汽湿度很高,使汽轮机不能安全运行,同时不可逆损失增大;其次是在低温放热终了时,蒸汽-水混合物的比体积很大,湿蒸汽压缩会给泵的设计与制造带来难以克服的困难。鉴于上述原因,采用饱和蒸汽的蒸汽动力装置不能实现卡诺循环。

实际蒸汽动力装置的热功转换过程,是在朗肯循环加以改进的基础上完成的。理想朗肯循环是研究各种复杂的蒸汽动力装置的基本循环。

饱和蒸汽的朗肯循环与卡诺循环的主要不同之处在于(见图6.1),排放的蒸汽是完全凝结成水,即等温放热过程不是止于点 3′,而是一直进行至3。显然,水的升压要比汽水混合物容易得多,因而简化了设备。图6.2为过热蒸汽的理想朗肯循环。朗肯循环的吸热沿4—5—1过程线进行,显然降低了循环的平均温差,导致热效率低于理论上卡诺循环的热效率。

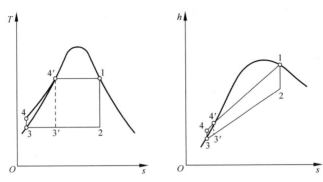

图 6.1　饱和蒸汽的卡诺循环与朗肯循环

朗肯循环的热效率为

$$\eta_t^R = \frac{(h_1 - h_2) - (h_4 - h_3)}{h_1 - h_4} \tag{6.3}$$

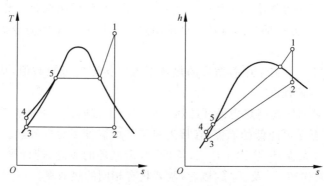

图 6.2　过热蒸汽的理想朗肯循环

当蒸汽初压不高时，水泵压缩功可以忽略，因此，式(6.3)简化为

$$\eta_t^R = \frac{h_1 - h_2}{h_1 - h_3} \tag{6.4}$$

6.1.2　实际循环的分析方法

在研究实际循环时，定量评价经济性的方法有效率法、熵分析法和㶲分析法。

1. 效率法

效率法以热力学第一定律为基础，可直接评价热能在能量转换过程中有效利用的程度。其实质是能量的平衡。效率定义为通过某装置、设备的有效能量占供给能量的百分数，以循环热效率、装置效率等定量地表征热功转换效果。它便于比较在相同条件下热力循环以及设备在设计和运行等方面的完善程度。因此效率法是传统的方法，迄今一直得到广泛采用，作为评价热力发电厂经济性的主要指标。

2. 熵分析法

热力学第二定律指出，在孤立系统(即与外界无能量及质量交换的热力系统)中进行可逆过程时，熵增量 $\Delta s = 0$，而进行不可逆过程时，$\Delta s > 0$。

不可逆过程中的熵增量 Δs 所导致的单位工质做功能力损失为

$$\sum \pi = \sum T_{en} \Delta s \tag{6.5}$$

式中，T_{en} 为环境的绝对温度；Δs 为过程的熵增量。分析整个系统中导致可用功损失 $\sum \pi$ 的原因，就可设法改进热力过程，提高热力系统经济性。

3. 㶲分析法

㶲(exergy)，又称为"可用能"，是一个评价能量价值的参数。它的定义为：当系统由一任意状态可逆地变化到与给定环境相平衡的状态时，理论上可以无限转换为任何其他能量形式的那部分能量，称为㶲，单位为 kJ 或 J。因为只有可逆过程才有可能进行最完全的转换，所以可以认为，㶲是在给定的环境条件下，在可逆过程中理论上所能做出的最大有用功。

对于稳态、稳流过程，进入系统各种㶲之总和应该等于离开系统的各种㶲与该系统内产生的各种㶲损失的总和，即

$$\sum E_{x,in} = \sum E_{x,out} + \sum \Pi_i \tag{6.6}$$

式中，$\sum \Pi_i$ 代表系统内各种烟损失之和。烟损失即做功能力损失。

烟效率与能量转换效率有类似的定义，它是收益烟与支付烟的比值。烟效率定义为

$$\eta_{ex} = \frac{收益烟}{支付烟}$$

收益烟即循环做出的净功；支付烟为热源平均放热温度为 T_1 时，放出热量 Q 所对应的热量烟，即

$$E_{x,Q} = Q\left(1 - \frac{T_{en}}{T_1}\right) \tag{6.7}$$

上述三种评价方法，其平衡式内容、分析的角度有原则的差别。效率法是定量地评价系统与设备的热经济性，但没有从质的方面揭示热功转换的可能性、方向性和条件；熵分析法和烟分析法则揭示了热功转换过程中的不可逆性引起的损失。熵分析计算做功能力损失，烟分析法则计算做功能力，它们都表明了热功转换的可能性、方向和条件。它们能够准确揭示能量转换过程中做功能力损失大的薄弱环节，为改进热力设备、合理利用能量提供了可靠的依据。烟分析和熵分析法是在热力学第一定律分析的基础上进行的，它们一般与效率法同时使用。

6.1.3 电厂热力循环的烟分析

热功能量转换过程中的不可逆过程会导致做功能力损失。对多种形式的不可逆过程，可以归纳为以下几类典型的情况。

1. 有温差的换热过程

在图 6.3 中，单位工质 A 经 1—2 过程被冷却。其平均放热温度为 $\overline{T}_a$，放热量为 dq，其做功能力减少了 $(1 - T_{en}/\overline{T}_a)dq$；单位工质 B 经过 3—4 过程被加热，其平均吸热温度为 $\overline{T}_b$，吸热量亦为 dq，其做功能力增加了 $(1 - T_{en}/\overline{T}_b)dq$。它们的平均换热温度差为 ΔT，则通过有温差换热过程的单位工质做功能力损失（比烟损失）为

$$\begin{aligned}
\pi &= \left(1 - \frac{T_{en}}{\overline{T}_a}\right)dq - \left(1 - \frac{T_{en}}{\overline{T}_b}\right)dq \\
&= T_{en}\left(\frac{\overline{T}_a - \overline{T}_b}{\overline{T}_a \overline{T}_b}dq\right) = T_{en}\left(\frac{\Delta T}{\overline{T}_b + \Delta T}\right)\left(\frac{dq}{\overline{T}_b}\right) \\
&= T_{en}\Delta s
\end{aligned} \tag{6.8}$$

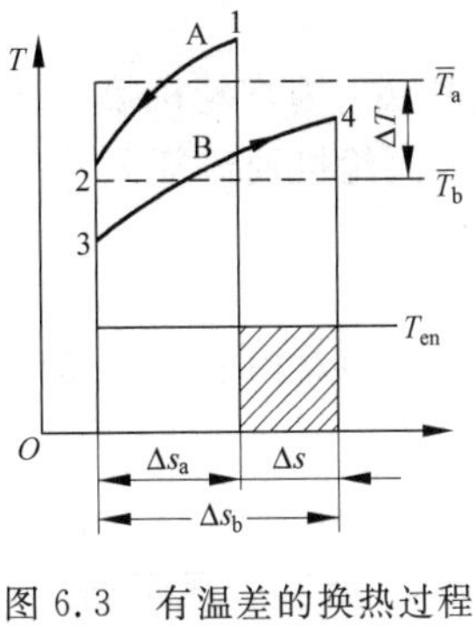

图 6.3 有温差的换热过程

由式(6.8)可知：环境温度 T_{en} 一定时，换热温差 ΔT 愈大，则比熵增量 Δs 和比烟损失也愈大。若 ΔT 一定，则工质的平均温度愈高，比烟损失愈小，即高温换热的比烟损失较低温换热小。

2. 有压降的绝热节流过程

汽水介质流经绝热良好的管道等部件时，若与外界绝热良好，则产生有压降的绝热节流过程。其单位工质做功能力损失 π_p 如图 6.4 中阴影部分的面积 $0'—1'—1''—0''—0'$ 所示，即

$$\pi_p = T_{en}\Delta s_p = T_{en}(s_1 - s_0) \tag{6.9}$$

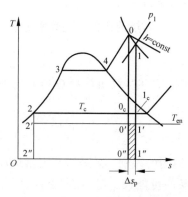

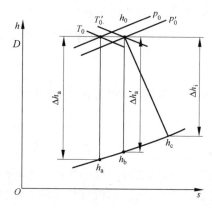

图 6.4　有压降的绝热节流过程　　　　图 6.5　汽轮机中工作过程

186

3. 有摩阻的绝热膨胀（压缩）过程

蒸汽在汽轮机中不可逆绝热膨胀，水在水泵中不可逆绝热压缩都属于有摩阻的绝热过程，其做功能力损失分别为 π_t 及 π_{pu}，即

$$\pi_t = T_{en}\Delta s_t, \quad \pi_{pu} = T_{en}\Delta s_{pu}$$

通常用效率法分析蒸汽在汽轮机内的流动过程。由于进汽节流、流动摩阻等原因，使可用比焓降中只有一部分转变为汽轮机的内功。通常用汽轮机相对内效率来表示汽轮机设计的完善程度，它等于蒸汽实际比焓降 Δh_i 与可用比焓降 Δh_a 之比（图 6.5）。

当考虑进汽节流时，在汽轮机进汽及调节机构中存在新汽压力损失 $\Delta p_0 = p_0 - p_i$，因此定义进汽部分效率 η'_{ri} 为

$$\eta'_{ri} = \frac{\Delta h'_a}{\Delta h_a} = \frac{h_0 - h_b}{h_0 - h_a} \tag{6.10}$$

式中，$\Delta h'_a$ 为汽轮机第一级喷嘴前蒸汽可用比焓降。

汽轮机通流部分效率 η''_{ri} 表示通流部分的完善程度，其大小为

$$\eta''_{ri} = \frac{h_0 - h_c}{h_0 - h_b} = \frac{\Delta h_i}{\Delta h'_a} \tag{6.11}$$

汽轮机相对内效率 η_{ri} 为 η'_{ri} 与 η''_{ri} 之乘积，亦即汽轮机的实际内功率与理想内功率之比：

$$\eta_{ri} = \eta'_{ri}\eta''_{ri} = \frac{\Delta h_i}{\Delta h_a} \tag{6.12}$$

4. 两种介质混合

两种不同状态参数的工质相混合而不引起化学变化时，其混合物比焓为 h_{mix}，相应的做功能力损失为 Π_{mix}，分别表示为

$$\begin{cases} h_{mix} = \dfrac{m_1 h_1 + m_2 h_2}{m_1 + m_2} \\ \Pi_{mix} = T_{en}\left[(m_1 + m_2)s_{mix} - m_1 s_1 - m_2 s_2\right] \end{cases} \tag{6.13}$$

式中下脚 1、2、mix 分别表示两种工质及混合物的参数。

以上讨论了不可逆过程的四类基本形式。在核电厂中能量转换过程实际则是若干种不可逆过程的组合，减少热力过程的不可逆性，即可提高核电厂的热经济性。其主要途径如下：

(1) 提高热力循环的平均吸热温度；

(2) 降低平均放热温度；

(3) 减少传热温差；

(4) 减少管道、系统中的节流损失及散热损失；

(5) 提高热功转换机械设备(汽轮机、泵等)效率。

6.2 核电厂的热经济性指标

为了评价热力系统及各项热力设备的完善性,制定了一系列实用的发电厂热经济性指标。

1. 电厂毛效率 η_{el}

电厂毛效率定义为发电机输出电功率 P_e 与反应堆热功率 P_R 之比(二者均以 kW 为单位),即

$$\eta_{el} = \frac{P_e}{P_R} = \prod_{j=1}^{n} \eta_j \tag{6.14}$$

式中, η_j 为热力系统及各项设备的效率。

各项效率分别讨论如下:

(1) 理想朗肯循环热效率 $\eta_t^R (0.40 \sim 0.54)$；

(2) 汽轮机相对内效率 $\eta_{ri} (0.80 \sim 0.88)$；

(3) 汽轮机组机械效率 $\eta_m (0.96 \sim 0.99)$,考虑轴承中摩擦损失及调节系统的能量消耗,定义为输出有效功率与实际内功率之比；

(4) 发电机效率 $\eta_{ge} (0.97 \sim 0.98)$,考虑发电机的电气损失及机械摩擦,定义为发电机输出功率与汽轮机输出有效功率之比；

(5) 管道热效率 $\eta_p (0.98 \sim 0.99)$,考虑全厂管道散热损失；

(6) 设备热效率 $\eta_{eq} (0.98 \sim 0.99)$,考虑蒸汽发生器及其他设备散热损失。

对于压水堆核电厂,以上(5)、(6)两项包括反应堆和一回路管道、蒸汽发生器及蒸汽管道热损失。其中蒸汽发生器的热损失包括其对环境的散热及排污水带走的热量。蒸汽发生器对环境的散热一般不超过 1%,排污水带走的热量可由下式计算得到:

$$\dot{Q}_{bl} = q_{m,bl}(h_{bl} - h_{rw}) \tag{6.15}$$

式中, $q_{m,bl}$ 为蒸汽发生器的排污量,kg/s; h_{bl} 、 h_{rw} 分别为排污水和生水的比焓。

在综合考虑上述各项效率后,电厂毛效率可写为

$$\eta_{el} = \frac{P_e}{P_R} = \eta_t \eta_{ri} \eta_m \eta_{ge} \eta_p \eta_{eq} \tag{6.16}$$

2. 电厂净效率 η_{net}

电厂净效率定义为电厂输出净功率与反应堆热功率之比。电厂净功率为发电机输出电功率 P_e 扣除厂用电功率 P'_e 。厂用电包括反应堆冷却剂泵、给水泵以及其他各种机械、设备的动力消耗,一般占发电机输出功率的 4% ~ 8%。其表示式为

$$\eta_{net} = \frac{P_e - P'_e}{P_R} \tag{6.17}$$

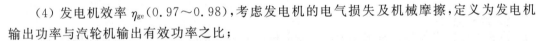

3. 汽耗率 d_0

汽耗率是汽轮发电机组的一项重要经济性指标，定义为汽轮发电机组发出 1 kW·h 电力所消耗的蒸汽量，表示为

$$d_0 = \frac{3600}{\Delta h_a \eta_{ri} \eta_m \eta_{ge}} \tag{6.18}$$

式中，Δh_a 为汽轮机理想绝热比焓降。

汽耗率是反映蒸汽做功能力的重要指标，对于现代大型火电厂，$d_0 \approx 3.0$ kg/(kW·h)，而对于典型的压水堆型核电厂，$d_0 \approx 6.0$ kg/(kW·h)。蒸汽流量决定二回路管道及主要热力设备通流部分的外形、尺寸和重量，也影响设备的制造费用。

4. 汽耗量 D_0

汽耗量定义为汽轮发电机输出额定电功率 P_e 所需要的蒸汽流量，表示为

$$D_0 = P_e d_0 \tag{6.19}$$

它是确定锅炉或蒸汽发生器容量的主要参数。

5. 热耗率 q_0

汽轮发电机组的热耗率定义为发电机每输出 1 kW·h 电能所消耗的热量，表示为

$$q_0 = d_0(h_0 - h_{fw}) \tag{6.20}$$

式中，h_0 及 h_{fw} 分别为新蒸汽比焓及给水比焓。

热耗率集中反映了电厂毛效率。现代大型火电厂的热耗率约为 8000 kJ/(kW·h)，相当于电厂毛效率 40%～43%；压水堆型核电厂的热耗率约为 10000 kJ/(kW·h)，相当于电厂毛效率 32%～35%。

6. 热耗量 $\dot{Q}_0$

汽轮发电机组的热耗量定义为汽轮发电机组输出额定电功率 P_e 所消耗的热量，即

$$\dot{Q}_0 = D_0(h_0 - h_{fw}) \tag{6.21}$$

7. 核燃料消耗率和年消耗量

核燃料消耗率定义为每发 1 kW·h 电能所耗的核燃料，可表示为

$$b_{nf} = 3600/(Q_{nf} \cdot \eta_{el}) \tag{6.22}$$

式中，Q_{nf} 为燃耗 1 kg 的核燃料释放的热量。

1 kg ^{235}U 铀全部发生裂变放出的热量为 7.9×10^{10} kJ，但实际运行中，由于中子俘获，10%～20% 的核燃料转化为不可裂变的同位素，从而导致每烧掉 1 kg 核燃料所释放的热量为

$$Q_{nf} = 0.85 \times 7.9 \times 10^{10} = 6.7 \times 10^{10} \text{ kJ/kg}$$

或表示为 $Q_{nf} = 6.7 \times 10^{10}/3600 = 1.86 \times 10^{7}$ kW·h/kg，代入式(6.22)，有

$$b_{nf} = 5.4 \times 10^{-8}/\eta_{el} \tag{6.23}$$

众所周知，核电厂总的燃料消耗量明显地超过燃耗掉的燃料量。总的燃料消耗量并不能表示一个电厂的热经济性，但它在电厂设计和运行及估算电厂总经济性时是必要的。

总的核燃料年消耗量 B_{nf}（单位为 t/a）可由下式给出：

$$B_{nf} = P_e \tau/(24 \times 10^3 \eta_{el} K) \tag{6.24}$$

式中，P_e 为电功率；τ 为 1 年内以装机容量工作的小时数；K 为核燃料燃耗深度，MW·d/tU。

6.3　蒸汽参数对热经济性的影响

6.3.1　蒸汽初参数对循环热经济性的影响

蒸汽初参数的变化改变了工质吸热过程的参数,从而改变了工质放热量和吸热量的比值,因而必然影响到循环的热效率。

核电厂既使用过热汽,也使用饱和汽,同一压力下过热蒸汽温度可以改变,这就需要研究单个参数的影响。

1．蒸汽初温对循环热效率的影响

在一定的蒸汽初压和背压下,蒸汽在汽轮机中所做的功随着过热蒸汽初温度的提高而增加,但同时在凝汽器中的热损失也增加(图 6.6),其中增加的功为面积 1—1′—2′—2—1,增加的热损失为 2—2′ 以下矩形面积。若把一个过热蒸汽的循环看作是由一个初温比较低的朗肯循环和一个附加的过热蒸汽循环(初温度为 T_1')所组成的复杂循环,则由于此附加的过热蒸汽循环吸热温度均为 T_1 以上,故附加循环热效率必高于初温为 T_1 的朗肯循环热效率,两者组成的新循环(即初温为 T_1' 的朗肯循环)的热效率也就必高于原来朗肯循环的热效率。

上述结论也可以从图 6.6 更直观地看到。若放热过程仍然在湿汽区内,则放热平均温度相同。于是提高蒸汽初温就等于提高平均吸热温度($\overline{T_1} \rightarrow \overline{T_1'}$),从而提高循环热效率。

在提高初温的同时,乏汽的干度上升,使汽轮机工作条件得到改善,湿汽损失减小,从而使汽轮机相对内效率得以提高。

热效率随蒸汽初温的提高而提高,在理论上是不受限制的,但初温的提高受到金属材料高温下性能的限制。目前国内外蒸汽初温的范围定在 535～570℃。珠光体钢可应用于560～570℃,而 580℃以上则需采用价格极其昂贵的奥氏体钢。

2．蒸汽初压对循环热效率的影响

图 6.7 给出了只提高蒸汽初压时,简单的理想蒸汽动力循环过程工质状态的变化情况。此时,蒸汽的初温虽未变化,但由于初压力提高,水蒸气的饱和温度就提高了。因此,在一般情况下,提高蒸汽初压力能使整个吸热过程的平均温度得到提高;与此同时,蒸汽放热平均温度仍与原来一样,从而使循环热效率得以提高。

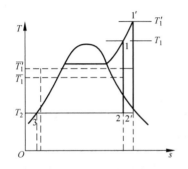

图 6.6　不同初温下的朗肯循环 T-s 图

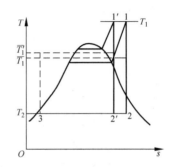

图 6.7　不同初压下朗肯循环 T-s 图

　　然而，必须指出，这种蒸汽初压提高使热效率增加的情况只有当蒸汽初压力在一定范围内才是成立的。这是由于当提高蒸汽初压时，水的汽化潜热在总的吸热量中所占的份额减少了，把水加热至沸腾温度的吸热量则相对增加了，而过冷水这段吸热过程的温度低于其余吸热过程的温度，所以当蒸汽初压提高到一定数值后，工质的整个吸热过程的平均温度可能是降低而不是升高，从而导致效率下降。这就是压力对循环热效率影响的不确定性。

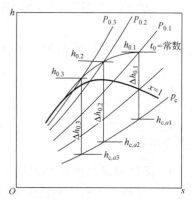

图 6.8　不同压力下蒸汽工作
过程的 h-s 图

　　上面的情况也可利用图 6.8 予以更直观的说明。在蒸汽终压力 p_c 维持不变，且初温度一定的情况下，随着蒸汽初压的提高，蒸汽终比焓 h_c 在饱和区域内始终直线规律均匀下降；而蒸汽初比焓 h_0 则不是均匀变化，而是开始较慢，而后较快，这就导致蒸汽可用比焓降起初随蒸汽初压力的提高而增长，而当初压达到某一数值时，可用比焓降达到最大值，此后可用比焓降就开始减小。最大比焓降所在部位可用作图法来确定，方法是在过热蒸汽初温的等温线上做出与终压力线相平等的切线，其切点即为最大比焓降点。

　　生产 1 kg 蒸汽的热耗随着初压力增加，起初下降较慢，而后较快。而在冷源中的热损失随蒸汽初压的提高而不断下降。

　　循环热效率等于蒸汽可用比焓降与 1 kg 蒸汽的热耗之比。它的变化，起初由于随初压增加，可由比焓降增加，而热耗减小，从而热效率增高；当可用比焓降越过其最大值但其减小的程度仍比冷源中热损失的减小程度要迟缓时，热效率总是继续提高；当可用比焓降减小的相对值等于冷源损失减小的相对值时，循环效率达到最大值。其后初压进一步增高，热效率就降低。热效率最大点的位置可按如下推导确定。

　　循环热效率

$$\eta_t = \frac{\Delta h_a}{q_0} = \frac{\Delta h_a}{\Delta h_a + q_c} = \frac{1}{1 + \dfrac{q_c}{\Delta h_a}} \tag{6.25}$$

式中，Δh_a 为可用比焓降；q_c 为向冷源的排热。它们都是理想过程中 s 的单值函数。当 $\dfrac{\Delta h_a}{q_c}$ 为最大时循环的热效率取得最大值。根据极值条件，得

$$\frac{d\left(\dfrac{\Delta h_a}{q_c}\right)}{ds} = \frac{q_c \dfrac{d\Delta h_a}{ds} - \Delta h_a \dfrac{dq_c}{ds}}{q_c^2} = 0 \tag{6.26}$$

有

$$\frac{d\Delta h_a}{\Delta h_a} = \frac{dq_c}{q_c} \tag{6.27}$$

上式表明，理想蒸汽循环蒸汽初压改变时热效率达到最大值的条件是：可用比焓降的相对变化等于冷源热损失的相对变化。

　　循环热效率转变点的位置取决于循环的其他参数，主要是初温度。但在任何情况下，这一点都位于很高的压力范围，对现代汽轮机并无实际意义。因此，实际上仍然可以说提高初

压可提高循环热效率。

图 6.9 表示在一定的蒸汽初温下,循环热效率与蒸汽初压的关系曲线。可以看到,当初温度不高时,热效率随初压提高而增加得较少,初温愈高,提高初压对热效率增加的效果愈显著。初温愈高,热效率停止增长对应的初压愈高。由上述分析可知,在提高蒸汽初压的同时,相应提高初温,才能取得最佳效果。

压水堆核电厂大多数使用饱和汽,由于饱和温度和饱和压力的对应关系,因而只能分析温度和压力的综合影响。图 6.9 还给出了饱和蒸汽循环初压的影响(见图中的虚线)。该曲线表明,在较低压力下,初压对热效率有显著影响,但在高压下热效率反而下降,其转变压力约为 17.0 MPa。这与上述的压力对循环热效率影响的不确定性有关。

对于压水堆核电厂,就其发展来看,二回路蒸汽参数也经历了提高的过程。美国早期核电厂二回路新蒸汽压力为 4.2 MPa,目前世界在建的压水堆电厂二回路蒸汽压力达到 6.5~7.8 MPa。但是由于受到一回路系统冷却剂温度的严格制约,二回路蒸汽初压不会再有大幅度提高。

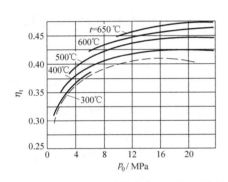

图 6.9　理想蒸汽循环热效率与初温初压的关系

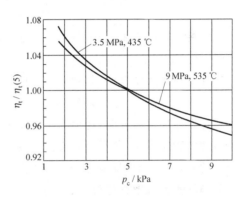

图 6.10　背压对朗肯循环热效率的影响

6.3.2　蒸汽终参数的影响

汽轮机组排汽压力对于发电厂热经济性亦有很大影响。研究表明,在热力循环及蒸汽参数确定的情况下,循环热效率与排汽参数的关系,近似于线性关系,如图 6.10 所示(图中 $\eta_t(5)$ 是背压为 5 kPa 的朗肯循环热效率)。该曲线表明,排汽压力(背压)每降低 2 kPa,循环热效率大约提高 3%,而且对于较低的蒸汽参数更为敏感。它对汽耗率的影响也十分明显。因此降低排汽压力是提高发电厂热经济性指标的主要方法之一。但是,降低蒸汽终参数受到如下两方面因素的限制。

1. 循环水温度

循环水的温度是蒸汽循环中排汽温度的理论极限。例如,$p_c = 3.9$ kPa 对应于 $t_c = 28.65℃$;$p_c = 4.9$ kPa 对应于 $t_c = 32.25℃$。各国根据各自的自然条件,采用不同的排汽压力。例如俄罗斯常采用 3.4~4.4 kPa,我国则常取 4.4~5.4 kPa。

2. 循环水温升 Δt 及凝汽器端差 δt

循环水进出口温升 Δt 及凝结蒸汽与循环水出口温度存在的端差 δt(见图 6.11)构成了排汽温度 t_c 的技术极限:

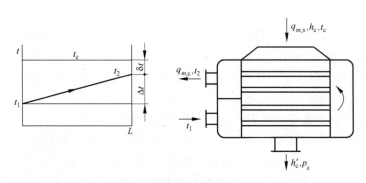

图 6.11　凝汽器工作过程示意图

$$t_c = t_1 + \Delta t + \delta t \tag{6.28}$$

若循环水流量及蒸汽流量分别为 $q_{m,c}$ 及 $q_{m,s}$，则凝汽器的冷却倍率为

$$m = \frac{q_{m,c}}{q_{m,s}} = \frac{h_c - h_c'}{c_p(t_2 - t_1)} \tag{6.29}$$

当 $p_c = 4.9\ \text{kPa}$ 时，$h_c - h_c' \approx 2184\ \text{kJ/kg}$，$t_2 - t_1$ 在 6～11℃之间，$c_p \approx 4.2\ \text{kJ/(kg·℃)}$，则 m 在 50～80 之间。

当降低循环水温升时，将要求较大的循环水流量及相应的循环水泵功率，这意味着运行费用增加。当然，另一方面，较小的 Δt 可使凝汽器传热面积减小，导致降低设备投资费用。

在选取循环水温升时，还应考虑环境保护的要求。发电厂废热的排放使环境温度升高，水中溶解氧含量减少，鱼类及各类海生物均需要适宜的温度，因此，发电厂建设需注意对废热排放的管理。美国、日本等对循环水温升制定了控制标准。例如日本规定，区域性海湾发电厂的循环水温升不得超过 7℃。

若选取传热端差 δt 为 3～10℃，亦可以根据式(6.28)确定可能达到的排汽温度 t_c，相应地确定凝汽器的排汽背压。

除了对热经济性的影响之外，凝汽器背压对于汽轮机最后几级叶片长度及排汽口尺寸有重要影响。因此，蒸汽终参数的选择要根据多方面因素慎重考虑。

3. 二回路参数的制约因素

在前面几节讨论了核电厂蒸汽参数的选择，但实际上必须首先考虑受到一回路参数的约束。

在图 6.12 中，示出了一回路与二、三回路主要参数间的相互关系。可以看到，提高二回路蒸汽初参数主要有两种途径：第一条途径是相应提高一次侧冷却剂温度，但这受到反应堆设计的限制；另一条途径是减小蒸汽发生器中一、二次侧之间的对数平均温差 ΔT_m，总的传热量正比于传热面积与 ΔT_m 温差的乘积，这一种选择意味着增加蒸汽发生器传热面积，从而提高电厂投资。恰当地平衡一、二回路参数可使发电成本最低。这里存在着最佳值的选择问题，此时，增加循环热效率所带来的收益正好为所增加的投资及电厂运行费用所平衡。

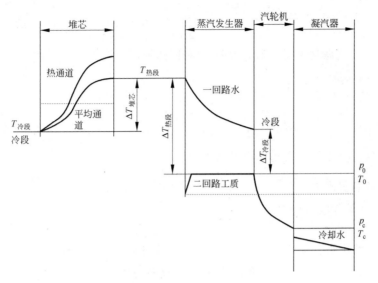

图 6.12　核电厂一、二、三回路参数相互制约

6.4　回热循环

回热就是把本来要放出给低温热源的热量利用起来加热工质,以减少工质从高温热源吸收的热量。在朗肯循环中,放给低温热源的热量是由在汽轮机中膨胀终了的乏汽在凝汽器中完成的,显然这部分热量不能直接用于加热冷凝水。目前采用的切实可行的回热方案是将汽轮机中尚未完全膨胀的、压力仍不太低的部分蒸汽抽出,来加热低温的凝结水,这部分抽汽的潜热没有放给低温热源,而是用于加热工质,达到了回热目的。这种循环为抽汽式回热循环,它能提高循环的热效率。提高热效率的原因可从两方面理解:从热量利用方面看,汽轮机的抽汽汽流是在没有冷源损失情况下做功的,因此,当产生同样功率的情况下,减少了向凝汽器的放热损失;从换热过程来看,回热加热时换热温差比用高温热源直接加热时小,因而不可逆损失减小了。

采用饱和蒸汽工作时,相应的无穷级极限回热循环的热效率与卡诺循环相同,然而这种系统是不现实的。工程实践中采用有限级数的给水回热系统,并进行设计优化。

讨论影响给水回热系统经济性的主要因素,通常首先研究所谓理想回热循环,即假定全部为混合式加热器,端差为零,不计新蒸汽、抽汽压力损失和泵耗功,忽略散热损失。

6.4.1　给水回热循环的热经济性

影响给水回热循环热经济性的主要参数为回热加热分配比 τ、相应的最佳给水温度 t_{fw} 和回热级数 Z。三项紧密联系,互相影响,以下将逐项加以分析。设 h_i 为新蒸汽及各级抽汽比焓,h_i' 为各级给水比焓。

1. 汽耗量及汽耗率

具有 Z 级给水回热系统的汽轮机组的汽耗量 $D_0^{\text{回}}$ 为

$$D_0^{\text{rg}} = \frac{3600 P_e}{(h_0 - h_c) \eta_m \eta_{ge}} \cdot \frac{1}{1 - \sum \alpha_i Y_i} = D_0^c \beta, \quad Y_i = \frac{h_i - h_c}{h_0 - h_c} \qquad (6.30)$$

式中，Y_i 为回热抽汽做功不足因数；β 为由于有回热抽汽而增大的汽耗因数；D_0^c 为该机组纯凝汽运行时的汽耗量。

相应的汽耗率 d_0^{rg} 为

$$d_0^{\text{rg}} = \frac{D_0^{\text{rg}}}{P_e} = \frac{3600}{(h_0 - h_c) \eta_m \eta_{ge}} \beta = d_0^c \beta \qquad (6.31)$$

采取回热抽汽后，汽耗量及汽耗率都提高了。

2. 热耗率及热效率

有回热抽汽系统的热耗率为

$$q_0^{\text{rg}} = d_0^{\text{rg}}(h_0 - h_{\text{fw}}) \qquad (6.32)$$

式中 h_0 为新汽的比焓。虽然汽耗率提高了，但给水比焓 h_{fw} 也提高了。为了定量判断回热系统对热效率的影响，应推导相应的热耗率及热效率公式。

$$h_{\text{fw}} = \alpha_c h_c' + \sum_{i=1}^{Z} \alpha_i h_i$$

$$\alpha_c + \sum_{i=1}^{Z} \alpha_i = 1$$

每千克新蒸汽自热源吸收的热量为

$$h_0 - h_{\text{fw}} = \alpha_c(h_0 - h_c') + \sum_{i=1}^{Z} \alpha_i(h_0 - h_i)$$

每千克蒸汽在机组内完成的内功为

$$w_0 = \alpha_c(h_0 - h_c) + \sum_{i=1}^{Z} \alpha_i(h_0 - h_i)$$

由此得到

$$q_0^{\text{rg}} = d_0^{\text{rg}}\left[\alpha_c(h_0 - h_c') + \sum_{i=1}^{Z} \alpha_i(h_0 - h_i)\right] \qquad (6.33)$$

回热循环的热效率为

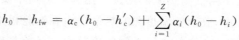

$$\eta_t^{\text{rg}} = \frac{w_0}{h_0 - h_{\text{fw}}} = \frac{\alpha_c(h_0 - h_c) + \sum_{i=1}^{Z} \alpha_i(h_0 - h_i)}{\alpha_c(h_0 - h_c') + \sum_{i=1}^{Z} \alpha_i(h_0 - h_i)}$$

$$= \frac{h_0 - h_c}{h_0 - h_c'} \cdot \frac{1 + \dfrac{\sum_{i=1}^{Z} \alpha_i(h_0 - h_i)}{\alpha_c(h_0 - h_c)}}{1 + \dfrac{\sum_{i=1}^{Z} \alpha_i(h_0 - h_i)}{\alpha_c(h_0 - h_c)} \cdot \dfrac{\alpha_c(h_0 - h_c)}{\alpha_c(h_0 - h_c')}}$$

记

$$A_{rg} = \frac{\sum\limits_{i=1}^{Z} \alpha_i (h_0 - h_i)}{\alpha_c (h_0 - h_c)} \qquad (6.34)$$

则有

$$\eta_t^{rg} = \eta_t^R \cdot \frac{1 + A_{rg}}{1 + A_{rg} \eta_t^R} = R \cdot \eta_t^R \qquad (6.35)$$

式中，η_t^R 为无回热循环（朗肯循环）的热效率；A_{rg} 为回热过程动力因数；R 为相对因子。

由于 A_{rg} 为正数，且 η_t^R 为小于 1 的正数，因此 R 总大于 1，这就是说回热总是提高热效率。A_{rg} 实质上是所有抽汽汽流所做的功与凝汽汽流做的功之比。A_{rg} 愈大，表明与凝汽流相比抽汽汽流做功愈多，回热效果愈好。

若没有抽汽去回热加热（即 $\sum\limits_{i=1}^{Z} \alpha_i = 0$），则 $\eta_t^{rg} = \eta_t^R$，因为这时 $\alpha_c = 1$，全部汽流到凝汽器，就是无回热的朗肯循环。

当用新蒸汽对给水加热时，这时 $h_0 - h_i = 0$，$A_{rg} = 0$，$\eta_t^{rg} = \eta_t^R$。用新蒸汽对给水加热不增加有用功，因而不能改变系统的热效率。

6.4.2 最佳回热分配

给水回热加热的效果在很大程度上取决于从汽轮机抽出到给水加热器的蒸汽压力。的确，对于只有一个抽汽点的情况（如图 6.13 所示），在高压处抽汽可以把给水加热到比用低压蒸汽加热时更高的温度，但这时它的有用比焓降（$h_0 - h_1$）较低。用低压蒸汽回热加热时，比焓降（$h_0 - h_1$）增加了，但给水温度 t_{fw} 变低了。由式（6.35）可知，当动力因数 A_{rg} 达到其最大值时，η_t^{rg} 达到其最大值。

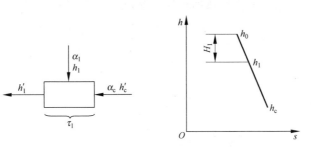

图 6.13 一级回热加热抽汽压力的确定

对于单级回热，有

$$A_{rg} = \frac{\alpha_1 (h_0 - h_1)}{\alpha_c (h_0 - h_c)} = \frac{\alpha_1 H_1}{\alpha_c H_c} \qquad (6.36)$$

根据混合加热器的热平衡方程，有

$$h_{fw} = \alpha_1 h_1 + (1 - \alpha_1) h'_c \qquad (6.37)$$

很容易得到

$$\alpha_1 = \frac{h_{fw} - h'_c}{h_1 - h'_c} = \frac{\tau_1}{\tau_1 + q_1} \qquad (6.38)$$

式中，τ_1 是回热加热器中给水比焓升；q_1 为回热加热器中 1 kg 蒸汽的凝结放热量；α_1 为第 1

级加热器抽汽流量份额；α_c 为进入凝汽器的流量份额（相对流量）。于是有

$$\alpha_c = 1 - \alpha_1 = \frac{q_1}{\tau_1 + q_1} \tag{6.39}$$

将 α_1、α_c 代入式(6.36)，有

$$A_{rg} = \frac{\tau_1 H_1}{q_1 H_c} \tag{6.40}$$

由于

$$H_1 = h_0 - h_1 = h_0 - h_c' = q_1 - \tau_1 \tag{6.41}$$

最后得到

$$A_{rg} = \frac{(h_0 - h_c' - q_1)\tau_1 - \tau_1^2}{q_1(h_0 - h_c)} \tag{6.42}$$

式(6.42)中，h_0、h_c 分别为新蒸汽和乏汽的比焓，与抽汽压力无关；但 q_1 与抽汽压力有关，然而，在 A_{rg} 的最大值附近抽汽压力在小范围内变化时，q_1 可取作常数。在这个假定下，式(6.42)的分母为常数，分子中只有给水在加热器中比焓升 τ_1 为变量。令

$$F \equiv (h_0 - h_c' - q_1)\tau_1 - \tau_1^2$$

显然，当 $\dfrac{\mathrm{d}F}{\mathrm{d}\tau_1} = 0$，即

$$h_0 - h_c' - q_1 - 2\tau_1 = 0 \tag{6.43}$$

时，A_{rg} 有最大值。比较式(6.41)和式(6.43)得

$$H_1 = \tau_1 \tag{6.44}$$

这就是说，在单级回热加热系统中，当回热加热器中给水比焓升等于在汽轮机入口蒸汽初始比焓与抽汽点的蒸汽比焓之差时，回热系统达到其最佳值。

对于图 6.14 所示二级给水回热加热的情况，有

$$A_{rg} = \frac{\alpha_1(h_0 - h_1) + \alpha_2(h_0 - h_2)}{\alpha_c(h_0 - h_c)} \tag{6.45}$$

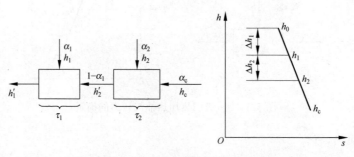

图 6.14　二级回热加热抽汽压力的确定

分析每个加热器的热平衡方程后，得

$$\alpha_1 = \frac{\tau_1}{\tau_1 + q_1} \tag{6.46}$$

$$\alpha_2 = \frac{\tau_2}{\tau_2 + q_2} \cdot \frac{q_1}{q_1 + \tau_1} \tag{6.47}$$

$$\alpha_c = 1 - \alpha_1 - \alpha_2 = 1 - \frac{\tau_1}{\tau_1 + q_1} - \frac{\tau_2}{\tau_2 + q_2} \cdot \frac{q_1}{q_1 + \tau_1}$$

整理得

$$\alpha_c = \frac{q_1 q_2}{(q_1 + \tau_1)(\tau_2 + q_2)} \tag{6.48}$$

将 α_1、α_2、α_c 代入式(6.45)，经变换后得

$$A_{rg} = \frac{\tau_1(\tau_2 + q_2)H_1 + q_1\tau_2(H_1 + H_2)}{q_1 q_2 H_c} \tag{6.49}$$

加热器中 1 kg 蒸汽凝结时放出的热量 q 取决于抽汽的压力。抽汽的凝结热随压力的变化可表示为一条光滑曲线(图 6.15 中的曲线 1)，这条曲线可表示成解析函数形式。然而，从求解这一问题的角度讲，用图 6.15 中的曲线 2 来代替曲线更为方便。在抽汽压力的一些变化区间，认为 q 为常数。

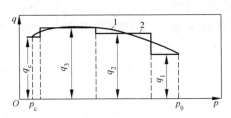

图 6.15 回热加热器中蒸汽放热量 q 与压力的关系
1—实际曲线；2—台阶式近似曲线

在这种情况下，式(6.49)中的 q_1、q_2 将是常数。于是，A_{rg} 最大值在式(6.49)分子最大时得到，即当

$$F = \tau_1(\tau_2 + q_2)H_1 + q_1\tau_2(H_1 + H_2) \tag{6.50}$$

取得最大时得到，由于

$$H_1 = h_0 - h_1 = h_0 - h'_c - \tau_1 - \tau_2 - q_1 \tag{6.51}$$

$$H_1 + H_2 = h_0 - h_2 = h_0 - h'_c - \tau_2 - q_2 \tag{6.52}$$

函数 F 可以化为

$$F = \tau_1(\tau_2 + q_2)(a_1 - \tau_1 - \tau_2) + q_1\tau_2(a_2 - \tau_2) \tag{6.53}$$

其中

$$a_1 = h_0 - h'_c - q_1 \tag{6.54}$$

$$a_2 = h_0 - h'_c - q_2 \tag{6.55}$$

由式(6.53)可见，F 是 τ_1、τ_2 的函数，它在下述条件下有最大值：

$$\frac{\partial F}{\partial \tau_1} = 0, \quad \frac{\partial F}{\partial \tau_2} = 0 \tag{6.56}$$

由上述条件得方程

$$\tau_2(a_1 - 2\tau_1 - \tau_2 - q_2) + q_2(a_1 - 2\tau_1) = 0 \tag{6.57}$$

$$\tau_1(a_1 - \tau_1 - 2\tau_2 - q_2) + q_1(a_2 - 2\tau_2) = 0 \tag{6.58}$$

注意到，式(6.51)、式(6.52)、式(6.54)、式(6.55)、式(6.57)、式(6.58)可写成

$$\tau_2(H_1 - \tau_1 - q_2) + q_2(H_1 - \tau_1 + \tau_2) = 0 \tag{6.59}$$

$$\tau_1(H_1 + H_2 - q_1 - \tau_1 - \tau_2) + q_1(H_1 + H_2 - q_2) = 0 \tag{6.60}$$

由以上二式解得

$$\begin{cases} H_1 = \tau_1 \\ H_2 = \tau_2 \end{cases} \tag{6.61}$$

这样,在二级给水回热加热系统中,达到最佳热效率的条件是:在第一级加热器中给水的比焓升等于蒸汽比焓降 $h_0 - h_1$,在第二级加热器中给水的比焓升等于汽轮机第一级抽汽与第二级抽汽比焓之差 $h_1 - h_2$。

依此类推,在多级(Z级)回热加热系统中,则存在

$$\tau_i = H_i, \quad i = 1, 2, \cdots, Z \tag{6.62}$$

这就是说,在多级回热加热系统中,当加入到除第1个回热加热器以外的各加热器的热量等于给定点与其前面抽汽点之间的蒸汽的比焓降,而加入到第1个加热器中的热量等于初始蒸汽比焓与第一个抽汽点处蒸汽比焓之差时,回热加热系统达到其最佳热效率。

从上面的关系式可以得到直接计算 τ 的最佳值的公式。对于一级回热的系统,由式(6.41)和式(6.44)得

$$2\tau_1 = h_0 - h_c' - q_1 \tag{6.63}$$

其中

$$h_0 = h_{f0} + q_0 \tag{6.64}$$

式中,h_{f0} 为新汽压力下的饱和水比焓;q_0 为新汽压力下的潜热。于是有

$$\tau_1 = \frac{h_{f0} - h_c'}{2} + \frac{q_0 - q_1}{2} \tag{6.65}$$

对二级回热加热,可以得到

$$\begin{cases} 2\tau_1 + \tau_2 = h_0 - h_c' - q_1 \\ \tau_1 + 2\tau_2 = h_0 - h_c' - q_2 \end{cases} \tag{6.66}$$

两级回热加热达到最佳热效率时,应有

$$\begin{cases} \tau_1 = \dfrac{h_{f0} - h_c'}{3} + \dfrac{q_0 + q_2 - 2q_1}{3} \\ \tau_2 = \dfrac{h_{f0} - h_c'}{3} + \dfrac{q_0 + q_1 - 2q_2}{3} \end{cases} \tag{6.67}$$

依此类推,得 Z 级回热加热情况下,各级加热器最佳给水比焓升为

$$\tau_m = \frac{h_{f0} - h_c'}{Z+1} + \frac{\displaystyle\sum_{j=0}^{Z} q_j - (Z+1)q_m}{Z+1} \tag{6.68}$$

式中,m 为抽汽编号(从高压级开始为 $1, 2, \cdots, Z$)。

假若 1 kg 抽汽在各个加热器中的加热量 $q_0 \approx q_1 \approx q_2 \approx q_Z$,则式(6.68)变成

$$\tau_m = \frac{h_{f0} - h_c'}{Z+1} \tag{6.69}$$

式(6.69)表示,每级加热器的给水比焓升都相等,为 $\dfrac{h_{f0} - h_c'}{Z+1}$,这种使系统各级回热加热器加热量相同的分配称为回热加热的平均分配。

将式(6.69)与式(6.62)联系起来,即将每级加热器给水比焓升取作等于汽轮机抽汽级间相等的比焓降,这种回热分配法称为"等比焓降分配法"。

上面给出的这些关系式是通过分析混合式加热器的回热加热系统得到的。对于表面式

加热器,由于给水没有被加热至抽汽的饱和温度,与混合式加热器相比,加热到同一温度,抽汽的压力要高一些,这就使系统的热效率降低。相应的加热量计算公式中应再考虑一个端差。

综上可知,理想回热循环最佳回热分配有多种近似解,因简化条件不同,其数值也有所差异。可是在蒸汽参数不高时,差别实际上并不太大。至于实际回热循环,以及有再热的回热循环,也可根据同样的原理与方法获得最佳回热分配的通式。

6.4.3 最佳给水温度

给水回热加热提高了循环吸热过程的平均温度,同时使冷源损失减少,提高了循环的热经济性。最佳给水温度与回热级数、给水回热分配有密切关系。最佳给水以各级最佳回热分配为基础,即最佳给水温度是各级最佳回热分配的必然结果。

以单级回热循环为例,若给水温度等于凝汽器压力下的饱和温度 t_c,此时没有回热,循环热效率就是朗肯循环的热效率。当利用回热抽汽来加热给水时,给水温度随着抽汽压力的提高而提高,热效率的增值也随之增加。在抽汽压力达到某一数值时,热经济效益达最大值,此时的给水温度为最佳。继续提高抽汽压力,给水温度虽随之相应提高,而热经济性反而开始降低。这是因为,虽然循环吸热量 $h_0 - h_{fw}$ 不断降低,但是每千克蒸汽在汽轮机中做的功却减少,势必要增加汽耗率 d_0,使冷源损失增加;当 d_0 增加较快时,热耗率 q_0 不断增大,循环的热效率降低。当抽汽压力提高到新汽压力时,给水加热已不属于回热循环,相对热效率的增值减为零。单级回热理论的最佳给水温度 $t_{fw,opt} = \dfrac{t_{f0} - t_c}{2}$ 时,它的热效率达最大值。单级回热时各参量与给水温度的关系如图 6.16 所示,其中 t_{f0} 为新蒸汽压力对应的饱和水的比焓。

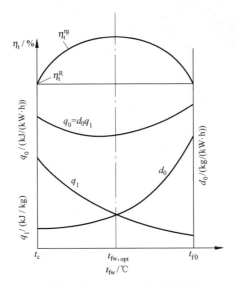

图 6.16 单级回热时 t_{fw} 与各参量的关系

可以推论,多级抽汽的回热循环也存在给水温度最佳值,它与回热级数、回热在各级中的分配有关。

若按平均分配法进行回热分配,最佳给水温度时的比焓值为

$$h_{\mathrm{fw,opt}} = h'_{\mathrm{c}} + Z\tau = h'_{\mathrm{c}} + \frac{(h_{\mathrm{f0}} - h'_{\mathrm{c}})Z}{Z+1} \tag{6.70}$$

最佳给水温度和回热级数与热经济性的关系如图 6.17 所示,图中坐标

$$\phi = \frac{\Delta \eta_{\mathrm{t}}^{Z}}{\Delta \eta_{\mathrm{t}}^{\infty}}; \quad \mu = \frac{t_{\mathrm{fw}} - t_{\mathrm{c}}}{t_{\mathrm{f0}} - t_{\mathrm{c}}}$$

由图可知,回热循环的基本规律如下所述。

(1) 回热循环的热经济性随着回热级数增加而提高;同时,它又是收敛级数,提高的幅度随着级数的增加而递减。其数值见表 6.1。

表 6.1　不同回热级数的热经济效益

项　　目	级　　数								
	0	**1**	**2**	**3**	**4**	**5**	**6**	**…**	**Z**
ϕ	0	$\frac{1}{2}$	$\frac{2}{3}$	$\frac{3}{4}$	$\frac{4}{5}$	$\frac{5}{6}$	$\frac{6}{7}$	…	$\frac{Z}{Z+1}$
η_{t} 提高幅度递减值	$\frac{1}{2}$	$\frac{1}{6}$	$\frac{1}{12}$	$\frac{1}{20}$	$\frac{1}{30}$	$\frac{1}{42}$		…	$\frac{1}{Z(Z+1)}$

(2) 当给水温度一定时,热经济性也随着回热级数的增加而提高,但其增长率同样也是递减的,如图 6.17 所示。

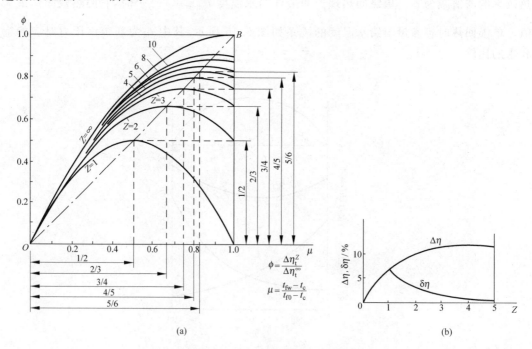

图 6.17　给水回热的热经济效益

(a) ϕ-μ 曲线;(b) $\delta\eta$-Z 曲线和 $\Delta\eta$-Z 曲线

(3) 对任一回热级数,均有其相应的最佳给水温度,而且它随着级数的增加而提高,如

图 6.17 中 *OB* 所示。

（4）图 6.17 中各曲线最高处附近的斜率变化缓慢,因而对任一回热级数的实际给水温度,虽与其最佳值有所偏离,但对热经济性的影响不大。

在考虑回热系统的经济效益时,不能单纯追求热经济性,还必须考虑发电厂全面的技术经济指标,即考虑系统、设备投资,厂用电、折旧费及燃料价格等。通过技术经济比较确定的最佳给水温度,称为经济上的最佳给水温度,它显然低于理论上的最佳给水温度。

现代压水堆核电厂蒸汽初压对应的饱和温度为 280～290℃,但由于上述原因,采用的给水温度几乎都在 220～240℃ 范围内。表 6.2 给出了某些核电厂给水回热系统数据。

表 6.2　部分压水堆机组回热及再热数据

电厂名称	秦山一期	大亚湾	某在建 2 代改进型	田湾	秦山二期
电功率/MW	300	900	1000	1060	600
p_0(MPa)/t_0(℃)	5.345/268	6.16/276.7	6.43/280.1	5.88/274	6.447/280.3
回热级数	6＋除氧器	6＋除氧器	6＋除氧器	6＋除氧器	6 级＋除氧器
再热压力(MPa)/温度(℃)	0.49/255	0.747/264	0.936/268.8	0.55/250	0.9442/265
给水温度 /℃	221.5	226	228.1	218	220

6.5　蒸汽再热循环

6.5.1　概述

蒸汽中间再热就是将蒸汽从汽轮机某级引出来再加热,温度提高后再送回汽轮机后续的级继续做功。

在工程热力学中研究了理想再热循环,它可以看作是无再热的基本循环（即朗肯循环）与再热过程构成的附加循环所组成的循环。采用蒸汽中间再热能否提高整个再热循环的热效率,取决于附加循环的平均吸热温度是否高于基本循环的相应值。

目前大型火力发电厂大都采用蒸汽中间再热系统,其主要目的是在蒸汽终湿度满足要求限值条件下提高蒸汽初参数,从而提高大容量机组的热经济性。在压水堆核电厂,采用新蒸汽加热高压缸排汽。从热力学的角度讲,用新蒸汽再热只会降低热效率。这里,再热的主要目的在于提高蒸汽在汽轮机中膨胀终点的干度。图 6.18 为饱和蒸汽核汽轮机的 h-s 图。若不采取任何措施,当蒸汽膨胀至 5 kPa 时,其蒸汽湿度 $y(=1-x)$ 将接近 30%。为了保障汽轮机组低压缸的安全运行,设置了中间汽水分离器及低压缸级间去湿结构,则末级叶片的湿度仍接近 20%（膨胀线Ⓐ）;在此基础上再增加蒸汽中间再热,蒸汽被加热至过热,则末级叶片的湿度约为 11%（膨胀线Ⓑ）。图中膨胀线Ⓒ表示大型火力发电机组的膨胀过程,其排汽湿度约为 10%。可见,核汽轮机在采取蒸汽再热措施后,末级湿度已与常规电厂机组相近。由于湿蒸汽所引起的内部损失减小了,总的效果是机组效率得到改善。

6.5.2　汽耗率与热耗率

首先观察再热循环中汽轮机组的实际比焓降（见图 6.19）,有

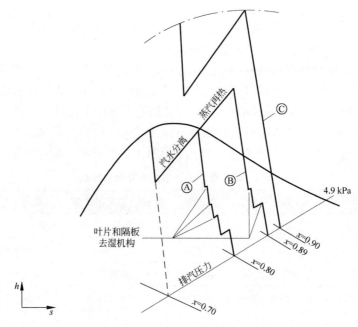

图 6.18 核汽轮机组蒸汽膨胀过程

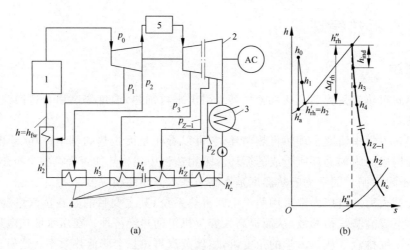

图 6.19 具有 Z 级回热的再热循环系统及 h-s 图
1—蒸汽发生器；2—汽轮机；3—凝汽器；4—回热加热器；5—汽水分离再热器

$$H_{rh} = H_{rh1} + H_{rh2} = (h_0 - h'_a)\eta'_{ri1} + (h''_{rh} - h''_a)\eta'_{ri2}$$
$$= (h_0 - h'_{rh}) + (h''_{rh} - h_c)$$
$$= h_0 - h_c + \Delta q_{rh}$$

式中，$\Delta q_{rh} = h''_{rh} - h'_{rh}$，是中间再热吸收的热量。

通常，再热机组同时具有回热系统，则汽耗量的通式如下：

$$D_0^{rh} = \frac{3600 P_e}{(h_0 - h_c + \Delta q_{rh})\eta_m \eta_{ge}} \cdot \frac{1}{1 - \sum \alpha_j Y_j} = D_0^c \beta \tag{6.71}$$

式中，D_0^c 为纯凝汽机组的汽耗量；β 为由于有再热回热而增大的因数；Y_j 为高压汽轮机做功

不足因数；Y_j' 为低压汽轮机组做功不足因数。且参考式(6.30)，有

$$Y_j = \frac{h_j - h_c + \Delta q_{rh}}{h_0 - h_c + \Delta q_{rh}}$$

$$Y_j' = \frac{h_j - h_c}{h_0 - h_c + \Delta q_{rh}}$$

$$d_0^{rh} = \frac{3600}{(h_0 - h_c + \Delta q_{rh})\eta_m \eta_{ge}}\beta = d_0^c \beta \tag{6.72}$$

一般来说，具有再热时，H_{rh} 增大了，因此与纯回热机组相比，汽耗量及汽耗率都将降低。但同时由于吸收了热量 Δq_{rh}，故热耗率与热耗量的变化将取决于多种因素，可分别表示为

$$\dot{Q}_0^{rh} = D_0^{rh}(h_0 - h_{fw}) + D_{rh}\Delta q_{rh} \tag{6.73}$$

$$q_0 = d_0^{rh}\left[(h_0 - h_{fw}) + \frac{D_{rh}}{D_0^{rh}}\Delta q_{rh}\right] \tag{6.74}$$

式中，D_{rh} 为进入再热器的被加热汽水流量。

经具体分析可知，再热机组采用回热提高效率的幅度较非再热机组为小，这意味着再热削弱了回热的效果。

一级回热情况下，回热循环热效率对于朗肯循环的相对增长为

$$\Delta \eta_t = \frac{\eta_t^{rg} - \eta_t^R}{\eta_t^R}$$

同理，再热回热循环热效率 $\eta_t^{rh,rg}$ 对于无回热的再热循环的热效率 $\eta_t^{rh'}$ 相对增长为

$$\Delta \eta_t' = \frac{\eta_t^{rh,rg} - \eta_t^{rh'}}{\eta_t^{rh'}}$$

图 6.20 为 $\Delta\eta_t$、$\Delta\eta_t'$ 与给水比焓的关系，虚线为无再热机组单级回热时的效率相对增长 $\Delta\eta_t$，实线为一级再热机组单级回热时的效率相对增长 $\Delta\eta_t'$。可以看到，回热抽汽由"冷"再热抽汽过渡到"热"再热抽汽时，$\Delta\eta_t'$ 有突降，随再热后回热抽汽压力的降低，$\Delta\eta_t'$ 增加到最大值，之后 $\Delta\eta_t'$ 开始降低。显然，有再热时回热循环的最佳给水温度，较无再热时的回热循环为低。从图中还可以看到，尽管 $\Delta\eta_t' < \Delta\eta_t$，但仍明显高于 η_t^R。

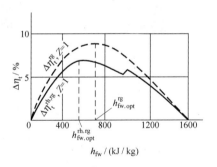

图 6.20 $\Delta\eta_t^{rh,rg}$、$\Delta\eta_t^{rg}$ 与 h_{fw} 关系

6.5.3 具有再热的回热加热分配

6.4 节所述的是没有再热的回热加热系统。现代压水堆核电厂都采用有再热的回热加热系统，具有再热的回热加热系统的热经济性指标主要取决于再热后第一个抽汽点的布置。可以设想，如果再热器之后的第一个抽汽点的压力选在接近于汽轮机高压缸出口蒸汽压力（即紧接再热器之后），那么循环的效率将不会提高，甚至可能下降。随着这个抽汽压力的降低，循环的效率开始升高。那么在再热器之后蒸汽的膨胀线上就会有这样一个点存在，在这一点布置回热抽汽对循环的效率没有影响。这一点可以称为再热器之后蒸汽膨胀线上的中性点（见图 6.19）。文献 10 指出，这一点由下面公式确定：

$$h_{ind} = \eta_{i,HPC} \cdot \Delta q_{rh} \qquad (6.75)$$

式中，h_{ind} 是 h''_{rh} 与中性点处蒸汽比焓之差；$\eta_{i,HPC}$ 是汽轮机高压缸的绝对内效率。

当知道汽轮机入口和高压缸后蒸汽的参数时，对给定的给水温度不难确定 h_{ind}。在中性点之后的回热抽汽分配可由前面给出的任一组关系式确定。

应当指出，上面给出的关系式计算出的抽汽点分布在实际电厂中往往是不能严格遵守的。一个汽轮机的级数有限，因而，抽汽室中的压力也是一定的。当然，这些压力可能不同于能保证最佳热效率的压力。安排除氧器压力的一些特殊要求（这些要求中有一些其他考虑）和从高压缸排汽作为除氧器加热蒸汽的需要也会使计算得到的抽汽点作某些改变；不过，少许的改变通常不会引起热效率的显著变化。最后作决定时，有必要在每一具体情况下对实际所选系统算得的效率与最佳分布算得的效率进行比较。

6.5.4　最佳再热压力

最佳再热压力取决于许多因素，主要是蒸汽初终参数、中间再热前后的汽轮机内效率、中间再热后的温度与中间再热加热蒸汽的压力和给水回热加热温度等。

如前所述，对于使用饱和蒸汽的核电厂，蒸汽中间再热的主要目的是为了提高蒸汽在汽轮机中膨胀终点的干度。为了保障汽轮机组的安全运行，规定汽轮机的蒸汽湿度限值为 14％，因而在高低压缸之间设置了汽水分离再热器，使汽轮机高压缸和低压缸出口蒸汽的湿度在规定的限值以下。目前采用的汽水分离再热器最多为二级再热，第一组再热器用高压缸抽汽加热去湿后的高压缸排汽，第二级再热器用新蒸汽加热，这样，向低压缸提供的是过热蒸汽。在现在采用的蒸汽初压条件下，这样的系统一次汽水分离和再热是足够的。

204

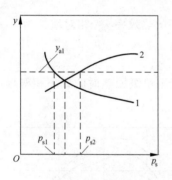

图 6.21　汽水分离器压力对高低
压缸排汽湿度的影响
1—在高压缸出口处 y 的变化；
2—在低压缸的出口处 y 的变化

从图 6.21 可以看出，高压缸排汽湿度随汽水分离内压力降低而增加，而低压缸排汽湿度则随汽水分离器的压力降低而减小。在最佳条件下，汽水分离再热器压力应使高压缸出口处蒸汽湿度大约等于低压缸出口蒸汽湿度，且高、低压缸排汽的湿度控制在 14％之内。图中虚线表示汽轮机中的允许湿度 y_{al}，汽水分离器的压力可在 $p_{s1} \sim p_{s2}$ 范围内选择。由于采用了汽水分离再热，对于同样的蒸汽初压 p_0 和乏汽压力 p_c，在汽轮机高压缸出口处蒸汽的压力将比无再热系统中的高压缸出口蒸汽压力高，因而在汽轮机高压缸和低压缸中蒸汽的平均湿度将减小。所以，尽管由新蒸汽和高压缸抽汽加热时附加的（再热循环）平均吸热温度低于主循环的平均吸热温度，汽轮机的内效率还是比较高的。

6.6　二回路系统热力分析

6.6.1　定功率分析方法

现代核电厂普遍采用具有中间再热的回热循环。本节将讨论具有中间再热的回热循环汽轮发电机组的热力计算，而回热系统的计算是核电厂热力系统计算的核心。目前，已经发展了若干种计算方法,如定功率计算法、等效热降法和循环函数法等,它们的计算原理和步骤是类似的。这里只介绍常规的热力系统计算方法——定功率计算法。

热力系统计算的任务是确定某一工况下的汽耗量和各级回热抽汽量,以及机组的热经济性指标。

计算的原始条件是:汽轮机的形式、容量、初终参数、机组回热系统的连接方式及各级抽汽的汽水参数,汽轮机的背压,高、低压缸的相对内效率,冷却水的温度等。

热力计算的基本公式有:质量平衡式、各级加热器的热平衡式和汽轮机组的功率方程式。

在工程计算中,通常以汽轮机汽耗量的相对量表示各级抽汽流量份额 α_j 和凝汽流量份额 α_c,且有 $\sum \alpha_j + \alpha_c = 1$。根据功率方程式求得汽轮机汽耗量 D_0 的绝对值,从而求出各级抽汽量 D_j 和凝汽流量 D_c 的绝对值。最后计算各热经济性指标。

Z 级回热加热系统有 Z 个抽汽流量份额和一个凝汽流量份额,共有 $(Z+1)$ 个未知数,利用 Z 个加热器热平衡方程式和一个汽轮机功率方程式,共 $(Z+1)$ 个方程式可求这 $(Z+1)$ 个未知数。

计算时需要合理选取:①新蒸汽、回热蒸汽和各级回热抽汽的压力损失,新蒸汽的压力损失一般为蒸汽初压的 $3\% \sim 7\%$,各级回热抽汽压力损失为该级抽汽压力的 $4\% \sim 8\%$;②选取各加热器上端差 θ(加热器压力下的饱和水温与被加热水出口温度之差,见图 6.22)、下端差 ϑ(离开疏水冷却器的水温与被加热水进口温度之差,见图 6.23);③各级加热器散热损失,以加热器的效率 η_h 考虑时取 $0.97 \sim 0.99$,以各级加热器蒸汽比焓的利用系数 η_h' 考虑时取 0.985;④汽轮机机组的机械效率和发电机组效率可取 $0.98 \sim 0.99$。

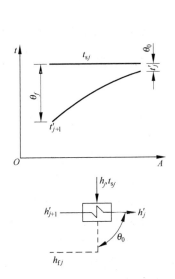

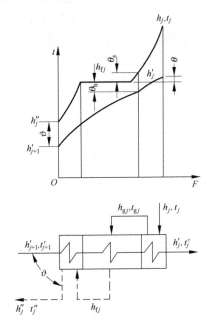

图 6.22 表面式加热器的温度曲线 　　图 6.23 有内置蒸汽冷却段、疏水冷却段
　　　　　　　　　　　　　　　　　　　　　　　加热器的温度曲线

机组的热经济性随端差的降低而提高。这是由于，在给水温度一定而其他条件不变的情况下，端差的存在使抽汽压力提高，从而减少了抽汽做功。减少加热器端差要求增加传热面积，从而增加设备投资。端差的合理确定须进行综合的技术经济分析。

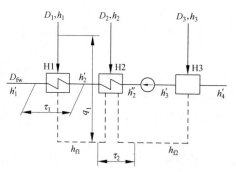

图 6.24　高压加热器组系统

对于核电厂饱和汽轮机组，各级抽汽有时为汽水混合物，此时加热器进口应注明饱和水的份额。

下面以图 6.24 所示的高压加热器组为例，建立热平衡式。

H1 加热器：　$D_1 q_1 \eta_h = D_{fw} \tau_1$

或

$$D_1 (h_1 - h_{f1}) \eta_h = D_{fw} \tau_1$$

H2 加热器：　$(D_2 q_2 + D_1 \gamma_2) \eta_h = D_{fw} \tau_2$

H3 加热器：　$\sum D_3 q_3 + (D_1 + D_2) \gamma_3 = \dfrac{D_{fw} \tau_3}{\eta_h}$

式中，τ_1、τ_2、τ_3 为加热器 H1、H2、H3 中给水比焓升；q_1、q_2、q_3 为加热器 H1、H2、H3 蒸汽凝结放热量；γ_3、γ_2 分别为疏水在加热器 3、2 的放热量；η_h 是计及加热器损失后的效率；D_{fw} 为给水流量。

通常的热力计算分为定功率计算和定流量计算。前者以机组的电功率 P_e 为定值，计算所需的蒸汽量；后者以进入汽轮机的蒸汽量 D_0 为定值，计算可发出的电功率。

本节以机组的电功率 P_e 为定值，计算所需的蒸汽量。

用定功率法计算的电功率与规定的机组电功率的误差应在工程允许范围内；否则，要修改 D_0 重新计算，直至误差达到要求。

计算的程序视回热系统连接方式而定。一般从高压加热器开始，顺序逐个求出其对应的热力参数和抽汽系数，依次进行到压力较低的加热器，即采用"由高到低"的方法。

6.6.2　定功率法热力分析举例

下面对图 6.25 所示电功率为 900 MW 的某压水堆核电厂二回路热力系统进行校核计算。

已知机组额定电功率 $P_e = 962.55$ MPa；蒸汽初参数 $p_0 = 5.47$ MPa，$x_0 = 0.9948$；再热后蒸汽参数 $p_{rh} = 1.1808$ MPa，$t_{rh} = 251.3$℃；给水温度 $t_{fw} = 222.0$℃；凝汽器压力 $p_c = 7.4$ kPa；机组共有 5 级回热抽汽，各抽汽压力、压损、焓及加热器的上端差、下端差等数据已编于表 6.3。轴封汽箱来汽比焓 $h_{be} = 2793.2$ kJ/kg，其流量分配为：高压缸轴封 $D_{be,h} = 0.30 \times 2 = 0.60$ kg/s，低压缸轴封 $D_{be,1} = 0.145 \times 4 = 0.58$ kg/s，小汽轮机（驱动给水泵）轴封 $D_{be,t} = 0.23$ kg/s；加热器 H5 用汽 $D_{be,5} = 0.43$ kg/s；凝汽器补充水量 $D_{aw} = 0.44$ kg/s；给水泵出口水压 $p_{fw} = 7.32$ MPa；进口水压取除氧器出口水压，给水泵效率 $\eta_{pu,fw} = 0.81$；凝结水泵出口水压 $p'_c = 2.943$ MPa；进口水压取凝汽器压力，凝结水泵效率 $\eta_{pu,c} = 0.81$；各加热器效率均取 0.995；小汽轮机额定功率 13 800 kW；$\eta_{m,fw} = 0.95$；出口汽压 $p'_{fw} = 8.2$ kPa；焓 $h'_{fw} = 2335.5$ kJ/kg；汽轮机组机械效率 $\eta_m = 0.99$；发电机效率 $\eta_{ge} = 0.985$。求各级回热抽汽

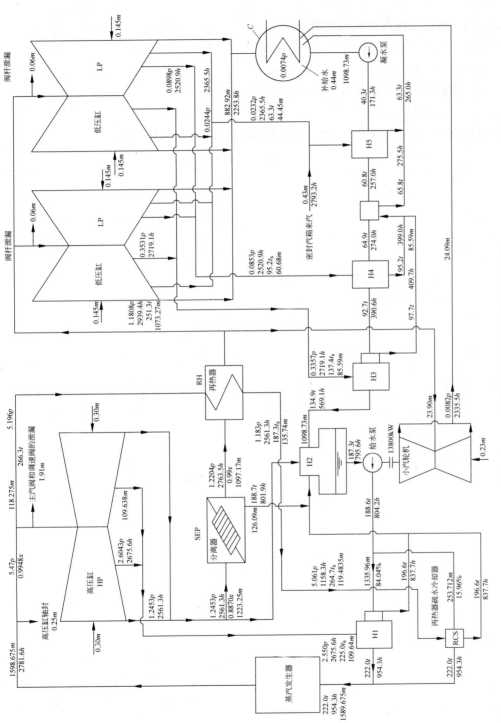

图 6.25　900 MW 压水堆核电厂机组热平衡图

p—压力,MPa; t—温度,℃; h—比焓,kJ/kg; m—工质质量流量,kg/s; x—干度

量及机组在额定工况时的热经济性指标。

解题步骤如下。

1. 在焓-熵图上作汽轮机组的汽态线

取新汽压损为 $5\% p_0$，故 $p_0' = (1-0.05) p_0 = 5.196$ MPa。由 $p_0 = 5.47$ MPa 及 $x_0 = 0.9948$ 查得 $h_0 = 2781.6$ kJ/kg。

取再热蒸汽中联合汽门压损 2%，$p_{rh}' = (1-0.02) p_{rh} = 1.1572$ MPa。

由 p_{rh} 及 t_{rh} 查得 $h_{rh} = 2939.2$ kJ/kg。

根据给定的蒸汽初终参数、再热参数及各级抽汽参数，作汽态线如图 6.26 所示。

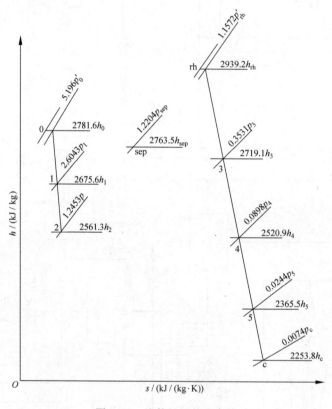

图 6.26 汽轮机组的汽态线

计算中符号系统说明如下：p_i、h_i 为第 i 级抽汽压力和比焓；p_i'、t_{si}、h_{fi} 为第 i 级加热器处压力及该压力下饱和水温度和饱和水的比焓；t_i''、h_i'' 为疏水水温和比焓；t_i'、h_i' 为第 i 级加热器出口水温及水的比焓；t_{fw}、h_{fw} 为经过水泵升压后的水温及水的比焓。

本例题中下脚标含义：数字 1~5 指加热器 H1~H5，sep 指分离器；rh 指再热器；be 指轴封汽箱来汽；lo 指泄漏；fw 指给水；aw 指补充水；w 指水；c 指凝汽器；t 指给水泵汽机；h 指高压缸；l 指低压缸；pu 指水泵；sg 指轴封。

2. 编制汽轮机组汽水参数表

根据汽轮机组已知数据，将各计算点的汽水参数编制成表 6.3。

表 6.3 汽轮机组汽水参数表

项目		符号	单位	H1	H2	H3	H4	H5	SEP	RH	C
加热蒸汽	抽汽压力	p_i	MPa	2.6043	1.2453	0.3531	0.0898	0.0244	1.2453	5.196	
	抽汽比焓	h_i	kJ/kg	2675.6	2561.3	2719.1	2520.9	2365.5	2561.3	2781.6	2253.8
	抽汽压损	Δp_i	%	5	5	5	5	5	2	2.6	
	加热器压力	p_i'	MPa	2.5501	1.1830	0.3357	0.0853	0.0232	1.2204	5.061	0.0074
	p'压力下饱和水温	t_{sj}	℃	225.0	187.3	137.4	95.2	63.3	188.7	264.7	40.0
	p'压力下饱和水的比焓	h_{fj}	kJ/kg	966.9	795.6	578.1	399.0	265.0	801.9	1158.3	167.7
	抽汽放热量	q_i	kJ/kg	1837.9	1765.7	2309.4	2245.4	2100.5	1759.4	1623.3	2086.1
被加热侧水（或汽）	加热器端差	θ	℃	3	0	2.5	2.5	2.5	0	13.4	
	加热器入口温度	t_{i+1}'	℃	188.6	134.9	92.7	60.8	40.3	187.3	188.7	
	加热器出口温度	t_i'	℃	222.0	187.3	134.9	92.7	60.8	188.7	251.3	
	加热器压力	p_{wi}	MPa	7.320	1.183	2.943	2.943	2.943	1.2204	1.1808	
	加热器进口比焓	h_{i+1}'	kJ/kg	804.2	569.1	390.1	257.0	171.3	2561.3	2763.5	
	加热器出口比焓	h_i'	kJ/kg	954.3	795.6	569.1	390.6	257.0	2763.5	2939.4	
	比焓升	τ_i	kJ/kg	150.0	226.5	179.0	133.7	85.6	202.0	175.9	
疏水	疏水冷却器端差	ϑ	℃	8		5	5				
	疏水冷却器出口水温	T_i''	℃	196.6		97.7	65.8				
	疏水冷却器出口水比焓	h_i''	kJ/kg	837.7		409.7	275.5				
	加热器疏水的比焓	h_{fi}'	kJ/kg		795.6			265.0	801.9	1158.3	

注：表中所用符号仅限本例题使用。

由已知抽汽参数查表可得 p' 对应的饱和水温和水的比焓。加热器出口水温度由 $t_s - \theta$ 求得,进口水温、水的比焓对于 H2~H4 为前一级加热器出口参数,已知;对于 H1 及 H5 应通过水泵的比焓升计算加上前一级出口水比焓,再查表求得水温。H1、H3、H4 的疏水出口参数由被加热水进口水温和下端差 θ 得,比焓则由各级压力查表求得。

分离器的进出口干度、压损、来汽参数为已知。再热器出口参数为已知。

3. 各级回热抽汽量的计算

1) 汽轮机总耗汽量的估算

无回热抽汽时的汽耗量

$$D_{c0} = \frac{p_e}{(h_0 - h_c + \Delta q_{rh})\eta_m \eta_{ge}}$$

$$= \frac{962.56 \times 10^3}{(2781.6 - 2253.8 + 2939.4 - 2763.5) \times 0.99 \times 0.985}$$

$$= 1402.713 \text{ kg/s}$$

考虑回热抽汽增加汽耗及轴封用汽、泄漏等项后,取 $D_0 = 1589.675$ kg/s,此值在计算后校核。

2) 高压加热器组的计算

(1) 分离器

质量平衡式为

$$D_{sep} = D_{sep,w} + D_{rh} \tag{6.76}$$

$$p_2' = p_2 \times (1 - 0.02) = 1.2453 \times 0.98 = 1.2204 \text{ MPa}$$

由 p_2' 及 $x_2' = 0.99$ 查水蒸气表得 $h_2' = 2763.5$ kJ/kg,$h_{f,sep} = 801.8$ kJ/kg,则

$$D_{sep,w}(h_2 - h_{f,sep}) + D_{rh}(h_2 - h_2') = 0$$

代入数据,则

$$D_{sep,w}(2561.3 - 801.8) + D_{rh}(2561.3 - 2763.5) = 0$$

得

$$1759.5 D_{sep,w} - 202.2 D_{rh} = 0 \tag{6.77}$$

(2) 再热器

$$p_{0,rh} = (1 - \Delta p) p_0' = 5.196 \times (1 - 0.026) = 5.061 \text{ MPa}$$

查表得与 $p_{0,rh}'$ 相应的 $h_{f,rh} = 1158.3$ kJ/kg。

将数据代入能量平衡式 $D_{0,rh}'(h_0 - h_{f,rh}) = \dfrac{D_{rh}(h_{rh} - h_2')}{\eta_h}$,则

$$D_{0,rh}'(2781.6 - 1158.3) = \frac{D_{rh}'}{0.995}(2939.4 - 2763.5)$$

得

$$1623.3 D_{0,rh} - 176.78 D_{rh} = 0 \tag{6.78}$$

(3) 除氧器 H2

取给水泵进出口水的平均比体积 $v_{av} = 0.001\ 136$ m³/kg,则

$$\Delta h_{fw} = \frac{v_{av}(p_{fw} - p_2') \times 10^3}{\eta_{pu,fw}} = \frac{0.001\ 136 \times (7.320 - 1.183) \times 10^3}{0.81}$$

$$= 8.6 \text{ kJ/kg}$$

$$h'_{fw} = h'_2 + \Delta h_{fw} = 795.6 + 8.6 = 804.2 \ kJ/kg$$

由 h'_{fw} 及 $p_{fw} = 7.32$ MPa 查表得 $t'_{fw} = 188.6 ℃$。

由 $t'_2 = 188.6 ℃$，$p_{fw} = 7.320$ MPa，得 $v'_2 = 0.001\ 138 \ m^3/kg$；由 $t_2 = 187.3 ℃$，$p'_2 = 1.183$ MPa，得 $v_2 = 0.001138 \ m^3/kg$；则

$$v_{av} = \frac{1}{2}(v'_2 + v_2) = \frac{1}{2} \times (0.001\ 134 + 0.001\ 138) = 0.001\ 136 \ m^3/kg$$

证明 v_{av} 取值正确。

$$t_{s1} = t'_2 + \theta = 188.6 + 8 = 196.6 ℃$$

由 $p'_1 = 2.55$ MPa，$t'_s = 196.6 ℃$，查表得 $h_{f1} = 837.6 \ kJ/kg$。

低压组物质平衡式为

$$D'_c = D_{rh} + D_{be,1} + D_{be,t} + D_{aw} + D_{be,5} - D_{lo,1}$$
$$= D_{rh} + 0.145 \times 4 + 0.23 + 0.44 + 0.43 - 0.06 \times 2$$

化简得

$$D'_c = D_{rh} + 1.56 \tag{6.79}$$

H2 能量平衡式为

$$D_2(h_2 - h_{f2}) + D_{sep,w}(h_{f,sep} - h_{f2}) + (D_1 + D_{0,rh})(h''_1 - h_{f2})$$
$$= \frac{1}{\eta_h} D'_c(h'_2 - h'_3)$$
$$D_2(2561.3 - 795.6) + D_{sep,w}(801.9 - 795.6) + (D_1 + D_{0,rh})(837.7 - 795.6)$$
$$= \frac{1}{0.995} D'_c(795.6 - 569.1)$$

化简得

$$42.1D_1 + 1765.7D_2 + 6.2D_{sep,w} - 227.64D'_c + 42.1D_{0,rh} = 0 \tag{6.80}$$

（4）高压加热器 H1 及再热器疏水器 RCS

能量平衡式为

$$D_1(h_1 - h_{f1}) + D_{0,rh}(h_{f,rh} - h_{f1}) = \frac{1}{\eta_h} D_0(h'_1 - h'_{fw})$$

代入数据得

$$D_1(2675.6 - 837.7) + D_{0,rh}(1158.3 - 837.7) = \frac{1589.675}{0.995} \times (954.3 - 804.2)$$

化简得

$$1837.9D_1 + 320.6D_{0,rh} - 2.3981 \times 10^5 = 0 \tag{6.81}$$

（5）高压组联立求解方程组

总质量平衡式为

$$D_0 = D_1 + D_2 + D_{sep} + D_{0,rh} + D_{sg,h} - D_{be,h} + D_{lo,h}$$

代入数据得

$$1589.675 = D_1 + D_2 + D_{sep} + D_{0,rh} + 0.25 - 0.3 \times 2 + 1.91$$

化简得

$$D_1 + D_2 + D_{sep} + D_{0,rh} = 1588.115 \tag{6.82}$$

联立式(6.76)~式(6.82)，解得

$$D_1 = 109.638 \text{ kg/s}, \qquad D_2 = 135.739 \text{ kg/s}$$
$$D_{\text{sep}} = 1223.2546 \text{ kg/s}, \qquad D_{\text{sep,w}} = 126.0856 \text{ kg/s}$$
$$D_{\text{rh}} = 1097.169 \text{ kg/s}, \qquad D_{\text{c}}' = 1098.729 \text{ kg/s}$$
$$D_{0,\text{rh}} = 119.4835 \text{ kg/s}$$

3) 低压加热器组的计算

（1）低压加热器 H3

能量平衡式为

$$D_3(h_3 - h_3'') = \frac{1}{\eta_{\text{h}}} D_{\text{c}}'(h_3' - h_4')$$

可得

$$D_3 = \frac{569.1 - 390.1}{0.995(2719.1 - 409.7)} \times 1098.729 = 85.568 \text{ kg/s}$$

（2）H4 及疏水加热器

能量平衡式为

$$D_4(h_4 - h_4'') + D_3(h_3'' - h_4'') = \frac{1}{\eta_{\text{h}}} D_{\text{c}}'(h_4' - h_5')$$

可得

$$D_4 = \frac{\dfrac{1}{0.995} \times 1098.729 \times (390.6 - 256.8) - 85.586 \times (409.8 - 275.5)}{2520.9 - 275.5}$$
$$= 60.68 \text{ kg/s}$$

（3）给水泵汽轮机功率 P_{t}

给水泵能量平衡，并考虑散热损失，则有

$$P_{\text{t}} = D_{\text{fw}} \Delta h_{\text{fw}} / 0.99$$
$$P_{\text{t}} = 1589.675 \times 8.6 / 0.99 = 13890.3 \text{ kW}$$

由给水泵汽轮机能量平衡式

$$D_{\text{t}}(h_{\text{rh}} - h_{\text{f}}') + D_{\text{be,t}}(h_{\text{be}} - h_{\text{f}}') = \frac{P_{\text{t}}}{\eta_{\text{m,fw}}}$$

可得

$$D_{\text{t}} = \frac{\dfrac{13809.3}{0.95} - 0.23 \times (2793.2 - 2335.5)}{2939.4 - 2335.5} = 23.90 \text{ kg/s}$$

（4）低压加热器 H5

取凝结水泵进出口水平均质量体积 $v_{\text{av}}' = 0.001 \text{ m}^3/\text{kg}$，则

$$\Delta h_{\text{c}} = \frac{v_{\text{av}}'(p_{\text{c}}' - p_{\text{c}}) \times 10^3}{\eta_{\text{pu,c}}}$$
$$= \frac{0.001 \times (2.943 - 0.0074) \times 1000}{0.81} = 3.6 \text{ kJ/kg}$$
$$h_{\text{c}}' = h_{\text{f,c}} + \Delta h_{\text{c}} = 167.7 + 3.6 = 171.3 \text{ kJ/kg}$$

其中 $h_{\text{f,c}}$ 由 p_{c} 查表求得。

由 $p_{\text{c}}' = 2.943 \text{ MPa}$，$h_{\text{c}}' = 171.3 \text{ kJ/kg}$ 查表得 $t_{\text{c}}' = 40.3\,℃$，证明 $v_{\text{av}}' = 0.001 \text{ m}^3/\text{kg}$ 精度足够。

由 H5 能量平衡式

$$D_5(h_5 - h_{f5}) + D_{be,5}(h_{be} - h_{f5}) = \frac{D'_c}{\eta_h}(h'_5 - h'_c)$$

可得

$$D_5 = \frac{\dfrac{1098.729}{0.995} \times (257.0 - 171.3) - 0.43 \times (2793.2 - 265.0)}{2365.5 - 265.0}$$

$$= 44.54 \text{ kg/s}$$

则

$$D_c = D_{rh} - (D_3 + D_4 + D_5) - D_t - D_{lo,1} + D_{be,1}$$

$$= 1097.169 - (85.586 + 60.68 + 44.54) - 23.90 - 0.06 \times 2 + 0.145 \times 4$$

$$= 882.92 \text{ kg/s}$$

4. D_0 的校核计算

机组吸收热量

$$\dot{Q} = (D_0 - D_{0,rh})h_0 + (D_{rh} - D_t)h_{rh} - \sum D_i h_i$$

$$= (1589.675 - 119.4835) \times 2781.6 + (1097.169 - 23.90) \times 2939.4$$

$$\quad - [109.638 \times 2675.6 + (135.739 + 1223.2546) \times 2561.3$$

$$\quad + 85.586 \times 2719.1 + 60.68 \times 2520.9 + 44.54 \times 2365.5 + 882.92 \times 2253.8]$$

$$= 989\,132.5 \text{ kW}$$

与额定功率 P_e 的相对误差

$$\frac{\dot{Q}\eta_m\eta_{ge} - P_e}{P_e} = \frac{989\,132.5 \times 0.99 \times 0.985 - 962\,550}{962\,550} = 0.208\%$$

证明已足够精确。

5. 机组热经济性指标计算

汽耗率

$$d_0 = \frac{D_0}{P_e} = \frac{1589.675 \times 3600}{96.255 \times 10^4} = 5.9455 \text{ kg/(kW·h)}$$

热耗量

$$\dot{Q}_0 = D_0(h_0 - h'_1) = 1589.675 \times (2781.6 - 954.3) = 2.9048 \times 10^6 \text{ kW}$$

热耗率

$$q_0 = \frac{\dot{Q}_0}{P_e} = \frac{2.9048 \times 10^6 \times 3600}{9.6255 \times 10^5} = 10864.1 \text{ kJ/(kW·h)}$$

内效率

$$\eta_t = \frac{\dot{Q}}{\dot{Q}_0} = \frac{989\,128}{2.9048 \times 10^6} = 0.3405$$

电厂毛效率

$$\eta_{el} = \frac{P_e}{\dot{Q}_0} = \frac{9.6255 \times 10^5}{2.9048 \times 10^6} = 0.3314$$

第7章

核汽轮发电机组

7.1 概述

汽轮机是将蒸汽的热能转换成机械能的动力机械。它的主要用途是在热力发电厂中作带动发电机的原动机。在采用化石燃料(煤、燃油和天然气)和核燃料的发电厂中,基本上都采用汽轮机作原动机。有时,汽轮机还直接用来驱动泵,以提高电厂的经济性或安全性。

为了保证汽轮机正常工作,需配置必要的附属设备,如管道、阀门、凝汽器等。汽轮机及其附属设备的组合称为汽轮机设备。在火电厂和核电厂,汽轮机带动发电机发电,将汽轮机与发电机的组合称为汽轮发电机组。

图7.1为汽轮发电机组设备组成图。来自蒸汽发生器的高温高压蒸汽经主汽阀、调节阀进入汽轮机。由于汽轮机排汽口的压力大大低于进汽压力,蒸汽在这个压差作用下向排汽口流动,其压力和温度逐渐降低,部分热能转换为汽轮机转子旋转的机械能。做完功的蒸汽称为乏汽,从排汽口排入凝汽器,在较低的温度下凝结成水。此凝结水由凝结水泵抽出送往蒸汽发生器构成封闭的热力循环。为了吸收乏汽在凝汽器放出的凝结热,并保持较低的

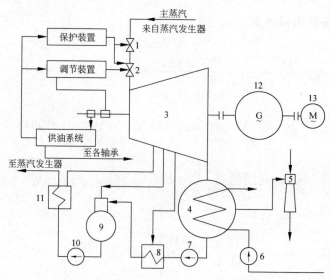

图 7.1　汽轮发电机组设备的组成图

1—主汽阀;2—调节阀;3—汽轮机;4—凝汽器;5—抽汽器;6—循环水泵;7—凝结水泵;
8—低压加热器;9—除氧器;10—给水泵;11—高压加热器;12—发电机;13—励磁机

凝结温度,必须用循环水泵不断地向凝汽器供应冷却水。由于汽轮机的尾部和凝汽器不能绝对密封,其内部压力又低于外界大气压,因而会有空气漏入,最终进入凝汽器的壳侧。若任空气在凝汽器内积累,必使凝汽器内压力升高,导致乏汽压力升高,减少蒸汽对汽轮机做的有用功;同时积累的空气还会带来乏汽凝结放热的恶化。这两者都会导致热循环效率的下降,因而必须将凝汽器壳侧的空气抽出。凝汽设备由凝汽器、凝结水泵、循环水泵和抽气器组成,它的作用是建立并保持凝汽器的真空,以使汽轮机保持较低的排汽压力,同时回收凝结水循环使用,以减少冷源损失,提高汽轮机设备运行的经济性。

如 6.4 节所述,为减少冷源损失,提高循环热效率,汽轮机都配置有回热加热设备。凝结水泵出口的主凝结水经几级低压加热器加热后送往除氧器。除氧器是一种混合式加热器,同时承担除去水中溶解的氧的任务。经除氧的水由给水泵升压后,再经几级高压加热器加热送往蒸汽发生器。

为了保证满足用户的电力需求,必须对汽轮机的功率进行调节。因此,每台汽轮机有一套由调节装置组成的调节系统。另外,汽轮机是高速旋转设备,它的转子和定子间隙很小,是既庞大又精密的设备。为保证汽轮机安全运行,配有一套自动保护装置,以便在异常情况下发出警报;在危急情况下自动关闭主汽阀,使之停运。调节系统和保护装置常用压力油来传递信号和操纵有关部件。汽轮机的各个轴承也需要油润滑和冷却,因而每台汽轮机都配有调节油和润滑油系统。

总之,汽轮机设备是以汽轮机为核心,包括凝汽设备、回热加热设备、调节和保护装置及供油系统等附属设备在内的一系列动力设备组合。正是靠它们协调有序地工作,才得以完成能量转换的任务。

7.2 汽轮机的工作原理及分类

7.2.1 汽轮机级的工作原理及特点

汽轮机用于将高温高压的蒸汽的热能转变为机械能。完成能量转换的基本单元称为"级",级主要由一列喷嘴叶栅(或称静叶栅)和一列动叶栅组成,如图 7.2 所示。当压力为 p_0、速度为 c_0 的蒸汽通过静叶栅通道时,在其中膨胀,离开静叶时,压力降到 p_1,速度升至 c_1,完成热能向动能的转换。离开静叶栅(喷嘴)的具有一定速度的蒸汽流进入动叶通道,一方面对动叶产生一个冲动力,蒸汽的动能转换为动叶的机械功;另一方面,蒸汽在动叶通道中继续膨胀加速,对动叶产生一个反作用力。在这两个力的联合作用下,产生动叶转动的机械功。

1. 冲动作用和反动作用原理

1)冲动作用原理

当一个运动物体碰到另一个静止的或运动速度较低的物体时,就会受到阻碍而改变其速度,同时给阻碍它运动的物体一个作用力,这个作用力称为冲动力。高速汽流冲击到汽轮机叶片上,受到叶片阻碍,其速度大小和方向被改变,则汽流对动叶施加了冲动力。如图 7.3 所示为一个无膨胀的动叶通道,蒸汽以速度 w_1 进入动叶,由于受到动叶阻碍而改变运动方向,最后以速度 w_2 流出动叶。结果蒸汽对动叶施加了一个轮周方向的冲动力 F_{im},

冲动力的大小取决于通过动叶通道的蒸汽质量和速度的变化,蒸汽质量越大,速度变化越大,冲动力越大。

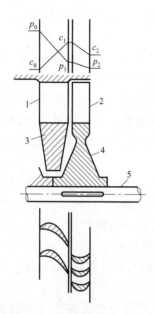

图 7.2　汽轮机级的示意图

1—静叶；2—动叶；3—隔板；4—轮盘；5—轴

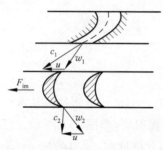

图 7.3　无蒸汽膨胀的动叶通道

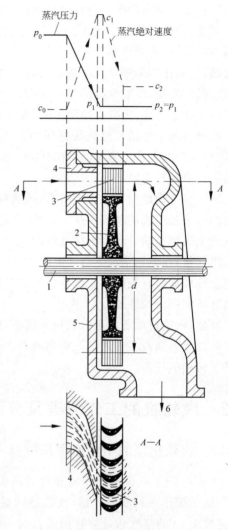

图 7.4　单级冲动式汽轮机工作原理图

1—轴；2—轮盘；3—动叶栅；4—静叶栅（喷嘴）；

5—汽缸；6—排汽管

　　如图 7.4 所示为单级冲动式汽轮机原理图。汽轮机的级由一列周向布置的喷嘴（静叶栅）和与之相配合的动叶栅构成。动叶栅中每相邻的两个动叶片构成一个动叶流道。蒸汽在喷嘴中膨胀,压力由 p_0 降至 p_1,流速从 c_0 增至 c_1,将蒸汽的热能转变为动能。蒸汽进入动叶栅后,产生了冲动作用力使叶轮旋转做功,将蒸汽动能转变为转子的机械能。蒸汽离开动叶栅的速度降至 c_2。蒸汽仅把在喷嘴中转化的动能变成机械功,它在动叶栅中不膨胀,所以动叶栅前后压力相等,即 $p_1 = p_2$。这样单纯靠冲动作用的级称为纯冲动级。

　　2）反动作用原理

　　由牛顿第三定律可知,当某物体对另一物体施加作用力时,此物体就必然要受到与其作用力大小相等、方向相反的反作用力,这个反作用力称为反动力。如同火箭喷出的高速气流给火箭一个与气流方向相反的作用力,推动火箭向上运动的原理一样。

图 7.5 为蒸汽在动叶流道膨胀时的情况。蒸汽流经动叶时膨胀加速,蒸汽由动叶进口相对速度 w_1 增至动叶出口相对速度 w_2,随着反动力的产生,蒸汽在动叶栅中完成了两次能量转换,首先是将蒸汽的热能转换为动能,再则是蒸汽流对动叶产生一个由于加速而引起的反动力。这样使转子在蒸汽冲动力和反动力的合力作用下旋转做功。

除纯冲动级外,通常蒸汽在动叶通道中总会有一定程度的膨胀,因此,一般情况下,动叶既受冲动力 F_{im} 作用,也受反动力 F_{re} 作用,这两个力的合力 F 在轮周方向上的分力 F_u 推动叶轮旋转。

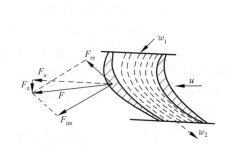

图 7.5　蒸汽在动叶流道膨胀时对动叶的作用力

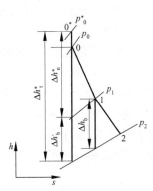

图 7.6　级的反动度示意图

2. 汽轮机级的反动度

比较图 7.3 与图 7.5 不难发现,在纯冲动级中,蒸汽仅在喷嘴中膨胀,而图 7.5 中蒸汽不仅在喷嘴中膨胀,而且在动叶通道继续膨胀。为了说明汽轮机某一级中,蒸汽在动叶流道中膨胀程度的大小,引入热力学反动度(又称为比焓降反动度,简称反动度)概念,它等于蒸汽在动叶内膨胀时的理想比焓降与整个级的滞止理想比焓降 Δh_t^* 之比,即

$$\Omega_m = \frac{\Delta h_b}{\Delta h_t^*} \tag{7.1a}$$

级的反动度沿动叶高度而不同。以 m 为注脚的反动度 Ω_m 表示平均直径截面处的反动度,称为平均反动度。

如图 7.6 所示为级中蒸汽膨胀在 $h\text{-}s$ 图上的过程线。其中,0 点是级前的蒸汽状态点,0^* 点是汽流被等熵地滞止到速度为零的状态点;p_1、p_2 分别为喷嘴出口压力和动叶出口压力。蒸汽从滞止状态 0^* 点在级内等熵膨胀到 p_2 的比焓降记为 Δh_t^*,称为级内滞止理想比焓降;而蒸汽从 0 点等熵膨胀到 p_2 的比焓降 Δh_t 称为级的理想比焓降。按照同样定义,Δh_n^* 为喷嘴的滞止理想比焓降,Δh_b 是动叶的理想比焓降。

根据图 7.6,反动度又可表示为

$$\Omega_m = \frac{\Delta h_b}{\Delta h_n^* + \Delta h_b} \approx \frac{\Delta h_b}{\Delta h_n^* + \Delta h_b} \tag{7.1b}$$

3. 汽轮机级的类型及其特点

上面根据级的能量转换的不同,将汽轮机的级分为四种,分别为纯冲动级、带反动度的冲动级(一般 $\Omega_m = 0.05 \sim 0.2$)、复速级和反动级。

1) 纯冲动级

$\Omega_m = 0$ 的级为纯冲动级。纯冲动级的特点是：蒸汽仅在喷嘴流道中膨胀，将热能转换为动能；在动叶中无膨胀，蒸汽仅靠冲动力做功。所以，在动叶进出口，蒸汽压力相等(见图7.4)，即 $p_1 = p_2$，$\Delta h_b = 0$，纯冲动级做功能力大，但效率较低。

2) 带反动度的冲动级

带反动度的冲动级蒸汽的膨胀大部分在喷嘴叶栅中进行，仅有一小部分在动叶栅中进行(见图7.2)，$\Omega_m = 0.05 \sim 0.2$。其动叶流道有一定的收缩趋势。蒸汽对动叶栅的作用力以冲动力为主，当然也有小部分反作用力。则有 $p_1 > p_2$，$\Delta h_n > \Delta h_b$。它的做功能力比反动级的大，效率比纯冲动级高，在汽轮机中应用广泛。

3) 复速级

复速级也称为速度级，它实质上是单列冲动级的延伸。在单级冲动汽轮机中，当喷嘴中比焓降较大时，喷嘴出口的蒸汽速度很高，从而使蒸汽离开动叶栅的速度 c_2 也很大，这将产生很大的损失，降低了汽轮机的经济性。为了减小这部分损失，可在第一列动叶栅后安装一列导向叶栅7，使蒸汽在导向叶栅内改变流动方向后再进入装在同一叶轮上的第二列动叶栅6中继续做功，如图7.7所示。这样，从第一列动叶栅流出的汽流的动能又在第二列动叶栅中加以利用，使动能损失减小。如果流出第二列动叶栅的汽流还具有较大的动能，还可以再装第二列导向叶栅和第三列动叶栅。这种将蒸汽在喷嘴中膨胀产生的速度分几次在一个叶轮上几列动叶栅中利用的、在较小速比下工作(注：速比的定义见7.3.3节)的汽轮机级，称为速度级。通常把蒸汽动能在两列动叶栅中加以利用的级称为两列速度级(复速级)，在三列动叶栅中加以利用的级称为三列速度级。具有上述按速度分级的汽轮机称为速度级式汽轮机。

图7.7还表示出蒸汽在速度级中压力和速度的变化规律，即各列中速度逐步变小，而在动叶中压力不变，第二列动叶栅后的压力等于喷嘴后的压力，这是因为蒸汽在动叶栅中和导向叶栅中都不膨胀。

为了提高复速级的效率，也可以将其设计成带有反动度的，即除了在喷嘴内有焓降外，在各列动叶和导叶中也分配适当的焓降。

4) 反动级

蒸汽在级中的理想比焓降，平均分配在喷嘴叶栅和动叶栅的级称为反动级。在反动级中，$p_1 > p_2$，$\Delta h_n = \Delta h_b$，$\Omega_m \approx 0.5$，其中 Δh_n 为蒸汽在喷嘴的理想比焓降。蒸汽经动叶通道时，除对动叶施加冲动力外，还因在动叶中膨胀、加速，施加给动叶一个较大的反作用力。蒸汽在反动级中的作用力、压力和速度变化情况如图7.8所示。

综上所述，纯冲动级做功能力大，但效率较低。带反动度的冲动级蒸汽的膨胀大部分在喷嘴叶栅中进行，仅有一小部分在动叶栅中进行。蒸汽对动叶栅的作用力以冲动力为主，当然也有小部分反作用力。它的做功能力比反动级的大，效率比纯冲动级高，在汽轮机中应用广泛。图3.5给出的双列复速级，是纯冲动式的。为了提高复速级的效率，也可以将其设计成带反动度的。即除了在喷嘴内有焓降外，在各列动叶和导叶中也分配适当的焓降。反动级效率比冲动级高，但做功能力较小。

在实际使用中，往往把汽轮机的级分成速度级和压力级两种，速度级有双列和多列之分。相对于速度级，将具有单列动叶栅的级称为压力级，单列冲动级和反动级都属于压力级。

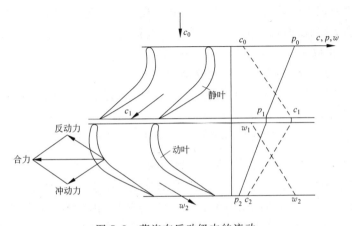

图 7.7　带两列速度级的汽轮机工作原理图

1—轴；2—轮盘；3—第一列动叶栅；4—静叶栅（喷嘴）；5—汽缸；6—第二列动叶栅；7—导向叶栅

图 7.8　蒸汽在反动级中的流动

在喷嘴调节的汽轮机中，因为第一级的流通面积是随负荷改变而变化的，因而喷嘴调节的汽轮机的第一级又称为调节级。调节级可以是单列级，也可以是复速级。一般中小容量汽轮机采用复速级，如驱动给水泵的汽轮机就是这样。大容量汽轮机一般采用单列冲动级。

7.2.2 汽轮机的分类

汽轮机的类型很多，为了便于选用，常按热力过程特性、工作原理、新蒸汽参数、转速及蒸汽流动方向等对其进行分类。

1. 按热力过程特性分类

1）凝汽式汽轮机

进入汽轮机的蒸汽，除很少一部分泄漏外，全部排入凝汽器，这种汽轮机称为纯凝汽式汽轮机。在现代汽轮机中，多数采用回热循环。此时，进入汽轮机的蒸汽，除大部分排入凝汽器外，尚有少部分蒸汽从汽轮机中分批抽出，用来回热加热给水。这种汽轮机称为有回热抽汽的凝汽式汽轮机，简称凝汽式汽轮机。

2）背压式汽轮机

排汽压力高于大气压力的汽轮机称为背压式汽轮机。其排汽可供工业或采暖使用，当其排汽作为中、低压汽轮机的进汽时，称为前置式汽轮机。

3）调节抽汽式汽轮机

在这种汽轮机中，部分蒸汽在一种或两种给定压力下抽出对外供热，其余蒸汽做功后仍排入凝汽器。由于用户对供汽压力和供热量有一定要求，需对抽汽压力进行调节（用于回热抽汽时压力无须调节），因而汽轮机装备有抽汽压力调节机构，以维持抽汽压力恒定。

4）中间再热式汽轮机

新蒸汽经汽轮机前几级做功后，全部引至加热装置再次加热到某一温度，然后再回到汽轮机继续做功。这种汽轮机称为中间再热式汽轮机。

2. 按工作原理分类

1）冲动式汽轮机

按冲动作用原理工作的汽轮机称为冲动式汽轮机。在近代冲动式汽轮机中，蒸汽在动叶内有一定程度的膨胀，但习惯上仍称为冲动式汽轮机。

2）反动式汽轮机

按反动作用原理工作的汽轮机称为反动式汽轮机。近代反动式汽轮机常用冲动级或速度级作为多级汽轮机的第一级来调节进汽量，但习惯上仍称为反动式汽轮机。

3）混合式汽轮机

由按冲动原理工作的级和按反动原理工作的级组合而成的汽轮机称为混合式汽轮机。

3. 按新蒸汽压力及新蒸汽/再热汽温度分类

（1）低压汽轮机　新蒸汽压力为 1.28 MPa，新蒸汽温度为 340℃。

（2）次中压汽轮机　新蒸汽压力为 2.35 MPa，新蒸汽温度为 390℃。

（3）中压汽轮机　新蒸汽压力为 3.43 MPa，新蒸汽温度为 435、450、470℃。

（4）次高压汽轮机　新蒸汽压力为 4.9、5.88 MPa，新蒸汽温度为 435、450、460、470℃。

（5）高压汽轮机　新蒸汽压力为 8.8 MPa，新蒸汽温度为 535℃；

（6）超高压汽轮机　新蒸汽压力为 12.7、13.2 MPa，新蒸汽/再热汽温度为 535～540℃/535～540℃。

（7）亚临界压力汽轮机　新蒸汽压力为 16.7、17.8 MPa，新蒸汽/再热汽温度为 535～540℃/535～540℃。

（8）超临界压力汽轮机　新蒸汽压力为 24.2 MPa，新蒸汽/再热汽温度为 538、566℃/566℃。

（9）超超临界压力汽轮机　新蒸汽压力为 24.2、25、26、28、31 MPa 或更高压力，新蒸汽/一次再热汽温度为 566～600℃/566～600℃。

4．按汽轮机转速分类

（1）全速汽轮机　转速为 3000 r/min（对 50 Hz 电网）或 3600 r/min（对 60 Hz 电网）；

（2）半速汽轮机　转速为 1500 r/min（对 50 Hz 电网）或 1800 r/min（对 60 Hz 电网）。

此外，还有其他一些分类法，如按轴系数目分类等，此处就不一一列举了。

7.3　汽轮机中能量转换过程

蒸汽在汽轮机中的能量转换包括两个过程，即蒸汽的热力势能转换成蒸汽的动能，蒸汽的动能转换成推动汽轮机转子旋转的机械功。这种能量转换在喷嘴和动叶中进行。

7.3.1　蒸汽在喷嘴中的流动和能量转换

喷嘴是将热能转变成动能的具有特定形状的流道。蒸汽在喷嘴中进行能量转换要具备两个必要条件：蒸汽的能量条件和喷嘴的结构条件。所谓能量条件就是蒸汽必须具有一定的热力势能，且喷嘴进口处的压力高于出口处的压力。蒸汽在这个压力差的作用下流过喷嘴，压力和温度逐渐降低，体积膨胀，比体积和速度增大，比焓值相应降低，如图 7.9 所示。

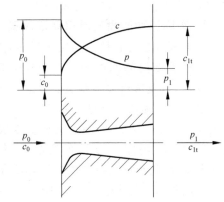

图 7.9　喷嘴工作过程示意图

1．理想流动时喷嘴出口的蒸汽速度

蒸汽在喷嘴中没有损失的理想流动为一等熵过程，此时喷嘴出口处的蒸汽速度称为喷嘴出口蒸汽的理想速度。

由于汽轮机的喷嘴安装在汽缸或隔板上，是不动的，因而蒸汽流经喷嘴时不对外做功，此时喷嘴进、出口处能量方程可表示为

$$h_0 + \frac{c_0^2}{2} = h_{1t} + \frac{c_{1t}^2}{2}$$

或

$$h_0 - h_{1t} = \frac{c_{1t}^2}{2} - \frac{c_0^2}{2} \tag{7.2}$$

式中，h_0、h_{1t} 为蒸汽在喷嘴进口处的比焓值及出口处的理想比焓值；c_0，c_{1t} 为喷嘴进口处蒸汽的速度及出口处蒸汽的理想速度。

式(7.2)表明，蒸汽流经喷嘴时，动能的增加等于比焓的降低。应用上式可求得喷嘴出口处蒸汽的理想速度

$$c_{1t} = \sqrt{2(h_0 - h_{1t}) + c_0^2} = \sqrt{2\Delta h_n + c_0^2} \tag{7.3}$$

式中，Δh_n 为蒸汽在喷嘴中的理想比焓降。

由工程热力学可知，对于理想气体，喷嘴出口的理想速度还可以用动量方程计算，即

$$c_{1t} = \sqrt{\frac{2k}{k-1} p_0 v_0 \left[1 - \left(\frac{p_1}{p_0}\right)^{\frac{k-1}{k}}\right] + c_0^2} \tag{7.4}$$

式中，p_0、p_1 为喷嘴进口处、出口处蒸汽压力；v_0 为喷嘴进口处蒸汽的比体积；k 为绝热指数。

从式(7.3)和式(7.4)可以看出，当喷嘴进口蒸汽速度 $c_0 = 0$ 时，喷嘴出口蒸汽的理想速度 c_{1t} 只是蒸汽状态参数的函数，此时式(7.3)和式(7.4)可以写成较为简单的形式，因此在 c_0 数值不大时，常将其略去不计。若 c_0 数值较大而不能忽略时，则应用滞止参数，式(7.2)和式(7.3)可写成

$$c_{1t} = \sqrt{2(h_0^* - h_{1t})} = \sqrt{2\Delta h_n^*} \tag{7.5}$$

和

$$c_{1t} = \sqrt{\frac{2k}{k-1} p_0^* v_0^* \left[1 - \left(\frac{p_1}{p_0^*}\right)^{\frac{k-1}{k}}\right]} = \sqrt{\frac{2k}{k-1} p_0^* v_0^* \left(1 - \varepsilon_n^{\frac{k-1}{k}}\right)} \tag{7.6}$$

式中，Δh_n^* 为喷嘴的滞止比焓降，$\Delta h_n^* = h_0^* - h_{1t}$；$\varepsilon_n$ 为喷嘴的压力比，$\varepsilon_n = \dfrac{p_1}{p_0^*}$。

2. 实际流动时喷嘴出口蒸汽速度

由于蒸汽是具有粘性的实际气体，因而它在喷嘴中的流动是有损失的，其损失包括：蒸汽与喷嘴壁面的摩擦损失，蒸汽内部质点间的摩擦损失，以及蒸汽在喷嘴内产生的涡流损失等。这些损失使得喷嘴出口处的蒸汽实际速度 c_1 小于理想速度 c_{1t}。所损失的动能又重新变成热能并被蒸汽吸收，使喷嘴出口实际的比焓 h_1 大于理想的比焓 h_{1t}。因此蒸汽在喷嘴中的实际膨胀过程并不是等熵过程，而是熵增过程，如图 7.10 中 0—1 线所示。

喷嘴出口处蒸汽速度降低的程度用喷嘴速度因数 φ 表示，故有

$$\varphi = \frac{c_1}{c_{1t}}$$

即

$$c_1 = \varphi c_{1t}$$

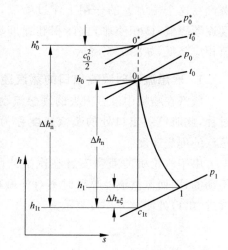

图 7.10　蒸汽在喷嘴中的膨胀过程

将式(7.5)代入上式,则得

$$c_1 = \varphi \sqrt{2(h_0^* - h_{1t})} \tag{7.7}$$

速度因数 φ 值的大小主要与喷嘴的高度、形式、表面粗糙度以及汽流速度等因素有关。由于其影响因素比较复杂,通常由试验来确定 φ 值的大小。一般情况下,$\varphi = 0.95 \sim 0.97$。1 kg 蒸汽在喷嘴中流动的动能损失称为喷嘴损失 $\Delta h_{n\xi}$。$\Delta h_{n\xi}$ 可用下式计算:

$$\Delta h_{n\xi} = \frac{c_{1t}^2}{2} - \frac{c_1^2}{2} = \frac{c_{1t}^2}{2}(1 - \varphi^2) = \frac{c_1^2}{2}\left(\frac{1}{\varphi^2} - 1\right) \tag{7.8}$$

求出 $\Delta h_{n\xi}$ 后,即可在 h-s 图上确定喷嘴出口处的实际状态(见图 7.10 中 1 点)。

7.3.2 蒸汽在动叶栅中的流动和能量转换

蒸汽流经动叶栅时对动叶产生冲动力,推动叶轮旋转做功,将蒸汽动能转变成转子旋转的机械能。对于反动度不为零的级来说,蒸汽在动叶中也发生膨胀,使动叶出口蒸汽速度增加,对动叶产生反动力,推动叶轮旋转做功,将蒸汽热能转变成机械能。

1. 蒸汽在动叶栅中速度的变化

若蒸汽对于喷嘴的速度为绝对速度 c,动叶栅移动的圆周速度为牵连速度 u,蒸汽进入或者离开动叶的速度为相对速度 w,则由力学可知,它们之间的关系为

$$c = w + u \tag{7.9}$$

1) 动叶栅进口蒸汽的相对速度

由喷嘴计算可求出蒸汽在喷嘴出口处的绝对速度 c_1 的大小和方向角 α_1。动叶的圆周速度 u 可用下式求得:

$$u = \frac{\pi d_b n}{60} \tag{7.10}$$

式中,u 为动叶的圆周速度;d_b 为动叶的平均直径;n 为汽轮机转速。

根据以上已知条件,利用式(7.9),通过图解法或解析法即可求出动叶进口处蒸汽的相对速度 w_1 的大小和方向角 β_1。β_1 为汽流 w_1 的方向与叶轮旋转平面的夹角,称为动叶的进汽角(相对进汽角)。

图解法是按已知的 c_1、α_1 和 u 选取适当的比例作速度平行四边形,由图中直接量出 w_1 和 β_1。为了简便起见,实际上常用速度三角形,即速度三角形法求解,如图 7.11 所示。

解析法是利用三角形定理计算出 w_1 和 β_1,即由余弦定理求出

$$w_1 = \sqrt{c_1^2 + u^2 - 2uc_1 \cos \alpha_1} \tag{7.11}$$

然后由正弦定理求得 β_1:

$$\sin \beta_1 = \frac{c_1}{w_1} \sin \alpha_1 \tag{7.12}$$

为了使蒸汽进入动叶时不发生撞击而造成损失,动叶进口角 β_{1g} 应按照 β_1 制造。

2) 动叶栅出口蒸汽的相对速度

如不考虑蒸汽在动叶中流动的损失,则动叶出口处的蒸汽相对速度称为动叶出口理想相对速度 w_{2t}。

对于纯冲动级($\Omega_m = 0$),蒸汽在动叶中不发生膨胀,则 $w_{2t} = w_1$;对于冲动级($\Omega_m = 0.15$

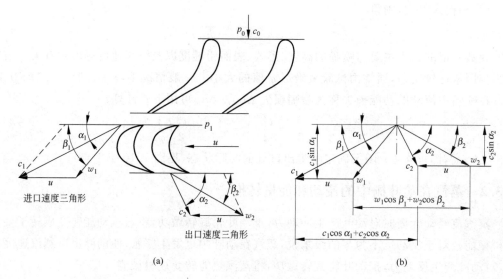

图 7.11　冲动级动叶速度三角形

左右)和反动级($\Omega_m = 0.5$ 左右),蒸汽在动叶中要发生膨胀,使 $w_{2t} > w_1$,其理想膨胀过程为 1—2t 线所示(见图 7.12),理想比焓降为 Δh_b。由于等压线不是平行的,因而 Δh_b 与 $\Delta h_b'$ 不相等。但因为它们相差很少,所以可认为相等。

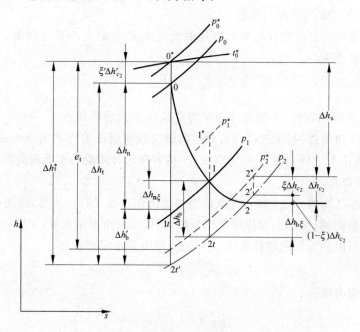

图 7.12　蒸汽在喷嘴及动叶栅中的热力过程

在反动度不为零的级中,动叶可看作旋转的喷嘴。当不考虑蒸汽在动叶中的流动损失时,可根据动叶进出口处能量方程,得出 w_{2t} 的计算公式:

$$w_{2t} = \sqrt{2(h_1 - h_{2t}) + w_1^2} = \sqrt{2\Delta h_b + w_1^2} = \sqrt{2\Omega_m \Delta h_t + w_1^2} \tag{7.13}$$

实际上蒸汽流经动叶时是要产生损失的,此损失使动叶出口实际相对速度降低,即

$w_2 < w_{2t}$。动叶出口处蒸汽速度降低的程度用动叶速度因数 Ψ 表示,即

$$\Psi = \frac{w_2}{w_{2t}}$$

因此,动叶出口的实际相对速度应为

$$w_2 = \Psi w_{2t} = \Psi \sqrt{2\Delta h_b + w_1^2} \tag{7.14}$$

w_2 的方向与叶轮旋转平面的夹角称为动叶排汽角 β_2(相对排汽角)。当蒸汽在动叶的斜切部分不发生膨胀时,β_2 与动叶的出口角 β_{2g} 相同。设计中 β_{2g} 的数值是根据蒸汽在动叶中的膨胀程度来选取的:对于纯冲动级,可取 $\beta_{2g} = \beta_{1g}$;对于冲动级,通常取 $\beta_{2g} = \beta_{1g} - (3° \sim 5°)$;对于反动级,则取 $\beta_{2g} = \alpha_{1g}$。若蒸汽在动叶出口斜切部分发生膨胀,则其情况与斜切喷嘴相类似,即汽流将产生偏转,此时汽流的相对排汽角 $\beta_2 = \beta_{2g} + \delta$,此处 δ 为动叶斜切部分汽流的偏转角。

动叶速度因数主要与叶型、动叶高度、动叶进出口角、反动度及表面粗糙度等因素有关。其值由试验确定,通常取 $\Psi = 0.85 \sim 0.95$。当动叶高度不小于 100 mm,反动度 $\Omega_m = 0.1$ 时,Ψ 值为 $0.90 \sim 0.95$。

1 kg 蒸汽在动叶中流动的能量损失称为动叶损失 $\Delta h_{b\xi}$,可由下式计算:

$$\Delta h_{b\xi} = \frac{w_{2t}^2}{2} - \frac{w_2^2}{2} = (1 - \Psi^2)\frac{w_{2t}^2}{2} = \left(\frac{1}{\Psi^2} - 1\right)\frac{w_2^2}{2} \tag{7.15}$$

3)动叶栅出口蒸汽的绝对速度

根据所求得的 w_2、β_2 和圆周速度 u,用图解法或解析法可求得动叶出口的蒸汽绝对速度 c_2 的大小和方向角 α_2。α_2 为汽流排汽方向与圆周方向的夹角,称为动叶的绝对排汽角。

图解法如图 7.11 所示,从图中直接量得 c_2 和 α_2。解析法是利用三角形定理来计算 c_2 和 α_2,即由余弦定理求得

$$c_2 = \sqrt{w_2^2 + u^2 - 2uw_2\cos\beta_2} \tag{7.16}$$

再由正弦定理求出 α_2:

$$\sin\alpha_2 = \frac{w_2}{c_2}\sin\beta_2 \tag{7.17}$$

对于本级来说,c_2 所具有的动能已不能利用,称为余速损失 Δh_{c_2}。余速损失可用下式计算:

$$\Delta h_{c_2} = \frac{c_2^2}{2} \tag{7.18}$$

实用上常将动叶进出口速度三角形的顶点画在一起,如图 7.11 所示。

2. 蒸汽作用在动叶栅上的力和轮周功率

由于蒸汽的流动方向与动叶的运动方向成一角度,因此蒸汽对动叶的作用力 F 可以分解成沿动叶运动方向的圆周力 F_u 和与动叶运动方向垂直的轴向力 F_z。圆周力推动叶轮旋转做功,轴向力将转子推向低压侧,使转子产生轴向位移。

1)圆周力计算

蒸汽对动叶作用有圆周力 F_u,则动叶必然对蒸汽有一反作用力 F_u',根据牛顿第三定律,这两个力的大小相等而方向相反。由此可见,为了求得蒸汽作用于动叶的圆周力 F_u,可先求出动叶给蒸汽的反作用力 F_u',F_u' 由动量定理求得。

如图 7.13 所示，设在 Δt 时间内，有质量为 m 的蒸汽流经动叶，其速度由 c_1 变为 c_2，该速度在圆周方向上的分速度也相应从 c_{1u} 变成 c_{2u}。根据动量定理，蒸汽在圆周方向的动量变化等于动叶对蒸汽在圆周方向作用力的冲量。令动叶运动方向为正，则有

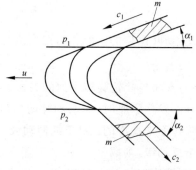

$$F'_u \Delta t = m(c_{2u} - c_{1u})$$

因为

$$c_{1u} = c_1 \cos \alpha_1, \quad c_{2u} = -c_2 \cos \alpha_2$$

所以有

$$F'_u = \frac{m}{\Delta t}(-c_2 \cos \alpha_2 - c_1 \cos \alpha_1)$$

图 7.13　蒸汽流经动叶汽流图

式中，$\dfrac{m}{\Delta t}$ 为每秒钟通过动叶的蒸汽质量，它可写成 $\dfrac{m}{\Delta t} = q_m$，则

$$F_u = -F'_u = q_m(c_1 \cos \alpha_1 + c_2 \cos \alpha_2) \tag{7.19}$$

式(7.19)中圆周力 F_u 的单位为 N。由图 7.11 可知

$$c_1 \cos \alpha_1 = w_1 \cos \beta_1 + u \tag{7.20}$$

$$c_2 \cos \alpha_2 = w_2 \cos \beta_2 - u \tag{7.21}$$

则

$$c_1 \cos \alpha_1 + c_2 \cos \alpha_2 = w_1 \cos \beta_1 + w_2 \cos \beta_2 \tag{7.22}$$

所以

$$F_u = q_m(w_1 \cos \beta_1 + w_2 \cos \beta_2) \tag{7.23}$$

2) 轴向力计算

应用动量定理并令蒸汽沿轴向流动方向为正，同样可推导出计算轴向力 F_z 的公式。当级的反动度为零时，其计算公式为

$$F_z = q_m(c_1 \sin \alpha_1 - c_2 \sin \alpha_2) = q_m(w_1 \sin \beta_1 - w_2 \sin \beta_2) \tag{7.24}$$

当级的反动度不为零时，则还需考虑动叶前后存在的压力差（$p_1 - p_2$），此时蒸汽对动叶的轴向力应为

$$F_z = q_m(c_1 \sin \alpha_1 - c_1 \sin \alpha_2) + A'_b(p_1 - p_2) \tag{7.25}$$

式中，F_z 为轴向力；A'_b 为动叶栅的环形面积。

3) 轮周功率

汽流的圆周力在动叶上单位时间所做的功称为轮周功率 P_u。它等于圆周力与圆周速度的乘积，即

$$P_u = F_u u = q_m u(c_1 \cos \alpha_1 + c_2 \cos \alpha_2) \tag{7.26}$$

由式 (7.11)可得

$$uc_1 \cos \alpha_1 = \frac{c_1^2 + u^2 - w_1^2}{2}$$

由式(7.16)和式(7.21)可得

$$uc_2 \cos \alpha_2 = \frac{w_2^2 - u^2 - c_2^2}{2}$$

将以上两式代入式(7.26)即得

$$P_u = \frac{q_m}{2}(c_1^2 - w_1^2 + w_2^2 - c_2^2)$$

1 kg 蒸汽在动叶上产生的轮周功率 W_u(单位为 J/kg)为

$$W_u = \frac{P_u}{q_m} = \frac{1}{2}(c_1^2 - w_1^2 + w_2^2 - c_2^2)$$

轮周功率是由蒸汽的比焓降转变而来,与之相应的比焓降称为轮周比焓降 Δh_u(J/kg),两者的转换式如下:

$$\Delta h_u = W_u = \frac{1}{2}(c_1^2 - w_1^2 + w_2^2 - c_2^2)$$

$$= \frac{c_{1t}^2}{2} - \left(\frac{c_{1t}^2}{2} - \frac{c_1^2}{2}\right) + \left(\frac{w_{2t}^2}{2} - \frac{w_1^2}{2}\right) - \left(\frac{w_{2t}^2}{2} - \frac{w_2^2}{2}\right) - \frac{c_2^2}{2}$$

$$= \frac{c_0^2}{2} + \Delta h_n - \Delta h_{n\xi} + \Delta h_b - \Delta h_{b\xi} - \Delta h_{c_2}$$

$$= \Delta h_t^* - \Delta h_{n\xi} - \Delta h_{b\xi} - \Delta h_{c_2} \tag{7.27}$$

7.3.3 轮周效率和最佳速比

1. 轮周效率

轮周比焓降 Δh_u 与级的理想能量 e_t 之比称为轮周效率 η_u,即

$$\eta_u = \frac{\Delta h_u}{e_t} \tag{7.28}$$

级的理想能量 e_t 包括级的理想比焓降 Δh_t 和本级进口处蒸汽具有的动能 $c_0^2/2$。实际上 $c_0^2/2$

就是上级余速损失中能被本级所利用的部分,可以写成 $\xi' c_2'^2/2$ 或 $\xi' \Delta h_{c_2}'$($\Delta h_{c_2}'$ 为上级全部的余速损失,ξ' 为本级利用上级余速的因数,称为余速利用因数)。若本级的余速损失中有 $\xi \Delta h_{c_2}$ 能为下级利用(ξ 为下级利用本级余速损失的因数),则理想能量中应扣除这部分能量,即

$$e_t = \xi' \Delta h_{c_2}' + \Delta h_t - \xi \Delta h_{c_2} = \Delta h_t^* - \xi \Delta h_{c_2} \tag{7.29}$$

则

$$\eta_u = \frac{\Delta h_t^* - \Delta h_{n\xi} - \Delta h_{b\xi} - \Delta h_{c_2}}{e_t}$$

$$= \frac{\Delta h_t^* - \xi \Delta h_{c_2} - \Delta h_{n\xi} - \Delta h_{b\xi} - \Delta h_{c_2} + \xi \Delta h_{c_2}}{e_t}$$

$$= 1 - \frac{\Delta h_{n\xi}}{e_t} - \frac{\Delta h_{b\xi}}{e_t} - (1 - \xi)\frac{\Delta h_{c_2}}{e_t}$$

$$= 1 - \xi_n - \xi_b - (1 - \xi)\xi_{c_2} \tag{7.30}$$

式中,ξ_n 为喷嘴损失因数;ξ_b 为动叶损失因数;ξ_{c_2} 为余速损失因数。

若本级利用上级的余速损失和下级利用本级的余速损失相等,即 $\xi' \Delta h_{c_2}' = \xi \Delta h_{c_2}$,则 $E_t = \Delta h_t$,此时轮周效率为

$$\eta_u = 1 - \frac{\Delta h_{n\xi}}{\Delta h_t} - \frac{\Delta h_{b\xi}}{\Delta h_t} - \frac{(1-\xi)\Delta h_{c_2}}{\Delta h_t} \tag{7.31}$$

若本级未利用上级余速损失,下级亦未利用本级的余速损失时,则

$$\eta_u = 1 - \frac{\Delta h_{n\xi}}{\Delta h_t} - \frac{\Delta h_{b\xi}}{\Delta h_t} - \frac{\Delta h_{c_2}}{\Delta h_t} \tag{7.32}$$

轮周效率是衡量叶栅工作特性的重要指标。由上所述可知,减小喷嘴损失、动叶损失和余速损失,可以提高级的轮周效率。

蒸汽流经喷嘴和动叶的热力过程在 h-s 图的表示方法见图 7.12。

2. 最佳速比

动叶的圆周速度 u 与喷嘴出口蒸汽速度 c_1 之比,称为速比 x_1,即

$$x_1 = \frac{u}{c_1}$$

速比是一个很重要的数值,对级的效率有很大的影响。下面将从速比与轮周效率的关系推出最佳的速比,并对反动度 Ω_m 的选择,或者说对纯冲动级和反动级的合理性做出评价。

1) 纯冲动级的最佳速比

设有一纯冲动级,假定 c_1 不变,在不考虑动叶中流动损失时,则 $w_1 = w_2$,$\beta_1 = \beta_2$。

当 $u = 0$,即 $x_1 = 0$ 时,其速度三角形如图 7.14(a)所示,流经动叶的蒸汽以大小等于 c_1 的绝对速度 c_2 离开动叶,但方向改变了,因而全部动能都成了本级的余速损失。尽管蒸汽对动叶的作用力很大,但因圆周速度为零,所以级的轮周功率为零,轮周效率也为零。

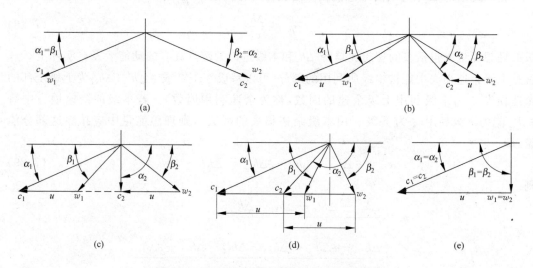

图 7.14　不同速比时纯冲动级的速度三角形

(a) $x_1 = 0$; (b) x_1 过小; (c) $x_1 = x_{1,op}^{im}$; (d) x_1 过大; (e) $x_1 = \cos\alpha_1$

当 $u = c_1\cos\alpha_1$,即 $x_1 = \cos\alpha_1$ 时,其速度三角形如图 7.14(e)所示。由图可见,蒸汽进入和离开动叶的速度相等($w_1 = w_2$),而且方向都是与动叶运动方向垂直,因此动叶的槽道只相当于一个直通道,蒸汽离开动叶的绝对速度 c_2 等于进入动叶的绝对速度 c_1,且方向也相同,因而所有动能也都成了本级的余速损失。由于蒸汽不能对动叶产生作用力,所以轮周功率为零,轮周效率也为零。

当 u 从零逐渐增大,亦即 x_1 从零逐渐增大,或者 u 从 $c_1\cos\alpha_1$ 逐渐减小,亦即 x_1 从 $\cos\alpha_1$ 逐渐减小时,由速度三角形(见图 7.14(d)和(b))可知,c_2 都是减小的,即余速损失减

小,蒸汽在动叶中产生的轮周功率增加,轮周效率提高。

显然,x_1 在 $0 \sim \cos \alpha_1$ 之间必有一余速损失为最小、轮周效率为最高的数值。由速度三角形可知,$\alpha_2 = 90°$时,c_2 为最小,即余速损失最小,轮周效率最高。轮周效率为最高时的速比称为最佳速比 $x_{1,op}$,此时的速度三角形如图 7.14(c) 所示。利用几何关系即可求得纯冲动级的最佳速比 $x_{1,op}^{im}$。由速度三角形得

$$c_1 \cos \alpha_1 = u + w_1 \cos \beta_1 = u + w_2 \cos \beta_2 = 2u$$

$$x_{1,op}^{im} = \frac{u}{c_1} = \frac{1}{2} \cos \alpha_1 \qquad (7.33)$$

轮周效率与余速损失、喷嘴损失和动叶损失有关。喷嘴损失因数取决于喷嘴速度因数 φ,与速比无关;动叶损失取决于动叶速度因数 Ψ 和动叶出口速度 w_2,x_1 减小时,β_1 和 β_2 减少,w_2 增大,使动叶损失增大,但变化数值远比余速损失变化数值小。如图 7.15 所示给出了纯冲动级实际的轮周效率与速比的关系曲线,在 $\alpha = 11° \sim 22°$时,$x_{1,op}^{im} = 0.4 \sim 0.5$。

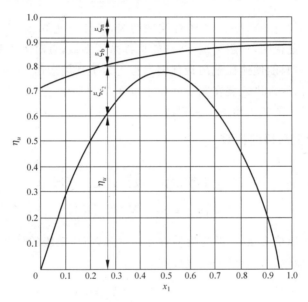

图 7.15　纯冲动级的轮周效率与速比的关系

2）反动级的最佳速比

对于反动级（$\Omega_m = 0.5$）,其静叶与动叶型线相同,不计动叶流动损失时,$\beta_2 = \alpha_1$,$w_2 = c_1$,要使余速损失最小,必须使 $\alpha_2 = 90°$。根据速度三角形（见图 7.16）得

$$x_{1,op}^{re} = \frac{u}{c_1} = \cos \alpha_1 \qquad (7.34)$$

如图 7.17 所示给出了实际反动级的轮周效率 η_u 与速比 x_1 的关系曲线。

3）带有反动度的冲动级的最佳速比

对于带有反动度（Ω_m 在 $0.05 \sim 0.35$ 之间）的冲动级,其最佳速比在 $0.5 \cos \alpha_1 \sim \cos \alpha_1$ 之间,且随反动度增加,最佳速比亦增加,冲动级的最佳速比由下式计算:

$$x_{1,op} = \frac{\cos \alpha_1}{2(1 - \Omega_m)} \qquad (7.35)$$

汽轮机只有在最佳速比下工作才能有较高的效率。实际工程中由于受材料强度限制,

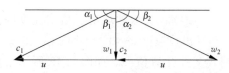

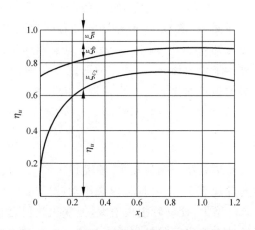

图 7.16 反动级 $\alpha_2 = 90°$ 时的速度三角形　　　　图 7.17 反动级的轮周效率与速比的关系

允许圆周速度一般不超过 $300\ \mathrm{m/s}$，这样对纯冲动级，最佳速比 $0.4\sim0.5$ 时对应的比焓降为 $293\sim184\ \mathrm{kJ/kg}$。这说明，一般情况下，汽轮机都采用多级，有时为了简化结构，希望一级内能利用较大比焓降，只能使速比偏离最佳值运行。为了利用余速，在动叶后安装一列导向叶片，使汽流改变方向后再进入装在同一叶轮上的第二列动叶做功。这种将蒸汽速度多次利用的级就是速度级。图 7.7 给出了两列速度级工作原理图。

3. 纯冲动级和反动级的比较

1）比焓降

对于纯冲动级，u、φ、α_1 都相同，且都工作在最佳速比工况时，有

$$x_{1,\mathrm{op}}^{\mathrm{im}}/x_{1,\mathrm{op}}^{\mathrm{re}} = \frac{1}{2} \cdot \frac{\cos \alpha_1}{\cos \alpha_1} = \frac{1}{2}$$

纯冲动级的理想比焓降 $\Delta h_{\mathrm{t}}^{\mathrm{im}}$ 即为喷嘴理想比焓降，而反动级的静叶比焓降仅为级的理想比焓降之半，不计蒸汽进入喷嘴的初速度时，有

$$\frac{x_{1,\mathrm{op}}^{\mathrm{im}}}{x_{1,\mathrm{op}}^{\mathrm{re}}} = \frac{\dfrac{u}{c_1^{\mathrm{im}}}}{\dfrac{u}{c_1^{\mathrm{re}}}} = \frac{c_1^{\mathrm{re}}}{c_1^{\mathrm{im}}} = \frac{\sqrt{\dfrac{1}{2}\Delta h_{\mathrm{t}}^{\mathrm{re}}}}{\sqrt{\Delta h_{\mathrm{t}}^{\mathrm{im}}}} = \frac{1}{2}$$

即

$$\frac{\Delta h_{\mathrm{t}}^{\mathrm{re}}}{\Delta h_{\mathrm{t}}^{\mathrm{im}}} = \frac{1}{2} \tag{7.36}$$

式(7.36)表明，在上述假定条件下，纯冲动级的理想比焓降比反动级大一倍。也就是说，当全机理想比焓降相同时，反动式汽轮机的级数要比纯冲动式汽轮机的级数多一倍；实际上反动式汽轮机级数比纯冲动式汽轮机级数多一倍以上。

2）轮周效率

反动式汽轮机蒸汽在动叶中也膨胀，动叶损失较小；此外，反动式汽轮机级间紧凑，余速利用较好，两种级都工作在最佳速比工况时，反动级可获得较纯冲动级高的轮周效率。

从轮周效率与速度关系曲线可见，反动级的轮周效率曲线较为平坦（见图 7.17），即偏离最佳速比时轮周效率波动小，也就是反动级工况变动时效率波动较小；而纯冲动级在 x_1

偏离最佳值时,轮周效率降低较多(见图 7.15)。

可见,为提高纯冲动级的效率和改善其工况特性,采用带反动度的冲动级是必要的。对于反动式汽轮机,设计时应选取小于最佳速比的适当数值,以便获取较高的轮周效率和减少级数,这就是优化设计的任务。

7.3.4 级内损失及相对内效率

1. 级内损失

蒸汽在级内能量转换过程中影响蒸汽状态的各种损失称为级内损失。除去喷嘴损失、动叶损失之外,还有级内漏汽损失、轮盘摩擦损失、部分进汽损失、余速损失、扇形损失和湿汽损失等项。

1) 级内漏汽损失

由于汽轮机动静部分之间存在间隙和压差,一部分蒸汽从级间间隙流过(见图 7.18),这部分蒸汽非但不能参与主汽流做功,而且还干扰主汽流,造成损失,称为漏汽损失 Δh_1。记作 $\Delta h_1 = \xi_1 e_t$;式中,ξ_1 为漏汽损失因数。漏汽损失可分为隔板漏汽损失和动叶围带(叶顶)漏汽损失等。

2) 轮盘摩擦损失

当叶轮在充满蒸汽的汽室内转动时,由于蒸汽的黏性,在紧贴轮盘两侧面以及外表面的蒸汽微团被轮盘带着转动,其圆周速度与轮盘表面上的速度大致相等。而靠近汽缸表面和隔板表面蒸汽微团的圆周速度大约为零。这样,就使轮盘与隔板、叶轮与汽缸表面蒸汽的圆周速度不等。于是形成了蒸汽微团与微团之间,以及蒸汽微团与轮盘之间的摩擦。克服这种摩擦和带动汽室蒸汽运动要消耗部分轮周功。此外,由于轮盘与隔板间隙中蒸汽的旋转速度不同,产生的离心力也不同,从而在轮盘两侧的子午面内形成漩涡区(见图 7.19)。这种涡流运行除了使摩擦阻力增加外,它本身也要消耗一部分轮周功。克服摩擦阻力和涡流消耗的损失称为轮盘摩擦损失 Δh_f,记为 $\Delta h_f = \xi_f e_t$;式中,ξ_f 为轮盘摩擦损失因数。

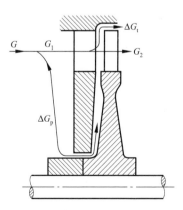

图 7.18 冲动式汽轮机级漏汽示意图

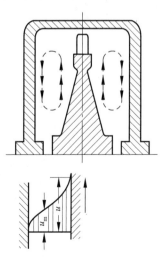

图 7.19 级的汽室内流速分布

3）部分进汽损失

对于某些汽轮机，第一级进汽环区分为若干隔开的进汽弧段，通常蒸汽通过各自的调节阀分别流向各个弧段上的喷嘴进汽，调节阀按照顺序部分或全部开启，这种进汽方式称为部分进汽。部分进汽的程度，用工作喷嘴所占的弧段长度与整个圆周长的比值来表示。即：$e = t_n z_n / \pi d_n$，其中，t_n 为喷嘴叶栅节距，z_n 为喷嘴个数，d_n 为喷嘴叶栅平均直径，e 为进汽度。显然，$e < 1$ 时，部分进汽；$e = 1$ 时，全周进汽。

部分进汽损失由鼓风损失和斥汽损失组成。在部分进汽级中，只有进汽弧段的工作喷嘴中才有工作汽流通过。在叶轮旋转时，每个工作叶片汽道在某一瞬间进入汽流工作区域，而在另一瞬间进入没有工作汽流的区域。在没有进汽的弧段，轴向间隙中充满了停滞的蒸汽。当动叶片转动到这些无工作汽流的区域时，动叶片就像鼓风机叶片一样，将停滞的蒸汽从叶轮一侧鼓到另一侧，消耗了一部分功，这部分能量损失称为鼓风损失。鼓风损失发生在非进汽弧段 $(1-e)\pi d_n$，由于动叶片是全周布置的，所以鼓风损失是连续的。

当工作叶片经过无工作汽流进入的弧段时，动叶汽道充满了停滞的蒸汽，充满"滞汽"的动叶旋转到工作区喷嘴弧段时，从喷嘴射出的汽流首先要将"滞汽"吹走，并使"滞汽"加速。这就消耗了工作蒸汽的部分动能（见图 7.20）；此外，由于叶轮高速旋转，在喷嘴组的出口端的间隙 A 与叶轮间隙处发生漏汽（见图 7.21）。而在喷嘴组的进入端的间隙 B 中，将一部分停滞蒸汽吸入汽道，干扰了主汽流，形成损失，称为斥汽损失，又叫弧端损失，这是发生在进汽弧段 $e\pi d_n$ 的两端所产生的能量损失。图 7.20 和图 7.21 中进汽弧段两端没有喷嘴，如果存在非工作区域喷嘴弧段时，上述斥汽损失照样存在。

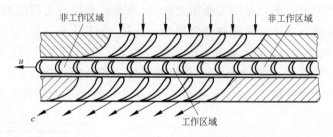

图 7.20　部分进汽时的斥汽损失

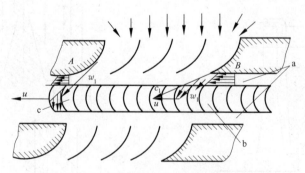

图 7.21　部分进汽时喷嘴与动叶间隙蒸汽流动

部分进汽损失记作 $\Delta h_e = \xi_e e_t$，其中 ξ_e 为轮盘摩擦损失因数。

4）余速损失

如前所述，余速损失是动叶出口处的汽流所带走的动能，对单级汽轮机来讲其余速全部成为损失;对多级汽轮机,在结构上采取一些措施,可以部分利用余速的动能,可利用的部分能量以动能形式存在,即相当于下一级喷嘴前蒸汽具有的动能,未被利用的能量成为本级的余速损失,这部分损失重新又变成热能,被蒸汽吸收而使比焓值增加(见图 7.12 中的 $(1-\xi)\Delta h_{c_2}$)。

5)扇形损失

等截面叶片沿圆周布置成环形叶栅,叶栅的槽道截面呈扇形。因此,在叶顶叶根部分的圆周速度,节距和蒸汽参数(受离心力作用)都不同于动叶平均直径处的数值。由于偏离了设计数值,蒸汽流过时会产生一些附加损失。这些损失称为扇形损失,通常由下式计算:

$$\Delta h_{\vartheta} = 0.7 \left(\frac{l_{\mathrm{b}}}{d_{\mathrm{m}}}\right)^2 e_{\mathrm{t}}$$

式中,Δh_{ϑ} 为扇形损失,kJ/kg;l_{b} 为动叶高度,m;d_{m} 为动叶半高度处直径(动叶平均直径),m;e_{t} 为级的理想比能,kJ/kg。$\dfrac{d_{\mathrm{m}}}{l_{\mathrm{b}}}$ 称为径高比。扇形损失与径高比的平方成反比。当径高比较大即动叶较短时,扇形损失可忽略不计。径高比 $\dfrac{d_{\mathrm{m}}}{l_{\mathrm{b}}} \leqslant 8 \sim 12$ 时,动叶较长,扇形损失较显著。

6)湿汽损失

当汽轮机的级在湿蒸汽区域内工作时,将会产生湿汽损失 Δh_{x},其原因如下。

(1)湿蒸汽中存在一部分水滴,同时湿蒸汽在膨胀过程中还要凝结出一部分水滴,这些水滴不能在喷嘴中膨胀加速,因而减少了做功的蒸汽量,引起损失。

(2)由于水滴不能在喷嘴中膨胀加速,必须依靠汽流带动加速,所以要消耗汽流的一部分动能,引起损失。

(3)由于水滴是被汽流带动而得到加速的,因而其速度 $c_{1\mathrm{x}}$ 将低于汽流速度 c_1,一般 $c_{1\mathrm{x}} \approx (0.1 \sim 0.3) c_1$。由进口的速度三角形可知(见图 7.22),水滴进入动叶的方向角 $\beta_{1\mathrm{x}}$ 大于动叶的进汽角 β_1,可见水滴将冲击动叶进口边的背弧,产生阻止叶轮旋转的制动作用,从而减少了叶轮的有用功,造成损失。

(4)在动叶出口处,水滴流速 $w_{2\mathrm{x}}$ 低于汽流速度 w_2,由出口速度三角形可知(见图 7.22),水滴绝对速度 $c_{2\mathrm{x}}$ 的方向角 $\alpha_{2\mathrm{x}}$ 大于汽流的方向角 α_2,因而水滴将冲击下级喷嘴的进口壁面,扰乱了汽流,造成损失。

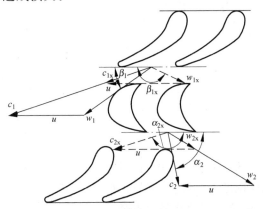

图 7.22 水滴对动静叶的冲击

2．级的相对内效率

考虑了蒸汽在级内能量转换过程中所有损失后的实际(有效)比焓降与级的理想比能 e_t 之比,称为级的相对内效率,即

$$\eta'_{ri} = \frac{\Delta h_i}{e_t} = \frac{1}{e_t}\big[e_t - \Delta h_{n\xi} - \Delta h_{b\xi} - \Delta h_f - \Delta h_e$$

$$- \Delta h_{\vartheta} - \Delta h_x - \Delta h_l - (1-\xi)\Delta h_{c_2}\big] \tag{7.37}$$

式中, Δh_f、Δh_e、Δh_x、Δh_{ϑ}、Δh_l 分别为轮盘摩擦损失、部分进汽损失、湿汽损失、扇形损失和级内漏汽损失,图 7.23 给出了考虑这些损失后级的实际热力过程曲线,与图 7.12 相比,增加了 $\sum\Delta h$。图中的 $\sum\Delta h = \Delta h_x + \Delta h_f + \Delta h_e + \Delta h_l + \Delta h_{\vartheta}$。因为级的热力过程是绝热的,所以,所有的能量损失都重新转变为热量,并加热蒸汽本身,结果使动叶出口的比焓值增高。

需要指出的是,并非每一级都要考虑这些损失,不在湿汽区工作的级就没有湿气损失;采用轮鼓的反动式汽轮机就不考虑叶轮摩擦损失。计算级的损失需要根据实际情况确定。

级的内功率 P_i(在单位时间内级中蒸汽实际焓降全部转换成的机械功)由下式计算:

$$P_i = q_{m,i}\Delta h_i \tag{7.38}$$

由于级的相对内效率是考虑了级内所有损失后的效率,因而在相对内效率 η'_{ri} 最大时才能说级的效率最高。轮周效率只考虑了喷嘴损失、动叶损失和余速损失,没有考虑级内其余损失。在其余损失中,摩擦损失 Δh_f 与圆周速度及速比有关,因此相对内效率 η'_{ri} 最大时的速比 $x'_{1,op}$ 要比轮周效率 η_u 最高时的速比 $x_{1,op}$ 略小,如图 7.24 所示。

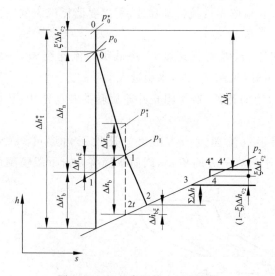

图 7.23 级的实际热力过程曲线

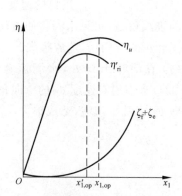

图 7.24 级的相对内效率与速比的关系

7.3.5 长叶片

上述在讨论级的通流部分分析过程中,包括速度三角形、能量转换、最佳参数选择等,都是以叶栅的平均直径为基础的,并假定叶栅的几何特性、汽流参数、圆周速度沿叶片高度是不变的(蒸汽在圆周方向的速度用动叶平均直径对应的速度)。这对较短的叶片影响不大。在讨论级的扇形损失时,曾经定义了径高比: $\vartheta = d_m/l_b$,径高比越大,扇形损失越小;反之,

扇形损失越大。当径高比较大即动叶较短时,扇形损失可忽略不计。径高比 $d_m/l_b \leqslant 8 \sim$ 12 时,动叶较长,扇形损失较显著。其主要原因如下。

(1) 沿叶片高度方向圆周速度不同引起的损失。在长叶片级,从叶根到叶顶,由于半径变化大,圆周速度变化也较大。如叶片平均直径 $d_m = 2000$ mm,叶片高度 $l_b = 665$ mm,$\vartheta = 3.0$。这时对应的叶顶速度为 $u_t = 418.6$ m/s,叶根速度 $u_r = 209.7$ m/s,二者相差达一倍。为了说明沿叶高圆周速度差别带来的影响,假定汽流的 c_1、α_1 沿叶高相同,见图 7.25(a),由于圆周速度沿叶高增加,使汽流进入动叶的进汽角 β_1 也沿着叶片高度逐渐增加,这时,若动叶仍然按照平均直径处的速度三角形设计,并采用等截面叶片,则除了平均直径处外,其他直径处的汽流在流经动叶时,将会产生不同程度的撞击现象。$d > d_m$,汽流撞击叶片背弧;$d < d_m$,汽流撞击叶片凹弧,从而造成能量损失。再有,汽流出口处汽流绝对速度 c_2 及其方向角 α_2 沿叶高有很大变化,造成级后汽流扭曲,产生附加损失。

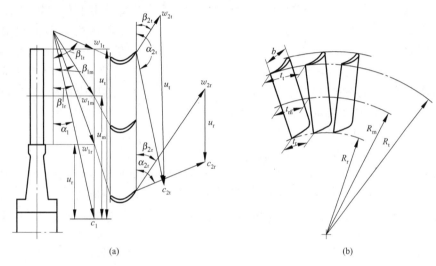

图 7.25　等截面长叶片级的叶栅栅距和速度三角形
(a) 速度三角形;(b) 等截面长叶片的叶栅栅距

(2) 沿叶高相对节距不同造成损失。汽轮机叶栅是具有一定半径的环形叶栅,ϑ 较小时,从叶根到叶顶,叶栅相对节距相差较大(见图 7.25(b))。试验表明,每一种叶栅都有一个最佳节距,偏离这个最佳值,会使损失增加,效率下降。

(3) 轴向间隙中汽流径向从静叶和动叶流出时的损失。由于圆周方向分速度 c_{1u}、c_{2u} 存在,使蒸汽在静、动叶出口的轴向间隙中受到离心作用。这会使汽流在轴向间隙中发生径向流动,这种径向流动既不会推动叶轮旋转,也不会转变为轮周功。它成为级的损失,而这种损失在长叶片中尤为显著。

综上所述,为了避免在长叶片中由于按照平均直径设计造成的上述附加损失,以获得较高的级效率,现代大型汽轮机普遍采用扭曲叶片,即把长叶片设计成叶片进出口角及截面积沿高度变化的变截面叶片(如图 7.26 所示的扭曲叶片),以适应圆周速度和汽流参数沿叶高的变化规律。通常,$\vartheta = 8$ 时,较好的扭曲叶片比等截面直叶片提高轮周

图 7.26　扭曲叶片

效率 1.5%～2.5%；$\vartheta=6$ 时，提高轮周效率 3.0%～4.05%；$\vartheta=4$ 时，提高轮周效率 7%～8%。核汽轮机单机功率大，蒸汽参数低，流量非常大，低压缸叶片长，所以对于核汽轮机，ϑ 较小，采用扭曲叶片效果更加显著；但是加工较困难，成本高。

7.3.6 多级汽轮机

1. 多级汽轮机的工作过程

日益增长的电力需求，要求生产大功率、高效率的汽轮发电机，这就要求增加汽轮机的级内比焓降和流量。级内比焓降的增大使喷嘴出口速度 c_1 增大，为了保持汽轮机级在最佳速比范围内工作，就要相应地增加级的圆周速度 u，而增大圆周速度受到叶轮和叶片材料强度条件的限制，所以比焓降不能无限制地增加；增加级的蒸汽流量，则要求增加通流面积，即增大级的平均直径或叶片高度，或二者同时增大，这些措施同样也受到材料强度的限制。对汽轮机来说，采取提高蒸汽初参数和降低背压的方法，既能提高热力循环的热效率，又能增大汽轮机功率。但这时，机组总的理想比焓降也增大了，一般中压机组总的比焓降约为 1260 kJ/kg，超高压再热机组可达 1680～2100 kJ/kg。这样大的比焓降无法仅靠单级来完成，所以采用多级汽轮机是增大机组容量、提高效率的有效措施。因此要增大功率又要保证高效率的唯一途径，就是将汽轮机设计成多级的，蒸汽在各级中的压力按阶梯形逐渐下降，其中每一级只利用总比焓降的一小部分。

常见的多级汽轮机有两种，分别是冲动式汽轮机和反动式汽轮机。图 7.27 所示为多级冲动式汽轮机，它由调节级及 8 个压力级组成，每两个叶轮之间被装有喷嘴的隔板分开。在隔板的内圆上装有轴封片，以减少漏汽。每一级均由隔板及其后面的叶轮组成，它是汽轮机的基本单元。调节级是当采用喷嘴调节时进汽度随负荷大小而变化的汽轮机级，常指汽轮机第一级，它的喷嘴分组装在若干个隔开的进汽弧段中，可根据负荷大小按照顺序全部或部

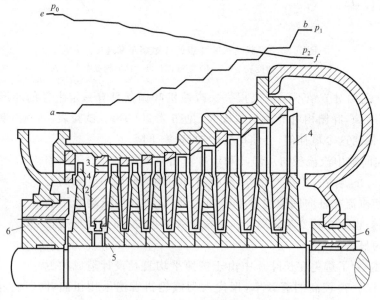

图 7.27 多级冲动式汽轮机

1—叶轮；2—隔板；3—喷嘴；4—动叶；5—轴封片；6—端部轴封；

ab—各级功率分布曲级；ef——各级蒸汽压力分布曲线

分开启入口调节阀,形成部分进汽,而阀门开启的数目决定了部分进汽的程度,即进汽的通流面积,也就调节了汽轮机的功率。而压力级则不能随负荷改变通流面积,故也称非调节级。蒸汽顺序通过各级做功,直至最后由末级动叶排出。显然,各级功率之和就是整个汽轮机的功率。蒸汽在多级轮机中的工作过程与级中的工作过程一样,可以用 h-s 图上的热力过程线表示,如图 7.28 所示。其中,$A_0(p_0,t_0)$ 表示调节阀前汽态,p_c 为排汽压力,Δh_t 表示汽轮机总的理想比焓降。考虑了节流损失后第一级喷嘴前的实际汽态点为 A_0'。当蒸汽离开末级动叶经排汽管进入凝汽器时,排汽管中有压力损失,故汽轮机末级的实际排汽压力 p_c' 应高于凝汽器的压力。对于多级汽轮机某一中间级而言,上一级的排汽参数就是这一级的进汽参数,即 A_1 是调节级的排汽状态点,又是第一非调节级的进汽

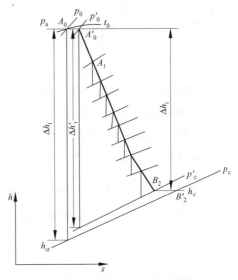

图 7.28 多级冲动式汽轮机的热力过程曲线

状态点。$A_0'A_1$ 是调节级的热力过程,同理,可绘出其他各级的热力过程:$A_0'A_0$ 是进汽机构的节流过程,$A_0'B_2$ 是各级的实际膨胀过程,B_2B_2' 是排汽管中的节流过程。

2. 重热现象与重热因数

由蒸汽的性质可知,在 h-s 图中,等压线在某一点的斜率等于该点的热力学温度,即 $\left(\dfrac{\mathrm{d}h}{\mathrm{d}s}\right)_p = T$。于是在过热区等压线斜率随热力学温度的增大而增大,呈扩散状。而在饱和区,由于压力一定,温度也一定,各等压线是一条斜率为常数的直线。由此可见,h-s 图上两等压线之间的垂直距离,即比焓降,是随比熵的增加而增加的,而且过热区增加的程度比饱和区要大。多级汽轮机某一级的损失能提高它下一级的蒸汽温度,使下一级的等熵焓降在相同的压差下比前级无损失时的等熵焓降略有增加,这种现象称为重热现象。重热现象的实质是内部损失因摩擦而转变为热量,被蒸汽吸收,从损失中回收部分能量,在后面级内继续进行能量转换。

基于上述事实,下面对同一台汽轮机的两条热力过程线(见图 7.29)作一分析对比。

$0-2t$ 表示蒸汽在各级中的流动是无损失的过程,此时各级理想焓降之和就是汽轮机的理想焓降,即

$$\Delta h_t = \Delta h_{t1} + \Delta h_{t2}' + \cdots + \Delta h_{t5}' \quad (7.39)$$

$0-2$ 过程线表示实际的有损失的过程。第二级的理想焓降是 Δh_{t2} 而不是 $\Delta h_{t2}'$ 且 $\Delta h_{t2} > \Delta h_{t2}'$,同理,

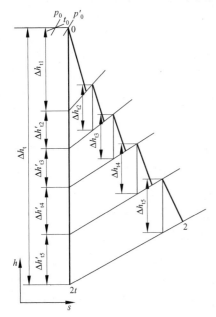

图 7.29 多级汽轮机重热现象说明

$\Delta h_{t3} > \Delta h'_{t3}$，所以有

$$\Delta h_{t1} + \Delta h_{t2} + \cdots + \Delta h_{t5} > \Delta h_{t1} + \Delta h'_{t2} + \cdots + \Delta h'_{t5} \tag{7.40}$$

即

$$\sum_{i=1}^{n} \Delta h_{ti} > \Delta h_t$$

可见，在多级汽轮机中，由于损失的存在，各级理想焓降之和大于整机的理想焓降 Δh_t。在汽轮机中，前级的损失能使后面级的理想焓降增大；或者说，前级的损失中部分能量还可以被后级利用。这就是多级汽轮机重热现象的实质。

上述的不等式可以写成如下形式：

$$\sum_{j=1}^{n} \Delta h_{tj} = \Delta h_t + \Delta h_{t\xi} = \Delta h_t\left(1 + \frac{\Delta h_{t\xi}}{\Delta h_t}\right) = \Delta h_t(1 + \alpha) \tag{7.41}$$

式中，α 为重热因数，它是各级理想焓降之和超过整机理想焓降的数值 $\Delta h_{t\xi}$ 与整机理想焓降 Δh_t 之比，即 $\alpha = \dfrac{\Delta h_{t\xi}}{\Delta h_t}$，$\Delta h_{t\xi}$ 表示前面级有损失而被后面级回收利用的那部分热量。由于这部分热量的被利用，使得整个汽轮机的内效率高于各级的平均内效率。

证明如下：假设汽轮机各级内效率相等，记为 η'_{ri}。则各级的有效焓降分别为 $\Delta h_{i1} = \eta'_{ri}\Delta h_{t1}$，$\Delta h_{i2} = \eta'_{ri}\Delta h_{t2}$，$\cdots$ 于是有

$$\Delta h_{i1} + \Delta h_{i2} + \cdots + \Delta h_{in} = \eta'_{ri}(\Delta h_{t1} + \Delta h_{t2} + \cdots + \Delta h_{tn})$$

$$\sum_{j=1}^{n} \Delta h_{ij} = \eta'_{ri}(1 + \alpha)\Delta h_t \tag{7.42}$$

238

整台汽轮机的内效率 η_{ri} 为有效焓降与理想焓降之比：

$$\eta_{ri} = \frac{\Delta h_i}{\Delta h_t} = \frac{\sum\limits_{j=1}^{n} \Delta h_{ij}}{\Delta h_t} = \frac{\eta'_{ri}(1 + \alpha)\Delta h_t}{\Delta h_t} = \eta'_{ri}(1 + \alpha) \tag{7.43}$$

由于 $\alpha > 0$，故 $\eta_{ri} > \eta'_{ri}$。

可见，级内损失可使多级汽轮机的理想焓降增加，但是，不能认为重热因数越大，多级汽轮机的内效率越高。因为 α 大，说明各级的损失增大，重热仅能回收利用总损失中的一小部分。总的来说，α 越大，汽轮机的内效率越低。多级汽轮机的重热因数 α 一般为 $0.03 \sim 0.08$。

3. 多级汽轮机的特点

多级汽轮机的特点为：由于级数多，每一级的比焓降较小，不但增大了单机功率，而且能保证在最佳速比附近工作，因而提高了机组效率；由于喷嘴出口速度较小，可减小级的平均直径，提高叶片高度，使叶栅端部损失减小，或增大部分进汽度，使部分进汽损失减小；多级汽轮机每级的比焓降较小，便于采用渐缩喷嘴，提高喷嘴效率；如级间布置得紧凑，则可以充分利用上一级的余速动能；由于蒸汽在汽轮机中的工作过程是绝热过程，重热现象使上一级的损失转变为热能，使进入本级的蒸汽温度升高，从而增大了级的理想比焓降，亦即利用前一级的损失做功；此外，多级汽轮机利于设计成回热式和再热式，提高循环热效率和机组内效率。但多级汽轮机也有结构复杂、零部件多、机组体积庞大而笨重、造价高以及有级间的漏汽损失等缺点。

4. 汽轮机装置的相对内效率

1) 进汽机构的节流损失

汽轮机的初参数是指主蒸汽（主汽阀前的新蒸汽）参数。主蒸汽进到第一级喷嘴前时，变成了调节阀后喷嘴组前的新蒸汽，主蒸汽通过主汽阀、调节阀、入口导汽管进入第一级进汽环区（环形汽室）的过程为节流过程，在此过程前后，蒸汽压力降低，比焓值不变。由图 7.30 可知，在背压不变的前提下，若在进汽机构中没有节流过程，汽轮机的理想比焓降为 Δh_t，否则其理想比焓降为 $\Delta h_t'$。这种由于节流作用引起的比焓降损失 $\Delta h_{t\zeta}$（$\Delta h_{t\zeta} = \Delta h_t - \Delta h_t'$）称为进汽机构中的节流损失。

进汽机构的节流损失与管道长短、阀门型线、蒸汽室形状及汽流速度等有关。当阀门全开时选取的蒸汽速度不大于 $40\sim60$ m/s 时，若第一级喷嘴前的压力 p_0'，则因节流引起的压力损失 Δp_0 为

$$\Delta p_0 = p_0 - p_0' = (0.03 \sim 0.05)p_0$$

或

$$p_0' = (0.95 \sim 0.97)p_0$$

2) 高低压缸之间汽水分离再热器及管道压力损失

核电厂汽轮机高压缸排汽经汽水分离再热器（见图 7.30(a) 中 MSR）及管道的阻力损失产生压降，在图 7.30(b) 中用 $p_s p_s'$ 表示。

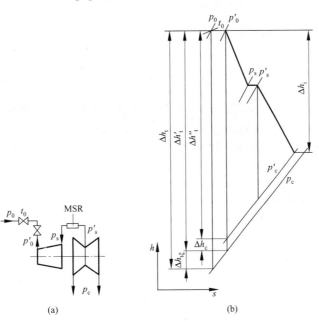

图 7.30 考虑了进排汽机构中损失的热力过程曲线

(a) 系统示意图；(b) 热力过程曲线

3) 排汽缸的阻力损失

从汽轮末级动叶排出的乏汽，经排汽缸进入凝汽器。由于排汽要在沿程中克服摩擦和涡流等阻力，所以末级后的静压力 p_c' 一般要高于凝汽器内的静压力 p_c。这一压力降 $\Delta p_c(= p_c' - p_c)$ 称为排汽缸压力损失，通常 $\Delta p_c = (0.02\sim0.06)p_c$。由于出现了 Δp_c，使汽

轮机的理想比焓降由 $\Delta h'_t$ 变为 $\Delta h''_t$，这一比焓降损失 $\Delta h_c (= \Delta h'_t - \Delta h''_t)$ 称为排汽缸的阻力损失。

为了减少排汽缸中的阻力，在末级动叶后边还有一段通流面积逐渐扩大的导流部分，称为扩压段，用以降低排汽速度，减少排汽阻力。同时在扩压段内部和其后部又设置了一些导流环或导流板，以使乏汽较均匀地布满整个排汽通道，保持排汽通畅，减少排汽动能的消耗。

4）汽轮机装置的相对内效率

前述各项级内损失，加上蒸汽通过汽轮机主汽阀、调节阀和排入凝汽器的节流损失，构成汽轮机的所有内部损失。整台汽轮机扣除各级的内部损失与整机的进、排汽节流损失后的有效比焓降与总的理想比焓降之比，称为汽轮机装置的相对内效率 η_{ri}，用百分比表示（见第 6 章）。显然 η_{ri} 愈大，说明汽轮机内实际过程更接近于理想的等熵膨胀过程。相对内效率是衡量整台汽轮机内部结构完善程度的指标，现代大中型汽轮机的相对内效率接近 90%。

7.4　汽轮机的本体结构

汽轮机由转动部分和静止部分所组成。汽轮机转动部件的组合体称为转子，它包括主轴、叶轮（或转鼓）、动叶栅、联轴器及装在轴上的其他零件。蒸汽作用在动叶栅上的力矩，通过叶轮、主轴和联轴器传递给发电机或其他设备，并使它们旋转而做功。汽轮机的静止部分包括基础部分、台板（机座）、汽缸、喷嘴、隔板、汽封、轴承等部件，但主要是汽缸和隔板。

7.4.1　转子

汽轮机转子在高温蒸汽中高速旋转，不仅要承受汽流的作用力和由叶片、叶轮本身离心力所引起的应力，而且还承受着由温度差所引起的热应力。此外，当转子不平衡质量过大时，将引起汽轮机的振动。因此，转子的工作状况对汽轮机的安全、经济运行有着很大的影响。

1. 转子的类型及结构

汽轮机转子按形状可分为转轮型和转鼓型两种。冲动式汽轮机常采用转轮型转子，反动式汽轮机则采用转鼓型转子。某些大功率冲动式汽轮机的低压部分也采用转鼓型转子。按制造工艺来分，汽轮机转子则可分为套装转子、整锻转子、组合转子及焊接转子。

1）套装转子

套装转子的结构如图 7.31 所示。套装转子的叶轮、轴封套、联轴器等部件和主轴是分别制造的，然后将它们热套（过盈配合）在主轴上，并用键传递力矩。主轴加工成阶梯形，中间直径大，两端直径小，这样不仅有利于减小转子的挠度，而且便于叶轮的套装和定位。套装转子的优点是叶轮和主轴可以单独制造，故锻件小，加工方便，节省材料，容易保证质量，转子部分零件损坏后也容易拆换；其缺点是轮孔处应力较大，转子的刚性差，特别是在高温下工作时，金属的蠕变容易使叶轮和主轴套装处产生松动现象。因此这类转子只适用于中、低参数的汽轮机和高参数汽轮机的中、低压部分，其工作温度一般在 400℃以下。

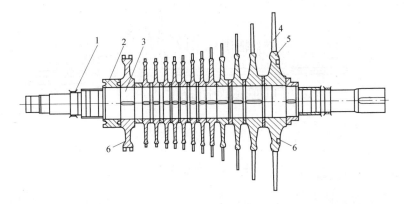

图 7.31　套装转子

1—油封环；2—轴封套；3—轴；4—动叶栅；5—叶轮；6—平衡槽

2）整锻转子体

整锻转子体的结构如图 7.32 所示。这种转子体的轮盘、轴封套和联轴器等部件是用整体锻件车削而成。叶片装在转子体轮盘上开出的叶片槽后构成整锻转子。

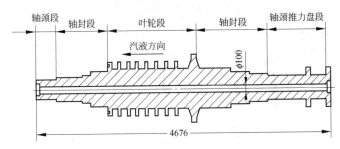

图 7.32　整锻转子体

整锻转子的主要优点是：叶轮和主轴做成整体，因而不会松动，能适应高温工作和快速启动的要求；装配零件少，结构紧凑，轴向长度相应缩短，刚性好。其主要缺点是：由于锻件尺寸大，要求有生产大型锻件的技术和设备，工艺及质量检验比较复杂，材料损耗大；当转子上零件损坏时更换困难，甚至造成整个转子报废；整锻转子加工制造周期较长等。但是对于高参数或超高参数机组的高压转子，防止高温下松动是主要的，因此广泛采用整锻转子。

3）组合转子

组合转子的结构如图 7.33 所示。这种转子可以根据各段的工作条件不同，在同一转子上，高压部分采用整锻结构，中、低压部分采用套装结构，从而兼得整锻转子和套装转子的优点。组合转子广泛用于高参数、中等功率的汽轮机上。

4）焊接转子

焊接转子的结构如图 7.34 所示，它是由若干个实心轮盘和端轴拼合焊接而成的。焊接转子的主要优点是：不存在松动问题；采用实心的轮盘，强度高，不需要叶轮轮壳，结构紧凑；轮盘和转子可以单独制造，材料利用合理，加工方便，且易于保证质量；焊成整体后转子

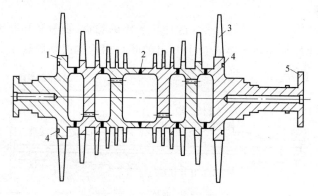

图 7.33　组合转子

刚性较大等。但是焊接转子要求材料的可焊性好，焊接工艺及检验技术要求高且比较复杂，这些在一定程度下妨碍了焊接转子的应用。随着技术的不断发展，焊接转子将越来越得到广泛的应用，既可用于高压汽轮机，也可用于低压汽轮机。

图 7.34　焊接转子

1—叶轮；2—焊缝；3—动叶栅；4—平衡槽；5—联轴器的连接轮

2. 叶轮的结构

叶轮是一种圆盘形的零件，它一般由轮缘、轮体（轮面）和轮壳三部分组成。轮缘用来固定叶片，其具体结构与叶片的受力情况及叶根形状有关，大多数轮缘具有比轮体为大的截面。轮壳是叶轮套于主轴上的配合部分，故只有套装转子才有，其结构取决于叶轮在主轴上的套装方式，为了保证有足够的强度，轮壳部分一般都要加厚。轮体是叶轮的中间部分，它起着连接轮缘与轮壳的作用，其断面应根据受力情况来确定。叶轮按其轮体的断面型线可分为以下几种。

1）等厚度叶轮

这种叶轮的轮体断面沿径向相同（图 7.35(a)、(b)），其应力分布不均，故承载能力较差，一般仅在圆周速度低于 $120\sim130$ m/s 时采用。但是这种叶轮制造方便，轴向尺寸较小，因而广泛用于整锻转子上的高压部分。当叶轮径向尺寸稍大时，为提高其承载能力，可以适当加厚靠近内径部分的轮体厚度，如图 7.35(c)所示。

2）锥形叶轮

这种叶轮断面沿径向作成锥形（图 7.35(d)、(e)），因而其应力分布较为均匀，强度情况

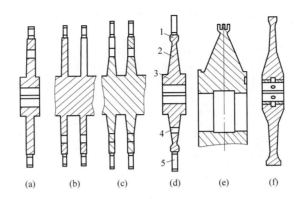

图 7.35　叶轮的结构

(a)、(b)、(c) 等厚度叶轮；(d)、(e) 锥形叶轮；(f)双曲线叶轮

1—轮缘；2—轮体；3—轮壳；4—平衡孔；5—动叶栅

较好,可在圆周速度低于 300 m/s 时采用。锥形叶轮加工也较方便,而且可以根据载荷来改变叶轮的锥度。图 7.35(d)所示的叶轮常用于调节级或中、低压级,而图 7.35(e)所示的叶轮则用于载荷更大的低压级。

3) 双曲线叶轮

这种叶轮断面沿径向按双曲线规律变化,如图 7.35(f)所示。它的应力分布比锥形叶轮更均匀,但由于加工困难,因此一般应用较少。

4) 等强度叶轮

这种叶轮断面按等强度设计,叶轮各处的应力基本上相同,一般没有中心孔,故其强度最高,可用于 400 m/s 以上的圆周速度;但是它的加工比较复杂,要求也高,因此一般只在高转速的单级汽轮机中应用。

为了减小叶轮前后的压力差,以防止转子的轴向推力过大及叶轮产生挠曲,通常在叶轮的轮体上开有 5~7 个平衡孔。

3．动叶片的结构

动叶片是汽轮机中数量最大和种类最多的零件,它的结构、材料和装配质量对汽轮机的安全和经济运行有极大的影响。在汽轮机的事故中,叶片事故占 $60\%\sim70\%$,所以必须予以足够的重视。叶片应具有良好的流动特性、足够的强度、满意的转动特性、合理的结构和良好的工艺性能。

叶片的类型很多,按工作原理可分为冲动式和反动式两大类;按制造工艺可分为铣制、轧制、模锻及精密铸造等类型;按叶片的截面形状还可分为等截面和变截面(扭曲)叶片。

叶片由叶型、叶根和叶顶三部分组成。图 7.36 所示为轧制叶片和铣制叶片的结构。

1) 叶型部分

叶型部分是叶片的工作部分,相邻叶片的叶型部分组成蒸汽的流道。

叶型部分有两种形式:一种是截面沿叶高方向相同的等截面叶片;另一种是截面沿叶高方向变化的扭曲叶片。前者制造工艺简单,成本较低,但气动特性较差,适用于叶片相对高度较小的短叶片;后者气动特性较好,并具有较高的强度,但制造工艺较复杂,成本较高,

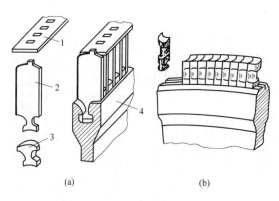

(a)   (b)

图 7.36　动叶片结构

(a) 轧制叶片；(b) 铣制叶片

1—围带；2—动叶片；3—隔金（隔叶件）；4—叶轮

适用于长叶片。

在湿蒸汽区域内工作的叶片，为了提高叶片的抗冲蚀能力，在叶片进口的背弧上均采用强化的措施，如镀铬、电火花强化、表面淬硬及堆焊硬质合金等。

2）叶根部分

叶片通过叶根固定在叶轮上，叶根与叶轮的连接应该牢固可靠，而且应保证叶片在任何运行条件下不会松动。同时，叶根的结构应在满足强度的条件下尽量简单，使制造、安装方便，并使叶轮轮缘的轴向尺寸为最小。随着动叶片的圆周速度和长度的不同，其叶根所受的作用力也不同，这就需要采用不同的叶根结构。由于各制造厂有不同的经验和习惯，因而叶根的结构形式很多。不同形式的叶根在轮缘上的装配情况也不同。

图 7.37 所示为常用叶根的截面形状及对应的轮缘结构。

（1）倒 T 型叶根

图 7.37(a)、(b) 所示为倒 T 型叶根。这种叶根结构简单，加工和装配方便。但是这种叶根在叶片离心力的作用下，对轮缘两侧产生较大的弯曲应力，使轮缘有张开的趋势。若要降低轮缘两侧的弯曲应力，则需使轮缘的轴向宽度加大，因而使转子的轴向长度增加。由此可见，倒 T 型叶根仅适用于载荷不大的短叶片，如汽轮机的高压级叶片。为了克服上述缺点，在叶根和轮缘上增设了两个凸肩，这种叶根称为外包凸肩倒 T 型叶根，如图 7.37(c) 所示。叶根凸肩的作用是阻止轮缘向外张开，以减小轮缘的弯曲应力，从而提高承载能力，或者说在同样的载荷下可以减小轮缘的尺寸。因此，这种叶根在叶轮之间距离较小的整锻式转子中得到广泛的应用。图 7.37(f)、(g) 为双倒 T 型叶根，由于增加了承力面，可在不增大轮缘尺寸的情况下进一步提高叶根的承载能力。这种叶根可用于中等长度的叶片，但两承力面的配合公差要求比较严格，以保证其受力均匀。

（2）菌型叶根（外包型叶根）

菌型叶根结构如图 7.37(e)、(h) 所示。这种叶根和倒 T 型叶根同属一个类型。它采用了叶根包围轮缘的形式，叶根和轮缘的载荷分配比较合理。这种形式的叶根叶片料消耗较多，故国内目前较少采用，而引进的国外机组中应用较多。

以上几种叶根在轮缘上的装配方法相同，其轮缘的叶根槽道（或凸缘）有两个切口，叶片从切口处插入槽道后，沿圆周移动嵌在槽道内，对于轧制叶片则与隔叶件相间插入。在切口

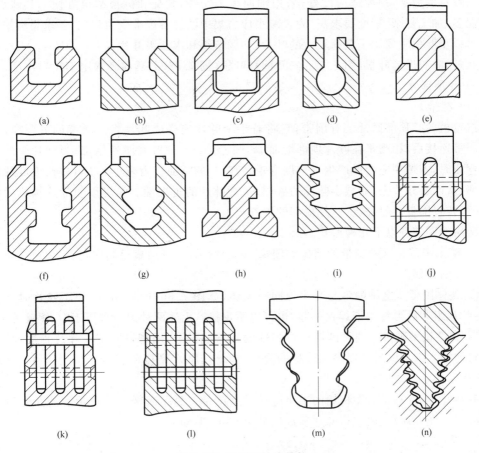

图 7.37 叶根和轮缘结构

处的叶片称为末叶片,其叶根与切口形状相同,由于它没有承力凸肩,故用铆钉铆接在轮缘上。

(3)叉型叶根

叉型叶根如图 7.37(j)、(k)和(l)所示。这种结构是将叶根制成叉形,直接插入轮缘相应的槽内,并用两排铆钉将其与轮缘铆接。铆钉的位置可以设在叶根的中心线上,也可交错地设在相邻叶根的接缝处。叉型叶根的优点是:连接强度高,而且可随着叶片离心力的增大相应地增加叶根的叉数,因而强度的适应性好;采用铆钉固定,连接刚性较好;制造工艺较为简单,加工方便,而且是径向单个跨装,检修和拆换叶片比较方便。其缺点是装配时钻孔和铆接工作量大,安装费工,整锻转子和焊接转子由于装配不便,不宜采用这种结构。叉型叶根常用于大功率汽轮机的末几级的叶片。

(4)枞树型叶根

枞树型叶根结构如图 7.37(m)、(n)所示。这种叶根分为轴向装配式和周向装配式两种。冲动式汽轮机主要采用轴向装配式。枞树型叶根按照叶根和轮缘的载荷分布设计成尖劈形,接近等强度结构,其齿数可以根据载荷的大小来确定。因此,枞树型叶根有以下主要优点:承力面较多,合理利用了叶根和轮缘部分的材料,承载能力高,并能按照不同载荷设计不同数量的齿数,强度适应性好;采用轴向单个安装,装配和拆换都很方便。其缺点是:接合面多,加工复杂,精度要求高;为了减小应力集中及使各齿上受力均匀,要求材料塑性较好。枞树型叶根主要用于载荷较大的叶片,如调节级和末几级叶片。

此外,尚有齿形叶根(图 7.37(i))及圆柱叶根(图 7.37(d)),前者常用于轧制叶片。

3) 叶顶部分

(1) 围带

汽轮机的叶顶部通常装有围带,它将若干个叶片连接成叶片组。围带的主要作用是:①用围带连接后,相当于在叶片顶部增加了一个支承点,使叶片刚性增加;当叶片受外力作用而弯曲时,围带相应变形产生一个反弯矩,使叶片的弯曲应力减小。②可以改变叶片的自振频率,从而避开共振;能减小叶片的振幅,提高叶片的抗振性。③可以使叶片构成封闭槽道;并可装置围带汽封,减少叶片顶部的漏汽损失。

常用的围带有以下几种形式。

① 铆接围带。这种围带的结构如图 7.36(a)所示,围带由扁钢制成,然后用铆接将其固定在叶片的顶部。

② 整体围带。这种围带与叶片为同一整体,如图 7.36(b)所示,在加工叶片时一起铣出,待叶片组装后再将围带焊在一起,也可以不焊接。上述两种围带常用于中、短叶片上。

③ 弹性拱型围带。这种围带是将弹性钢片弯成拱形,用铆钉固定在叶片顶部,采用整圈环状连接。拱型围带可以增加叶片的刚性,抑制叶片 A 型振动(叶根固定、叶顶自由的振动)和扭转振动。

有些叶片,特别是大型机组的末级叶片没有围带。为了减轻叶片重量和防止运行中与汽缸碰撞而损坏叶片,通常将叶片顶部削薄至 0.5～1 mm。

246

(2) 拉金

拉金用来将叶片连成叶片组,其作用是增加叶片的刚性以改善其振动特性。

拉金通常作成棒状(实心拉金)或管状(空心拉金),穿在叶型部分的拉金孔中。拉金与叶片之间有焊接的(焊接拉金),也有不焊接的(松拉金或阻尼拉金)。在一级叶片中一般有 1～2 圈拉金,最多不超过 3 圈。用拉金连接叶片的方式有:分组连接、整圈连接及组间连接等,如图 7.38 所示。

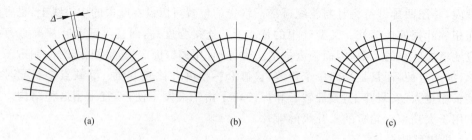

图 7.38 拉金连接方式

(a) 分组连接；(b) 整圈连接；(c) 组间连接

采用拉金后,将增加蒸汽在叶片中的流动损失。此外,拉金的离心力及拉金孔都将影响叶片的强度,因此,在满足强度和振动条件的情况下,有些长叶片不装拉金而作成自由叶片。

7.4.2 汽缸与隔板

汽缸是汽轮机的外壳,其作用是将汽轮机的通流部分与大气隔开,将蒸汽包容在汽缸中膨胀做功,完成其能量转换过程。汽缸内部装有喷嘴室、喷嘴、隔板套、隔板和汽封等静止零部件,它们与转子上相应的运动部件相配合,共同工作。汽缸和隔板是汽轮机主要的静止部分结构。

1. 汽缸的结构

根据机组功率的不同,汽轮机有单缸和多缸结构。在我国,一般功率在 100 MW 以下的汽轮机多采用单缸结构,功率在 100 MW 以上的汽轮机采用多缸结构。高、中压部分汽缸均为铸造结构,低压排汽缸除功率较小的采用铸造结构外,大功率机组多采用钢板焊接结构或小铸件和钢板焊接的组合结构。

汽缸从高压向低压方向看,大致上呈圆筒形或圆锥形。为了便于加工、安装及检修,汽缸一般作成水平对分式,即分为上、下汽缸,水平结合面一般用法兰螺栓连接。另外,为了合理利用材料和便于加工、运输,汽缸也常按缸内压力高低沿轴向分为几段,垂直结合面也采用法兰螺栓连接。由于垂直结合面一般不需拆卸,为保证其严密性,有些汽缸还在结合面的内圆加以密封焊。

汽缸的高、中压段或高中压缸,在运行中承受其内部蒸汽较高压力和较高温度的作用。汽缸的低压段或低压缸尾部,在运动时其内部压力低于大气压力,因而承受着大气压力的作用。由此可见,汽缸壁必须具有一定的厚度,以满足强度和刚度的要求。水平法兰的厚度更大,以保证结合面的严密性。汽缸的形状要尽可能简单、均匀和对称,使其能均匀地膨胀和收缩,以减少热应力和应力集中。

将汽轮机末级动叶排出的蒸汽导入凝汽器的部分称为排汽缸。排汽缸工作在真空状态下,尺寸又很大,设计时主要应保证它有足够的刚性,并具有良好的流动特性以回收排汽动能。

2. 隔板

隔板用于固定喷嘴叶片,并将整个汽缸内部空间分隔成若干个汽室。它主要由隔板体、喷嘴叶栅和隔板外缘等部分组成。隔板通过外缘直接安装在汽缸或隔板套内专门的凹槽中。为了安装和拆卸方便,隔板沿水平中分面对分为上、下两半块,称上、下隔板。为了使上、下隔板对准,并防止漏汽,在水平中分面加装密封键和定位销。在隔板体的内孔壁有安装汽封环的槽道。

根据制造工艺的不同,隔板有焊接的和铸造的两类。喷嘴叶栅和隔板体、隔板外缘焊成一体的隔板称为焊接隔板;喷嘴叶栅铸入隔板体和隔板外缘的隔板称为铸造隔板。图 7.39 是焊接隔板的结构图,是由轧制成形的喷嘴叶片 1 先焊在预先冲好型孔的内、外围带 2、3 上,然后再焊上隔板外缘 4 和隔板体 5 而成。焊接隔板具有较高的强度和刚度、较好的汽密性,制造也较容易,因此焊接隔板广泛应用于中、高参数汽轮机的高中压部分。

高压汽轮机各级的隔板,通常不直接固定在汽缸上,而是固定在隔板套上,隔板套再固定在汽缸上。隔板套是一个圆筒形部件,相当于汽缸的一段,其外圆柱面有定位环,嵌入汽缸内壁相应的槽道内,其内壁上有若干环形槽道,用以固定相应的隔板。其水平中分面有法

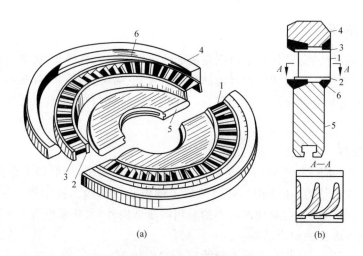

图 7.39　轧制式静叶栅焊接隔板

(a) 隔板组成；(b) 隔板断面图

1—静叶片；2、3—静叶栅的内、外围带；4—隔板外缘；5—隔板体；6—焊接处

兰,用螺栓将上、下两半紧固。采用隔板套可减小汽轮机的轴向尺寸,简化汽缸形状,方便检修。

3. 汽封结构和轴封系统

汽轮机通流部分的动、静机件之间,为了避免碰磨,必须留有一定的间隙,而间隙的存在又会导致漏汽,使汽轮机效率降低。为此,在汽轮机动、静机件的有关部位设有密封装置,通常称为汽封。按照安装位置的不同,汽封可分为:①隔板汽封,它装设在各级隔板的内孔和转子之间;②围带汽封,它装设在高、中压级动叶栅的围带和隔板外缘的凸缘之间;③叶根汽封,它装设在一些高压级动叶栅的根部和隔板之间;④轴端汽封,或简称轴封,它装设在转子端部和汽缸之间。隔板汽封、围带汽封和叶根汽封属于级间汽封。

1) 汽封的结构

现代汽轮机中应用最普遍的汽封结构是曲径式汽封(又称迷宫汽封)。图 7.40 所示为曲径式汽封的结构形式。

曲径式汽封按其齿形可分为平齿、高低齿和枞树形等多种形式,其中平齿汽封的密封效果较差。按汽封齿的加工方法又可分为整体式或镶片式。在汽封环上直接车削出汽封齿的称为整体式汽封;由金属片镶嵌在汽封环或转子上而成的称为镶片式汽封。整体式汽封的汽封齿刚性好,但轴向尺寸较长;镶片式汽封则反之。镶片式汽封对工艺水平有一定要求,当镶嵌工艺较差时易倾倒或脱落。

隔板汽封常采用图 7.40 中(b)、(c)、(d)所示的三种形式,有些低压级也采用图(a)所示的平齿汽封。隔板汽封的汽封环装在隔板体内孔的环形槽道内,利用弹簧片作弹性支承。

围带汽封常用镶片式平齿汽封,其汽封片直接镶嵌在隔板外缘的凸缘上,也可直接在围带上车出。

叶根汽封为平齿汽封,汽封齿直接在动叶栅根部的侧面车出。

轴封多采用高低齿汽封。由于齿数较多,而做成若干个汽封环,它们分别嵌装在轴封体内壁的环形槽道内,也采用弹性支承。高压缸的轴封常采用镶片式汽封。汽封片可

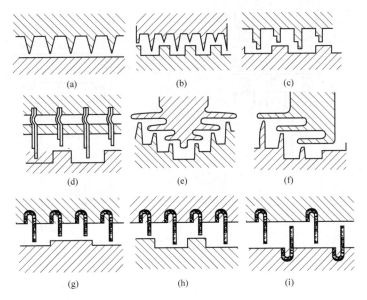

图 7.40　曲径式汽封的结构形式

(a) 整体平齿；(b)、(c) 整体高低齿；(e)、(f) 整体枞树形；(d)、(g)、(h)、(i) 镶片式

镶嵌在转子上(在汽封环内壁加工出汽封凸肩)，也可在汽封环和转子上同时镶嵌汽封片(见图 7.40(i))。

2) 轴封系统

虽然采用轴封结构能够减少高压端蒸汽的漏出和低压端空气的漏入，但不能完全消除轴端的泄漏。为阻止低压侧空气漏入排汽缸，也防止蒸汽从转子端部漏出，汽轮机均设置有轴封系统。

图 7.41 是美国西屋公司设计的西仑哈里斯核电厂汽轮机轴封系统简图。转子轴封采用曲径式密封结构。蒸汽从蒸汽母管通过 1 号减压阀供给 0.965 MPa 的蒸汽，密封蒸汽的另一个来源是汽轮机高压缸调速阀的阀杆泄漏。这些蒸汽经 2 号阀门进一步将压力减至 0.11 MPa 后，供给四个低压轴封。轴封汽阻止外部空气流入低压缸内，轴封汽和空气的混合物排至轴封冷凝器，在这里蒸汽被管内的凝结水凝结成水，疏水送往凝汽器热井；不可凝气体由抽气泵排出。供给高压轴端密封的蒸汽来自经 1 号减压阀减压后的蒸汽，另一个来源是高压缸截止阀阀杆漏汽，来自蒸汽母管的经 1 号减压阀减压的新蒸汽再经 3 号减压阀降压至 0.11 MPa 送往高压侧轴端，此股汽流抵御蒸汽沿轴向外泄漏，回流密封蒸汽送往轴封冷凝器。在高功率运行时，从高压轴封漏出的蒸汽向供汽管道倒灌，溢流阀 8 自动把蒸汽排往凝汽器，以维持其上游压力最高为 0.138 MPa。

7.4.3　防蚀措施

汽轮机叶片在湿蒸汽中工作时，往往会受到侵蚀。由于侵蚀，叶片形成不平的海绵状表面。侵蚀可能占据叶片的很大一部分，使级效率降低，同时侵蚀会改变叶片的振动和强度特性，这可能是叶片断裂的起因。

虽然对叶片侵蚀问题已经研究了几十年，但至今仍没有一个有充分根据的关于侵蚀机

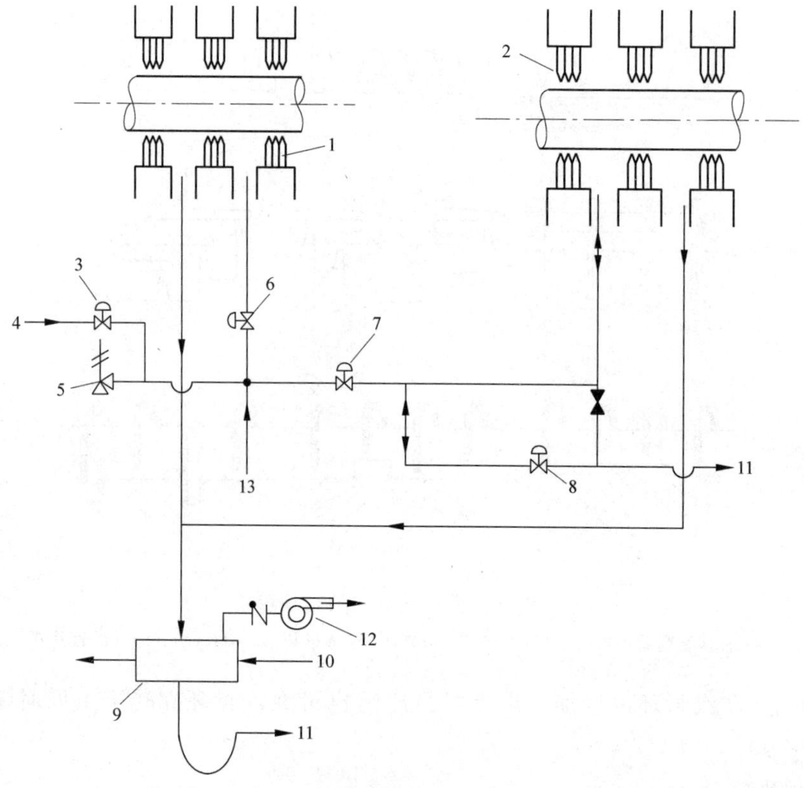

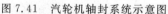

图 7.41　汽轮机轴封系统示意图

1—低压缸轴端密封；2—高压缸轴端密封；3—1 号减压阀；4—来自蒸汽母管蒸汽；5—安全阀；
6—2 号减压阀；7—3 号减压阀；8—溢流阀；9—轴封冷凝器；10—主凝结水；
11—至主凝汽器；12—抽气泵；13—高压缸截止阀阀杆泄漏蒸汽

理的假说。总的来说，叶片侵蚀可能是由于空蚀现象和水滴在叶片上的机械作用而产生的。有些试验表明，当水滴撞击时将产生空蚀气泡，空蚀气泡进入高压区后遭到破坏，这一过程中出现具有很大冲量、非常大压力和温度的冲击波。在汽轮机叶片中，由于水滴对叶片表面多次撞击，也可能使材料受到疲劳破坏。

为了估计在工作叶片中水滴撞击作用的危险性和探索预防叶片侵蚀的途径，开展了广泛的实验研究，得到了一系列的经验公式。

日立公司提出了如下经验公式判别在湿汽区工作叶片的水滴侵蚀状况：

$$E = 4.3 \times (0.01u_0 - 2.44)^2 y_1^{0.8} \tag{7.44}$$

式中，u_0 是叶片端部的圆周速度，m/s；y_1 是喷嘴和动叶之间的蒸汽湿度，以百分数表示。若 $E < 2$，说明叶片的寿命是可以保证的；若 $2 \leqslant E \leqslant 4$，则叶片处于不严重的侵蚀工况下；若 $E > 4$，则叶片处在不允许的侵蚀工况下。

从式（7.44）出发，减少侵蚀的措施有如下几种。

1）减少级前湿度

设计时应提高蒸汽初温和降低初压，采用外置汽水分离和中间再热器，增加末级比焓降，降低凝汽器真空等。

2）采取级内除湿

核汽轮机组采用各种形式的级内除湿设计,种类繁多的除湿结构可归结为以下几类。

（1）从喷嘴叶片的汽道除湿。采用空心的喷嘴叶片,又称为内槽式除湿,可以排出 $35\%\sim40\%$ 的水分。进一步研究指出,通过喷嘴叶片出口边缘除湿能取得较好效果,通过出口缝隙的抽吸,可以排出几乎所有的大颗粒水珠,比布置在离出口边缘不远的静叶片两侧的缝隙除湿结构更为有效（见图 7.42）。

（2）从喷嘴叶片之后腔室除湿。汽轮机低压缸,从喷嘴中叶片之后除湿。图 7.43 所示为日立公司汽轮机低压缸的通流部分。由离心力分离出来的水分被引入叶片围带上部的除湿腔将水收集起来除掉。

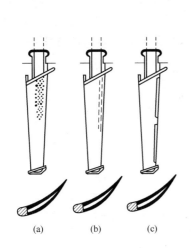

图 7.42　带有内槽式去湿的静叶片

（a）、（b）静叶片两侧的缝隙除湿；（c）边缘除湿

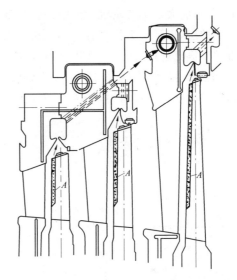

图 7.43　日立公司汽轮机低压缸的通流部分

A—齿形工作叶片背弧上的沟槽（箭头所示为去除水分的方向）

（3）从工作叶片除湿。从工作叶片背弧上开齿形沟槽,这样在离心力的作用下水沿这些沟槽至外缘,然后排走。这种齿形除湿叶片已被广泛采用（见图 7.44）,适当地选择叶型,

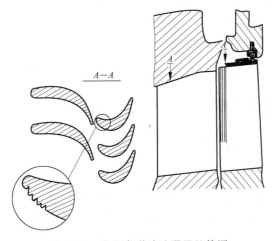

图 7.44　带有齿形动叶栅级的简图

可改善分离效果,但由于工作叶片不是气体动力学的最佳叶型,级效率将降低。

(4) 从工作叶片之后腔室除湿。从工作叶片之后的腔室或专设的槽道排除水分是应用最广泛的除湿结构。水滴收集到疏水腔室,然后导入抽汽管道系统或将疏水单独引出。图 7.45 所示是一种典型结构。

3) 降低叶片外缘圆周速度 u_0

由式(7.44)可见,降低 u_0 对减少侵蚀十分重要。降低转速和减小末级叶片高度往往是从这一观点出发的。

4) 采用耐侵蚀材料

防止侵蚀的简单方法是选择更耐蚀的材料。叶片的基体材料广泛选用强度高而且耐蚀的铬钢,在一些大功率汽轮机设计中最长的低压缸末级叶片用钛合金制造;此外,在叶片表面覆盖防护层,也是一个行之有效的方法。大颗粒水滴是导致侵蚀叶片的主要原因,其运动速度滞后于汽流速度,结果水滴将打击到动叶进口边的背弧上,最严重的侵蚀发生在动叶的上部,这里速度最大,在这部分叶片表面(叶片上部 1/3 长度的叶片进口边的背弧)采用高频电流焊接司太立合金覆盖层,如图 7.46 所示。

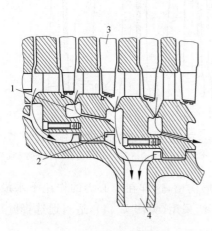

图 7.45　工作叶片后除湿结构

1—疏水腔室；2—密封表面；3—转子；
4—蒸汽和水滴抽出管道

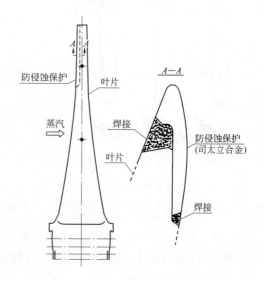

图 7.46　末级叶片的防蚀保护

7.5　汽轮机的总体结构

7.5.1　汽轮机的总体结构形式

汽轮机的总体结构形式包括汽缸、排汽口(又称"流")及转轴数量和结构形式。汽轮机总体结构形式取决于汽轮机的新蒸汽参数和汽轮机功率。对于高参数汽轮机,其蒸汽比焓降大,级数多,进汽和排汽比体积相差大,导致高压和低压部分流通截面相差悬殊,因此必须采用双缸或多缸结构。对于大功率汽轮机,低压部分往往采用双缸或多缸,排汽口相应增加。

7.5.2 核电厂饱和蒸汽汽轮机的总体配置

1. 核电厂汽轮机配置

核电厂大多使用饱和汽,为了降低发电成本,单机容量已增加到 1.6 GW 级。在总体配置上,饱和汽轮机组一般设计成一个高压缸和一组低压缸串级式配置,在进入低压缸前设置有汽水分离再热器。核电厂大功率汽轮机的所有低压缸都设计成双流的,且并联设置两个或更多的低压缸。如大亚湾核电厂采用的是图 7.47(a)的配置。还有在高压缸两端对称地每端布置两个低压缸的设计(见图 7.47(b)),我国田湾核电厂就采用这种汽轮机配置。图 7.47(c)所示为我国某在建 1 GW 级核电厂拟采用的半速机组的 3 缸、4 排汽口配置。

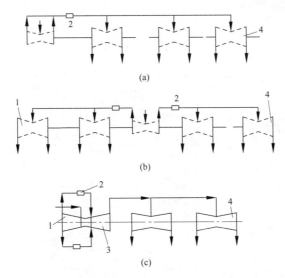

图 7.47　核电厂汽轮机的典型配置

(a). 4 缸、6 排汽口形式;(b) 5 缸、8 排汽口形式;(c) 3 缸、4 排汽口形式

1—高压缸;2—汽水分离再热器;3—中压缸;4—低压缸

2. 核电厂汽轮机结构举例

大亚湾核电厂的汽轮机为英国公司设计制造的多缸单轴系冲动式汽轮机。汽轮机的转速为 3000 r/min,额定功率为 900 MW,新汽参数为 6.63 MPa,283℃,低压缸排汽压力 7.5 kPa,额定负荷下蒸汽流量为 5515 t/h,汽轮机为 4 缸、6 排汽口形式(见图 7.47(a))。一个高压缸和 3 个低压缸皆为双流对置式(见图 7.48(a))。新蒸汽分 4 路经高压汽室(主汽阀和调节阀)后由入口导汽管进入高压缸。高压缸的两个排汽口,各通过 4 根蒸汽管与低压缸两侧的汽水分离再热器相连。高压缸排汽在汽水分离再热器经除湿再热后,进入低压缸,每个低压缸的两个排汽口与一台凝汽器相接。整台汽轮机共有 6 个排汽口。

高压缸为铬钼材料铸造的单层缸结构,水平对分形式,每一汽流流向各有 5 级。其中隔板皆采用隔板套结构,高压缸转子由镍铬钼钒钢锻成,每个流向都有锻成一体的 5 级叶轮,各级叶片的叶根皆为多叉型,叶片长度为 91~264 mm,叶片的顶部有预加工的铆钉头,用来装置围带,每一级叶片的围带都由数段组成扇形叶片组。

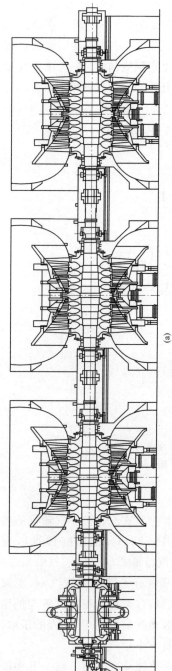

(a)

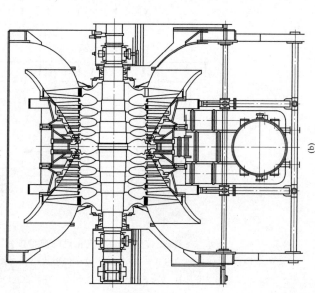

(b)

图 7.48　1000 MW 级饱和汽轮机组的纵剖面图和低压缸剖面

(a) 汽轮机组的纵剖面图；(b) 低压缸剖面图

三台低压缸具有基本相同的结构,皆为双层缸,水平对分式(见图 7.48(b))。内缸包含环形进汽室和所有的隔板。外缸提供低阻力的蒸汽流道并将内缸的反冲力矩传递给汽轮机基础。低压缸的内、外缸都由碳钢制造,内缸为焊接结构,外缸为焊接组装结构。低压缸隔板由铁素体不锈钢制造,隔板通过销定位支承在内缸的槽内。隔板的结构为标准的焊接静片和内外围带结构,嵌在隔板体的槽内。

低压转子由镍铬钼钒钢锻成,轴心钻有孔,双流整体式结构,每一流向 5 级叶片,动叶片由铁素体不锈钢制造,末级叶片的前缘装有一片抗腐蚀的司太立特硬质合金覆盖层。末级叶片之间装有交错布置的拉筋,防止叶片在低负荷下的自激振动。前 4 级低压动叶片采用销钉固定的多叉式叶根,末级叶片长 945 mm,采用强度很高的侧向嵌入的枞树型叶根。

图 7.47(c)所示为我国某在建的 1 GW 级核电厂拟采用的 Arabelle 1000 型配置,它适用于半速汽轮发电机组,采用三缸、四排汽口、单轴方案。汽轮机的转速为 1500 r/min,额定功率为 1070 MW,新蒸汽压力为 6.43 MPa,凝汽器压力 5.5 kPa,额定主蒸汽流量 5808.2 t/h。

从机头到机尾依次串联一个双流高中压组合缸(高压缸反向流动,中压缸正向流动)和两个双流低压缸。高中压缸采用单层合缸结构。高压缸共有 9 个压力级,中压缸共有 4 个压力级。两个低压缸压力级总数为 $2 \times 2 \times 5$ 级。汽轮机总长为 38.185 m。

高中压模块结构:汽缸为水平对分式,分为高中压缸和中压排汽缸两段,前后两段通过垂直法兰螺栓连接。汽缸材料均为合金铸钢。汽缸采用上猫爪形式支撑在前轴承箱和中间轴承箱上。高压 9 级隔板和中压 4 级隔板均为前后两两配对,用螺栓连接然后固定于汽缸凸肩。高中压隔板静叶为自带冠形式,静叶片和板环体采用不锈钢材料,中压隔板的板环体采用碳钢。

转子为焊接转子,减小了转子的重量;采用两点支撑,增加了机组启动灵活性。动叶片均采用叉型叶根,材料为不锈钢,顶部为自带冠形式。

低压模块结构:两个双流低压缸构成均采用双层缸,外缸有前后两段,依靠螺栓连接;内缸为整体装焊,导流环与汽缸端壁通过撑筋焊接成一体后与内缸通过螺栓连接,因此内缸直接支撑在汽机机座上;外缸与凝汽器刚性连接。低压隔板静叶采用不锈钢材料,末两级静叶片为分段焊接而成。低压轴承箱与外缸整体焊接,采用半落地支撑方式。

转子为焊接转子,采用两点支撑。前 3 级动叶片采用叉型叶根,末两级动叶片采用枞树型叶根。末级叶片 1430 mm 长,有良好的运行业绩,是世界上已投运的最长的汽轮机叶片。

7.6 核电厂汽轮机的特点

7.6.1 核汽轮机组的一般特点

对于轻水堆核电厂,多数采用饱和蒸汽汽轮机,从而使轻水堆核电厂汽轮机具有以下特点。

1) 新蒸汽的参数在一定范围内变化

火电厂汽轮机的蒸汽参数(压力 p_0,温度 t_0)在运行期间是不变的。在压水堆核电厂,一般采用反应堆进口水温基本不变,反应堆冷却剂平均温度随负荷增加而上升,蒸汽温度随负荷增加而有所降低的方案(见 3.1.6 节)。以大亚湾核电厂为例,从零负荷到满负荷汽轮机主汽阀前压力分别约为 7.6 MPa 和 6.43 MPa。

2）蒸汽参数低

压水堆核电厂采用间接循环,反应堆冷却剂通过蒸发器传热管将二回路给水蒸发为饱和汽。因此二回路新蒸汽参数受一回路温度限制,而一回路温度又与一回路压力密切相关,一回路压力还受到反应堆压力容器的结构设计限制。因此反应堆冷却剂温度提高的潜力已很小(堆芯出口平均温度一般不超过330℃)。二回路蒸汽一般为5～7.8 MPa的饱和汽。与火电厂的高蒸汽参数汽轮机相比,核汽轮机的蒸汽可用比焓降仅为火电厂机组的一半左右,因此有以下体现和要求:

(1) 汽耗率约比常规电厂高一倍。

(2) 与高参数汽轮机相比,低压缸发出的功率较大,达到整个机组功率的50%～60%;而高参数机组中,低压缸仅占20%～30%。这样,低压缸的效率对整机的效率有更大的影响。

(3) 排汽速度损失对效率有较大影响,这要求增大排汽流通截面以降低排汽速度。

3）体积流量大

由于蒸汽参数低,蒸汽可用比焓降小,加之为了降低投资将单机功率取得很大,这都导致核汽轮机组的体积流量大,因而对核汽轮机配置和结构有以下要求。

(1) 600～800 MW以上核电机组高压缸也做成双流;

(2) 通常只设高压缸和若干低压缸,不设中压缸;

(3) 低压缸体积流量大,要求增加排汽口数和排汽截面以及采用更长的末级叶片。

考虑到汽轮机轴长度限制,低压缸排汽口不多于8个,因为排汽口再多,轴长度增加导致较大的径向相对膨胀间隙会使效率降低。

4）核汽轮机组多数级工作在湿汽区

饱和汽轮机组需采取除湿措施,以提高效率和保障安全运行。高压缸中的湿度是核汽轮机特有的,高压缸内除湿、水滴分布等问题尚需进一步研究。

5）采用汽水分离再热

由于新蒸汽是饱和汽,膨胀后即进入湿汽区,为保证汽轮机安全经济运行,在蒸汽经过高压缸后,对高压缸排汽进行汽水分离再热,以保证低压缸的效率和安全性。因而,饱和汽轮机组无例外地设有汽水分离再热器,这也是与火电机组的重要区别之一。

6）易超速

由于核汽轮机组多数级工作在湿蒸汽区,通流部分及管道表面覆盖一层水膜,导致机组甩负荷时,压力下降,水膜闪蒸为汽,引起汽流速骤增,这是核汽轮机组易超速的主要原因。为防止超速,采取下列措施。

(1) 完善汽轮机的去湿和疏水机构,减少部件和通道中凝结水。

(2) 在汽水分离再热后蒸汽进入低压缸前的管道上装备快速关闭的截止阀。汽水分离再热器及连通管道容积较大,在机组甩负荷时,再热器及连接管表面的水膜闪蒸成为超速的主要原因。图7.49给出的汽轮机超速试验结果表明,在低压缸进口处装快速关闭阀,可使核汽轮机的超速水平与常规机组相近(6%～8%)。

7.6.2　核汽轮机组的转速选择

核汽轮机组新汽参数低、流量大、提高经济性的要求又使得核电机组向大容量方向发

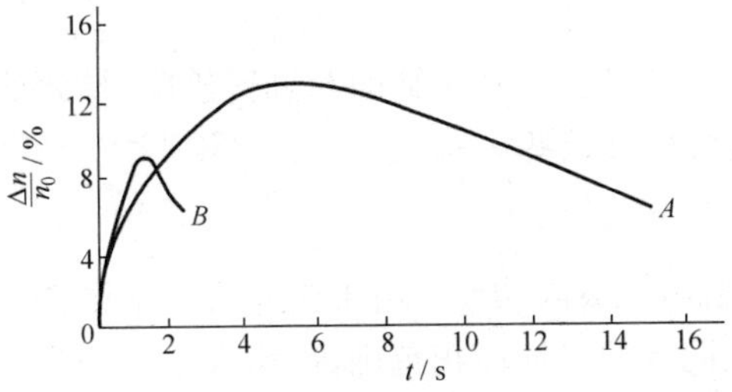

图 7.49 核汽轮机超速曲线

A—无中间快速关闭阀,但有超速保护系统的核汽轮机超速率;
B—设有中间快速关闭阀的核汽轮机超速率

展。大的流通面积和长叶片带来的材料应力矛盾十分突出,这使得采用半速汽轮机在核电界得到发展。半速机是指汽轮机组额定转速是全速机的一半。在 50 Hz 和 60 Hz 的电网频率下,半速机的额定转速分别为 1500 r/min 和 1800 r/min。

对核汽轮机组转速选择的考虑因素如下。

1. 可靠性

理论上,选用相同长度的叶片,全速与半速离心应力之比为 4 : 1。实践中往往是先按选定的叶片和转子材料确定其许用应力,然后再根据机组转速和功率确定叶片和转子的结构尺寸。所以,实际情况是,全速汽轮机转子离心应力比半速大 1.1～2 倍。

减少叶片在湿汽中的侵蚀损坏对提高叶片可靠性很重要。侵蚀因子与圆周速度的三次方、四次方成正比,故低速下叶片抗侵蚀性能较高。

半速机由于转速较全速机低、转子重、转动惯量大,因此其对激振力的敏感程度比全速机低,抗振性能比全速机好。

2. 热效率

半速机叶片较长,拟于我国某在建核电厂采用 ALSTOM 公司的 Arabelle 1000 型半速机末级叶片长度为 1430 mm,相对岭澳的全速机(末级叶片 945 mm),可以提高通流部分效率、降低排汽损失,仅此一项,即可使出力相对提高 3.5%。通过加大循环水流量和凝汽器换热面积,将凝汽器压力从 7.5 kPa 降低至 5.5 kPa,可使出力相对提高 1.5%。此外,通过改变汽机配置,减少在高、中压缸的二次流损失及排汽口损失,使出力还相对提高 1.5 %。Arabelle 1000 型半速机的热耗修正曲线表明,当凝汽器压力由 5.5 kPa 降至 5 kPa 时,热效率尚有提升空间,更适于在北方地区采用。而岭澳机组的最佳设计背压为 7.5 kPa,背压再降低时对提高效率没有多大帮助。可见,Arabelle 1000 型半速机设计适用地域广。

3. 质量、材料消耗和锻造

在相同功率等级的情况下,半速汽轮机由于体积大,在相同的容量下汽轮机转子质量是全速机的两倍左右,这就给锻造带来一定的难度;但是由于其转速降低,故锻造转子的机械性能要求比全速机低。另外,半速机的材料消耗量要比全速机多,一般超过两倍。但采用半速机后由于末级通流面积增加,低压缸的数量比全速机减少,因此对于整台机组来说半速机的质量仅是全速机的 1.2～2.4 倍。就汽轮机总体尺寸而言,岭澳汽轮机总长 45.85 m,Arabelle 1000 型的汽轮机总长为 38.185 m。

4. 运行的灵活性

半速机由于转子直径大、质量大，高压缸的汽缸壁较厚，导致热应力增大，在快速启动和变负荷适应性方面比全速机稍微差些。

5. 功率和造价

采用半速机可以提高机组的极限功率。由于核电站选址要求严格，而且投资成本比较高，为了降低单位千瓦造价，在同样的厂址面积范围内，增大单机的功率是降低造价的发展趋势。从我国持续发展核电工业的政策出发，我国核电的本地化制造，也要向 1.3 GW、1.7 GW 甚至更高系列发展。这样，半速机有更好的适应性，机组的安全可靠性更容易得到保证。

6. 发电机

对于发电机部分，全速（二极）和半速（四极）汽轮发电机的基本原理相同，但全速和半速发电机的固有电磁场分布不同，由此决定的发电机基本有效尺寸不同，但没有给发电机的制作带来难度。

根据对世界上 400 多台核电机组进行的统计表明，使用全速机的核电机组约为 1/4，其单机容量多在 400 MW 以下，而世界上已投运的单轴 1 GW 级及以上的核电机组大约共有 219 台，其中半速机 209 台，全速机 10 台。在电网频率是 60 Hz 的国家（美国等），几乎全部采用半速机组；在电网频率为 50 Hz 的国家（法、英、德、俄国等），全速机和半速机都有使用，但绝大多数为半速机。我国大陆已投运的核电机组中，只有秦山三期的汽轮发电机组为半速机，其余为全速机。但是在建的 2 代改进型核电厂的汽轮发电机组普遍改成半速机了。从各大核汽轮发电机组制造商的产品来看，西门子（西屋已被其收购）、三菱、日立、东芝生产的 1 GW 级以上的核汽轮发电机组全部为半速机，ABB 和 ALSTOM 既生产半速机又生产全速机。俄罗斯生产全速机。从当前核电机组的发展趋势来看，对于 1 GW 及其以上等级的汽轮发电机组，大多采用半速机。对半速机的设计、制造、运行经验远比全速机丰富。

总之，1 GW 级半速汽轮发电机在安全、可靠性方面较全速汽轮发电机有一定优势。容量越大，其优势越明显。

7.7 汽轮机调节的基本概念

7.7.1 汽轮机调节的基本任务

由于电力用户的需求是在不断变化的，而电能又无法大量储存，因此，汽轮机应及时地改变其输出功率，满足用户需要。

供电的技术指标有两个：频率和电压。二者都与汽轮机转速有一定关系。但发电机电压除了和转速有关以外，还可以通过调整发电机的励磁电流进行调节。供电频率则单值地取决于汽轮机转速。它们之间有下述关系：

$$f = \frac{nP}{60} \tag{7.45}$$

式中，n 为发电机的转速，r/min；P 为发电机的电极数。

对具有一对电极，转速为 3000 r/min 的机组，其频率为 50 Hz，又叫 50 周波。通常要求电网周波的变动小于 0.5 Hz，亦即转速的波动不许超过 ±30 r/min。

7.7.2 汽轮机调节的手段

考察发电机组的运动方程,作用到转子上的力矩有三个:一是汽轮机的蒸汽主力矩 M_t;二是发电机的电磁阻力矩 M_e;三是摩擦力矩 M_f。由于摩擦力矩与前二者相比很小,常常可以忽略不计。这样,转子的运动方程为

$$I \frac{d\omega}{dt} = M_t - M_e \tag{7.46}$$

式中,I 为发电机转子的转动惯量,$kg \cdot m^2$;ω 为转动角速度,rad/s。汽轮机的主力矩可由下式表示:

$$M_t = \frac{9.81 \times 10^3 P_i}{\omega} = \frac{10^3 P_i}{2\pi n/60} = 9519 \frac{P_i}{n} \tag{7.47}$$

式中,P_i 为汽轮机内功率,kW。将 $P_i = q_m \Delta h_t \eta_{ri}$ 代入上式,有

$$M_t = 9519 \frac{q_m \Delta h_t \eta_{ri}}{n} \tag{7.48}$$

式中,Δh_t 为蒸汽在汽轮机的理想比焓降,kJ/kg;η_{ri} 为汽轮机的相对内效率;q_m 为汽轮机的蒸汽流量,kg/s。

由式(7.47)可见,当汽轮机功率一定时,汽轮机的主力矩 M_t 与转速成反比,如图 7.50 M_{t1} 所示。随着转速升高,汽轮机的主力矩逐渐减小。

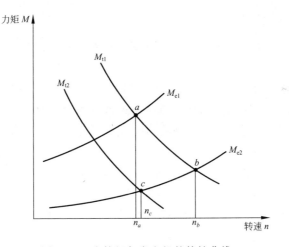

图 7.50 汽轮机与发电机的特性曲线

由式(7.48)可知,改变汽轮机的进汽量,就可以改变汽轮机的功率和 M_t-n 特性。这提供了调节发电机功率的手段。

电磁阻力矩与转速的关系取决于外部负载的特性。电网的负载大致可以分为三类,频率变化对有用功功率没有直接影响的负载,如照明、电热设备属于此类;有用功功率与频率成正比关系的负载,如金属切削机床、磨煤机属于此类;有用功功率与频率成三次方或更高次方变化的负载,如水泵、鼓风机属于此类。

综合负载与频率的变化关系取决于各类负载所占比例。一般电网中绝大多数属于第二类负载,因此负载特性如 M_{e1} 所示。

由式(7.46)知,$M_t = M_e$ 时,转速不变;$M_t > M_e$ 时,转速增加;$M_t < M_e$ 时,转速下降;所

以，图 7.50 中 M_{t1} 与 M_{e1} 的交点 a 为汽轮机平稳工作点，此时，汽轮机转速为 n_a。

当外界负荷减小时，发电机的特性变为 M_{e2}，这时若不改变汽轮机进汽量，由于 $M_t >$ M_e，转速升高，导致 M_t 减小，而 M_e 增大，最后这两个力矩将在高的转速 n_b 下平衡，显然平衡点为 b 可见。即使汽轮发电机组没有调节系统，当外界负荷改变时，理论上它也可以从一个稳定工况过渡到另一个稳定工况。这称为汽轮发电机组的自动调节特性或自平衡特性。

然而，虽然汽轮机有上述自动调节特性，但从图 7.50 可见，机组从 a 点过渡到 b 点，转速变化 $n_b - n_a$ 太大，这不能满足用户要求，且不利汽轮机安全运行。为使汽轮机转速不变或接近不变，就应该改变汽轮机进汽量，使汽轮机的特性曲线从图 7.50 的 M_{t1} 变为 M_{t2}，M_{t2} 与 M_{e2} 曲线的交点为 c，这时新的稳定工作点下的转速 n_c 相对于 n_a 的变化就小多了。也就是说，当外负荷变化时，通过改变汽轮机进汽量，就能使汽轮机在转速变化不大的条件下，使其功率达到新的平衡。

由上述分析可见，当汽轮机发出的功率与外负荷不匹时，汽轮机转速就要发生变化。汽轮机转速既是供电质量要保证的量，又是一个反映功率平衡的量。当转速发生变化时，必须对汽轮机进行调节。改变汽轮机发出的功率，使之与外负荷相平衡，才能保证汽轮机转速保持在要求的范围内。据此可以得出结论：汽轮发电机组必须具备能调节汽轮机功率的调节系统，及时调节汽轮机功率使之满足用户需要，同时保证转速在容许的范围内。根据转速变化进行调节的系统又称调速系统。

7.7.3　汽轮机的调节方式

核电厂汽轮机功率调节方式主要有节流调节和喷嘴调节。

（1）节流调节

采用节流调节时，所有进入汽轮机的蒸汽都经过一个或一组同时启闭的阀门。然后流向第一级喷嘴，如图 7.51 所示。这种调节法通过改变调节阀的开度对蒸汽节流，改变进汽压力，使蒸汽流量和可用焓降改变，与外界负荷变化相适配。节流调节时，汽轮机第一级流通截面不变，级前压力就是调节阀后蒸汽压力。该压力随流量变化而变化。在设计额定工况下，调节阀全开，机组的热力过程如图 7.52 oc 所示。而在较低负荷下，新蒸汽受到节流，压力降低至 p_0'，但进口焓不变，其热力过程如图 7.52 $o'c'$ 所示。显然，$\Delta h_a' < \Delta h_a$ $\Delta h_i' < \Delta h_i$，整个机组的效率有很大变动，由于节流损失，$\eta_{ri}' < \eta_{ri}$。因此，采用节流调节的机组，只有在调

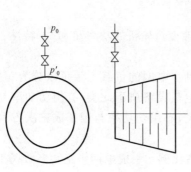

图 7.51　节流调节示意图

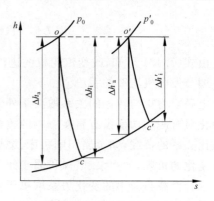

图 7.52　节流调节的机内热力过程

节阀全开的设计额定工况下,机组效率最高。节流调节的优点是,系统简单,成本低。工况变化时,其过程线可在 h-s 图上水平移动(见图 7.52),所以级前温度变化较小,减小了热变形和热应力。但其部分负荷下经济性较差,一般适用于带基本负荷的机组。

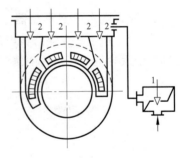

图 7.53　喷嘴调节原理图
1—主汽阀;2—调节阀

(2)喷嘴调节

采用喷嘴调节时,汽轮机的进汽量是通过若干依次开启的调速阀来控制的。图 7.53 所示为一组具有 4 个调速阀的喷嘴调节原理。各调速阀分别控制一组调节级喷嘴。在机组运行的各种工况下,主汽阀 1 均处于全开位置。而各调速阀随负荷增减依次开启或关闭,而且只有当一个调速阀全开时,下一个调速阀才开始开启。这样,在部分负荷时,只有未达到全开的调速阀才有节流损失。在低负荷时,采用喷嘴调节的机组效率要比节流调节时高。由于喷嘴调节主要依靠改变蒸汽流量调节功率,喷嘴调节又称为汽量调节。

比较上述两种调节方式,在变工况时的特性可知,在设计工况下,节流调节因采用全周进汽而具有较高效率,而在部分负荷下,节流调节效率较低。应该指出,采用喷嘴调节的高压缸,在工况变化时因蒸汽温度变化较大而引起较大热应力。这常成为这种汽轮机快速改变负荷的重要问题。节流调节适应工况变化的能力优于喷嘴调节方式。有些大功率机组,考虑到两种调节方式的优缺点,有时设计成喷嘴调节和节流调节混合使用的配汽方式。低负荷时,采用喷嘴调节,高负荷时,采用节流调节。

7.8　汽水分离再热器

7.8.1　概述

来自蒸汽发生器的饱和汽进入高压缸膨胀做功,蒸汽的压力和温度逐级降低,汽的湿度增大。以大亚湾核电厂汽轮机为例,其额定工况时高压缸排汽湿度接近 14.3%。为保证汽轮机安全运行,提高低压缸内效率,在高、低压缸之间设置汽水分离再热器,使进入低压缸的蒸汽具有一定过热度,从而使低压缸排汽湿度达到可接受水平。因而,汽水分离再热器对核汽轮机组的经济性与可靠性具有重要意义。

为进一步提高经济性,现代核汽轮机组一般采用两级再热,第一级再热的加热蒸汽来自高压缸抽汽,第二级再热的加热蒸汽用新蒸汽。用新蒸汽加热压力较低的蒸汽虽会降低循环热效率,但由于低压缸采用较高温度的过热蒸汽,低压缸内效率提高,最终会改善整个机组的经济性。与非再热相比,单级再热可使经济性提高 $1.5\% \sim 2\%$;两级再热时,可提高经济性 $1.8\% \sim 2.5\%$。

经济性提高的程度,取决于再热压力、再热器端差、汽水分离再热器内的压力损失等因素。

7.8.2　结构形式及流程

现代核电厂普遍采用一体化的汽水分离再热器。按结构形式,汽水分离再热器有卧式和立式两种。美国、法国、日本等国采用卧式,德国、俄罗斯则采用立式。

1. 卧式汽水分离再热器

图 7.54 所示为大亚湾核电厂的汽水分离再热器。每台机组配置两台汽水分离再热器,分别置于汽轮机低压缸的两侧。

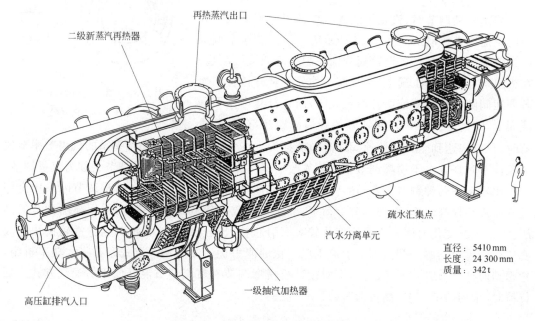

二级新蒸汽再热器
再热蒸汽出口
疏水汇集点
汽水分离单元
直径: 5410 mm
长度: 24 300 mm
质量: 342 t
一级抽汽加热器
高压缸排汽入口

图 7.54　卧式汽水分离再热器结构图

汽水分离再热器的壳体是一个由碳钢制作的圆筒形构件,内表面有不锈钢衬里保护。汽水分离元件布置在下方,它由一系列波纹板组成,这些波纹板由固定杆固定在分离器框架上,构成一个栅板,栅板直接焊在内支撑架上。在汽水分离栅板入口,有多孔流量分配板,每台汽水分离再热器有 32 个栅板,分成两组,呈 V 形沿纵向布置在筒体下方。

在汽水分离再热器上方布置有两级蒸汽再热管束,这两级再热器有相似的结构,每级包括一个蒸汽联箱、一个管板及带有肋片的 U 形传热管束,由一系列支撑板支撑,以控制传热管之间的间距,减少管子的挠度并限制和消除管子的振动。整个管束也由内支撑架支撑。

高压缸排汽由进汽管沿纵向进入由壳体和支撑架构成的环腔,穿过流量分配板和汽水分离栅板,除去约 98% 的水分。分离出的水在重力作用下通过水槽和下降管排入分离器的疏水箱。经汽水分离后的蒸汽向上,顺序通过第一、二级再热管束,经筒体顶部的三根蒸汽管进入低压缸。

在汽水分离再热器壳侧,设有超压保护装置,它由 1 只先导安全阀和 8 个爆破盘组件组成,其排放量为汽轮机的全流量。排放装置全部安装在邻近汽轮机旁外侧墙的一个汽水分离再热器壳体上。

表 7.1 给出了大亚湾核电厂汽水分离再热器的主要参数。

2. 立式汽水分离再热器

图 7.55 所示为德国设计的立式汽水分离再热器的结构示意图。湿度约为 13% 的高压

表 7.1 汽水分离再热器的主要参数

筒体直径/m：5.35	肋片高度/mm：1.5	高压缸排汽入口温度/℃：169
筒体长度/m：24.38	每级加热管束传热管根数：1321	高压缸排汽压力/MPa：0.78
筒体重量/t：342	新汽压力/MPa：6.43	高压缸排汽湿度：0.14
汽水分离再热器类型：人字形	新汽温度/℃：279	再热后出口温度/℃：265
再热管外径/mm：19.05	抽汽压力/MPa：2.76	再热后蒸汽压力/MPa：0.74
再热管内径/mm：13.3	抽汽温度/℃：229	
每米肋片数：750		

缸排汽由下部入口 1 进入。湿蒸汽先经过前置分离器，在这里将成股的水流和大水滴分离出去。从前置分离器流出的蒸汽夹带少量水分向上进入作为主分离器的精细分离元件。精细分离元件采用波纹板式结构，流入汽水分离元件的蒸汽经过多次折流，由于惯性力作用，液滴偏离蒸汽流径，撞到波纹板壁上。分离出来的水沿壁面向下流入集水槽，然后被引至凝结水排出管道。从前置分离器和主分离器分离出来的水，均收集到汽水分离器疏水容器内。在主分离器后面的蒸汽区域有一个抽汽口。

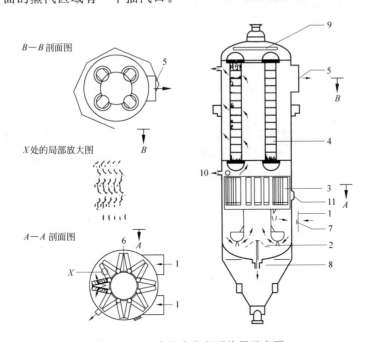

图 7.55 立式汽水分离再热器示意图

1—高压缸排汽入口；2—前置分离器；3—汽水分离元件；4—中间再热器；5—再热蒸汽出口；
6—百叶窗；7—汽水分离元件排水口；8—前置分离器排水口；9—加热蒸汽入口；
10—加热蒸汽凝结水出口；11—抽汽口

经汽水分离的蒸汽进入中间再热器，中间再热器由直管束组成。加热蒸汽走管内，从上部进入，流过加热器管而被凝结成水。凝结水沿管内壁流到管束下面的空腔中，再从那里排入中间再热器疏水容器内。

7.8.3 运行经验及设计改进

加热蒸汽在管内水平流动凝结放热,是卧式汽水分离再热器的特点。早期汽水分离再热器的主要事故之一是热疲劳引起的管子破裂或与管板焊缝附近出现裂缝,且多发生在管束外侧下半部分。研究表明,这主要是由于管内周期性流动不稳定导致管子与管板焊缝处出现交变热应力而引起的。

再热器的热交换器如图7.56所示。被加热蒸汽沿竖直方向流动穿过管束。由于加热蒸汽与被加热蒸汽的温差沿管束高度逐渐减小,所以在外侧的传热管的热负荷要比内侧传热管高2倍左右。在蒸汽流量大体相同的条件下,蒸汽在外侧管内发生完全凝结,并将成为过冷。

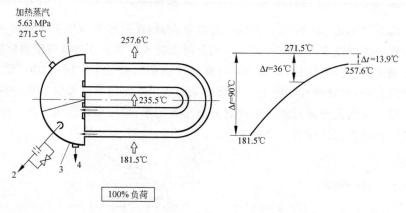

图7.56 再热器的热交换器

1—加热蒸汽入口室;2—剩余蒸汽;3—加热蒸汽出口室;4—疏水

图7.57所示为管内流型的变化。在外侧管内,出现了塞状流现象,这会引起动态流动不稳定。凝结水在管内周期性累积,直到管子的压力梯度足以将凝结水柱以高速推出管外,由此形成间歇的管内温度脉动,这会导致管束热变形和交变热应力造成管端部分发生裂纹。

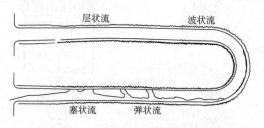

图7.57 水平管内两相流动流型转变

为了改善管内流动状况,采取了加热蒸汽在管内不完全凝结的方法来实现凝结水的排放,并用不凝结的少量蒸汽来清除管内的凝结水,这部分蒸汽称为"扫汽蒸汽"。在结构上,将再热器管束分成两部分:主管束和扫汽管束。主管束出口还保持相当的含汽率(0.25~0.30),这部分蒸汽再次进入扫汽管束时,进行凝结放热。在扫汽管束出口,仍维持有一定含汽率(0.08~0.12),这部分蒸汽与凝结水一起疏至高压加热器,这部分蒸汽占总加热汽量的2%~3%,当然形成了附加的热量损失。但运行经验表明,它使管内流动状态根本好转,可避免上述的凝结水流出的不稳定现象。改进的再热器管束流程如图7.58所示。

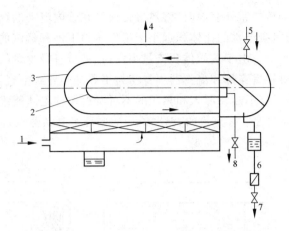

图 7.58 改进的卧式再热器管束流程
1—工作蒸汽进口；2—扫气管束；3—主管束；4—工作蒸汽出口；
5—加热蒸汽进口；6—高压加热器；7—疏水；8—去给水箱

再热器水动力不稳定的另一原因是流量分配的不均匀,由于 U 形管束中内外侧管长度不同,而加热蒸汽入口与出口汽室共同的压力差使外侧传热管汽流量少于内侧传热管,从而又加重了外侧传热管过冷而产生的"阻塞"现象。作为纠正措施,在管子进口装设不同孔径的节流圈,使其与热负荷相匹配。热负荷大的各排管子装大孔径的节流圈,以增大蒸汽流量。这样可使各排管子在出口处都有一定的不凝结蒸汽作为扫汽之用。日本、美国的一些公司都采用上述措施纠正水动力不稳定性。如西屋公司在改进前再热器管壁温度脉动为 61℃,周期为 10~20 s;采用上述改进措施后,温度脉动减少至 5.5℃。

俄罗斯和德国采用立式汽水分离再热器(见图 7.55)。由于重力作用,加热蒸汽在管内凝结后生成的凝结水易于排出,因而使再热器工作可靠,结构简化。我国田湾核电厂 1#、2# 机组和在建的台山核电厂采用立式汽水分离再热器。

7.9 凝汽器及其真空系统

7.9.1 概述

1. 凝汽器的功能

凝汽器是二回路热力循环的冷源,其基本功能是接收汽轮机的排汽(乏汽)并将其凝结成水,构成封闭的热力循环。其具体功能如下。

(1) 在循环水系统、汽轮机轴封系统及真空系统的支持下,建立并维持汽轮机所要求的背压,保证汽轮机安全、可靠、经济地运行。

(2) 接受汽轮机排汽及蒸汽排放系统的蒸汽,并将其凝结成水。

(3) 接受来自各疏水箱的疏水,经过滤除氧,保持凝结水水质,为二回路存储供应凝结水。

2. 凝汽器的工作过程和设计要求

凝汽器是一个工作在真空条件下的表面式热交换器。图 7.59 所示为凝汽器示意图。

汽轮机排汽流过凝汽器传热管外表面时,将热量传递给在管内流动的循环水,蒸汽在传热管外表面凝结,蒸汽凝结时凝结水的比体积远小于工作压力下饱和蒸汽的比体积,因而蒸汽的凝结造成凝汽器内的真空。由于蒸汽体积流量很大,且夹带有极少量的不可凝结气体,加之汽轮机低压缸侧汽轮机轴贯穿部和凝汽器本身密封不严都会导致空气漏入。真空的维持是个动平衡过程,运行中只有不断将漏入和累积的不可凝汽体抽走才能维持真空。因此,建立和维持凝汽器真空的条件是:有充足的、温度适当的循环水凝结蒸汽;汽轮机轴封系统正常工作;凝汽器真空系统不断将空气抽走。

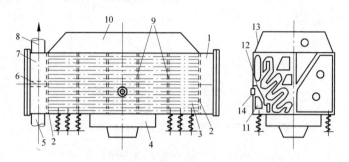

图 7.59   凝汽器示意图

1—后水室；2—管板；3—冷却管束；4—热井；5—进水管；6—水室隔板；7—前水室；8—出水管；

9—管子支撑隔板；10—进汽管；11—空气冷却区；12—挡板；13—外壳；14—抽气口

为进一步说明凝汽器的工作特征,首先举个例子来说明凝汽器壳侧体积流量的剧烈变化。假设有一台凝汽器,工作压力为 5 kPa,凝结蒸汽量为 30 kg/s,则其进口处蒸汽的体积流量为 840 m^3/s(蒸汽比体积近似取 28 m^3/kg)。但是,凝结水流量仅为 0.03 m^3/s,抽气口处不可凝结气体和部分未凝结蒸汽的体积流量在正常情况下也只不过 0.3 m^3/s 左右,两项相加仅约 0.33 m^3/s,仅是管束进口处蒸汽流量的 1/2500。凝汽器壳侧体积流量的剧烈变化大致就是这样的比例关系。根据传热学理论,凝汽器冷却管的放热强度与蒸汽流动阻力都和蒸汽流速密切相关。

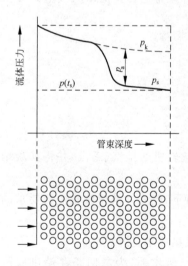

图 7.60   汽气混合物压力沿管束深度的变化

p_k—凝汽器压力；p_s—蒸汽分压力；p_a—空气分压力

其次,汽轮机排汽沿管束深度流动而不断凝结时,蒸汽分压 p_s 及空气分压 p_a 沿流程变化的情况如图 7.60 所示。管束入口处,空气分压很小;到一定阶段,空气分压开始显著增加,蒸汽分压急剧减小。在这个区域中,汽气混合物流速的降低及其中空气相对含量的增加都导致冷却管外侧热阻的增大,使传热系数降低,且随着蒸汽分压的降低,蒸汽温度下降,传热温差也逐渐减小。在管束右端,蒸汽分压下降到接近于冷却水温度确定的压力,传热温差趋于零,这个区域几乎不起凝结蒸汽的作用。

可见,凝汽器管束工作的基本特征是:流体体积流量变化剧烈;空气积聚。它们都对凝汽器的工作造成重要影响。

凝汽器的真空对电厂的运行十分重要。首先,凝汽器的真空影响二回路热循环效率,降低凝汽器内压力,可增加蒸汽在汽轮机内的可用比焓降,从而提高循环热效率。其次,凝汽器的真空对传热有重要影响,当凝汽器内不可凝气体分压提高时,蒸汽的凝结放热系数会明显下降。此外,凝汽器中存在空气,使蒸汽分压低于混合气体总压,相应的凝结水过冷,导致凝结水中含氧量增加。

凝汽器设计时,应力求使汽侧传热系数高,汽阻要小,热负荷沿汽流流动方向分布尽量均匀;低压缸排汽罩与凝汽器结合部流体动力特性好;凝结水过冷度小,除氧效果好,不应有聚集空气的死区;同时要考虑接受来自蒸汽排放系统的蒸汽,在汽轮机喉部设旁路排放装置。结构上还要考虑凝汽器与排汽缸的连接方式等。

7.9.2 凝汽器传热的强化

凝汽器在设计工况下,传热系数 K 在 2300～4000 W/(m² · K)范围内。强化传热的主要途径如下。

1. 提高循环水侧放热系数

主要措施是选取适当的循环水流速。过高的流速受到循环水泵耗电量限制,流速还与传热管材的耐腐蚀性能有关。对于铜管,通常取流速在 1.5～2.5 m/s 范围内;对于钛管,根据日本的经验,建议流速取 2.5 m/s 左右。

2. 减少污垢热阻

管内结垢不仅引起附加热阻,而且使循环水流通截面减小。现广泛采用胶球清洗法清洗传热管。

3. 提高蒸汽侧放热系数

1) 合理布置管束

大型电厂凝汽器最常采用的冷却管排列方式为错列排列(又称三角形排列),使上面管子的凝结水下落时对下面管子影响较小。管束布置的原则是,使排汽均匀地流过管束各区段;在主凝结区内不出现空气积聚;而在空气冷却区内,抽气口远离热井;沿蒸汽流动方向,流道截面呈收缩态势,应使空气、蒸汽混合物在管间最窄截面处的流速维持在 50 m/s 左右;避免新汽流与空气含量较高的汽流掺和;避免汽流发生短路,即避免新汽流未充分冷凝进入空气冷却区;管束中流道组织使适量新蒸汽直接流向热井的凝结水表面,使凝结水过冷度降至最低。

2) 凝汽器有良好的严密性

当蒸汽中含有一定量空气时,其凝结放热系数大大降低。对某台凝汽器的实测表明,当漏气量由 2.38 kg/h 增至 10 kg/h 时,凝汽器传热系数由 2500 W/(m² · K)降至 1790 W/(m² · K)。

3) 主凝结区热负荷分布应尽量均匀

总的规律是,热负荷分布从凝汽器入口向抽气口方向逐渐减小。为使热负荷分布均匀,应在凝汽器设计中采取一系列措施。例如,合理的管束长度与管板直径比可使蒸汽沿管长分配比较均匀;合理的水室形状使循环水量分配均匀;管束内部留出的蒸汽通道使蒸汽在管束间分配均匀等。

按照上述管束设计原则,可以设计出各种不同形状的管束。判断一个设计优劣只能借助于水模型试验。图 7.61 给出了法国 1000 MW 级核电机组凝汽器的带状管束,这些带状管束基本上属于汽流向心式，其抽气口、抽气管均设在管束中部偏下的位置。图 7.62 给出的是通过水模型试验研究改进后得出的汽流均匀向心式的外围带状管束布置。有关凝汽器管束布置见参考文献[14]。

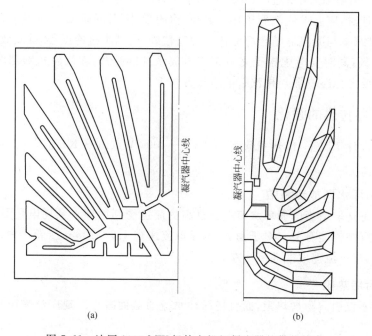

(a)   (b)

图 7.61　法国 1000 MW 级核电机组凝汽器的带状管束

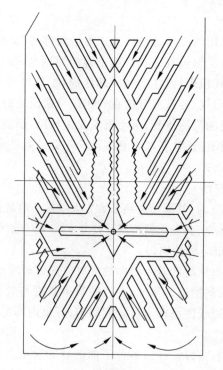

图 7.62　日本新式凝汽器管束水模型试验结果

7.9.3　凝汽器的结构

图 7.63 是我国大亚湾核电厂的凝汽器结构图。每一个低压缸配置一台独立壳体的凝汽器，各凝汽器间有连管将汽侧和水侧相互连通，因此它们运行中参数都一样。每台凝汽器由壳体、膨胀件、管束、管板、水室和热井组成。

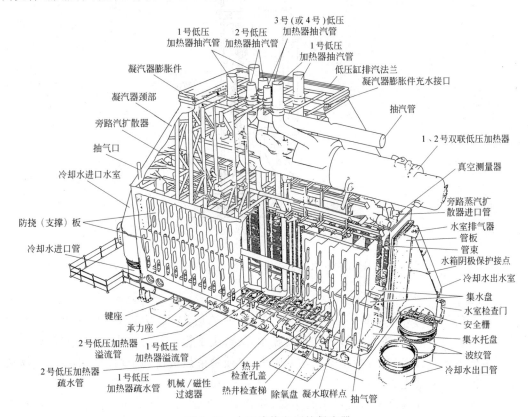

图 7.63　大亚湾核电厂的凝汽器

1）壳体

壳体由碳钢板焊接而成。每个壳体内布置有两组单流程管束，管束两端有循环水进、出口水室，通过膨胀节与内衬为玻璃纤维加强环氧树脂的碳钢管与循环水进、出口暗渠相连接。加热管束的喉部装有一台复合式低压加热器（即第 1、2 级加热器装在一个外壳内）以及去第 3、4 级低压加热器的抽汽管和蒸汽排放系统的两个扩散器，壳体的底部有磁性和机械过滤器，壳体顶部与低压排汽缸之间用"哑铃状"橡皮膨胀件连接密封。

2）"哑铃"状橡胶膨胀件

低压缸与凝汽器分别固定在各自的基础上，且均为刚性连接。为确保低压缸和凝汽器在运行工况下因热膨胀和抽真空所引起的相对位置变化不会影响汽轮机组轴系的中心，低压缸排汽口与凝汽器进口法兰间采用柔性连接，它是通过"哑铃"状橡胶膨胀件来实现的（见图 7.64），橡胶膨胀件呈矩形，上、下端分别压紧在与低压缸排汽口法兰和凝汽器进口法兰相焊接的上、下支撑柱上，用上、下夹紧板固定。为确保凝汽器密封的要求，膨胀件周围设有一个蓄水槽，内侧涂有煤焦油环氧树脂衬，蓄水槽充水起到水封作用。这种设计解决了凝汽器与低压缸壳体连接中的密封问题,同时又允许凝汽器与低压缸壳体间有一定位移。

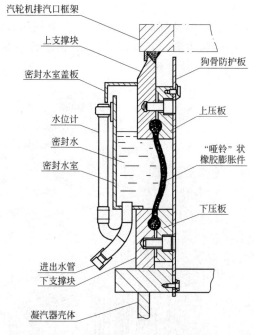

图 7.64 汽轮机排汽缸与凝汽器的连接

3) 管束

凝汽器传热管为焊接钛管。沿管束长度方向有支撑板,支撑板设计成使管束由中间往两侧向下倾斜,这种设计既保证管内靠重力疏水,又解决了管子振动和热补偿变形问题。管束布置呈分区向心式,这样可减小蒸汽流动阻力,又使管束热负荷趋于均匀。不凝结气体从管束中心由真空泵抽走。

在管束中心平面高度设有凝结水收集盘,使管束上凝结水不至于滴淋到下部管束,在管表面形成水膜。水膜的存在影响放热,下部管束凝结水也汇集到下凝结水收集盘内,最后汇入除氧托盘,凝结水借助重力下流,与由下而上的少量蒸汽进行加热除氧。

4) 管板

凝汽器管板采用双管板结构(图 7.65),传热管用胀管连接到双层管板上。外层管板与

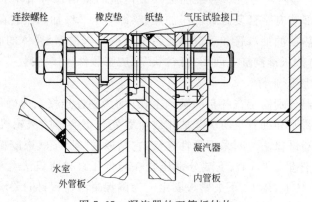

图 7.65 凝汽器的双管板结构

海水接触,由铝青铜制成,内层管板为碳钢。内外层管板间靠定位块形成空腔,并充满除盐密封水,它是由放在与除氧水箱同一高度的高位水箱提供密封水压的,双层管板间空腔密封水的压力大于循环水最高压力。这样,当外层管板胀口泄漏时,冷却水不会漏入密封水腔中;内层管板胀口泄漏时,密封水漏入汽侧空间,不会污染凝结水。

5) 水室

每组管束两端各有一个水室,它们与循环水进出口管相连。水室为碳钢结构,内壁涂刷环氧树脂与玻璃粉末涂料,以防海水腐蚀和冲刷。水室的形状能使循环水在传热管内流量分配均匀。水室还设有阴极保护夹持器,铅板放在夹持器内,保护钛管不受腐蚀。

6) 热井

热井设置在每台凝汽器壳体的底部,用来收集凝结水。它是一个长方形的箱形结构,用厚度 20 mm 的钢板制造,内有防止变形的加强件。

凝汽器热井的水位,由电子水位控制器控制补给水调节阀,控制在与负荷相应的整定值上。三台凝汽器的热井由管道连接。

7) 凝结水过滤器

在每台凝汽器热井上方布置有机械式和永久磁性过滤器,它由 22 个联合式磁性和机械过滤器组件组成。每个过滤器组件有一个长方形的框架,位于凝汽器底板上的长方形凹槽内。一套平板、管道、丝网和多孔板装置,提供机械过滤功能;12 块带紧固部件的永久磁铁组合装置布置在机械过滤器的上方,提供磁性过滤功能,去除铁的氧化物杂质。

7.9.4 凝汽器的特性

汽轮机运行过程中,凝汽器的负荷、循环水量、循环水进口温度、传热管清洁度及漏入空气的量都会发生变化,这些因素会影响到凝汽器压力的变化。凝汽器的运行工况偏离了设计参数,称为凝汽器的变工况。

1. 影响凝汽器压力的主要因素

凝汽器的蒸汽流量 $q_{m,s}$、循环水入口温度 t_1 和循环水流量 $q_{m,c}$ 是影响凝汽器压力的主要因素,这些因素改变时,循环水温升 Δt 和端差 δt 将改变,从而导致凝汽温度 t_c 和凝汽器压力的改变。根据凝汽器两侧的热平衡方程(图 6.11)

$$q_{m,c} c_p \Delta t = q_{m,s}(h_c - h_c') \tag{7.49}$$

有

$$\Delta t = \frac{h_c - h_c'}{q_{m,c} c_p} q_{m,s} \tag{7.50}$$

由于 $h_c - h_c'$ 变化很小,c_p 也基本不变,所以当循环水流量一定时,Δt 正比于蒸汽流量。

根据凝汽器传热方程有

$$P = K A_c \Delta t_m \tag{7.51}$$

式中,P 为热功率,K 为凝汽器总传热系数,kW/(m² · ℃);A_c 为传热面积,m²;Δt_m 为蒸汽和循环水之间的对数平均温差,℃。且有

$$\Delta t_m = \frac{(t_c - t_1) - (t_c - t_2)}{\ln[(t_c - t_1)/(t_c - t_2)]} = \frac{\Delta t}{\ln[(\Delta t + \delta t)/\delta t]} \tag{7.52}$$

将式(7.39)、式(7.41)、式(7.42)联立解得

$$\delta t = \frac{1}{\mathrm{e}^{A_c K/q_{m,c} c_p} - 1} \cdot \frac{h_c - h_c'}{q_{m,c} c_p} q_{m,s} \qquad (7.53)$$

凝汽器面积 A_c 已定,若传热系数 K 不变,则端差 δt 与蒸汽流量成正比,这是对循环水流量确定的工况。

2. 凝汽器的特性曲线

在变工况下,先确定循环水流量,再根据汽轮机负荷(以蒸汽流量占额定工况蒸汽流量的百分数表示)得蒸汽流量,对于选定的循环水入口温度 t_1 可得 Δt 和 δt,进而求得 t_c,查得对应的饱和蒸汽压 p_s,认为凝汽器压力 $p_c \approx p_s$。

这样,对于一个确定传热面积的凝汽器,可以得到选定循环水流量时在不同循环水入口温度下的凝汽器压力随负荷变化的曲线,称为凝汽器特性曲线。图 7.66 是在 100% 循环水流量、90% 凝汽器管清洁度条件下我国大亚湾核电厂凝汽器特性曲线。从图可见,对于一定的循环水量和入口水温,凝汽器压力随凝汽器负荷减少而降低;当凝汽器的负荷和循环水量一定时,凝汽器压力随循环水入口温度的降低而减小。图中泵的运行线表明,低负荷时,漏入空气量多,需三台真空泵运行才能维持真空;满功率运行时,只需一台真空泵运行即能维持真空,这时冷却水入口温度为 23℃。利用特性曲线可方便地确定不同运行工况下凝汽器运行压力。当实际运行压力比特性曲线给出的压力高出很多,且发现凝汽器端差(加热蒸汽压力对应的饱和温度和加热器出口水温之差)大于 10℃ 时,说明管子清洁度下降了,需清洁传热管。

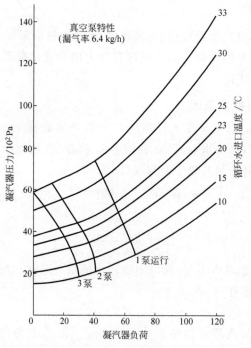

图 7.66　正常负荷下凝汽器真空变化情况

3. 凝汽器的最佳真空

虽然提高凝汽器真空度可增加汽轮机理想比焓降,但无论是从设计角度还是实际运行角度,并非真空度越高越好。就运行而言,在负荷和循环水温确定的条件下,增加循环水流量,温升 Δt 降低,传热系数 K 增加,最终导致凝汽器真空度提高。但是,靠增加循环水流量来提高真空度一方面使机组输出功率 ΔP_{el} 增加,另一方面也使循环水泵耗电功率 ΔP_{pu} 增加,当汽机输出功率增加量 ΔP_{el} 与循环水泵所耗功率增量 ΔP_{pu} 之差为最大时,对应的循环水流量是最经济的,与此相应的凝汽器的真空是此负荷和循环入口温度条件下的最佳真空。图 7.67 给出了这种关系。对于不同负荷和在不同循环水入口温度下通过试验可以得到最佳真空,从而可以合理地使用循环水泵的容量和台数。

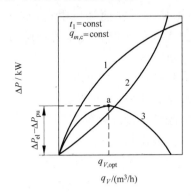

图 7.67　确定凝汽器最有利真空的关系曲线

1—汽轮机输出功率增加值 ΔP_{el}；2—循环水泵耗电功率增加值 ΔP_{pu}；3—ΔP_{el} 与 ΔP_{pu} 之差

7.9.5　凝结水过冷原因及改善措施

1. 凝结水过冷的原因

在凝汽器中,热井的凝结水温度 t_n 常低于凝汽器入口压力下的饱和温度 t_s,这种现象称为凝结水过冷,并定义 $t_s - t_n$ 为凝结水的过冷度。

凝结水过冷的危害主要表现为凝结水含氧量增加。水中溶解气体的能力是随温度而降低的,当水温接近于饱和温度时,溶解于水中的气体几乎全部逸出。因此,凝结水过冷度的增加,意味着漏入凝汽器的空气有一部分溶解于凝结水中,于是凝结水中含氧量增加了。现在,核电厂二回路水质指标对含氧量提出了严格的要求。即使设置了热力除氧器,凝汽器真空除氧性能至少对于凝结水系统(凝汽器至除氧器之间的管道系统)的腐蚀行为有重大影响。因此,对于核电厂中的凝汽器,必须采取有效措施,减少凝结水的过冷。

下面首先分析造成凝结水过冷的原因。

1）凝结液膜中存在温差

如图 7.68 所示,液膜外表面温度等于蒸汽压力相应的饱和温度 t_s,而液膜内表面温度则等于管壁温度 t_w,此温差在 5℃ 左右。所以,液膜的平均温度总是低于饱和温度。通过分子的湍流扩散,凝结水从周围蒸汽空气混合物中吸收了气体,在数量上遵守亨利定律。

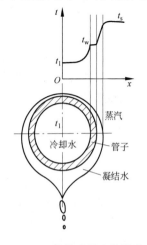

图 7.68　凝结液膜中的温差

2）凝汽器中汽阻

蒸汽在管束流动过程中存在流动阻力，因此造成压力分布不均匀。在抽气口附近的压力低于排汽口处压力时，其压差称为"汽阻"。显然，沿着汽流流动方向，相应的饱和温度是逐渐降低的。

3）凝汽器中存在空气

在凝汽器进口处，空气在总汽流中所占的重量百分比一般不大于 0.01％，因此凝汽器上部的蒸汽分压力可以认为等于蒸汽空气混合物的总压力。随着蒸汽向抽气口方向流动并不断凝结，空气所占的比例逐渐增加。在抽气口附近，空气含量所占重量百分比可达到 50％～60％。此时，蒸汽分压力大大低于混合气体的总压力，相应的凝结水温度也显著降低，造成这一区域凝结水进一步过冷。

4）冷却管表面对降落于其上的凝结水的再冷却

如前所述，凝汽器通常采取叉状排列，但并不能避免再冷却现象。

由于上述四个因素的存在，凝结水过冷现象不可避免。但是设计良好的凝汽器，可以将凝结水过冷度降低到最大限度，例如降低至 0.5～1.0℃，从而满足核电厂及大型机组的除氧要求。

2. 改善的措施

1）蒸汽回热式凝汽器

早期凝汽器设计常使管束密集布置，致使蒸汽不能通畅进入管束各个部位，并与具有过冷度的凝结水充分接触，进行有效的热量-质量交换。近代大型凝汽器设计的特点之一是管束布置留有相当大的蒸汽通道，使一部分蒸汽能直通凝汽器底部。在凝结水落入热井之前，与蒸汽进行充分接触，这种效应称为蒸汽回热作用。

2）合理的管束布置

合理的管束布置，对于强化回热作用、降低流动汽阻具有重要意义。回热式凝汽器常采用的一种管束布置形式是辐射型，其特征是回旋状的带形管束排列。带形外侧形成逐渐变窄的蒸汽流道，使蒸汽均匀分配。带形内侧形成的流道使蒸汽空气混合物能直接通往空气冷却区的抽气口。蒸汽在任何方向穿过的管排数不超过 12～16 排，这样不仅对凝结水回热有利，而且使流动汽阻大大降低（例如可降低至 0.26～0.4 kPa）。

3）改进抽气系统

在各种电厂负荷运行下，有效地抽除空气对于获得良好的凝汽器除氧效果是很重要的。许多凝汽器在高负荷下能充分地除氧，但在低负荷下除氧效果较差。

在低负荷下，循环水温升减小，凝汽器压力和相应的蒸汽饱和温度也降低，蒸汽凝结区面积缩小而空气冷却区面积增大，引起氧浓度增加。因此，在低负荷启动时，必须抽除更多的空气并保持凝汽器的最低压力。这意味着在较低的凝汽器压力下抽气器要有更强的能力。

4）鼓泡式除氧装置

不论管束设计如何改进，一些氧气仍溶解在凝结水中，在机组启动、低负荷运行方式时尤其如此。排除这些氧气的有效方法是在热井中设置除氧装置（见 8.4 节）。

7.9.6 多压凝汽器

1. 概述

目前,大多数电厂凝汽式汽轮机设计成具有单一的背压值,即与之配套的凝汽器具有单一设计压力值。这种凝汽器称为单压凝汽器。

如果低压汽轮机有多个排汽缸,而且相应地有多壳凝汽器分别接收这些排汽缸的排汽,或者虽然是单壳凝汽器,但是该凝汽器设计成具有多个独立的蒸汽室,分别接收各个排汽缸的排汽,那么,通过采取一定的措施,可以使多壳凝汽器的各个壳内或者凝汽器的各蒸汽室内达到不同的设计压力值。它可以使汽轮机在多种不同的背压值下运行。这种凝汽器称为多压凝汽器。在特定的条件下,采用多压凝汽器的经济性优于单压凝汽器。

多压凝汽器是现代大型电站凝汽器研制发展的一个重要方向。在这方面美国、日本发展较早、较快,目前我国一些火电厂开始采用多压凝汽器。

典型的双压凝汽器如图7.69所示。图中示出的是单壳体凝汽器,故用隔压板7把壳体分隔成与汽轮机排汽口数目相同的、冷却面积基本相等的独立的两个汽室,循环水依次流过这两个汽室的管侧。

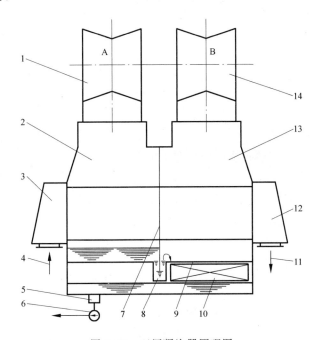

275

图 7.69 双压凝汽器原理图

1—低压汽轮机 A；2—汽室 A(低压汽室)；3—进口水室；4—循环水进口；5—凝结水出口；6—凝结水泵；
7—隔压板；8—U 形汽封室；9—凝结水分配栅；10—凝结水洒波器；11—循环水出口；
12—循环水出口水室；13—汽室 B(高压汽室)；14—低压汽轮机 B

图7.70(a)给出了单压凝汽器的传热过程,其中,温度为 t_1 的冷却水流过冷却管全长 L,吸收热功率 P,温度升高到 t_2,$t_s = t_1 + \Delta t_w + \delta t$,其中端差 $\delta t = t_s - t_2$,而 $t_s - t_1 = \Delta t$ 称为初始温差。

图7.70(b)给出了双压凝汽器的传热过程,其中中间的垂直分界线相当于图7.69中的

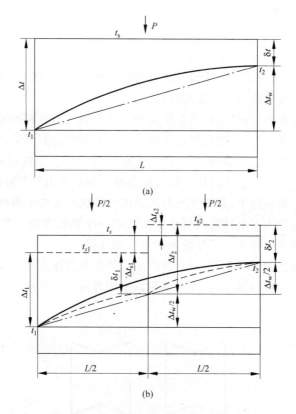

图 7.70　双压凝汽器内蒸汽与循环水温度的关系

（a）单压凝汽器；（b）双压凝汽器

隔板，它把整个凝汽器的传热过程分隔成独立的两部分，左部相应于图 7.69 中的低压汽室，右部相应于图 7.69 中的高压汽室。两个汽室内的冷却面积相等。温度为 t_1 的冷却水依次流过这两个汽室，各自吸收热功率后升高温度 $\Delta t_w/2$，最后升至 t_2。两个汽室内各自的传热过程与单压凝汽器相类似，如图 7.70 中虚线所示的蒸汽温度 t_{s1}、初始温差 Δt_1、温升 $\Delta t_w/2$ 和端差 δt_1（低压汽室）以及 t_{s2}、Δt_2、$\Delta t_w/2$ 和 δt_2（高压汽室）。由图 7.70 不难看出，鉴于冷却水是先流经左汽室并且温度升高至 $t_1+\dfrac{\Delta t_w}{2}$ 后才流经右汽室，并且温度升高至 $t_1+\dfrac{\Delta t_w}{2}+$ $\dfrac{\Delta t_w}{2}$，因此左汽室内蒸汽温度 $t_{s1}<t_s$，相应的蒸汽压力 $p_{s1}<p_s$，故称低压汽室；而右汽室内蒸汽温度 $\Delta t_{s2}>t_s$，相应的蒸汽压 $p_{s2}>p_s$，故称高压汽室。在一般情况下，图 7.70 中 $\Delta t_{s1}(=t_s-t_{s1})$ 将大于 $\Delta t_{s2}(=t_{s2}-t_s)$，亦即双压凝汽器内蒸汽平均温度 $\bar{t}_s\left(=\dfrac{t_{s1}+t_{s2}}{2}\right)$ 将小于单压凝汽器内蒸汽温度 t_s，相应地 $\bar{p}_s<p_s$，这正是多压凝汽器的主要优越性所在。

2. 经济效益分析

在常规单压单流程凝汽器中，汽轮机排汽的较大部分是在靠近循环水进口段的管束上凝结的，因为这里的循环水温度较低。随着循环水在冷却管内的流动，循环水的温度逐渐升高，因而管束上凝结的蒸汽负荷逐渐降低。在靠近循环水出口段的管束上，蒸汽负荷最低，因为其中循环水温度较高。所以,在这种凝汽器中,沿管束长度方向上,蒸汽负荷是不均匀的。

在多压凝汽器例如双压凝汽器中,无论是单流程还是双流程,根据前述定义,循环水将依次流过低压汽室和高压汽室内的冷却管,而且两个汽室接收的排汽量是相等的。因此,在低压汽室内,循环水温较低,而蒸汽饱和温度也较低;在高压汽室内,循环水温较高,而蒸汽饱和温度也较高。所以,多压凝汽器从根本上改善了蒸汽负荷的不均匀性,从而提高了凝汽器的传热性能,这样,也就提高了机组的经济性。

多压凝汽器与单压凝汽器相比在传热性能上的优越性还可粗略、直观地通过图7.70加以说明。首先从温升曲线形状看,单压凝汽器的循环水温升曲线呈抛物线形(见图7.70),而双压凝汽器的循环水温升曲线则是接近于直线的两根抛物线;可以推断,多压凝汽器的循环水温升曲线则趋于直线。由此可见,在多压凝汽器的传热过程中,循环水温度除了在进口处 t_1 和出口处 t_2 与单压凝汽器相等外,均比单压凝汽器低,因此多压凝汽器的传热性能优于单压凝汽器。

7.9.7 凝汽器真空系统

1. 系统作用

凝汽器真空系统用来建立并维持凝汽器真空,保证汽轮机组的经济性。

2. 系统描述

如图7.71所示为大亚湾核电厂凝汽器真空系统示意图。该系统由三套并联的抽气系统和一个真空破坏系统组成。

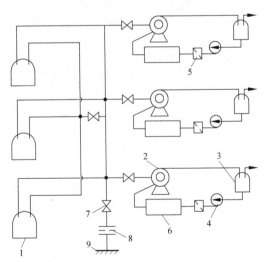

图7.71 大亚湾核电厂凝汽器真空系统示意图

1—凝汽器;2—真空泵;3—汽水分离箱;4—密封水循环泵;5—过滤器;
6—冷却器;7—真空破坏阀;8—节流孔板;9—空气过滤器

1) 抽气系统

每套抽气系统由一台两级液环式真空泵、一个汽水分离箱、一台密封水泵和一台密封水冷却器等组成。

如图 7.71 所示,3 台凝汽器的左、右管束的抽气管汇集成支管,经阀门后汇集成总管,从抽气总管经阀门进入三台并联的液环式真空泵入口,投入的真空泵台数取决于汽轮机的运行工况及循环水温度等因素。空气经真空泵压缩后进入汽水分离箱,分离出的空气排至大气或辅助厂房通风系统,分离水箱作为液环式真空密封供水储存箱。密封水循环泵从分离水箱吸水,升压后经热交换器冷却,由汲入喷嘴将密封水喷成雾状进入液环式真空泵,起到冷却空气作用,还可补充液环水损耗。

液环式真空泵的工作原理如图 7.72 所示。叶轮偏心地安装在泵壳内,沿箭头所示方向旋转,水的离心力所形成的旋转水环的近似圆与泵壳同心,水环、叶片与叶轮两侧侧板构成若干封闭空腔。侧板上有吸入和压出气体的槽,当转子旋转时,泵壳内形成一个偏心的旋转液环 AB 弧段,液环向外运动,使转子叶片内体积增加,压力降低,从汲入口吸进空气,所以 AB 段为吸气过程;转子旋转至 BC 弧段时,液环对叶片内空间进行压缩,空气压力升高;CD 弧段是空气被压出过程。由此可见,转子旋转一周,完成对空气的吸入、压缩和排出三个过程,并在吸入口处形成高度真空。

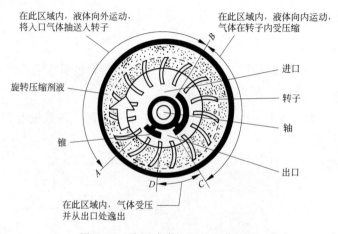

图 7.72　液环式真空泵的工作原理

液环式真空泵运行可靠,耗电量低,不易损坏,在电厂凝汽设备上得到越来越多的应用。

2) 真空破坏系统

真空破坏系统的作用是在汽轮机停机过程中,当转子转速下降至 2000 r/min 时打开真空破坏阀,使汽轮机背压提高,使汽轮机转速迅速地下降到盘车转速,从而缩短汽轮机停机时间。真空破坏系统由空气过滤器、孔板和真空破坏阀组成,见图 7.71。真空破坏阀打开后,空气经过滤器 9、节流孔板 8 进入凝汽器。

第 8 章

核电厂二回路热力系统

8.1 概述

压水堆核电厂二回路热力系统是将热能转变为电能的动力转换系统。将核蒸汽供应系统的热能转变为电能的原理与火电厂基本相同,二者都是建立在朗肯循环基础之上的,当然它们也有重大差别:现代典型的压水堆核电厂二回路蒸汽初压约为 6.5 MPa,相应的饱和温度约为 281℃,蒸汽干度为 99.75%;而火力发电厂使用的新蒸汽初压已经达到 34.5 MPa,温度为 650℃,甚至更高。因此,压水堆核电厂的理论热效率必然低于火电厂。火力发电厂通常将在高压缸做功后的排汽送回锅炉进行火力再热;在核电厂,用压水堆进行核再热是不现实的,只能采用新蒸汽对高压缸排汽进行中间再热。此外,火电厂的烟气回路总是开放的。在一个开式系统中,排入大气的工作后的载热剂温度总是高于周围环境的温度,也就是说,一些热量随载热剂排入大气而损失掉了。而核电厂的冷却剂回路总是封闭的。这不仅从防止放射性物质泄漏到环境是必需的,从热力学角度讲,它也提高了循环的热效率。

8.1.1 系统的功能

核电厂二回路系统的功能如下。

(1) 构成封闭的热力循环,将核蒸汽供应系统产生的蒸汽送往汽轮机做功,汽轮机带动发电机,将机械能变为电能。作为蒸汽和动力转换系统,在核电厂正常运行期间,本系统工作的可靠性直接影响到核电厂的技术经济指标。

(2) 从安全角度讲,二回路的另一个主要功能是将反应堆衰变热带走。为了保证反应堆的安全,二回路设置了一系列系统和设施,保障一回路热量排出,如蒸汽发生器辅助给水系统、蒸汽排放系统等就是为此设置的。主蒸汽管道上的安全阀可以为系统提供超压保护。

(3) 控制来自一回路泄漏的放射性水平。二回路系统设计上,能提供有效的探测放射性漏入系统的手段和隔离泄漏的方法。

8.1.2 典型的压水堆核电厂二回路热力系统

1. 全面热力系统和原则性热力系统

同常规发电厂的实际热力系统一样,核电厂二回路热力系统,可分为局部热力系统和全面热力系统(又称为全厂热力系统)。局部热力系统表示某一热力设备与其他设备之间或某几个设备之间的特定联系,而全面热力系统则表示全部主要的和辅助的热力设备之间的特定联系。

为了便于实际热力系统的构造和分析,通常的方法是绘制热力系统图。为了不同的目的,绘制热力系统图的方法也有所区别。只表示热力设备之间的本质联系,相同的设备只用一个表示,不表示备用设备,设备之间的联系以单线表示,管道附件一般不表示。按照这样的原则所绘制的热力系统,称为原则性热力系统。它只说明功率运行工况系统热力设计特征,是原理性的。

与原则性热力系统相对应的,是全面性热力系统。它给出全部热力设计(主要的、辅助的和备用的)以及按照选定循环将热能转化为电能过程中所必要的全部设备、连接管路、阀门等部件,以反映系统的实际情况(包括各种工况下工质可能的通过路径,反映同类设备和备用设备的连接及切换方式等)。因此,全面性系统图决定了主设备和辅助设备的数量和类型,它是编制电厂设备和部件明细表的依据。未作说明时,本章所列二回路系统图均为原则性系统图。

2. 典型的热力系统介绍

1) 大亚湾核电厂二回路热力系统

图 8.1 所示为英国通用电气公司为大亚湾核电厂提供的二回路热力系统图,汽轮机采用一台双流高压缸(HP)和三台双流低压缸(LP),6 排汽口及两级再热。主汽阀进口处新蒸汽(压力为 6.63 MPa 的饱和汽)经进汽阀后从 4 个方向进入高压缸做功,高压缸排汽(压力 0.783 MPa,温度 169.5 ℃,湿度 14.3%)除部分送往除氧器外,大部分送往汽水分离再热器进行除湿(MS)和二级再热(R1,R2)。从汽水分离再热器出来的过热蒸汽(压力 0.747 MPa,温度 265.1℃)送往三台低压缸做功。低压缸的排汽进入凝汽器(压力 7.5 kPa,温度 40.35℃)。回热加热系统由 4 级低压加热器(H1~H4)、两级高压加热器(H6,H7)和一台除氧器(H5)组成,4 号加热器的疏水自流到 3 号加热器,与 3 号加热器的疏水汇合,经疏水泵由 3 号加热器送到 3 号加热器低压给水管道出口。给水泵采用的是两台 50% 容量的汽动给水泵(FT)和一台 50% 容量的电动给水泵。

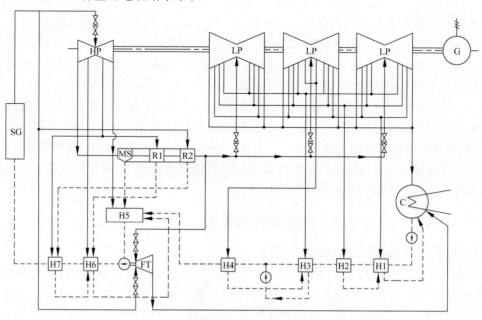

图 8.1　大亚湾核电厂二回路热力系统图

2）田湾核电厂二回路热力系统

图 8.2 所示为田湾核电厂的二回路原则性热力系统简图。田湾核电厂 1、2 号机组安装两台列宁格勒金属制造厂生产的额定功率为 1000 MW、全速、单轴五缸、八排汽口、中间去湿一级再热机组。

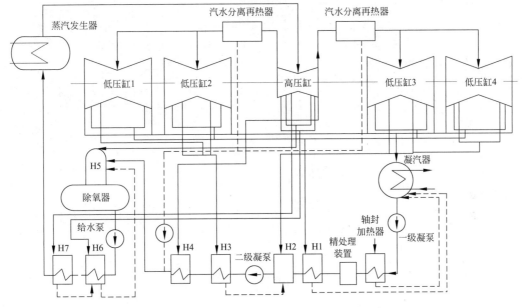

图 8.2　田湾核电厂的二回路原则性热力系统简图

汽轮机采用一个双流高压缸、4 个双流低压缸,两个一组对称布置在高压缸前后。蒸汽（$p=6.27$ MPa, $t=279$℃）经 4 根入口导汽管通往高压缸,调节阀后新蒸汽压力为 5.88 MPa,湿度 0.5％,经高压缸五级后的排汽除部分送入 4 号低压加热器（H4）外,大部分直接进入汽水分离再热器,经除湿再热后压力为 0.55 MPa、温度 255℃的过热汽进入低压缸。从低压缸做功后的蒸汽排至凝汽器中被冷凝,凝汽器设计压力 4.7 kPa。冷凝水经第一级凝结水泵（一级凝泵）被送到轴封加热器（轴封冷凝器）、除盐装置（凝水精处理装置）、低压加热器。值得注意的是,二级低压加热（H2）采用混合式加热器,三级加热器（H3）的疏水靠自流疏水进入二级加热器,汇合来自一级加热器的主凝结水与二级加热器的加热蒸汽冷凝水,由凝结水增压泵（称为二级凝泵）输入到主凝结水管。第四级加热器的疏水（H4）通过自流排到汽水分离再热器的分离水疏水箱,分离水疏水箱的水再经疏水泵升压输入到 H4 下游的主凝结水管道。经四级低压加热的凝结水在除氧器中（$p=0.84$ MPa）被加热到 172℃,再由给水泵送至两级高压加热器（H6、H7）加热,温度达 217.6℃的给水被送至蒸汽发生器。5 台容量为 25％的电动给水泵组（额定工况时,4 台运行,一台备用）用来向 4 台蒸汽发生器输送给水。该机组采用一级再热,用来加热高压缸排汽的新蒸汽凝结水经一台由主给水驱动的专用液压驱动泵打入 7 号加热器后的主给水管道（图中未示出）,这一设计使加热蒸汽凝结水的热量得到利用。这一技术在俄罗斯的许多核电厂广泛采用,运行可靠。

3）某在建二代改进型核电厂二回路热力系统

图 8.3 所示为某在建二代改进型核电厂的二回路热力系统图。该电厂汽轮机采用半速

机组,汽轮机采用 1 个单流高中压组合汽缸和两个双流低压缸。来自蒸汽发生器的新蒸汽压力为 6.43 MPa,经过 9 个压力级后,压力下降至 0.973 MPa,湿度达 0.143。离开高压缸的湿蒸汽除部分送往除氧器外,大部分进入汽水分离再热器除湿再热,

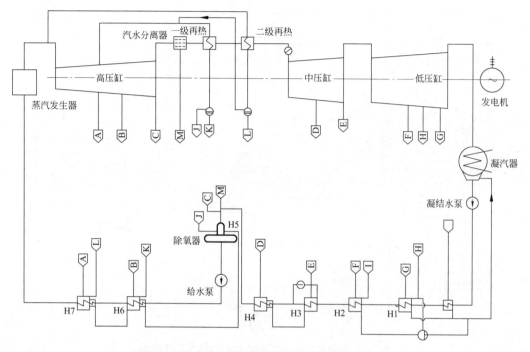

图 8.3　某在建二代改进型核电厂二回路热力系统

经两级再热后的压力为 0.936 MPa、温度 268.8℃的过热汽,进入中压缸,经过 4 个压力级膨胀后的蒸汽压力达 0.309 MPa,温度为 152.7℃,离开中压缸后直接进入两台双流低压缸,每个流向经 5 个压力级膨胀后压力为 5.1 kPa,干度 0.904 的乏汽排入凝汽器。该系统采用 4 级低压加热(H1~H4)、除氧器(H5)和 2 级高压加热(H6~H7),第四级加热器(H4)的疏水自流至第三级加热器(H3)壳侧,经疏水泵升压送进三级加热器凝结水管道出口。经 7 级回热后的给水温度为 228.1℃。

4) AP1000 核电厂二回路热力系统

图 8.4 所示为 AP1000 二回路热力系统图。汽轮机采用日本三菱公司技术,它是一台双流高压缸(HP)和三台双流低压缸(LP)的半速机,6 排汽口,采用两级再热。新蒸汽(压力 5.53 MPa 的饱和汽)经蒸汽管道从 4 个方向进入高压缸做功,高压缸排汽除部分进入除氧器加热给水外,大部分进入汽水分离再热器,经过除湿和两级再热的蒸汽温度为 257.0℃,再热蒸汽压力为 0.932 MPa。再热后的蒸汽经低压缸顶部的 6 组阀门进入 3 个并联的低压缸做功。低压缸排汽湿度为 10.22%。给水回热加热系统由 4 级低压加热、两级高压加热和除氧器组成。凝汽器(C)的凝结水经凝结水泵升压,经凝结水净化装置和轴封加热器(图中未示出)后顺次进入位于凝汽器喉部的 1、2 级低压加热器和 3、4 号低压加热器,最后进入除氧器。三个单壳体的 1 号和 2 号联合低压加热器分别布置在 3 台凝汽器的颈部,这样可以使庞大的低压抽汽管道压缩到最短。4 号加热器壳侧的疏水自流入 3 号加热器,经疏水泵由 3 号加热器送到 3 号加热器出口的低压给水管道。1、2 号加热器的疏水分别直接

排向凝汽器。给水泵是三台 33.3% 容量的电动给水泵,主给水泵将除氧水箱的水升压,经两级高压加热器加热,最终送往蒸汽发生器。高压加热器的疏水逐级自流排到除氧器。

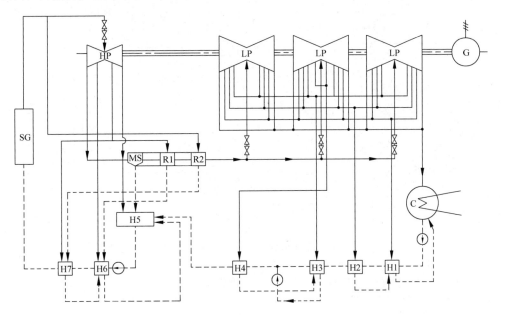

图 8.4　AP1000 核电厂二回路热力系统

8.2　主蒸汽系统

8.2.1　概述

　　主蒸汽系统的功能是把蒸汽发生器产生的蒸汽送到各用汽点。这些蒸汽用户有下列设备和系统:汽轮机,汽轮机轴封系统,汽水分离再热器,通向凝汽器和大气的蒸汽排放系统,主给水泵汽轮机,辅助给水泵汽轮机,除氧器等。

　　就核电厂的安全功能而言,主蒸汽系统与主给水系统或辅助给水系统相配合,能在电厂正常运行工况和事故工况下导出反应堆释放的热量。为了实现这一功能可与蒸汽排放系统联合使用。

8.2.2　系统描述

　　以三环路的大亚湾核电厂为例,从每台蒸汽发生器顶部引出一根主蒸汽管道。三根主蒸汽管道分别穿过安全壳,进入主蒸汽隔离阀管廊,并以贯穿件作为主蒸汽管道在安全壳上的锚固点。三根主蒸汽管道穿过主蒸汽隔离阀管廊后进入汽轮机厂房,然后合并为一根公共的蒸汽母管。从蒸汽母管将蒸汽引往各用汽设备及系统,如图 8.5 所示。

　　每根主蒸汽管道穿过安全壳后,在主蒸汽隔离阀管廊的主蒸汽管道上装有 7 只安全阀,它们分为两组,一组是 4 台自行动作的弹簧加载安全阀,另一组为 3 台动力操作安全阀,这两组阀门都直接向大气排放蒸汽。其中动力操作的安全阀都装有先导阀的控制机构。为限制二回路的压力,它们的整定值都低于蒸汽发生器的设计压力;4 台弹簧加载的安全阀的整

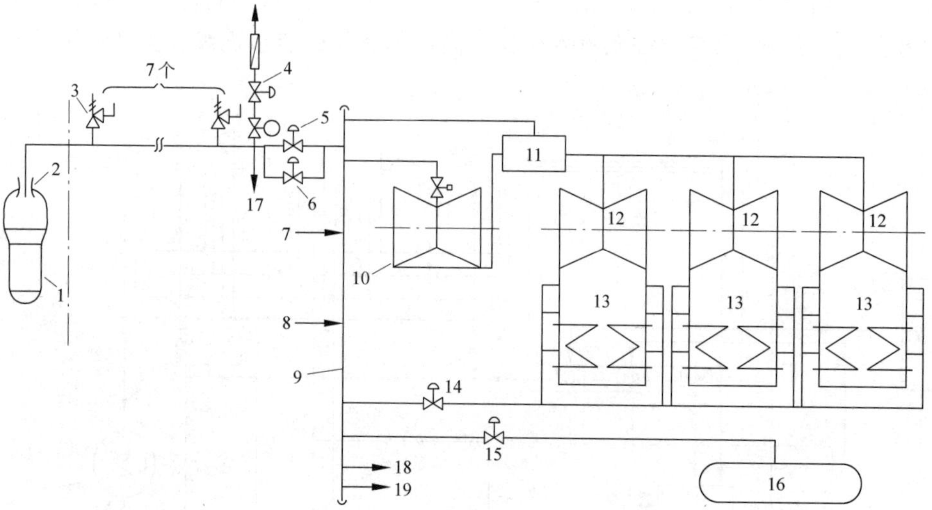

图 8.5　大亚湾核电厂主蒸汽系统示意图

1—蒸汽发生器；2—限流器；3—安全阀；4—大气释放阀；5—主蒸汽隔离阀；6—主蒸汽隔离旁路阀；
7、8—2 号和 3 号蒸汽发生器主蒸汽管线；9—蒸汽母管；10—高压缸；11—汽水分离再热器；
12—低压缸；13—凝汽器；14—通向凝汽器的蒸汽排放阀；15—通向除氧器的蒸汽排放阀；
16—除氧器；17—辅助给水泵汽轮机；18—去主给水泵汽轮机；19—向汽轮机轴封供汽

定点高于蒸汽发生器的设计压力。

　　大亚湾核电厂主蒸汽管道上设置两类安全阀的目的是：低整定值一组开启定值 8.3 MPa，距运行值较近，为避免误开启，选用空气助动式。但运行经验表明，效果并不理想，经常出现误开启。因此岭澳一期核电厂主蒸汽安全阀均为弹簧加载式，为避免误开启，拉大了整定值和运行值之间的差，开启压力定值分为两组，一组是两个 8.5 MPa，一组是五个 8.7 MPa。同时每一个阀门均装设一个开启探测装置，并增加了阀门开启指示和报警功能。弹簧加载安全阀具有较高的可靠性，且成本也低于空气助动式安全阀，但弹簧式安全阀需定期调校。目前国内在建 2 代改进型核电厂普遍采用单一种类的弹簧加载式安全阀。

　　在每根主蒸汽管道上设有主蒸汽隔离阀，为快速隔离阀。主蒸汽隔离阀是对称楔形双闸板闸阀，在正常运行工况为全开；在事故工况下（比如一根主蒸汽管道破裂），在收到主蒸汽隔离信号后 5 s 内关闭。此外，还有一只与主蒸汽隔离阀并联的旁路阀，这个旁路阀在汽轮机暖管过程中可打开，提供小股蒸汽流量；此外在打开主蒸汽隔离阀前先打开此阀门以均衡主蒸汽隔离阀两侧压力，以便于主蒸汽隔离阀的开启。

　　主蒸汽管道的管径按在最大蒸汽流量工况下，流速不超过 50 m/s 的原则确定。

　　在主蒸汽隔离阀上游，还设有一个气动蒸汽排放控制阀，它属于蒸汽排放系统，当需要时向大气排放蒸汽。除执行蒸汽排放功能外，气动蒸汽排放控制阀可用来对电厂进行冷却降温。还有一只向辅助给水泵汽轮机供汽的接管。

　　另外，在主蒸汽隔离阀上游装有一只氮气供应管线，作为蒸汽发生器干、湿保养用。

　　鉴于所采用的新蒸汽为饱和汽的特点，在主蒸汽系统的若干处设有足够容量和性能完好的疏水装置，供启动、运行和停机过程中疏水。每条疏水管线设有气动隔离阀和单向止回阀。从三条主蒸汽管线来的冷凝水先收集在疏水储罐内,然后送到凝汽器或排放容器,或当凝汽器不能用时送到常规岛废液排放系统。

在汽轮机厂房内,从蒸汽母管引出四根管道与汽轮机主汽门(截止阀)相连接。此外,还有两条通往凝汽器两侧的蒸汽旁路排放总管。与它连接的还有通向除氧器的蒸汽供汽和排放管线、通向两台主给水泵汽轮机的供汽管线以及去汽轮机轴封的供汽管线、通向汽水分离再热器的新蒸汽管线。两条蒸汽旁路排放总管由一根平衡管线连接在一起。

8.2.3 系统特性

主蒸汽系统的主要设计参数见表 8.1。

表 8.1 主蒸汽系统主要设计参数

主蒸汽隔离阀	设计压力/MPa	8.6
	设计温度/℃	316
	100%额定功率时运行压力/MPa	6.71
	100%额定功率时运行温度/℃	283
	名义流量/(kg/s)	537.8
	名义流量时压降/MPa	0.025
	阀关闭时最大压差/MPa	8.6
	动作时间/s	<5
	故障安全位置	关闭
主蒸汽安全阀	设计压力/MPa	8.6
	设计温度/℃	316
	热停堆时运行温度/℃	292
	100%额定功率时运行温度/℃	283
	动力操纵安全阀整定压力/MPa	8.3
	自行动作安全阀整定压力/MPa	8.7
	8.6 MPa 时最大流量/(kg/s)	135
	8.6 MPa 时最小流量/(kg/s)	102.5

蒸汽管线的压力必须低于所属的蒸汽发生器在所有的可能运行工况下的压力,因此设计基准与蒸汽发生器二次侧相同。动力操作安全阀的整定点低于蒸汽发生器的设计压力,以起到限制蒸发器二次侧压力的作用。考虑到蒸汽管线压降、阀门特性和整定点误差,整定值定为 8.3 MPa。对于自行动作的弹簧加载安全阀,它们的整定点高于蒸汽发生器二次侧设计压力,为使在事故工况下系统载荷最大处的最高压力不超过设计压力的 110%,考虑到蒸汽管线压降、阀门特性和整定点误差,将整定点定为 8.7 MPa。

安全阀是防止一、二回路超压的最后保护措施，其总排放量取为额定蒸汽流量的110%，但单只安全阀排放量受下列条件限制：在反应堆热停堆工况下，当一只安全阀失控开启时，不会导致反应堆所不允许的过度冷却。

8.3 凝结水和给水回热加热系统

凝结水和给水加热系统利用汽轮机抽汽对凝结水和低压给水（主凝结水）加热，以提高热循环的经济性。

从凝汽器热井到除氧器的部分属于凝结形成的疏水系统，从给水泵到蒸汽发生器的部分属于给水系统。

凝结水和给水加热系统主要由凝结水泵、回热加热器、疏水泵、除氧器、给水泵、疏水箱、疏水冷却器及抽汽排气管道、疏水管道及阀门等组成。

8.3.1 回热加热器

回热加热器按汽水介质传热方式的不同可分为混合式和表面式两种。混合式加热器为汽水直接混合传热；表面式则由传热管将加热蒸汽和被加热水分隔开，通过传热管壁实现热传递。按表面式加热器水的侧压力不同，位于凝结水泵和给水泵之间的加热器属于低压加热器，给水泵下游的加热器为高压加热器。

1. 混合式加热器

混合式加热器可将水加热至蒸汽压力下的饱和温度，即无端差，经济性好；由于没有金属传热面分隔，结构简单，并能去除所含气体，除氧器就是一个混合式加热器。但是混合式加热系统的缺点是在加热器出口需配备水泵，有的水泵在高温条件下工作，汽轮机变工况运行时，会影响水泵的工作可靠性，因而需要备用水泵。为了防止水泵汽蚀，每台水泵上游要有高位水箱，这些都使得采用混合式加热器系统时系统和厂房布置复杂，增加设备投资。

2. 表面式加热器

表面式加热器通过金属壁将加热蒸汽的凝结放热量传递给凝结水或给水，因有传热阻力，一般不能将水加热至加热蒸汽压力下的饱和温度。加热蒸汽压力对应的饱和温度和加热器出口水温之差称为端差。由于端差的存在，加大了蒸汽的做功能力损失，降低了电厂的热经济性。加热器设备造价较高；然而，就整个由表面式加热器组成的给水加热系统而言，却比混合式加热系统简单，运行也较安全可靠。因而，在现代电厂中，除除氧器外，普遍采用表面式加热器。

1）表面式加热器出口端差

给水温度一定时，减小端差后可使抽汽压力降低，抽汽在汽轮机中的做功量就可以增加，可见，汽轮机的经济性随加热器端差减小而提高。但减小端差的主要办法是增加传热面，增加加热器传热面使金属耗量和投资费用都要增加。经济的端差值要通过综合技术经济分析确定。

2）表面式加热器的结构特点

表面式加热器多用 U 形管作为传热管的管壳式加热器。放置方式有立式和卧式两种。立式加热器占地面积小，便于检修，但对厂房高度有要求，且传热系数不及卧式加热器。单管试验表明，在同一凝结放热条件下，横管放热系数约为竖管的 1.7 倍。因此，卧式加热器得到日益广泛的应用。图 8.6 所示为大亚湾核电厂采用的卧式低压加热器，它由一个壳体、U 形管束、防蒸汽冲击板、隔板、管板和给水进、出口水室等组成。U 形管胀接在管板上，管板再与水室和壳体焊在一起。给水从水室端下部进入，经 U 形管束从上半水室流出；加热蒸汽进入壳体遇到防蒸汽冲击板后，流向管束与壳体之间的环形蒸汽空间，沿 U 形管长度均匀分布，进入加热管束加热给水，凝结水由壳体底部的疏水口排出。

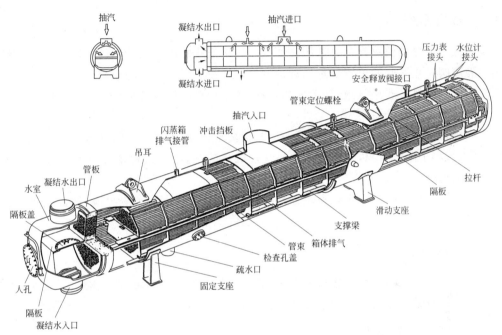

图 8.6　卧式低压加热器

大亚湾核电厂的卧式高压加热器也是 U 形管表面式热交换器，加热蒸汽及给水流程与低压加热器情况类似。所不同的是，高压加热器除冷凝段外，还有独立的疏水冷却段。疏水冷却段位于加热器底部一个独立的罩壳内，其内部设有挡板，使加热蒸汽的凝结水与管内侧给水逆流流动，提高传热效果，以使疏水温度进一步降低，使该级疏水自流到压力低一级的加热器时尽量减小对下一级抽汽的影响。

3. 加热器的连接方式

在确定加热器的连接方式时，应考虑到便于加热器退出运行检修、系统对给水温度影响小和系统简单等因素。

近代大型核电厂，二回路加热器连接方式采用多列大旁路的设计。多列是指一级加热器分成几个并联的小加热器；大旁路是指几级加热器串联在一起，公用一个旁路管线。大亚湾核电厂低压加热器的连接情况是：由凝结水抽取系统送来的凝结水，经隔离阀后分成三列并联管线，分别经过第 1、2 级低压加热器后，汇入母管中，经隔离阀后分成两列进入相互串联的第 3、4 级低压加热器，第 4 级低压加热器出口的凝结水汇入一条管线至除氧器。因此，对于第 1、2 级低压加热,分成三列;第 3、4 级分成两列。每列的入口和出口设有隔离阀,同时有旁路阀。一列之内的相邻加热器间不设隔离阀,若某列的第 3 级加热器故障需隔离时,则该列中两级加热器的进出口隔离阀关闭,这时有 1/2 凝结水量经旁路阀与经过另一列两级加热器的 1/2 凝结水在出口混合后进入除氧器,此时给水温度有所降低,但机组的功率仍能维持 100%。这种设计的主要优点是系统相对简单,设备投资费用小。

与多列大旁路对应的是小旁路连接方式。它实际上是每一台加热器进出口都设置隔离阀和旁路阀,这种设计的好处是将加热器故障隔离对给水温度的影响减到最小;但系统复杂,不适合大型电厂。

8.3.2 抽汽系统

各级低压加热器的蒸汽来自低压缸抽汽。在从低压缸通往加热器的抽汽管道上装有止回阀和隔离阀。止回阀的位置尽量靠近抽汽口,以减小中间容积,防止汽轮机甩负荷时蒸汽或水倒流入汽轮机;隔离阀位置靠近加热器端,防止加热器传热管破裂或疏水受堵造成壳侧满水时水倒流入抽汽管道。

大亚湾核电厂二回路一、二级低压加热器直接布置在凝汽器喉部,这样大大缩短了抽汽管道长度,减小了湿汽容积,降低了汽轮机超速的危险性,所以这种情况下抽汽管道上不装止回阀和隔离阀。

用于高压加热器的抽汽来自高压缸,抽汽管线上设有止回阀和隔离阀,设置原则与上述低压加热器相同。

8.3.3 疏水系统

加热蒸汽在加热器或管道内的凝结水称为疏水。这里讲的疏水指加热器壳侧的凝结水。疏水方式有采用逐级自流的连接系统、采用疏水泵的连接系统和疏水冷却器系统。

1. 逐级自流疏水系统

表面式加热器的疏水利用相邻加热器之间的压力差,将抽汽压力较高的加热器内的疏水逐级自流至相邻压力较低的一级加热器中,这样的疏水系统称为逐级自流疏水系统。对一个全部采用逐级自流的疏水系统,高压加热器逐级自流疏水至除氧器;对于除氧器前面的几级低压加热器,疏水最终导入凝汽器。

这种自流疏水系统(见图 8.7),不增添任何设备,系统简单,但经济性差。这是由于从较高压力的加热器的疏水流到较低压力的加热器时,部分闪蒸蒸汽就排挤了一部分低压加热蒸汽,即减少了汽轮机的较低压力抽汽量。若保持汽轮机功率不变,势必增加凝汽循环发电量,最后增加了在凝汽器中的热损失。同时,疏水经过最后一级加热器排入凝汽器,热量被循环水带走,从而又引起额外的热损失。若逐级自流的疏水,最后不排到凝汽器,而是送入热井或凝结水泵入口,则经济性会有所改善。

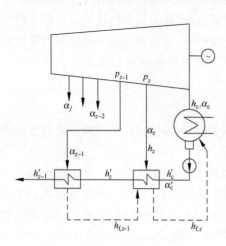

图 8.7 逐级自流疏水系统

2. 疏水泵系统

疏水泵系统是将回热加热器壳侧的疏水由疏水泵升压后送入凝结水或给水管路中(见图 8.8)。为了保证热经济性,疏水在与主凝结水混合时必须最接近于可逆过程,即使两者之间的温差尽可能小。所以用疏水泵将疏水送入加热器之后(按主凝结水流动方向)的主凝结水管道去的系统的热经济性好。这种疏水系统使主凝结水的加热温度较高,最接近于热经济性最好的混合式加热器回热系统;但由于疏水量不大,约为主凝结水量的 $5\% \sim 15\%$,因而与主凝结水混合后使主凝结水额外温升不多,约 $0.5℃$,所以这一系统的热经济性仍比采用混合式加热器的系统约低 0.4%。

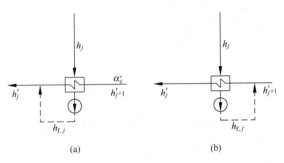

图 8.8 采用疏水泵的连接方式
(a) 送至加热器出口;(b) 送至加热器入口

采用疏水泵使得系统复杂,投资增加,耗厂用电,维修运行费用提高。因此,一般在低压加热器末级或次末级使用。例如,大亚湾核电厂二回路系统第 3、4 级低压加热器的疏水经疏水泵送入第 3、4 级低压加热器之间的凝结水管道中。

3. 疏水冷却器系统

为了减少疏水逐级自流存在的排挤低压抽汽量所引起的做功能力损失,可配置疏水冷却器,如图 8.9 所示。疏水冷却器系统借助主凝结水管内孔板造成压差,使部分主凝结水进入疏水冷却器吸收疏水的热量,使疏水温度降低后再进入下一级加热器中,减少了疏水排挤低压抽汽所引起的热损失。这种系统没有增加转动设备,不增加电耗,运行可靠,但增设了一台水-水热交换器,使投资增加,多用于对经济性要求高的大型机组中。

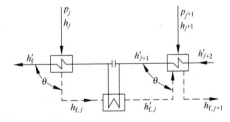

图 8.9 疏水冷却器系统

有时将疏水冷却器与加热器放置在一个壳体内(称为内置疏水冷却器),正像前面所述的那样,在壳体一方设置一个疏水冷却段,使进入加热器的凝结水或给水先被疏水加热,疏水的温度降低后再排出加热器。大亚湾核电厂二回路第 4 级低压加热器就在管束最底部设有疏水冷却区,传热面积占总传热面积的 5.7%。

以上是几种典型的疏水方式。在一个实际的热力系统中,往往是几种形式的不同组合。

大亚湾核电厂二回路有两级高压加热器(见图 8.10)。两级高压加热器还分别接受汽水分离再热器的第一级、第二级再热器的疏水和排放蒸汽,回收了热量。

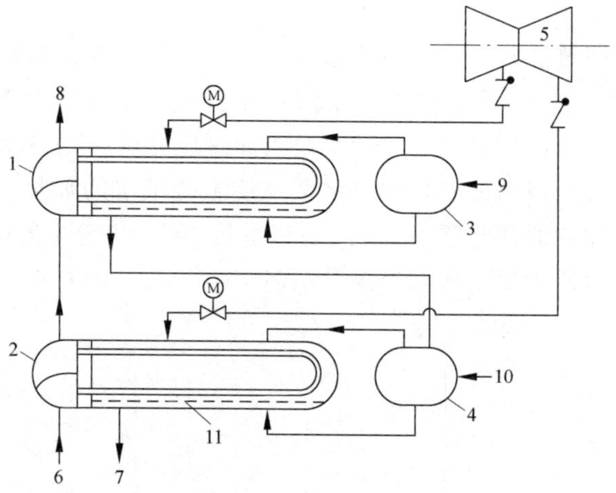

图 8.10　高压加热器的抽气和疏水系统

1、2—高压加热器；3、4—闪蒸箱；5—高压缸；6—主给水；7—去除氧器；8—去蒸汽发生器；

9—二级再热器疏水；10——级再热器疏水；11—疏水冷却区

　　每台高压加热器配置一个疏水接收器(疏水箱)。汽水分离再热器的第二级加热蒸汽凝结水排放到压力较高的高压加热器的疏水接收器，第一级再热器的疏水排放到压力较低的高压加热器的疏水接收器。这些疏水通过疏水箱内的不锈钢扩散器降压排放到对应的疏水接收器。

　　高压加热器疏水箱又称闪蒸箱，它安放在高压加热器壳体上方。闪蒸的蒸汽作为本级加热器加热蒸汽的一部分从壳体顶部进入；疏水箱的水流至该加热器的疏水冷却区，被管内给水冷却，最后与该级抽汽凝结水混合，流至压力低一级的高压加热器疏水箱。在这里，部分水闪蒸成汽，成为相应加热器的加热蒸汽的一部分，从加热器壳侧顶部进入；疏水箱的疏水流至其对应加热器底部的疏水冷却段。疏水冷却段的疏水与加热抽汽的凝结水送至除氧器。

8.3.4　排气系统

　　加热器壳侧不可凝气体不仅加剧设备的腐蚀，还会在传热表面上形成气膜，使传热恶化。所有加热器在壳体上都装有排气管线，用来排放聚积在壳体内的不凝结气体。所有低压加热器排气管在靠近加热器一端设有隔离阀，壳体内不可凝气体排入凝汽器，靠近凝汽器一端装有孔板。每台加热器的放气管分别接往凝汽器，不在加热器间逐级串联。对于高压加热器，压力高的加热器壳侧装有通往相邻较低压力加热器壳侧的排气管，不可凝气体逐级排往除氧器。在放气管靠近排气加热器一端装有隔离阀，在接收排气设备一端装有孔板。

8.3.5　卸压系统

　　每台低压加热器的水侧和壳侧都设有卸压装置。在每台高压加热器的汽侧都装有一只卸压阀，在高压加热器的给水连接管线上设有卸压阀，以防止高压加热器隔离时，因水膨胀而超压。

8.3.6 凝结水泵和给水泵

1. 凝结水泵

1）概述

凝结水泵的作用是将凝汽器热井的主凝结水抽出、升压,经各级低压加热器后送往除氧器。凝结水泵有卧式多级和立式多级离心泵两种,大型机组多采用立式多级离心泵。

大亚湾核电厂安装了三台 50% 容量的凝结水泵,每台泵的转速为 1482 r/min,扬程为 215 m,流量为 552.67 kg/s。凝结水泵通过一个管道系统从凝汽器内抽取凝结水,该管道系统装有管子导向支架和膨胀波纹管组件。

凝结水泵的各级叶轮垂直地悬挂在地面标高以下的沉箱内部,并能取出进行大修。

2）凝结水泵的结构

凝结水泵主要由吸入喇叭口,第一、二、三级叶轮,支承管及排水弯头,机械密封,轴承和电动机等部分组成,其结构如图 8.11 所示。

（1）凝结水泵吸入口和泵的第一级

凝结水经过吸入喇叭口进入泵的第一级。吸入喇叭口（进口分叉管）与沉箱做成一体。凝结水泵第一级采用双侧吸入设计,以满足吸入比转速的规定要求,而不需要过多地增加泵的长度。有一个喇叭口引导水流以稳定和最佳的流速分布进入各叶轮孔。从第一级叶轮周缘排出的水,由双蜗壳引入第二级。在双蜗壳的接合面处,在下部喇叭口内,有凝结水润滑的轴承,为泵轴提供支承。为了便于维修,轴颈和叶轮颈部的运行间隙装有可更换的套筒和内衬。

（2）泵的第二、三级

泵的第二、三级均为单侧进水,故每级都有一个在扩散型壳中运转的单侧进水叶轮。叶轮的吸入孔朝下对着前一级,还装有一个逆向颈环和平衡室以尽量减少水力载荷。扩散器通道将水流从每个叶轮的周缘引向下一级叶轮的吸入口。每级泵壳都装有一套凝结水润滑的轴承,用于支承泵轴。叶轮用键固定在轴上,并由端部与轴肩紧贴的套筒进行轴向定位。

（3）支承管和排水弯头

从水泵最后一级排出的凝结水,通过一根垂直管流出水泵,这根管子也叫支承管,同时支承着水泵的重量。一个钢制的排水弯头和电动机支座联合结构,既起排水口作用,又悬挂着整个泵体,并在其顶部法兰上支托着驱动水泵的电动机。

（4）机械密封

在泵轴穿过排水弯头处的一个填料盒中,设置了机械密封,以防止沿泵轴的泄漏。密封压板上开孔,用以接上密封水管,从凝结水泵出口母管引来凝结水,通过减压装置后供运转时冷却密封部件,并在水泵停运时阻止空气进入。

（5）轴承

装在凝结水泵电动机托架上的止推和径向轴承,承受转动部件的重量和所施加的水力载荷。轴承装有整装一体的油润滑系统。

（6）电动机

凝结水泵由一台立式、法兰安装的鼠笼式感应电动机驱动。

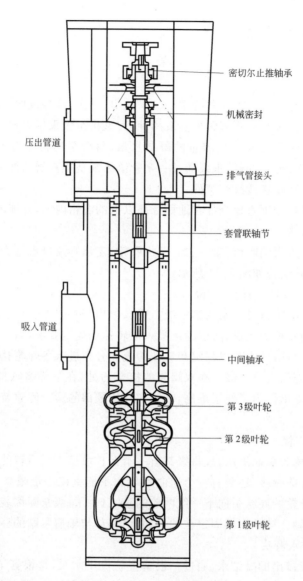

密切尔止推轴承

机械密封

压出管道

排气管接头

套管联轴节

吸入管道

中间轴承

第3级叶轮

第2级叶轮

第1级叶轮

图 8.11　三级立式沉箱式凝结水泵

2. 给水泵

给水泵是核电厂的重要设备，它将来自除氧器的给水升压，向蒸汽发生器供水，构成封闭的热力循环。就安全而言，它是保证蒸汽发生器二次侧冷源的重要设备。

对给水泵的主要要求是：运行安全性；良好的抗汽蚀性能，叶轮应有足够的耐磨强度；对压力和温度的变化不敏感；特性曲线在整个运行范围内是稳定的；具有足够的最小流量；维修时间间隔长，维修时间短，以便尽量提高可利用率。

按驱动机的类型分，给水泵有两种：汽动给水泵和电动给水泵。

1）汽动给水泵

汽动给水泵采用汽轮机作为泵的原动机，图 8.12 是大亚湾核电厂的汽动给水泵装置示意图。每台汽动给水泵装置由串联布置的增压泵（或前置泵）、减速齿轮箱、汽轮机和压力级泵组成。上述各项设备安装在各自的基础台板上,并固定在钢筋混凝土基础上。

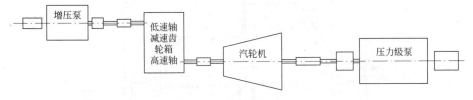

图 8.12　汽动给水泵装置示意图

　　为了防止发生汽蚀,设置了增压泵,又称为前置泵。它以 1489 r/min 转速运行,为其下游的压力级泵提供足够的净正吸入压头。压力级泵承担升压的主要任务,它以 5100 r/min 转速运行时,能以 840 m 的扬程输送 813.5 kg/s 流量。汽轮机和压力级泵同转速,而汽轮机通过减速齿轮箱减速后带动增压泵。

　　(1) 汽轮机

　　汽轮机采用具有 7 级叶片的轴流式汽轮机。它装有双重进汽系统,可以用压力为 0.702 MPa 的抽汽或压力为 6.43 MPa 的新蒸汽作为汽源。可以用上述任何一种蒸汽运行,或用两种蒸汽组合运行。

　　新蒸汽通过装在一个汽室内的截止阀和调速阀流经新蒸汽环管,进入汽缸下半部的喷嘴组。抽汽和新蒸汽各有独立的流道流经第 1 级叶片,但在以后的 6 级,两个汽源的蒸汽混合用一个公用的流道,在第 7 级后进入排汽构件。由此,乏汽垂直向上进入排汽管,排放到主汽轮机的凝汽器。

　　给水泵汽轮机在汽轮发电机负荷降至约 70% 时,仍能单独依靠抽汽汽源运行。低于这个负荷时,要求供给新蒸汽以补充抽汽的不足。给水泵汽轮机能够按照蒸汽发生器对给水流量变化的要求来改变泵的转速。给水泵汽轮机的最低转速和最高转速分别为 4300 r/min 和 5230 r/min。给水泵汽轮机的转速由一个同步液压机械调速器调节,其转速整定点可根据给水需求的模拟信号按比例调整。正常运行时,调速器的输出通过可变的信号油压和调速阀的开度,来调节给水泵汽轮机的进汽流量。转速低于最低调节转速时,给水泵汽轮机可用启动阀控制,该阀也可调节信号油压。给水泵汽轮机装有盘车装置,在给水泵汽轮机启动前或停机后投入运行。

　　(2) 汽动给水泵的结构

　　图 8.13 所示为汽动给水泵装置中增压泵的结构。增压泵为卧式单级双吸入口筒壳型,易于就地拆卸而不需要拆开任何主要管路。下面简单介绍增压泵的主要部件。

　　① 泵壳

　　泵壳由马氏体不锈钢铸造,为双蜗壳型。进口和出口法兰接管均位于壳体的上半部。进口与垂直面成 50° 角,出口是垂直向上的。进水沿径向进入,再经导流板进入叶轮。泵壳、支承柱和底板的设计,能使泵的对中不受接管载荷或运行参数变化的影响。

　　泵的支承柱整铸在泵壳中心线的每一侧。泵支承柱内的各横向键和泵壳下面的一个纵向键,布置在底板键台的滑动垫块之间,以保证泵正确对中。

　　接管载荷通过这些键由泵传递给底板,但仍允许泵自由胀缩,同时保证轴的中心不变。

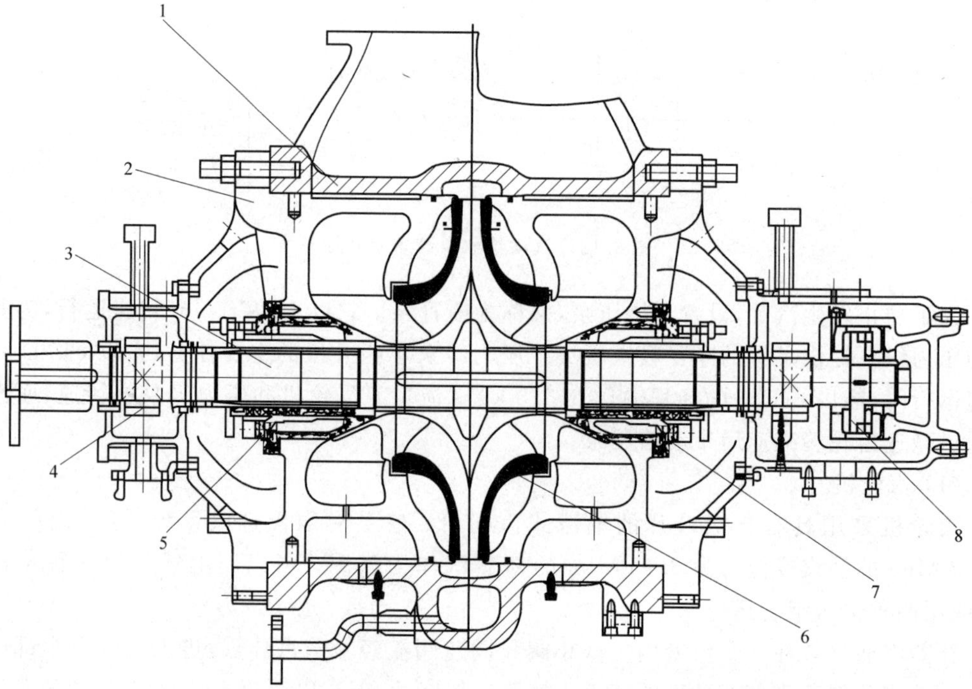

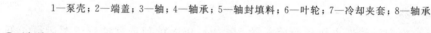

图 8.13　增压泵结构

1—泵壳；2—端盖；3—轴；4—轴承；5—轴封填料；6—叶轮；7—冷却夹套；8—轴承

② 端盖

端盖的材料与泵壳相同。端盖装在泵壳环上,形成一个进入叶轮的平滑的进水流道。端盖有支承法兰,在泵中心线的上下形成两个 90°的扇形块,从而允许从泵的任何一侧接近轴封填料。进口和出口通道之间的密封依靠一个滑动的径向密封件,允许在热冲击或冷冲击时由于部件热胀冷缩所引起的各种移动。

③ 轴

轴由马氏体不锈钢锻件制造,表面镀铬淬火以使轴颈耐磨。轴的刚性大。

轴的临界转速比最高运行转速高 20%以上,并有足够的轴向间隙,允许全范围的热效应而不致有内部碰撞的危险。

④ 叶轮

叶轮由马氏体不锈钢制成,为双面进水型,按严格的精度要求加工,并做动平衡试验。叶轮两侧的磨损环直径不同,以保证在所有运行工况下,有一个向泵的驱动端的正向推力。叶轮的轴向定位有两种:一侧依靠定位套筒和轴肩;另一侧依靠定位套筒和圆螺母,用双螺母锁紧。叶轮用过盈配合和键作径向固定。装在叶轮任一侧定位套筒的形状,要保证提供一个平滑的进水流道,以便水流平稳地进入叶轮。

⑤ 泵壳磨损环

泵壳磨损环由马氏体不锈钢锻造,位于端盖内,在冷冻收缩后装配,并用平头螺钉固定,以防旋转。动静零件的硬度差为 50 HB。

⑥ 轴封填料

轴两端出口处的泵密封,装有 5 圈填料,其中 3 圈在套筒内侧,2 圈在套筒外侧。

来自凝结水泵的凝结水,以适当的压力输入套筒,可减少泵内热水的泄漏。通过外面两圈填料漏出的水是污水,应排入废液系统。

⑦ 冷却夹套

冷却夹套用铸钢制成,位于轴出口端的轴封填料周围,以防止热量侵入填料,保证轴封填料处的水温不超过 100 ℃。冷却夹套的冷却水来自常规岛闭式冷却水系统,它通过环形夹套腔回到回流总管。

⑧ 驱动端轴承和非驱动端轴承

压力级泵的结构与增压泵类似,这里不再赘述。

2) 电动给水泵

电动给水泵装置的总体配置与连接方式由图 8.14 给出。每台电动给水泵装置均由增压泵、驱动电动机、变速器和压力级泵组成。电动机带动图中左侧的增压泵,而电动机右侧连接变速器,通过变速器升速后带动压力级泵旋转。在增压泵与压力级泵之间装有过滤器,此过滤器用来除去从增压泵流到压力级泵的杂质,保护压力级泵。

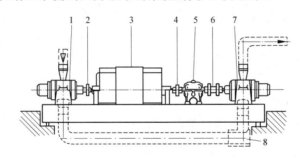

图 8.14　电动给水泵装置的总体配置与连接方式

1—增压泵;2、4、6—联轴器;3—电动机;5—变速器;7—压力级泵;8—滤网

3) 给水泵的形式选择

电动给水泵运行方便,所用维护少,可靠性高,但调节流量要靠节流或采用变速联轴器。用节流调节流量很不经济,且易加剧泵和阀的磨损。所以在大型机组中,电动给水泵采用液力联轴器。用液力联轴器调节在满负荷时效率为 95%～98%,而在 50%额定负荷时的效率只有 75%～80%,因而变负荷运行时经济性较差。

汽动给水泵用汽轮机驱动,利用蒸汽发生器产生的新蒸汽或高压缸抽汽作为工质。依靠改变转子转速(无级调速)来调节它的出力,无级调速可降低蒸汽发生器给水流量调节中的节流损失,因此它能适应机组的变负荷运行。随着泵的驱动功率增加,驱动汽轮机的效率提高,采用这种驱动方式还能减少厂用电消耗。其缺点是控制系统复杂,设备和厂房建造投资大。现代大型核电厂常采用汽轮机驱动的给水泵。

对于给水泵形式的选择,一些主要核电国家都有自己的经验。美国和法国常采用两台 50%容量的汽给水泵。德国则采用 3 台 50%容量的电动泵,其原因是:①装设第三台电动泵是值得的,因为只要有几天能避免电厂降负荷至 60%左右,就能补偿其投资费用。②电动机驱动比汽轮机驱动简单,所用维护少,可靠性高得多。德国核电厂的 3 台 50%容量的电动泵系统故障频率为每年一次，而两台 50％ 容量的汽动给水泵的故障频率约高 10 倍。③汽轮机驱动泵的最大优点是可作无级调速，有超负荷能力。无级调速可减少蒸汽发生器流量调节中的节流损失。但这个优点对压水堆核电厂来说吸引力不大，因为核电厂主要带基本负荷运行，给水调节阀经常全开，几乎没有什么节流损失。俄罗斯的核电厂主要采用电动泵，但汽轮机驱动泵也有应用。我国田湾核电厂从俄罗斯引进的 1 GW 级电功率机组采用 5 台 25％ 容量的电动给水泵，其中一台作为备用泵。我国在建的二代改进型核电厂普遍采用电动给水泵。

大亚湾核电厂则采用两台 50％ 容量的汽动给水泵和一台 50％ 容量的电动给水泵，将两种驱动方式的优点兼收并蓄，汽动泵作为工作泵，节约电厂用电，提高电厂经济性；电动泵作为备用泵。每台汽动泵可与另一台汽动泵或电动泵并联运行，以提高整个系统的经济性和可靠性。大亚湾核电厂多年来是基本负荷运行，其汽动泵的优越性未能得到发挥。

我国核电比例很低，核电厂基本上承担最基本负荷运行。随着核电的发展，在核电比较集中的地区，对于承担调峰运行的核电厂，采用汽动泵还是有其优势的。

4) 给水泵容量和压力的确定

(1) 容量的计算

给水泵的额定容量（流量）应按蒸汽发生器的最大汽流量、最大排污流量之和，再加 5％～10％ 的裕量计算，对压水堆核电厂取 5％ 裕量。

(2) 额定压力的确定

在已确定的额定给水流量的条件下，确定给水泵压力时应考虑下述因素：

① 各级高压加热器的流动阻力；

② 给水流量控制系统中所有阀门的阻力（包括给水调节阀的，一般为 0.3～0.7 MPa）；

③ 管道系统局部阻力；

④ 流量测量装置的阻力；

⑤ 蒸汽发生器内阻力；

⑥ 给水泵中心或与蒸汽发生器正常水位之间的水位差；

⑦ 给水泵入口处的静压（它等于除氧器内压力加给水箱与泵入口间的高位差减去给水箱至泵入口处的管道阻力）。

上述诸项阻力之和乘以 1.1 倍，加上蒸汽发生器的额定压力，即为给水泵的出口压力。

8.3.7 给水调节阀和隔离阀

给水泵的出水顺序流经高压加热器，给水联箱后进入三根管线，分别送至三台蒸汽发生器。通往每台蒸汽发生器的管路上装有给水调节阀和隔离阀。

1. 给水调节阀

给水调节阀用来控制和调节通往各蒸汽发生器的给水，通常每台蒸汽发生器给水管道上并联有两个调节阀，一个是主调节阀，另一个是旁路调节阀。主调节阀用于高负荷（机组负荷大于 18％）[①]时运行；旁路调节阀用于低负荷（机组负荷小于 18％）时运行。这些调节

---

① 对于西屋公司设计，这个分界值为 15％。

阀一般为汽动阀,关闭时间为 5 s,由给水调节系统控制。

2. 给水隔离阀

给水调节阀和旁路调节阀的上、下游装电动隔离阀,大亚湾核电厂的主给水隔离信号作用于给水调节阀和其下游的电动隔离阀,在接到主给水隔离信号后 20 s 关闭。引起主给水隔离的信号有以下几种。

(1) 安注信号,安全注入发生后使汽动或电动给水泵停运,同时隔离主给水;

(2) 停堆(P-4)信号(表 9.4)且一回路冷却剂低温;

(3) 蒸汽发生器高水位,即 P-14(表 9.4)出现。

8.4 给水除氧系统

8.4.1 概述

给水或凝结水中溶解的氧气会对热力设备和管道造成腐蚀。对于压水堆核电厂,运行经验表明,蒸汽发生器传热管破裂是多数核电厂会遇到的麻烦,严格控制二回路水质是减少蒸汽发生器传热管破裂事故发生频率的重要措施。因此,对核电厂二回路水质要求给水含氧量不大于 3×10^{-9}。所以必须对给水除氧。

给水除氧分为化学除氧和物理除氧两类。化学除氧利用化学药剂(如联氨或亚硫酸钠)使水中游离氧形成化合物,它能达到较彻底的除氧效果,但不能除去其他气体,还增加了给水中可溶盐的含量,成本也比较高。

通常将化学除氧与物理除氧结合使用,以达到更好的除氧效果。物理除氧采用热力除氧原理,它能去除氧和其他气体。所以,除氧又称除气。

8.4.2 热力除氧的原理

热力除氧原理是建立在亨利定律和道尔顿定律基础上的。根据亨利定律,单位体积中溶于水中的气体量与水面上该气体的分压力 p_b 成正比,即

$$c_b = k \frac{p_b}{p} \tag{8.1}$$

式中,p 为水面上气体混合物的全压,MPa;c_b 为水中气体的质量分数;k 为亨利系数,它与气体种类和温度有关。

道尔顿定律表述为:混合气体的总压等于各种气体组分分压力之和。对于除氧器,写为

$$p_D = p_s + p_a \tag{8.2}$$

式中,p_D、p_s、p_a 分别为除氧器内混合气体全压、水蒸气和空气的分压。

根据亨利定律和道尔顿定律,降低水中溶解气体的质量分数的关键是减小它们在空气间的分压。如果气体的分压趋近于零,则它们在水中的质量分数就会很小。把水加热至饱和温度,水蒸气的分压趋近于水面上的全压,其他气体的分压便趋于零,其他气体在水中的质量分数就会趋近于零。这样就会得到热力除氧的方法,即将水加热至饱和温度,使水中溶解气体的分压趋近于零,从而达到除氧目的。

热力除氧的过程是一个传热传质过程,必须满足热力条件和传质条件。首先,要保证将

水加热至相应压力下的饱和温度。实践表明，即使少许的加热不足，也会明显影响到除氧效果。图 8.15 给出了水中残余溶氧量与欠热度的关系曲线。在大气压力下加热温度低 1℃时，水中含氧量达 0.2×10^{-6}；其次，要提供有利于气体从水中离析的环境。根据传质理论，气体从水中离析的量可表示为

$$q_\mathrm{m} = K_\mathrm{m} A \Delta p \qquad (8.3)$$

式中，q_m 为离析气量，g/s；K_m 为传质系数，g/(m² · MPa · s)；A 为传质面积，m²；Δp 为不平衡压差（即平衡压力与实际分压之差），MPa。可见，气体离析速度取决于气液接触表面的面积和不平衡压差。为了加大汽水接触表面，常将水雾化或用汽在水下鼓泡。

在除氧初期，水中含气量大，与水中含气量相对应的平衡压力与实际分压之差较大，气体主要以汽泡形式借助 Δp 克服水的表面张力离析出来。这一阶段可除去水中溶解气体的绝大部分。

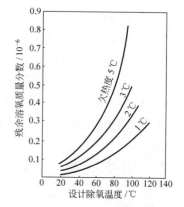

图 8.15　水中残余溶氧量与欠热度的关系

随着水中气体的减少，相应的压差减小，气体已没有能力克服水的表面张力析出，主要靠气体分子扩散逸出，这就是深度除氧过程。在此阶段，增大汽水接触面，使水呈紊流状态和采取蒸汽在水中鼓泡等措施可强化深度除氧。

8.4.3　除氧器的类型及典型结构

1. 除氧器的类型

1）真空式除氧器

凝汽器内具备除氧的必要条件，在凝汽器底部两侧加装适当的除氧装置（如淋水盘、溅水板、抽气口等）即可除氧。

特点：系统简单，但除氧效果达不到给水控制指标。

2）大气式除氧器

工作压力一般为 0.118 MPa，略高于大气压力，以便于排出气体。

特点：与高压除氧器相比无优势，常用于热电厂作为第一级除氧。

3）高压除氧器

工作压力一般为 0.343 MPa 以上。它具有以下特点。

除氧器给水温度较高，可减少高压加热器的台数；当高压加热器切除时，给水温度变化幅度小，可改善蒸汽发生器的运行条件；由于工作温度高，给水中气体的溶解度就较低，有利于提高除氧效果。工作压力提高后，给水在除氧器内的温升也提高了，可避免除氧器的自生沸腾。但给水泵工作条件较恶劣。

我国已经运行和在建的核电厂普遍采用高压除氧器。

2. 除氧器的结构

从上节的讨论可以看出，进行除氧器结构设计时应遵循下述原则。

（1）尽可能扩大汽水接触面积以利于传热传质过程，被除氧水一般喷洒成雾滴或细

水柱。

（2）为将水加热到除氧压力对应的饱和温度，加热蒸汽与被除氧水一般采用逆流，这样可以形成最大的不平衡压差，有利于及时排除离逸的气体。

（3）采用蒸汽在水中鼓泡、减小水的表面张力等措施改善深度除氧效果。

（4）要有足够的空间，使汽、液充分接触。

（5）应及时将离析的气体排除，以减少该气体在水面上的分压，否则，会发生"返氧"现象。"返氧"即由于偏离除氧条件导致的离析出来的氧重新溶入水中。应设置足够的排气口和余气量。

（6）储水箱设置再沸腾管，以免水箱散热引起水温下降到饱和温度之下，产生返氧。

下面介绍两种除氧器。

1）卧式喷雾淋水盘式除氧器

某核电机组采用的卧式喷雾淋水盘式除氧器如图 8.16(a)、(b)所示。整个装置由上部的卧式除氧头（除氧塔）和下部的除氧水箱组成。

（1）除氧头

除氧头采用直径 3 m、长 19 m 的卧式焊接圆筒形容器，用双支座坐落在除氧水箱上部，通过几个大口径连通管与下部的水箱相连。图 8.16(b)是除氧头横截面简图，除氧头主要包括喷雾除氧段和淋水盘式除氧段两个工艺段。

凝结水自顶部进入进水室，沿长度方向的两个进水室由一块弓形不锈钢板与两端挡板焊接在筒体上而成（见图 8.16(b)）。进水室弓形罩板上沿除氧头长度方向各自均匀布置了125 个 16 t/h 的恒速喷嘴，在凝结水水压作用下，压缩喷嘴弹簧，打开喷嘴，凝结水从喷嘴喷出，呈圆锥形水膜进入除氧段空间。喷洒的水膜与由下而上的蒸汽逆流接触，迅速将凝结水加热到除氧器压力下的饱和温度，绝大部分不凝性气体均在喷雾段被除去。

穿过喷雾除氧空间的凝结水喷洒到淋盘箱上方的布水槽钢中，布水槽钢均匀地将水分配给喷淋盘箱。喷淋盘箱由多层一排排的小槽钢上下交错布置而成。凝结水从上层的槽钢两侧分别流入下层的槽钢中，如此一层层地交错流下去，使凝结水在喷淋盘有足够的停留时间，且与过热蒸汽接触使换热面积达到最大值。流经淋水盘箱的凝结水不断再沸腾，凝结水中残留的不可凝气体在淋水盘箱中被清除，从而使凝结水含氧量达到要求（含氧量$<3\times10^{-9}$），所以该段叫深度除氧段。在喷雾除氧段和深度除氧段析出的不可凝结气体通过除氧头空间的几根排气管排向大气（或凝汽器）。达到含氧量要求的凝结水从出水管流入除氧水箱。

除氧头内与凝结水释放出气体接触的零部件均用耐热不锈钢制造，防止运行中氧化。除氧头内设有几个安全阀。

（2）加热蒸汽进入系统

除氧头两端各有一根进汽管（见图 8.16(a)），加热蒸汽从进汽管进入除氧头时，由均汽孔板将蒸汽沿除氧头下部断面均匀撒播开，使蒸汽均匀地从栅架底部上升，进入淋水盘，进而进入喷雾除氧段空间。如此形成汽水逆向流动，以改善除氧效果。

除氧头共有 3 个独立的加热蒸汽汽源：一是辅助蒸汽供汽，供机组启动前为除氧水箱及其存水预热和除氧用，辅助蒸汽由辅助锅炉或蒸汽转换器提供；另一个汽源是低压缸抽

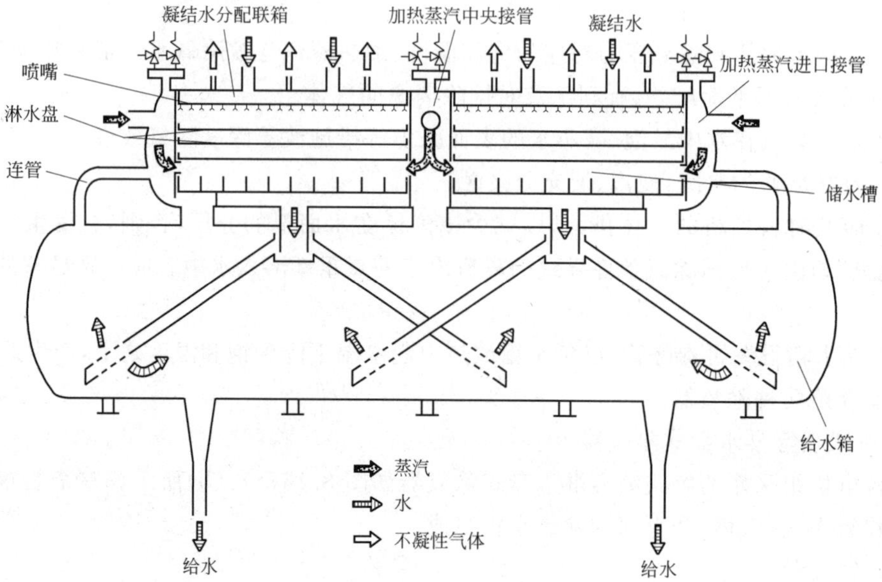

图 8.16 卧式喷雾淋水盘式除氧器结构示意图

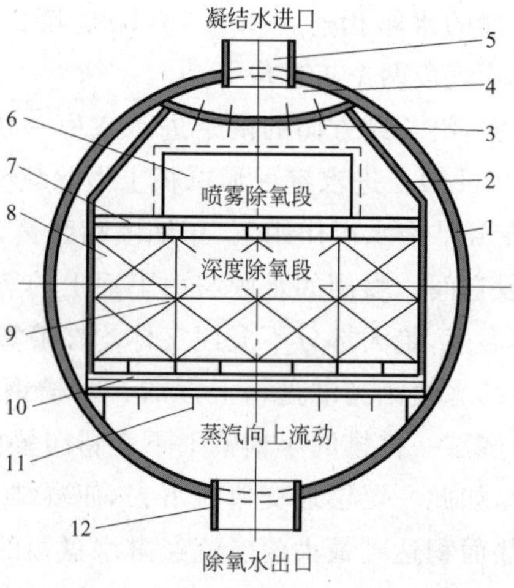

(a) 卧式喷雾淋水盘式除氧器纵剖示意图；(b) 卧式喷雾淋水盘式除氧头部分横截面示意图

1—除氧头壳体；2—侧包板；3—恒速喷嘴；4—凝结水水室；5—凝结水进口；6—喷雾除氧段；7—布水槽钢；

8—淋水盘箱；9—深度除氧段；10—栅架；11—工字钢托架；12—除氧水出口

汽；加热蒸汽的第三个来源是新蒸汽经过两级减压，供除氧头用。

（3）除氧水箱

除氧水箱是内径 4.2 m、长 45 m 的圆筒形容器，采用四支座支承。其中一只支座为固定支承，其余为活动支座，并能解决热膨胀问题。

（4）再循环泵系统

除氧器设有一套再循环泵系统，其功能是在机组启动时，将除氧水箱内的储水经再循环泵抽送到除氧头加热除氧，加热蒸汽来自辅助蒸汽系统。

（5）除氧头放气系统

除氧头顶部共有多根放气管，沿除氧器轴向布置，使除氧头各部的放气量均匀。放气管的气体排往凝汽器。凝汽器停运，除氧器再循环泵投入时，放气管的气体向大气排放。

2）卧式喷雾式一体化高压除氧器

图 8.17 所示为我国大亚湾核电厂使用的除氧器结构简图。与传统的带除氧塔的除氧器不同，它采用卧式除氧装置与给水箱一体化的结构，除氧水箱是一个卧式带圆穹形封头的圆形碳钢压力容器，其内径 4.3 m，长 50 m。加上加固和支座等结构件，其宽度为 5125 mm，高度为 6090 mm。在正常水位下，容器重 620 t；无水时重量为 190 t；满水时重量达 900 t。水箱内沿筒体轴向在上部空间装有 3 个独立的蒸汽分配装置，其中两个为抽汽分配装置，一个为辅助蒸汽分配装置。每个抽汽分配装置包括一根供汽管、两根平行布置的蒸汽分配管和多根蒸汽鼓泡管（又称耙管）。每根蒸汽分配管下侧焊有若干耙管。蒸汽耙管直径90 mm，长度 2635 mm，下端被封住，且只钻一个直径 9 mm 的疏水孔。距封闭端面 284 mm的一段蒸汽耙管上，钻有 104 个直径 8 mm 的放汽孔。这些孔总是低于除氧水箱紧急低水位。辅助蒸汽分配装置的结构与抽汽分配装置类似，它布置在两个抽汽分配装置之间。

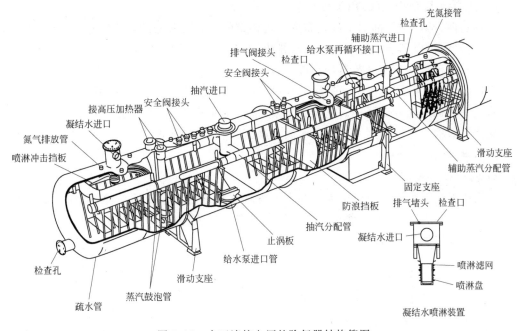

图 8.17 大亚湾核电厂的除氧器结构简图

除氧水箱上部沿长度方向均匀布置了 4 个喷雾器，用来将被除氧的水（主凝结水）雾化。喷雾器由一叠不锈钢薄片组成，它们在内部水压的作用下，将薄钢片张开，凝结水以很细的水滴喷出。

加热蒸汽经蒸汽进口管引至蒸汽分配管，然后分配到蒸汽耙管。蒸汽从耙管上的孔流出，加热除氧水箱的给水。一部分蒸汽在与给水混合时凝结；未凝结的蒸汽从液面逸出，与喷雾器喷洒出的凝结水进行热量和质量交换。喷雾器喷洒的水滴溅到水箱内的溅射挡板上，在周围空间形成雾化区。雾滴在向下降落过程中与上升的加热蒸汽充分接触，蒸汽对雾滴加热，使水加热到除氧压力下对应的饱和温度，不凝结气体从排气管排至凝汽器。每个喷

雾器的流量在 $10\%\sim100\%$ 范围内变化时,都能达到雾化和除氧效果。

电厂正常功率运行时,加热蒸汽来自高压缸抽汽;在瞬态或事故工况,如汽机脱扣、低负荷或甩负荷运行时,加热蒸汽来自主蒸汽;高压缸抽汽或主蒸汽作加热蒸汽时蒸汽都经抽汽分配装置的鼓泡管排出。

电厂冷态启动时,来自辅助锅炉的加热蒸汽经辅助蒸汽分配装置的耙管排出,对除氧水箱的水加热。为了更有效地进行加热和除氧,设有一套再循环系统,由一台再循环泵从除氧器底部吸水,经孔板送至除氧器顶部的远离再循环泵的吸水口的一个喷雾器,以增强给水的扰动,达到均匀加热和缩短加热时间的目的。

另外,在除氧器筒体底部还有一根凝结水再循环管线与主凝汽器相连。用于机组启动时除氧器的清洗。同时,也可以在启动、调试和紧急情况下降低除氧器的高水位。通常,该管线上的隔离阀是关闭上锁的,需要时由操纵员开启。

为防止除氧器超压,设置了一套由安全阀及其附件等构成的卸压系统。为接收高压加热器疏水、给水泵的引漏水及蒸汽发生器排污系统再利用的凝结水等,除氧器还设置了若干进水撒播器(又称分散器),用于将各种进水均匀地分散到水箱水面下部加热给水。另外有8根放气管接到塔顶排气阀,用于排出余气。

上述这两种除氧器,都属于卧式布置。与传统的立式除氧器的除氧塔相比,可以沿纵向布置多个排气口,以利于不可凝气体及时排出,避免出现"返氧"现象;而立式除氧器的除氧塔一般仅有一个排气口。在装置的高度上,卧式除氧器具有便于厂房布置、减小厂房高度、节省投资的优点。与图 8.16(a)及图 8.16(b)所示的除氧器比较,大亚湾核电厂的卧式除氧器将除氧头和储水箱合二而一。它布置紧凑,进一步降低了整个装置的高度。

这种除氧器工作压力为 0.75 MPa,属于高压除氧器;凝结水含氧量$<12\times10^{-9}$时,经除氧后的给水含氧量$<3\times10^{-9}$。

3) 真空式除氧器

汽轮机乏汽在凝汽器内凝结为饱和水。凝汽器具备热力除氧的条件,可利用凝汽器兼作除氧器。图 8.18 给出了一种凝汽器热井中鼓泡除氧装置设计,从图中可以看出,其除氧主要靠乏汽鼓泡加热凝结水。

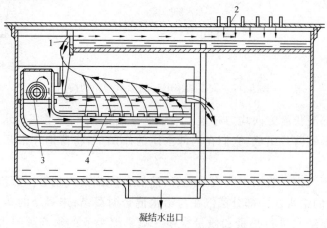

凝结水出口

图 8.18　凝汽器热井中鼓泡除氧装置

1—分配溢流槽;2—从凝汽器来的凝结水入口及余汽出口;3—乏汽入口;4—多孔板

8.4.4 除氧器的热平衡和自生沸腾

1. 除氧器的热力平衡计算

如图8.19所示为某电厂三号高压加热器H3与一台除氧器(H4)的局部热力系统。图上标明有关汽水参数的符号。采用相对量计算。

其物质平衡式为

$$\alpha_{fw} = \alpha_4 + \alpha_{d3} + \alpha_{1v} + \alpha_{sg} + \alpha_f + \alpha_{c4} \quad (8.4)$$

式中,α_{fw}为给水流量;等号右边自左至右各项分别代表除氧器加热抽汽、3号高压加热器疏水、阀杆泄漏、轴封泄漏、排污扩容器蒸汽及进入除氧器的主凝结水的相对流量。

该除氧器的输入热量等于输出热量的热平衡式为

$$\alpha_4 h_4 + \alpha_{d3} h_3' + \alpha_{1v} h_{1v} + \alpha_{sg} h_{sg} + \alpha_f h_f'' + \alpha_{c4} h_{w5}$$
$$= \alpha_{fw} h_{w4} \quad (8.5)$$

将上列物质平衡式改为 $\alpha_{c4} = \alpha_{fw} - (\alpha_4 + \alpha_{d3} + \alpha_f + \alpha_{1v} + \alpha_{sg})$,代入式(8.5),并整理得

$$\alpha_4(h_4 - h_{w5}) + \alpha_{d3}(h_3' - h_{w5}) + \alpha_f(h_f'' - h_{w5})$$
$$+ \alpha_{1v}(h_{1v} - h_{w5}) + \alpha_{sg}(h_{sg} - h_{w5})$$
$$= \alpha_{fw}(h_4 - h_{w5}) \quad (8.6)$$

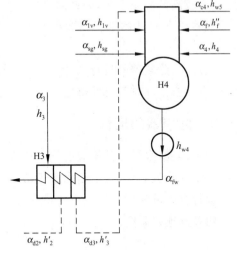

图8.19 某电厂3#高压加热器与除氧器的局部热力系统

设除氧器效率为 η_h,考虑除氧器散热损失,则该除氧器的抽汽相对流量 α_4 写成

$$\alpha_4 = [\alpha_{fw}(h_w - h_{w5})/\eta_h - \alpha_{d3}(h_3' - h_{w5}) - \alpha_f(h_f'' - h_{w5})$$
$$- \alpha_{1v}(h_{1v} - h_{w5}) - \alpha_{sg}(h_{sg} - h_{w5})]/(h_4 - h_{w5}) \quad (8.7)$$

式(8.7)中各项汽水相对流量及比焓均为已知,即可计算求得 α_4。式(8.5)为输入热量等于输出热量的热平衡式,转换为该除氧器放热量等于其吸热量的热平衡式(8.6)。但应强调,式(8.6)是以进水比焓 h_{w5} 为基础。

2. 除氧器的自生沸腾现象及其预防措施

所求得的 α_4 不仅不能为零乃至负值,而且还应为足够大的正值,如 α_4 为零,表明无须 $\alpha_4 h_4$ 抽汽加热,其他各项汽水的热量 $\sum \alpha_j q_j$ 已能将水加热至除氧器工作压力下的饱和温度,这种情况称为除氧器的自生沸腾。可见,除氧器的自生沸腾是有过量的热疏水进入除氧器,其闪蒸的蒸汽量已经能够满足或超过除氧器的用汽需要,从而使除氧器的凝结水不需回热抽汽加热就自己产生沸腾的现象。

除氧器自生沸腾时,其加热蒸汽管上的抽汽逆止阀关闭,使除氧器进汽室停滞,破坏了汽水逆向流动,除氧恶化,排汽的工质损失及热量损失加大,故不允许自生沸腾现象发生。

为防止发生自生沸腾,可将一些辅助汽水流量如轴封漏汽 α_{sg}、阀杆漏气 α_{1v} 或某些疏水改为引至其他较合适的加热器;也可设置高压加热器疏水冷却器,降低其焓值后再引入除氧器;还可通过提高除氧器的工作压力来减少高压加热器的数目,使其疏水量、疏水比焓降低。正是因为这个原因,高参数以上的汽轮机组,必须配用高压除氧器,这样既避免了除氧器的

自生沸腾又减少了高压加热器的数目,可以节约钢材耗量和初投资。采用高压除氧器,其饱和水温度提高,当高压加热器由于事故停用时,进入蒸汽发生器的给水温度不会过低;而且饱和水温度提高,能促进气体自水中离析,有利于改善除氧效果。

当然,采用高压除氧器,给水泵承受的水温提高了,会增加给水泵投资;为防止给水泵汽蚀,还需较高的静正水头,为此除氧器要布置在较高的位置,使主厂房土建费用等增加。至于除氧器压力的具体选择,需配合汽轮机的设计和除氧器运行方式,通过技术经济比较确定。

实际上,除氧器的运行压力、运行方式给水泵汽轮机(若采用的话)的汽源及排汽方式等,在汽轮机设计时就已经确定了。

8.4.5 除氧器的运行

除氧器、给水泵及其相应的汽水连接管道构成除氧器相关系统,它应在各种运行工况下具备稳定的除氧效果,保证给水泵正常工作。除氧器的运行方式分为定压运行和滑压运行。两种运行方式反映到系统上主要是蒸汽抽汽连接管路的差异。图8.20给出了两种运行方式下的蒸汽连接系统。

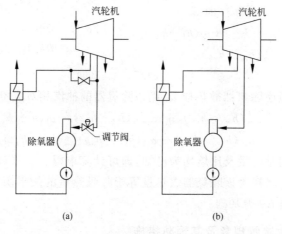

图 8.20　除氧器的蒸汽连接系统
(a) 定压运行；(b) 滑压运行

1. 定压运行

这种运行方式下,除氧器内压力维持不变,供给除氧器的抽汽压力高于除氧器的额定工作压力,经压力调节阀节流调整到所需压力。当汽轮机负荷下降到原抽汽压力不足以满足要求时,由高一级抽汽供汽。这种运行方式存在节流损失,低负荷时要切换到高一级抽汽,经济性差,故日趋淘汰。

2. 滑压运行

除氧器滑压运行指除氧器的工作压力随汽轮机负荷变化而变动的运行方式。由于不需维持恒定的抽汽压力,抽汽管道上不需调节阀,但为防止超压需添置卸压设备。由于克服了定压运行时的节流损失,滑压运行下的经济性优于定压运行。

图 8.21 示出了除氧器在两种运行方式下的热经济性比较曲线。图中 $\Delta\eta$ 为滑压运行

时效率 η_v 与定压运行时效率 η_c 的相对差，即 $\Delta\eta \equiv \dfrac{\eta_v - \eta_c}{\eta_c}$。

当机组负荷从 100% 开始下降时,抽汽压力随之降低,定压除氧器的节流损失相应减小,$\Delta\eta$ 变小,使曲线随机组负荷的降低而下降。当机组负荷继续下降时,该级抽汽压力已不能满足定压运行要求而切换至高一级抽汽。由于原级抽汽的停用,回热系统的经济性显著下降,图上表示出此时 $\Delta\eta$ 突然增大。以后的曲线下降则是这种影响的比重逐渐减小所致。可以看出,除氧器滑压运行的热经济性效益更突出地表现在低负荷时。我国 600 MW 机组的设计计算也表明,在额定负荷下,滑压运行较定压运行可提高热效率

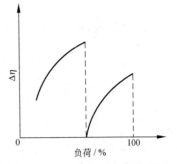

图 8.21 除氧器定压运行和滑压运行的经济性比较

0.12%;在 70% 额定负荷以下可提高热效率 0.3%～0.5%。可见采用滑压除氧运行可以在系统不复杂的情况下取得明显的经济效益。

  除氧器滑压运行的问题是:在变工况下除氧器内水温度变化滞后于压力变化,在负荷骤升时,压力升高较水温升高快,形成水过冷,造成除氧效果恶化;负荷骤降时,除氧器内压力下降,容易使下游的给水泵发生汽蚀。因而,只有解决保证变工况下除氧器除氧效果和给水泵不发生汽蚀两个问题,才能实现除氧器的滑压运行。

  对于负荷骤升时除氧效果恶化问题,采用给水箱内设置再沸腾装置解决,即在除氧水箱水面以下通蒸汽鼓泡。如前面介绍的我国大亚湾核电厂除氧水箱中的耙管设计,正是起到保证水处于沸腾状态,并进一步降低出水的含氧量的作用。运行实践表明,这种设计除氧效果甚佳。

  下面讨论在汽轮机负荷骤降的过程中防止给水泵发生汽蚀的问题。

  1) 不发生汽蚀的条件

  给水泵的最危险工况是汽轮机从满负荷全甩负荷。这时除氧器的压力下降最快,短时间内从额定值降到大气压,除氧器的抽气流量也骤降至零。为安全起见,对于滑压运行除氧器的分析,都以全甩负荷工况来考虑。

  对于由除氧、给水泵和给水连接管构成的吸入系统,在给水泵入口的可用汽蚀余量为

$$H_{\mathrm{NPS,av}} = \frac{p_{\mathrm{de}}}{\rho g} + H - \Delta h_w - \frac{p_v}{\rho g} \tag{8.8}$$

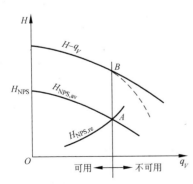

图 8.22 给水泵的运行范围

式中,p_{de} 为除氧器内压力,MPa;H 为泵入口处静水头,m 水柱;Δh_w 为泵吸入管的流动损失,m 水柱;p_v 为泵入口水温对应的汽化压力,MPa。有效汽蚀余量与吸入系统设计情况有关,而与泵本身无关。

  由泵的结构、转速、流量决定的泵汽蚀性能的参数用必需汽蚀余量表示,记作 $H_{\mathrm{NPS,re}}$,它仅决定于泵的设计,而与吸入系统设计无关。

  可用汽蚀余量 $H_{\mathrm{NPS,av}}$ 和必需汽蚀余量 $H_{\mathrm{NPS,re}}$ 与流量的关系如图 8.22 所示,图中 AB 直线以左为可用区,

AB 直线以右为不可用区，即要保证给水泵不发生汽蚀，应满足条件：

$$H_{\mathrm{NPS,av}} > H_{\mathrm{NPS,re}} \tag{8.9}$$

将式(8.8)代入，有

$$\frac{p_{\mathrm{de}}}{\rho g} + H - \Delta h_{\mathrm{w}} - H_{\mathrm{NPS,re}} > \frac{p_{\mathrm{v}}}{\rho g} \tag{8.10}$$

$$H_{\mathrm{NPS,av}} - H_{\mathrm{NPS,re}} = (H - \Delta h_{\mathrm{w}} - H_{\mathrm{NPS,re}}) - \left(\frac{p_{\mathrm{v}}}{\rho g} - \frac{p_{\mathrm{de}}}{\rho g}\right)$$

$$= \Delta h - \Delta H = \Delta H_{\mathrm{NPS}} > 0 \tag{8.11}$$

式(8.11)是瞬态过程中给水泵不发生汽蚀的条件。式中，Δh 为滑压除氧器在稳定工况时防止泵汽蚀的压头余量；ΔH 为瞬态过程中压头余量的下降值。除氧器在不同运行方式下，瞬态过程的 ΔH 和 ΔH_{NPS} 是不同的。除氧器滑压运行时，稳态工况与瞬态工况下的 ΔH 和 ΔH_{NPS} 也是不同的。

下面利用式(8.11)对除氧器滑压运行中的给水泵运行状况进行分析。

在稳定工况下，不计泵吸水管道的热损失即认为除氧器内与泵入口的水温相同，于是有 $p_{\mathrm{de},0} = p_{\mathrm{v},0}$（图 8.23 中 ab 线），则 $\Delta H = 0$，这时

$$H_{\mathrm{NPS,av}} - H_{\mathrm{NPS,re}} = H - \Delta h_{\mathrm{w}} - H_{\mathrm{NPS,re}} = \text{常数}$$

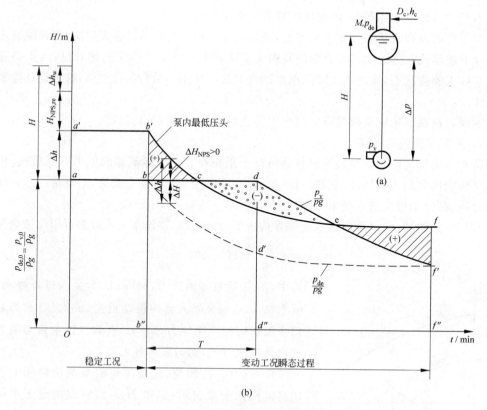

图 8.23　瞬变过程中给水泵运行安全性

(a) 系统图；(b) 瞬态过程

对于负荷骤降的瞬态过程,我们假定,瞬态过程中进入除氧器的凝结水温度不变;给水泵的流量不变,因而 $\Delta h = H - \Delta h_w - H_{NPS,re}$ 不变。下面用图 8.23 对给水泵发生汽蚀的条件进行进一步分析。

进入瞬态过程后,由于除氧器内水温的变化滞后于压力的变化,而泵入口水温的变化(图 8.23 中的 bdf')又滞后于除氧器内水温的变化(图 8.23 中的 $bd'f'$),于是出现 $p_v > p_{de}$,$\Delta H > 0$,由于假定 Δh 不变,因此 $\Delta h - \Delta H$ 值下降,使给水泵运行的安全性降低,但只要 $\Delta h - \Delta H > 0$,泵仍不会发生汽蚀;若出现 $\Delta h < \Delta H$(图 8.23 中 $cdec$ 区域),泵就发生汽蚀。

由图 8.23 可见,瞬态过程中 ΔH 的变化经历了由小到大,达到最大值后又从大到小的过程。前一段表现由于给水泵吸入管中水容积造成泵入口水温尚未下降的滞后时间 T 内,p_v 保持不变(图 8.23 中平行于时间轴的线段 bcd),而 p_{de} 在下降,所以 ΔH 增大,到 T 时刻,除氧器内闪蒸效应形成的冷水到达泵入口时,ΔH 达到最大;此后,闪蒸造成的效应使进入泵的水温下降,所以 p_v 下降,直至瞬变结束(图中 f' 点)。当进入到 $\Delta h - \Delta H > 0$ 时回到安全区,因此,只要满足在瞬变中 $\Delta H_{max} \leqslant \Delta h$,就能确保瞬态过程中给水泵不发生汽蚀。确定 ΔH_{max} 发生的时间由给水泵吸入管容积和给水泵流量确定。

2)除氧器滑压运行下防止给水泵汽蚀的措施

从上述分析可知,除氧器滑压运行时防止给水泵汽蚀的原则是:建立比定压运行除氧器更大的 Δh,以克服瞬态过程中出现的 ΔH 正值;同时设法减小 ΔH_{max},以确保 $\Delta h > \Delta H_{max}$。具体措施如下。

(1)提高除氧器安装高度 H,增大净正吸入压头;还要加大给水泵吸水管的直径,减小阻力损失 Δh_w。

(2)设置低转速的前置给水泵,提高 Δh。除增大安装高度 H 和采用大管径的吸入管以减小 Δh_w 外,就是选择必需汽蚀余量 $H_{NPS,re}$ 小的泵。大型机组一般采用高转速的给水泵,其 $H_{NPS,re}$ 比低转速泵高很多,因此除氧器需要很大的安装高度,若设置低速的前置给水泵,比单纯增加 H 更合理,我国秦山核电厂给水泵就配有前置升压泵,除氧器布置在 14.5 m 高度即可防止给水泵在瞬态工况下的汽蚀;若不采用前置升压泵,使用国产 5000 r/min 的给水泵,因 $H_{NPS,re}$ 大,除氧器安装高度要 20 m。

(3)适当增大除氧水箱容积。在负荷骤降的瞬态过程中,除氧水箱中水的闪蒸对于压力下降起着一定缓和作用,可减小 ΔH_{max}。

(4)向除氧水箱排放蒸汽。在发生负荷骤降的瞬态过程中,多余的部分蒸汽排放到除氧水箱,这样可以抑制除氧水箱压力的陡降。排放蒸汽受除氧水箱压力控制系统控制。我国大亚湾核电厂向除氧水箱排放蒸汽能力可达额定蒸汽流量的 12.4%。

8.4.6 真空除氧与热力除氧的比较

与一般热力除氧相比,真空除氧可以简化系统,节省费用,国外一些核电厂(如美国 Shearon Harris Unit 1)采用除氧型的凝汽器而不单独设置除氧器。但后来运行经验表明,因蒸汽发生器泄漏而发生停机事故增多。因而,随着压水堆核电厂对二回路给水水质要求的进一步提高,普遍趋向单独设置除氧器。

国外对真空除氧和一般热力除氧作过研究,结果如下。

就除氧效果而言,真空式除氧器在高负荷时,能够满足水质要求;但在低负荷和启动时,凝结水泵出口含氧量高达$(40\sim50)\times10^{-9}$。为满足给水水质要求,需采用辅助措施(如用辅助蒸汽加热等)。与此相比,正压除氧器热力除氧各种负荷水平下均能做到深度除氧,满足给水水质要求。

就运行可靠性而言,利用凝汽器真空除氧时,给水泵和凝结水泵串联运行,不装给水前置泵,减少了运行设备。但在一台凝结水泵脱扣后备用凝结水泵投运的瞬态过程中,给水泵的汽蚀余量存在下降的低谷,此时容易发生汽蚀或导致故障;对于正压除氧器热力除氧方式,由于给水泵的汽蚀余量及除氧器水箱的高位布置,不存在此问题。因此,给水系统中单独设置除氧器运行可靠性比较高。

8.5 蒸汽排放系统

8.5.1 概述

蒸汽排放系统又称为汽轮机旁路系统,其主要功能是在汽轮机突然降负荷或汽轮机停机情况下,排走蒸汽发生器内产生的过量蒸汽,避免蒸汽发生器安全阀动作;在核电厂热停闭和最初冷却阶段,排出堆内剩余发热和一回路显热直至余热排出系统投入使用。在安全方面,蒸汽排放系统排出负荷突然减少所多余的蒸汽,使反应堆冷却剂系统得到有效的冷却,从而防止一、二回路超压。另一方面,由于蒸汽管道破裂导致反应堆冷却剂系统过冷时,为避免出现阀门的意外打开导致一回路进一步过冷要闭锁有关的阀门。

由于二回路负荷变化速率往往比一回路大,所以核电厂对蒸汽排放系统要求比火电厂高,这是核电厂与火电厂的又一重要区别。

8.5.2 系统描述

蒸汽排放系统由凝汽器蒸汽排放系统、大气蒸汽排放系统及除氧器给水箱排放系统组成,如图8.24所示。

1) 凝汽器蒸汽排放系统

凝汽器蒸汽排放系统由从排放总管上列出的12根管道组成,排放总管连接在主蒸汽隔离阀与汽轮机入口阀间的主蒸汽管道上。每个凝汽器有4根进汽管,每边各两根。在每根进汽管上装有一个手动隔离阀和一个用压缩空气操纵的旁路排放控制阀。12根蒸汽排放管进入凝汽器后与安装在凝汽器颈部的扩散器(减温减压器)相连,每两根排放支管公用一个扩散器。在正常情况下,每根排汽管上的手动隔离阀处于常开位置,其下游的排放控制阀又称减压阀。12个排向凝汽器的减压阀分成三组,第一组阀门是3个带有消音装置的阀门,称为冷却阀。第二组和第三组则分别有3个和6个减压阀,它们每组都分别连接到三个凝汽器。因此,蒸汽排放系统工作时,各个凝汽器的工作情况都是一样的。

为了使凝汽器免受高温高压蒸汽的损坏,设置了扩散器,对高温蒸汽节流减压。它是通

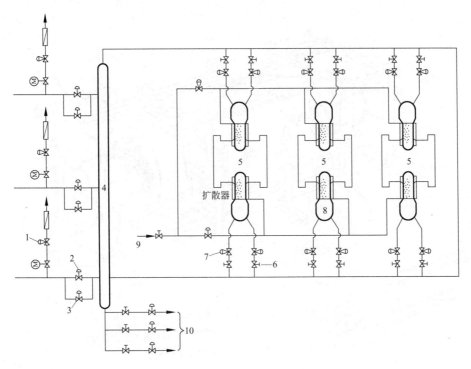

图 8.24 蒸汽排放系统示意图

1—大气释放阀;2—主蒸汽隔离阀;3—主蒸汽隔离旁路阀;4—蒸汽母管;5—凝汽器;
6—隔离阀;7—排放控制阀;8—扩散器;9—凝结水;10—到除氧器的排放管线

过多孔的半球形封头及联箱节流将额定流量下的蒸汽压力降低至凝汽器的压力。冷却水是凝结水,来自凝结水泵出口,在排放蒸汽时对扩压器进行喷淋冷却。图 8.25 是位于凝汽器颈部的扩散器示意图。每只扩散器由排放蒸汽进口接管、联箱和支承构件、外部挡板和喷嘴及相关管道组成。两条排放蒸汽进口接管与联箱成一体。每条排放蒸汽进口接管贯穿凝汽器壁,经热套筒最终接在联箱内的多孔半球形封头上。两个多孔半球形封头成为排放蒸汽的第一次节流孔。联箱是两端为椭圆封头的圆柱体,进口端大,以一定锥度过渡到圆柱段。在联箱顶部和底部长度方向上有钻孔,形成二次节流孔,4 只整体的滑动支腿提供支承。挡板位于联箱上下及两端。除了沿联箱两侧水平中心线的排放蒸汽出口通道外,挡板把联箱四周围住。在顶部的底部挡板内侧有 4 根管道,上下各两根,管道在沿联箱长度方向装有很多喷嘴,向从联箱二次节流孔喷出的蒸汽喷洒冷却水。

这样,蒸汽通过多孔半球形封头上的初次节流孔被第一次节流降压,然后通过联箱顶部及底部的二次节流孔进入挡板形成的扩大空间,完成第二次节流降压。两次节流后,蒸汽被喷洒的凝结水降温。最后,蒸汽经挡板排放到凝汽器。

2) 大气蒸汽排放系统

大气蒸汽排放系统由 3 根独立的管线组成,每根管线连接在各蒸汽发生器相应的主蒸汽管道上,位于安全壳外,主蒸汽隔离阀的上游。在每根管道上装有一个电动隔离阀和一个气动蒸汽排放控制阀。每个气动蒸汽排放控制阀装有一个单独的压缩空气罐,以便在压缩空气系统失效后仍可工作 6 h。气动蒸汽排放控制阀后装有一个消音器,以降低向大气排放

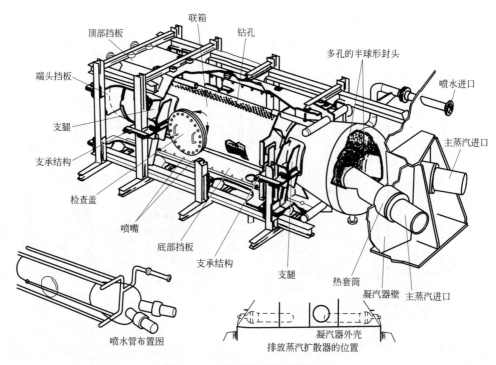

图 8.25　蒸汽排放系统的扩散器

蒸汽时的噪声。

大气蒸汽排放系统在凝汽器不能接收排汽时投入工作，以承担安全功能。其气动排放阀的排放量为额定蒸汽流量的 $10\%\sim15\%$，其动作压力整定值介于蒸汽发生器零负荷压力与安全阀开启压力之间。

3）除氧器给水箱排放系统

除氧器给水箱蒸汽排放系统由从排放总管上引出的 3 根排放管道及减压阀等组成，每根排放管上也装有一个手动隔离阀和一个用压缩空气操纵的控制阀。这 3 根排放管在进除氧器之前与除氧加热用的新蒸汽管和抽汽管相连，利用加热蒸汽鼓泡器将蒸汽排入除氧器给水箱下部（除氧器水箱水位以下），排往除氧器给水箱的这 3 个管线上的减压阀编为蒸汽排（在大亚湾核电厂，习惯上将向凝汽器和向除氧器给水箱排放的系统称作 GCT_c，大气蒸汽排放系统称为 GCT_a）放系统的第 4 组。

8.5.3　系统特性

表 8.2 给出了蒸汽排放系统的主要参数。

蒸汽排放系统在达到排放要求时，优先启用凝汽器和除氧器排放系统。除氧器排放系统用来在汽轮机停机或甩负荷时维持除氧器内压力，当凝汽器不可用时，大气蒸汽排放系统投入工作，提供 $10\%\sim15\%$ 额定流量的排放能力，避免安全阀开启。

为了防止由于阀门意外开启造成过冷事故，设计上对每个阀门的排放能力作了限制：在 8.6 MPa 蒸汽压力下，单个阀门处于故障开位置时的流量不超过 135 kg/s。

表 8.2　蒸汽排放系统的主要参数

凝汽器蒸汽排放系统	
第一组	3 只冷却阀
容量(占额定流量的百分数)/%	18.2
流量/(kg/s)	220(7.6 MPa 时)
响应时间/s	2.5
压力范围/MPa	5.0～8.6
第二组	3 只减压阀
容量(占额定流量的百分数)/%	18.1
响应时间/s	2
压力范围/MPa	5.0～8.6
第三组	6 只减压阀
容量(占额定流量的百分数)/%	36.3
响应时间/s	2(关—开)
	5(开—关)
压力范围/MPa	5.0～8.6(关—开)
	0.5～8.6(开—关)
第四组(除氧水箱蒸汽排放系统)	3 只减压阀
容量(占额定流量的百分数)/%	27.4
响应时间/s	2(关—开)
	5(开—关)
压力范围/MPa	5.0～8.6
大气蒸汽排放系统	3 个排放阀
最大运行压力/MPa	8.6
最高运行温度/℃	316
热停堆时运行压力/MPa	7.6
热停堆时运行温度/℃	292
流量/(kg/s)(7.6 MPa 时)	90
响应时间/s	20
最小激励供汽压力/MPa	0.34
消音器设计流量/(kg/s)(7.6 MPa 时)	90
最大流量/(kg/s)(8.6 MPa 时)	125
压缩空气罐	
最大工作压力/MPa	0.95
最高工作温度/℃	50
容量/m³	2.5
自持时间/h	6

311

8.5.4　系统控制

1. GCTc 控制模式

GCTc 控制模式有两种：温度模式和压力模式。

在温度控制模式下,用反应堆冷却剂平均温度的实测值与其整定值之差及最终功率整定值与汽轮机负荷偏差作为信号,控制向凝汽器和除氧器的排放阀开启。这种控制模式用于电厂正常功率运行(大于20%功率),且反应堆处于自动控制状态。

压力控制模式下,用蒸汽母管的压力测量值与其整定值之差作为信号,控制通向凝汽器的1、2组排放阀开启。此控制方式用于低负荷下(20%额定功率以下)控制棒处于手动控制期间的运行。

排放控制阀的开启方式有两种:调制开启和快速开启。调制开启是按照调制信号的大小阀门成比例开启。其中第一组三个阀是一个接一个依次调制开启;第二组三个阀是同时调制开启;第三组六个阀也是同时调制开启;第四组三个阀(GCT$_c$的第四组阀即向除氧器排放的三个阀)在收到蒸汽排放信号时仅具快速开启功能,仅在控制除氧器压力时才具调制功能。蒸汽排放信号优先于除氧器压力控制信号。

在主控制室,操纵员可以手动进行两种模式的转换。若由压力模式转换为温度模式,必须待GCT$_c$排放阀全部关闭后才可进行;若由温度模式转换为压力模式,当GCT$_c$排放阀无开度,可以实行平稳切换;当GCT$_c$排放阀有开度时,须手动调节压力控制器整定值与实测值一致并且压力模式允许信号灯亮后,方可进行转换。

2. GCT$_a$控制模式

此控制模式是根据主蒸汽管线的压力测量值与整定值的偏差信号经调节器进行控制,压力整定值在主控制室可由操纵员手动设定,也可由调节器内部设定。大亚湾电厂此绝对压力整定值为7.85 MPa。

3. 蒸汽排放的联锁

蒸汽排放阀配置联锁,以免排放阀不应有的开启。主要情况有以下两种。

(1) C-9信号(表9.5):凝汽器不可用时,将向凝汽器排放的阀闭锁。

(2) P-12信号(表9.4):冷却剂温度T_{av}低于284℃时,阻止全部4组排放阀开启,以免对一回路进一步过度冷却。

8.6 蒸汽发生器水位控制系统

8.6.1 概述

蒸汽发生器的水位,是指蒸汽发生器二次侧水面的高度。

水位有两种,即宽量程水位和窄量程水位。一般每台蒸汽发生器有一只宽量程水位传感器,用于监测向蒸汽发生器充水、放水操作和湿保养阶段水位的大范围变化。它只用于显示,不参与控制和保护。一般每台蒸汽发生器有4个窄量程水位传感器,它们的量程范围小,刻度细,用于控制和保护。在未加说明的情况下,下面的叙述指窄量程水位。图8.26给出了大亚湾核电厂蒸汽发生器水位两种量程的刻度范围(单位为m)。

蒸汽发生器的水位对电厂安全运行十分重要。若水位太低,蒸汽发生器二次侧水量太少,可能引起U形管束局部裸露,这可能导致管束局部过热,引起蒸汽发生器传热管热冲击;给水环暴露在汽空间,还有导致水锤的危险。如果水位过高,会影响汽水分离器的正常工作,使蒸汽的湿度增加,这将加剧汽轮机叶片的腐蚀,影响汽轮机的安全运行。

蒸汽发生器水位控制系统的任务是在稳态运行工况下将水位维持在整定值附近;在负荷瞬变时,能自动跟随负荷变化,将水位维持在预定范围内。

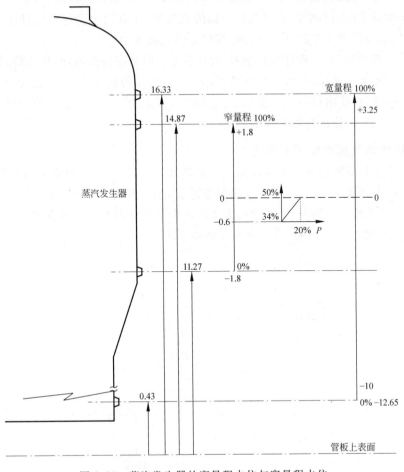

图 8.26　蒸汽发生器的宽量程水位与窄量程水位

8.6.2　蒸汽发生器水位控制

1. 程序水位

蒸汽发生器的程序水位随汽轮机功率变化而改变,由于汽轮机第一级压力正比于功率,因此,水位程序定值由汽轮机第一级压力确定。图 8.27 给出了蒸汽发生器程序水位,从零负荷到 20％负荷,相应的程序水位定值从 34％线性增长到 50％;在 20％～100％负荷,程序水位定值为 50％。

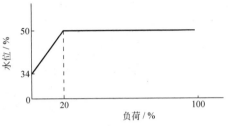

图 8.27　蒸汽发生器的程序水位

规定这样的程序水位是出于以下考虑。

(1) 根据蒸汽发生器的压力随负荷增加而降低的特性,零负荷时蒸汽发生器的蒸汽压力最高,水的密度最大,确定较低的水位定值是为了保持蒸汽发生器较小的水装量,以限制主蒸汽管道破裂事故的严重程度。

（2）在零负荷到 20％负荷之间,随着功率的增加,程序水位线性增长,是为了在随压力降低水的密度减小的过程中保持蒸汽发生器的水装量,较高的水位还可以使电厂在负荷减少时,不致使水位退缩到导致低水位停堆保护定值的高度。

（3）在 20％负荷以上,程序水位保持 50％不变。因为随负荷增加,压力降低,蒸汽发生器内汽泡数目和尺寸增加,导致水的比体积增加。如果不限制水的质量,水位会升高到淹没第二级汽水分离器,使出口蒸汽干度达不到要求。所以 20％负荷以上,保持水位恒定,目的是为了保证蒸汽发生器出口处蒸汽的干度。

2. 主给水调节阀水位调节系统

参与主给水调节阀的蒸汽发生器给水流量调节的参数有 3 个,分别是蒸汽发生器水位、蒸汽流量和给水流量,所以又称做三冲量调节系统,其中被调节量是水位,扰动量是蒸汽流量,调节量是给水流量。如图 8.28 所示为主给水调节阀的调节原理示意图。它包括两个调节回路：一个为闭环调节回路,另一个为开环调节回路。

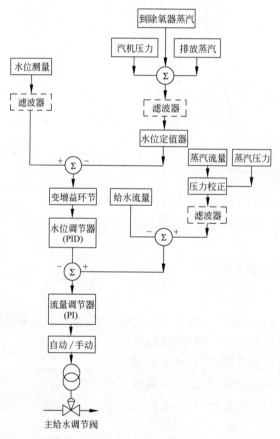

图 8.28　主给水调节阀的调节原理示意图

在闭环调节回路中,蒸汽发生器的实测水位值与根据蒸汽负荷确定的程序水位定值比较,得到水位误差信号,经过水位调节器进行比例积分微分（PID）运算,给出给水流量需求信号进入加法器。

在开环调节回路,实测给水流量与经过压力校正后的蒸汽流量相比较,得到汽水流量失配信号。该信号与水位调节器输出信号在加法器求和后,被送到流量调节器决定给水调节阀的开度。采用汽水流量失配信号反映水位变化的趋势比水位误差信号更迅速、更灵敏,它的引入提高了给水流量调节的速度。

系统设置有自动/手动控制装置,可以实现给水流量的自动或手动控制。给水流量调节器的输出信号经手动或自动转换装置输入到阀门开度控制器。

上述调节系统用于汽机负荷 18%~100% 的自动调节。这时调节机构是主给水调节阀。

下面就图 8.28 中的一些环节作进一步的说明。

1) 参考负荷

参考负荷是指蒸汽发生器的总蒸汽负荷。它包括两部分:一部分是通往汽轮机的蒸汽流量,实际上以汽轮机高压缸进入口压力为代表,这个压力与蒸汽负荷间有一定关系;另一部分是通往蒸汽排放系统的蒸汽流量。

2) 变增益环节

每台蒸汽发生器装有一台给水温度传感器,高选单元选出三台蒸汽发生器给水温度测量值中高的一个参与水位调节。高选后的给水温度输入变增益环节(或称变增益函数发生器)。该环节用高选出的给水温度测量值作自变量,给出增益,其作用是在低负荷时减小增益,以改善调节的稳定性;高负荷时增大增益,以提高调节的灵敏度。

由于给水温度随负荷增加而增大,所以该环节实质上反映了增益随负荷的变化。控制系统将水位误差信号乘以一个随温度升高而增大的系数。在低负荷时,给水温度低,增益系数小,可使水位调节过程稳定,从而避免调节机构的频繁动作。而在高负荷时,给水温度高,增益系数大,使调节过程更为灵敏。

315

3) 蒸汽流量滤波器的作用

在孤岛运行或大幅度甩负荷时,为了延迟蒸汽流量快速、剧烈的下降,减小蒸汽发生器水位调节过渡过程中的水位振荡峰值,控制系统中设置了蒸汽流量滤波器。

4) 水位测量滤波器的作用

水位测量滤波器是一种延迟滤波器,其作用是避开在负荷变化初期水位变化的过渡过程中各有关参数瞬态变化的干扰。例如,在负荷增加时,蒸汽流量增加,相应地给水流量也应增加。但是由于蒸汽压力下降,水位的"膨胀"现象又会使水流量减小。而水位"膨胀"就会引起水位调节系统产生与所需方向相反的动作,所以在实测水位信号后设置一个延迟滤波器,使该信号在水位"膨胀"期间延迟,以便在负荷增加时让汽/水流量失配信号及时给出增加给水流量的信号。在水位"膨胀"消除,实测水位信号通过延迟滤波器之后,该水位误差信号将在水位调节系统中占主导地位,从而使水位回到程序整定值。

5) 主给水调节阀

主给水调节阀是气动调节阀,其特性(流量/开度)是线性的,设计用来调节 95% 的额定流量。该阀用于高负荷时(高于额定功率的 18%)调节。阀门的全开全关时间大约 10 s。但在保护系统产生快速关闭信号之后,可在 1~5 s 内关闭(可调)。阀门失去气源时关闭。每个主给水调节阀的上游设置手动隔离阀;其下游设置电动遥控隔离阀,可以在就地或主控制室操作。

3. 给水流量旁路调节阀的调节

在低负荷时，流量测量的节流装置压差太小，使流量测量不准确，信噪比过小；在低负荷下若采用主给水调节阀调节，它会运行在比较小的开度下，引起阀的过度磨损，且较小的开度下其调节性能也很差。因此在负荷低于18%额定负荷时，主给水调节阀关闭，用给水旁路调节阀调节流量。

由于低负荷下流量小，测量不准确，所以其调节回路中没有汽水流量失配的开环控制。低负荷下流量调节回路实质上是个单冲量调节回路，其调节原理见图8.29。测量的水位与根据蒸汽负荷确定的程序水位值比较，得到水位误差信号，水位调节器接受水位误差信号，经(PID)运算，输出给水流量的需求信号。为了加快控制过程响应，改善水位控制器的特性，引入总蒸汽流量(包含在总蒸汽流量中的汽机蒸汽流量采用了窄量程的汽机入口压力信号，以提高其测量精度)信号作为超前控制信号，此信号与水位控制器输出的给水流量需求信号相加后，再输入到给水流量调节器，将流量信号转变为给水旁路调节阀的开度信号，阀门的最大开度对应于蒸汽发生器额定流量的18%。给水流量调节器的输出信号，经过手动/自动转换装置后，加入到阀门开度控制器上，也可以手动直接操作给水旁路调节阀。

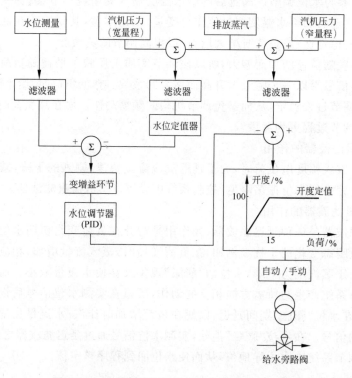

图 8.29 给水旁路流量调节阀的调节原理示意图

顺便说明一下，上述的给水流量控制在0%～100%负荷范围内，可以实现给水流量的自动和手动控制，这是大亚湾核电厂的设计。对于西屋公司设计的多数核电厂，蒸汽发生器给水控制中高负荷(15%～100%额定负荷)时采用三冲量控制；低负荷时，对给水旁路调节阀只采用手动调节。

4. 给水泵转速调节

上述蒸汽发生器水位调节系统,通过调节各台蒸汽发生器给水调节阀的开度改变给水流量来将水位维持在程序水位上。但是,单靠给水阀调节存在一些问题。

首先,由于主给水泵扬程随流量增加而降低,所以,控制给水阀进行调节时,阀门上游的水压存在着相反的变化。例如,当要求加大给水流量时,阀门开度增加,阀门上游的水压力下降,这就要求维持某一给水流量时,阀门要开度更大;同时,这种水压降低对水位调节系统的稳定性不利。因此,在调节阀调节过程中,如能保持阀上游压力稳定,则对蒸汽发生器水位调节系统的稳定工作有利。

其次,因为三台蒸汽发生器是并联在给水母管和蒸汽母管之间,一台蒸汽发生器进行水位调节时,对其余蒸汽发生器也会有影响。比如一台蒸汽发生器调节阀开大,给水流量增加,将会使给水泵扬程减小,另外两台蒸汽发生器的给水流量调节阀开度未改变,这会导致它们的给水流量减小,在大流量时给水泵的扬程-流量特性曲线较陡,这种相互影响更加明显。如能保持阀上游压力相对稳定,则这种耦合影响就可减小。

最后,在水位调节过程中,如能维持调节阀上游压力稳定,可使调节阀的动作范围减小,有利于调节阀工作在调节特性好的线性范围内,使调节余量加大,并避免了阀门在开度很小的情况下工作,减少了磨损,有利于提高系统的调节特性和延长阀门寿命。

综上所述,在水位调节过程中,维持阀门上游压力的稳定对系统和阀门工作都有利。而实现的方法,就是通过改变主给水泵的转速,维持给水母管和蒸汽母管的压差为一随负荷变化的程序定值。

给水泵转速调节原理示意图如图 8.30 所示。它是一个单冲量比例积分(PI)控制器。该调节系统用一条折线近似地作为给水母管与蒸汽母管之间的程序压差定值,它随负荷的增加而增加。压差整定值信号和实测的给水母管与蒸汽母管压差信号相比较,得到的偏差信号给 PI 调节器处理,它的输出信号为给水泵速度的定值信号,分别送往汽动给水泵或电动给水泵的调速器,控制给水泵的转速。

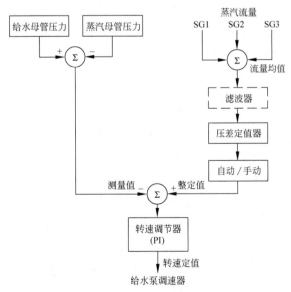

图 8.30 给水泵转速调节原理示意图

给水母管和蒸汽母管的程序压差是由给水母管和蒸汽母管之间的压降特性决定的。给水母管和蒸汽母管的压差由四部分组成，即

$$\Delta p = \Delta p_1 + \Delta p_2 + \Delta p_3 + \Delta p_4$$

式中，Δp_1 为给水泵出口与蒸汽发生器给水进口之间的位差，是恒定值；Δp_2 为调节阀压降，为恒定值；Δp_3 为蒸汽发生器二次侧的压降，随负荷改变；Δp_4 为给水管线与蒸汽管线内的压降，随负荷改变。可见，给水母管与蒸汽母管间的压降随负荷呈抛物线变化。取其近似值为一折线，作为给水母管与蒸汽母管之间的程序压差定值。这个程序压差定值信号是三台蒸汽发生器蒸汽相对流量平均值的函数，其函数关系如图 8.31 所示。给水压力是在调节阀上游的给水母管测量的，而蒸汽母管压力是在主蒸汽隔离阀下游的蒸汽母管测到的，设计的泵速使给水调节阀保持在正中开度附近，以便得到最佳的调节特性。

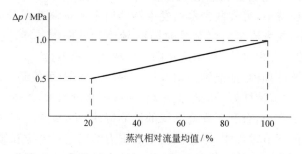

图 8.31 给水母管与蒸汽母管压差与负荷的关系

下面以负荷增加为例来说明局部调节和整体调节的工作过程。负荷增加时，蒸汽流量需求增加，三个蒸汽发生器的给水阀调节系统使给水调节阀开度增大，以增加给水流量。调节阀开度增大，导致给水管压力下降，使给水母管与蒸汽母管的压差减少，而压差整定值随负荷增长而增大，这就导致给水泵提高转速。给水泵转速提高使给水泵出口压力增加，流量增加，再通过水位调节系统重新校正调节阀开度（这时应关小），使给水阀调节系统将调节阀调回到最佳位置，以保持正常水位。

为避免给水调节阀与给水泵转速之间产生不良耦合，要求两个母管之间的压力控制，即给水泵速度控制必须相对要快。特别是当任何一个调节阀的阀位变化时，必须通过给水泵转速改变来迅速补偿。

8.6.3 与蒸汽发生器水位有关的保护

1）水位设定值与水位测量值之差

如果被测水位和水位设定值的偏差超过 ±5%，则发生报警。

2）蒸汽发生器高高水位

每台蒸汽发生器的 4 个水位测量通道以四取二逻辑产生蒸汽发生器高高水位信号，高高水位阈值为 75% 窄量程水位。任一台蒸汽发生器产生高高水位信号，则产生 P-14 信号（表 9.4），此时以下保护动作被驱动。

（1）汽机脱扣；停主给水泵；关主给水隔离阀。

（2）与 P-7 信号（表 9.4）符合，产生反应堆紧急停堆。

（3）蒸汽发生器低水位。

每台蒸汽发生器的低水位信号是由二取一逻辑产生,低水位阈值为 25% 窄量程。对每台蒸汽发生器,汽/水流量失配信号也是二取一逻辑产生,汽/水失配阈值为 350 t/h。

如果低水位信号和汽/水流量失配信号同时出现在一台蒸汽发生器中,则紧急停堆。

3) 蒸汽发生器低低水位

每台蒸汽发生器的 4 个水位测量通道,经 2/4 逻辑处理,产生低低水位信号。低低阈值为 15% 窄量程。任何一台蒸汽发生器产生低低水位信号,都触发紧急停堆。若发生下列两种情况之一,则启动辅助给水:

(1) 发生低低水位持续 8 min;

(2) 产生蒸汽发生器低低水位后,给水流量小于 6%。

8.7　蒸汽发生器排污系统

8.7.1　概述

保持蒸汽发生器二次侧良好的水质是至关重要的。从世界核电厂的运行经验看,大约 50% 的核电厂停运的原因来自蒸汽发生器。蒸汽发生器传热管应力腐蚀造成一次侧向二次侧泄漏引起的停堆事故时有发生。运行经验表明,严格控制水质,已成为提高核电厂可用率、延长蒸汽发生器寿命的有效措施。因此,对于采用自然循环的蒸汽发生器,都设置了排污系统进行连续排污。其作用如下:

(1) 在不同工况下进行连续排污,防止各种有害杂质在蒸汽发生器内高度浓缩,并将排污水处理后回收或排放;

(2) 当发生蒸汽发生器一、二次侧泄漏事故时,通过排污控制二次侧放射性剂量;

(3) 蒸汽发生器维修时,将二次侧水放空。

8.7.2　系统描述

图 8.32 为蒸汽发生器排污系统示意图。该系统由排污水收集、冷却、减压、除盐、回收或排放等部分组成。每台蒸汽发生器的管板径向位置开有两个对称的排污孔,收集管板上方的排污水。每台蒸汽发生器的两根排污管在安全壳内合并为一根排污管线。每一根管线设置有隔离阀和流量控制阀。此隔离阀起安全壳隔离作用。每一根管线还设置有放射性监测测点,用来探测可能发生的蒸汽发生器一次侧向二次侧的泄漏。各蒸汽发生器排污管穿过安全壳后与壳外联箱相接,然后排污水进入再生热交换器或非再生热交换器,这取决于运行方式。再生热交换器用凝结水作冷却水;非再生热交换器用设备冷却水作冷却水。正常功率运行情况下,排污水进入再生热交换器,将热量交给另一侧的凝结水,使热能得到合理利用。冷却后的排污水水温必须达到 60 ℃ 以下,以保证为离子交换树脂提供必要的工作温度。冷却了的排污水经过两条流量和减压控制管线的一条,流量和减压管线将下游压力控制在 1.4 MPa 以下。若有必要,排污水冷却后进入水处理回路。排污水先经过前置过滤器净化,然后通过并联的两列除盐装置。一条除盐管线设有一台阳离子床和一台混合离子床,另一条除盐管线设有一台阴离子床和一台混合离子床,这是大亚湾核电厂的情况。国内在建的二代改进型核电厂,两条并联的除盐管线都是一台混床和一台阳离子床。排污水在离

开除盐回路前,经后置过滤器,去除树脂碎片。在排污水处理回路的出口,净化了的合格水被送往凝汽器补水室重复使用;某些情况下(比如发生蒸汽发生器一、二次侧泄漏后),处理后的排污水由一个支管引到废液排放系统。

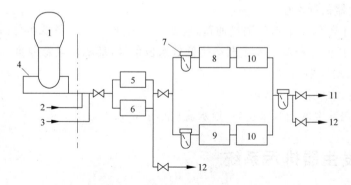

图 8.32　蒸汽发生器排污系统示意图

1~3—蒸汽发生器;4—排污管;5—再生热交换器;6—非再生热交换器;7—过滤器;
8—阳离子床;9—阴离子床或阳离子床;10—混合离子床;11—去凝汽器;12—去废水排放

8.7.3　系统运行

正常功率运行时,排污水经冷却、减压、过滤、除盐,合格的水重复使用。排污水的流量为 10~70 t/h。

排污水除盐设备不可用或凝汽器不能投入,且有微量放射性时,排污水不经处理即送往废水排放系统。

排污水处理后不能送往凝汽器,或排放前必须去污时,则采用处理后排放。这种工况特别适用于蒸汽发生器一、二次侧泄漏的情况。

8.8　二回路水处理系统

二回路水处理系统的任务是保证水质,防止和减少对蒸汽发生器传热管、汽轮机设备、管道等设备的腐蚀。

早期的核电厂沿用火电厂的水质规范,但运行经验表明,蒸汽发生器传热管的损坏对水质非常敏感。水质控制不当是蒸汽发生器传热管腐蚀损坏的重要原因,因而对二回路水化学进行了深入的研究。在此基础上,二回路水处理方法得到不断改进和完善,制定了严格的水质标准,采用了凝结水净化装置等措施。这些措施对提高蒸汽发生器的可靠性起到了重要作用。

8.8.1　二回路水处理方法

在火电厂和早期的核电厂,采用传统的磷酸盐处理法。磷酸盐有两方面的作用:一是处理杂质,防止结垢。加入磷酸盐能使钙、镁盐变成松软的水渣,然后由排污系统排放,从而避免了传热表面结成坚硬水垢并造成一系列后果。磷酸盐的另一作用是调节水的 pH。提高磷酸根的浓度可以增大水的 pH,从而在金属表面形成完整的金属氧化膜(magnetite),减少氧腐蚀。但是磷酸盐在处理使用中发现有可能产生游离碱,从而加速腐蚀过程。虽然提出了对磷酸盐处理法的某些改进措施,但还是不能很好地解决蒸汽发生器传热管腐蚀损坏问题。到 20 世纪 70 年代中期,美国、日本等核电国家放弃磷酸盐处理而改用全挥发处理(all volatile treatment,AVT)。

全挥发处理是采用挥发性有机胺来调整 pH 值。这些有机胺包括氨(NH_3)、马福林(C_4H_9NO)及环己胺($C_6H_{11}NH_2$)等。上述物质在一定温度下全部挥发,不产生固体盐类。它们可被蒸汽携带或溶解于水中。上述三种药品中,马福林和环己胺对于汽轮机系统能提供良好的抗腐蚀性保护,但价格不如氨便宜。也许是由于这个原因,大多数的核电厂都采用氨来控制 pH 值。

全挥发处理的另一种添加剂是联氨(N_2H_4)。联氨在常温下为无色液体,遇水会结合成水合联氨($N_2H_4 \cdot H_2O$),它也是无色液体,凝固点低于 $-40℃$,沸点为 $119.5℃$。联氨易挥发,空气中有联氨时对人的呼吸系统及皮肤有害,故空气中联氨蒸气量不能超过 10^{-6}。质量分数高的联氨溶液遇火容易爆炸,因此应把联氨溶液中 $N_2H_4 \cdot H_2O$ 的质量分数限制在 40% 以下。

联氨是一种还原剂,它与水中溶解氧的反应如下:

$$N_2H_4 + O_2 \longrightarrow N_2 + 2H_2O$$

为使上述反应进行得迅速、完全,应使水中联氨有足够的过剩量。为加快反应速度,联氨的剂量通常为理论值的 $2\sim4$ 倍。过量的联氨增加了溶液的碱性。其化学反应如下:

$$3N_2H_4 \longrightarrow 4NH_3 + N_2$$

$$NH_3 + H_2O \longrightarrow NH_4OH$$

可见,联氨既起除氧作用,又可控制 pH 值。但是,目前核电厂单独用联氨来控制 pH 值的情况是少见的。

全挥发处理现在已成为二回路水质控制的主要方法。但它也有缺点,即它不像磷酸盐那样具有处理水中杂质的能力。因此,它要求对给水进行深度除盐,使其硬度接近于零(水中总固体含量小于 10^{-6}),即所谓"零处理"。此外,全挥发处理仅在凝汽器无泄漏时才能有效发挥作用。

可见,全挥发处理须有一系列措施配合方可有效使用。这些措施包括:①对凝结水除盐净化;②设计、制造严密性好的凝汽器;③具有处理杂质的备用措施,一旦发生凝汽器泄漏,即可投入。

8.8.2 凝结水净化

在一些核电厂,采用了凝结水全流量净化,即全部凝结水经过离子交换树脂净化。离子交换树脂净化装置原本是普遍用在采用直流蒸汽发生器的压水堆核电厂,但为进一步改进水质,在美国,这种净化装置也作为原设备或电厂技术改进装备到采用自然循环蒸汽发生器的很多核电厂。其基本作用是通过离子净化去除杂质,为全挥发处理创造条件,同时也为对付可能发生的凝汽器泄漏提供后备措施。图 8.33 为有凝结水净化装置的核电厂二回路系统图。离子交换树脂净化装置设置在凝结水泵下游,凝结水部分或全部经过除离子床净化。图上还标示了 NH_3 和 N_2H_4 的添加点。

秦山核电厂二回路水质控制采取全挥发处理,设计时要求全流量经离子交换环氧树脂净化。运行实践表明,只要 50% 的流量经离子交换环氧树脂净化,就可基本满足水质要求。

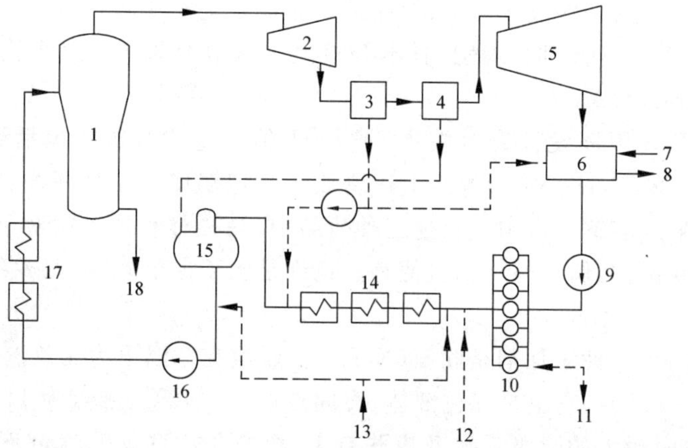

图 8.33　有凝结水净化装置的压水堆核电厂二回路系统图

1—蒸汽发生器；2—高压缸；3—汽水分离器；4—再热器；5—低压缸；6—凝汽器；7—补水；8—排污；
9—凝结水泵；10—凝结水净化装置；11—再生装置；12—氨添加管线；13—联氨添加管线；
14—低压加热器；15—除氧器；16—给水泵；17—高压加热器；18—排污

8.8.3　二回路水质要求

　　美国电力研究所归纳的各核制造厂家制定的给水化学规范，如表 8.3 所示。当核电厂采用海水作循环水时，保持低的 Na^+ 和 Cl^- 特别重要，而使这些有害离子保持在低含量的关键是防止凝汽器泄漏，因而在凝汽器的材料、结构及检验方法上采取了很多措施。现在，很多国家核电厂的二回路水质已控制在相当高的水平上。如日本某核电厂采用全挥发处理，有凝结水净化装置，测量结果除蒸汽发生器排污水和凝结水外，阳离子电导率达到 0.06 μS/cm，此值已接近于纯水的理论电导率 0.055 μS/cm。即使在蒸汽发生器的排污水中，其阳离子电导率也仅有 0.15 μS/cm。这个指标远低于表 8.3 中的规定值。

表 8.3　美国压水堆核电厂二回路水质化学规范

参数或工况	设备	西屋公司自然循环蒸汽发生器	燃烧公司自然循环蒸汽发生器	巴布科克·威尔科克公司直流蒸汽发生器
pH 值(25℃)	系统中有铜	8.8～9.2	8.8～9.2	8.5～9.3
	系统中无铜	<9.6	9.2～9.5	9.3～9.5
氧的质量分数/10^{-9}	正常工况	<5	<10	7(最大值)
	异常工况		>10(4h)[①]	
	启动			100(最大值)
	停堆		100	
阳离子电导率/(μS/cm)(25℃时)	正常工况	4(最大值)	<0.5	0.5(最大值)
	异常工况		>1.5(4 h)	
	启动			1.0(最大值)
	联氨的质量分数/10^{-9}		10～50	20～100

参数或工况	设备	西屋公司自然循环蒸汽发生器	燃烧公司自然循环蒸汽发生器	巴布科克·威尔科克公司直流蒸汽发生器
Fe 的质量分数/10^{-9}	正常工况	<10	<10	10(最大值)
	启动			100(最大值)
	Cu 的质量分数/10^{-9}	<5	<10	2(最大值)
	Si 的质量分数/10^{-9}		<10	20(最大值)
	NH_3 的质量分数/10^{-6}	<0.5	<1	
	Na 的质量分数/10^{-9}		<10	
	Pb 的质量分数/10^{-9}			1(最大值)
	固体总的质量分数/10^{-9}			50(最大值)

注：① 在给出的时间内，建议采取校正行动或停堆。

表 8.4 给出了秦山核电厂功率运行期间蒸汽发生器的给水水质控制指标。由表 8.4 可以看出，二回路水质参数分为控制参数和监测参数。水质参数超过控制参数，蒸汽发生器传热管便有破损的潜在可能。所以，必须将控制参数严格限制在限值内。如在指定时间内不能恢复正常，则须采取纠正措施。比如，根据偏离正常值的大小和时间确定降功率或停堆。诊断参数不同于控制参数，它仅规定了诊断的内容和考虑的问题，目的是对蒸汽发生器的水化学实施连续的监测，全面掌握蒸汽发生器有关水化学的信息，及时进行分析和做出预测，进而早期诊断，区别对待。这是蒸汽发生器水化学管理最佳控制的概念。

表 8.4　秦山核电厂功率运行期间主给水的技术指标

项目		监测频度	单位	正常控制值	期望值	备注
控制参数	pH(25℃)	连续在线		9.2～9.6	9.3～9.6	每周用实验室仪表校核一次
	溶解氧	连续在线	mg/L	$\leqslant 5$	$\leqslant 5$	
	联氨	连续在线	mg/L	$\geqslant 20$	100～150	
	阳离子电导率	连续在线	$\mu S/cm$	$\leqslant 0.2$	$\leqslant 0.1$	
	总铁	天	mg/L	$\leqslant 20$	$\leqslant 5$	
	氯	周	mg/L	$\leqslant 2.3$		
诊断参数	总电导率	连续在线	mS/cm	5.2～10.0		每周用实验室仪表校核一次
	氨	天	mg/L	0.7～2.0		
	钠	周	mg/L	$\leqslant 3$		
	铜	周	mg/L	$\leqslant 3$		

第 **9** 章

核电厂的运行

9.1 电厂的标准状态

9.1.1 电厂的标准状态定义

核电厂的标准状态是指包括堆芯反应性、反应堆功率水平、反应堆冷却剂平均温度等参量的组合所对应的电厂运行状态。每一座核电厂的技术规范(又称为技术规格书,technical specification)都对标准运行状态做明确的规定。不同的核电厂对运行状态的定义不同,有时即使是相同的名称所定义的电厂状态也不一样。表 9.1 给出了大亚湾核电厂的标准运行状态。表中堆功率水平不包括剩余功率,PCM 是核电厂运行中常用的反应性单位,$1\ \text{PCM} = 10^{-5}\Delta k/k$。

表 9.1 中 9 种标准运行状态中,有三种冷停堆状态。这些工况的特点是:一回路冷却剂平均温度比较低,在 $10 \sim 90 \ ℃$ 之间,压力在一个大气压力与 3.0 MPa 之间。在这些状态下,一定要保证足够的次临界度。三种标准状态中,维修冷停堆和换料冷停堆状态下所有控制棒全部插入堆内。因此,要求的次临界度不小于 5000 PCM。正常冷停堆因为安全棒已提至堆顶,所以要求的次临界度≥1000 PCM。此外,正常冷停堆工况下压力范围比较大,可以高达 3.0 MPa。除维修和换料操作外,一般故障和事故后要求将堆带入正常冷停堆工况,即进入了安全状态。

中间停堆状态有三种。这些工况的特点是:反应堆的次临界度不小于 1000 PCM,冷却剂平均温度在 $90 \sim 291.4 ℃$ 之间,压力在 $2.4 \sim 15.5$ MPa 之间。所不同的是单相中间停堆状态时稳压器处于满水状态,余热排出系统运行;过渡中间停堆状态时稳压器已建立汽腔,余热排出系统运行;而正常中间停堆时余热排出系统已退出运行,一回路的冷却由蒸汽发生器承担。

热停堆状态下,反应堆处于次临界,一回路温度为 291.4℃,压力为 15.5 MPa,温度和压力已具备使反应堆趋于临界的条件。

热备用状态下,反应堆已处于临界,且已具有一定功率,但 $P < 2\% P_R$(额定功率)。蒸汽发生器由辅助给水泵供水。一回路压力为 15.5 MPa,温度约为 291.4 ℃。

功率运行状态下,反应堆的热功率 $P \geqslant 2\% P_R$。根据功率水平,这种状态又可以细分为低功率运行状态和功率运行状态。

(1) $P \leqslant 15\% P_R$ 的功率运行状态为低功率运行状态。这种情况下,控制棒手动控制;$291.4\ ℃ \leqslant T_{\text{av}} \leqslant 292.4\ ℃$;蒸汽排放系统取压力控制模式;蒸汽发生器水位靠手动或自动调

表9.1 大亚湾核电厂的标准运行状态

序号	工况	反应堆的反应性	堆功率	一回路平均温度/℃	T_{av}控制	稳压器状态	压力/MPa	压力控制	主泵运行台数	汽轮发电机组	凝汽器
1	换料冷停堆	次临界度不小于5000 PCM 硼质量分数大于2100×10⁻⁶	0	$10 \leq T_{av} \leq 60$	余热排出系统，乏燃料池冷却系统备用	满水	0.1		0		
2	维修冷停堆	次临界度不小于5000 PCM 硼质量分数大于2100×10⁻⁶	0	$10 \leq T_{av} \leq 70$	余热排出系统，乏燃料池冷却系统备用	满水	0.1		0		
3	正常冷停堆	次临界度不小于1000 PCM	0	$10 < T_{av} \leq 90$	余热排出系统	满水	$p \leq 3.0$	下泄压力控制阀	$T_{av} \geq 70℃$时，至少开1台泵		
4	单相中间停堆	次临界度不小于1000 PCM	0	$90 \leq T_{av} \leq 180$	余热排出或辅助给水系统	满水	$2.4 \leq p \leq 3.0$	下泄压力控制阀	≥ 1		
5	过渡中间停堆	次临界度不小于1000 PCM	0	$120 \leq T_{av} \leq 180$	余热排出或辅助给水系统	汽水二相	$2.4 \leq p \leq 3.0$	稳压器	≥ 1		
6	正常中间停堆	次临界度不小于1000 PCM	0	$160 \leq T_{av} \leq 291.4$	余热排出或辅助给水系统	汽水二相	$3.0 \leq p \leq 15.5$	稳压器	≥ 2		
7	热停堆	次临界度不小于1000 PCM	0	$T_{av} = 291.4$	蒸汽排放、主给水或辅助给水系统	汽水二相	15.5	稳压器	≥ 2		
8	热备用	临界	$<2\%P_R$（额定功率）	$T_{av} \approx 291.4$	蒸汽排放、主给水或辅助给水系统	汽水二相	15.5	稳压器	3	并网或不并网	投入
9	功率运行	临界	$2\%P_R \leq P \leq 100\%P_R$	$291.4 \leq T_{av} \leq 310$	主给水系统	水位在20%~64%之间	15.5	稳压器	3	并网	投入

节给水旁路阀维持（大多数核电厂在此功率水平下靠手动调节，也有一些核电厂可自动调节，如大亚湾核电厂）；汽轮发电机组可用（并网或不并网）；安全设施系统可用。

（2）$P>15\% \ P_R$ 的功率运行状态为典型的功率运行状态。这种情况下，控制棒可以自动或手动控制；$292.4\ ℃≤T_{av}≤310\ ℃$；蒸汽排放系统处于平均温度控制模式；蒸汽发生器水位靠手动或自动调节主给水调节阀维持；汽轮发电机组已并网；安全设施系统可用。

9.1.2 技术限制

在每一种标准工况下，一回路的温度和压力都受到系统和设备在工艺和技术上的限制。只有遵守这些限制，才能保障系统及设备的安全。图 9.1 给出了按照一回路系统压力和温度表示的大亚湾核电厂的 9 个标准运行工况。下面对各边界线的意义予以解释。

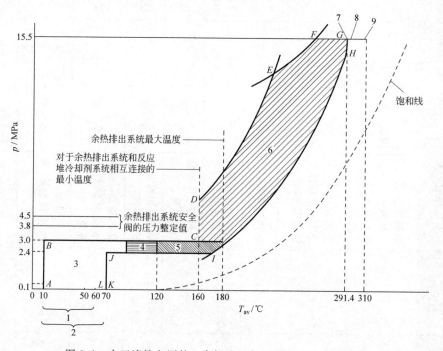

图 9.1 大亚湾核电厂的 9 个标准运行工况在 p-T 图的表示

1）饱和线

稳压器工作在饱和线上。在一回路靠稳压器调节系统压力的情况下，稳压器的压力就是一回路的压力。

2）一回路运行温度上限线

按照设计，一回路除稳压器外，其他任何地方都不允许出现饱和沸腾。为防止主泵发生汽蚀，也需要冷却剂具有一定欠热度。所以限制一回路堆入口温度应具有 50℃欠热度，这就限制了一回路平均温度（IH）。

3）一回路运行温度下限线

考虑到连接稳压器与一回路主管道的波动管两端的温差应力，一回路运行温度最低不能比一回路压力对应的饱和温度低 110℃（DE）。

4) 一回路额定运行压力线

一回路的额定运行压力为 15.5 MPa,它的规定受回路设计的限制,在图上体现在 FG 线段。

5) 蒸汽发生器一、二次侧最大压差限制线

蒸汽发生器 U 形管的管板是开有多个孔的平板,由于受到机械强度和应力的限制,管板两侧的压差限制为 11 MPa。管板一回路侧的压力就是稳压器的压力,二次侧压力在蒸汽发生器无功率输出的情况下就是一回路冷却剂平均温度对应的饱和压力。该限制线(EF)为 $p_1 = p_s(T_{av}) + 11$。

6) 主泵启动的最低压力限制线

主泵启动前必须能使 1 号轴封两个端面分离。这需要轴封两侧的压差大于1.9 MPa。此时 1 号轴封泄漏量大于 50 L/h 才能满足对泵径向轴承的润滑。另外,主泵入口压力应避免发生汽蚀。因此,主泵最低启动压力规定为 2.4 MPa(JI)。

7) 余热排出系统运行参数限制线

余热排出系统设计的最高运行温度为 180℃,运行压力为 3.0 MPa(BC)。但余热排出系统退出运行的最低温度为 160℃,以便在低温时由余热排出系统的安全阀(两个安全阀,定值点分别为 4.0 MPa 和 4.5 MPa)对一回路进行超压保护,从而防止反应堆压力容器在整个寿命期内发生脆性断裂的可能。

8) 硼结晶温度限制线

硼酸在水中的溶解度随温度升高而增加。为了防止低温时水中硼酸结晶析出,限制一回路水温不得低于 10℃(AB), 在 10℃时,水中最大硼质量分数为 6140×10^{-6}。

9) 蒸汽发生器安全阀动作限制线

蒸汽发生器安全阀定值为 8.3 MPa,蒸汽发生器最高运行压力为 7.6 MPa,这是由大气排放阀的定值来保证的。它对应于零负荷时一回路的平均温度。

10) 启动第一台主泵的温度限制线

在一回路系统处于满水状态,温度已上升到 70~130℃之间或更高时,全部主泵停运后再启动第一台主泵时,系统有可能超压。其原因是,这阶段蒸汽发生器二次侧与一次侧温度相近,由于轴封水的一部分不断流入泵壳,向一回路系统添加冷水而使泵壳内冷却剂温度降低。当泵重新启动时,冷的冷却剂流经蒸汽发生器时被二次侧加热升温,致使冷却剂升温膨胀,压力增加,可能导致余热排出系统的安全阀开启。为了防止发生这种现象,应在一回路冷却剂温度升到 70℃前启动第一台主泵。

9.2　核电厂控制保护功能介绍

为了防止反应堆可能发生的事故工况下的非安全运行,设置了反应堆保护系统。它是保证核电厂处于安全运行状态的基本信息收集和决策系统。如果出现非安全工况,反应堆保护系统就要动作,触发事故保护停堆,将反应堆置于安全停闭状态;一旦真发生了事故,反应堆保护系统还通过触发安全设施,限制事故的发展,减轻事故的后果。本节仅就 900 MW 级电功率压水堆核电厂保护参数作一汇总及必要的解释,以便更好地理解后续的内容,详细的内容可参阅有关反应堆控制保护的书籍。

328

表 9.2　900 MW 级电功率压水堆核电厂停堆保护参数

	保护参数	保护功能	表决方式	联锁作用
中子注量率	源量程中子注量率高	启动和停堆时的功率保护,防止启动时功率异常升高	1/2	P-8①以下手动闭锁,P-10以上自动闭锁,P-10以下自动复原
	中间量程中子注量率高	启动和停堆过程中的高功率事故保护		P-10以上手动闭锁,P-10以下自动复原
	功率量程中子注量率 高整定值	正常运行时功率保护	2/4	
	功率量程中子注量率 低整定值	防止启动过程中连续提棒事故	2/4	P-10以上手动闭锁,P-10以下自动复原
	功率量程中子注量率 高中子注量率变化率	正值高变化率事故防止中等功率时发生低值提棒弹出事故;负值高变化率防止两个以上控制棒落下事故	2/4	
热功率	超温 ΔT 高	堆芯的偏离核泡核沸腾保护	2/3	
	超功率 ΔT 高	超功率保护	2/3	
冷却剂系统	冷却剂流量低	冷却剂流量丧失,堆芯过热保护	一个环路 2/3　两个环路 2/3	P-8以上流量(2/3)停堆　P-7以上流量低(2/3)停堆
	泵开关断开	防止冷却剂丧失事故	2台主泵 1/1　1台主泵 1/1	P-7以上开关断开(1/1)停堆　P-8以上开关断开(1/1)停堆
	主泵低低转速	防止冷却剂流量低事故	2台主泵低-低转速 1/1	P-7以下自动闭锁
蒸汽发生器	蒸汽发生器水位低(1/2)并且蒸给水流量失配(1/2)	防止堆芯失去热阱	$2\times\dfrac{1}{2}$	
	蒸汽发生器高高水位	防止堆芯失去热阱	2/4	
	1台蒸汽发生器高高水位	保护汽轮机	2/4	P-7以下自动闭锁
稳压器	稳压器压力高	防止冷却剂系统过压	2/3	P-7以下自动闭锁
	稳压器压力低	防止堆芯出现偏离泡核沸腾	2/3	P-7以下自动闭锁
	稳压器水位高	防止稳压器安全阀泄放水	2/4	P-7以下自动闭锁
其他	汽轮机脱扣信号	防止汽轮机脱扣影响一回路温度,压力的过度变化	2/3	P-7以下自动闭锁
	安全注射信号	防止冷却剂系统事故,防止堆芯损毁		
	手动停堆信号	由运行人员根据事故判断事故断电停堆	1/2	

① 表中 P 信号见表 9.4。

9.2.1 停堆保护功能

表 9.2 给出了 900 MW 级电功率压水堆核电厂停堆保护参数。表中表决方式(又称符合度)指测量通道中达到定值的通道数。如 1/2 是指两个通道中有一个通道的测量值达到保护定值。

当反应堆保护系统发出停堆指令时,控制棒驱动机构的动力电源被断开,所有的安全棒和调节棒,不管其在何位置,均在约 2 s 靠其自重全部落入堆芯,反应堆迅速进入次临界状态。

9.2.2 安全设施触发信号

表 9.3 给出了 900 MW 级电功率压水堆核电厂安全设施系统触发信号及阈值。

329

表 9.3 安全设施触发信号

名 称	功 能	阈值及表决方式
稳压器低低压力	触发安注;安全壳 A 阶段隔离	2/3 ,11.93 MPa
安全壳高压(2)	触发安注;安全壳 A 阶段隔离	2/3, 0.14 MPa
一台蒸汽发生器压力比其他两台低	触发安注;安全壳 A 阶段隔离	2/3, 0.7 MPa
2 台蒸汽发生器高流量同时压力低	触发安注;安全壳 A 阶段隔离	高流量[①] : 2/3;压力低 3.55 MPa
2 台蒸汽发生器高流量同时一回路平均温度低	触发安注;安全壳 A 阶段隔离	高流量: 2/3;一回路平均温度低至 284℃
安全壳高压(4)	触发安全壳喷淋;安全壳 B 阶段隔离	2/3, 0.24 MPa
安全壳高压(3)	主蒸汽管道隔离	2/3, 0.19 MPa
蒸汽管道低低压力	主蒸汽管道隔离	2/3,3.1 MPa
冷却剂平均温度低,P-4 出现	主给水隔离	295.4℃
一台蒸汽发生器高高水位	主给水隔离;汽机脱扣;汽动主给水泵脱扣;紧急停堆	75%窄量程
一台蒸汽发生器低低水位且持续 8 min	启动电动辅助给水泵(1 台蒸汽发生器低低水位);	15%窄量程
一台蒸汽发生器低低水位同时给水流量低	启动汽动辅助给水泵(2 台蒸汽发生器低低水位)	6%额定给水流量
主泵低低转速	启动汽动辅助给水泵	2/3,91.9%额定转速
凝结水泵母线电压低	启动电动辅助给水泵启动应急柴油机组	电压低于 65%额定电压值,持续 3 s

注: ① 定值随负荷变化,当负荷为 20% P_R,流量为额定流量的 40%时为高流量;当负荷为额定功率,流量为额定流量的 120%时为高流量。

9.2.3 允许

允许是一种信号,在电厂状态满足了一定的条件时,这种信号允许操纵员或某一系统执行某种功能,从而使电厂运行更具灵活性。允许信号按反应堆状态允许或禁止某些停堆保护功能,能实现按反应堆不同功率水平完成相应的保护动作。

例如,中子功率测量有三个不同量程(源量程、中间量程和功率量程),为了保证反应堆安全,在与此相应的各量程都装有相应的功率高紧急停堆。在正常启动过程中,如果中子注量率测量指示是正常的,在达到相应的定值点以前,操纵员必须手动闭锁相应源量程停堆信号1个,中间量程停堆信号1个,以使提升功率能正常进行。

这些允许信号,当功率重新下降后,能自动将这些保护功能闭锁解除。表9.4为允许信号表。

表9.4　允许信号表

信号	说　明	阈　值	动　作
P-4	停堆断路器打开(P-4出现)		(1) 汽轮机脱扣; (2) 在一回路低平均温度时,关闭给水主控阀; (3) 允许快速打开头两组蒸汽排放阀,闭锁第三组
P-6	中间量程1/2中子注量率高(P-6出现)	10^{-10} A电流	允许闭锁源量程高中子注量率停堆,切断源量程探测器电源
P-7	P-10或P-13出现	$P>10\%P_R$	允许下列停堆保护功能。 (1) 一回路流量低停堆或2/3个环路主泵断路器脱扣停堆; (2) 主泵流量低低停堆; (3) 稳压器低压力停堆; (4) 稳压器高水位停堆; (5) 三个蒸汽发生器之一出现高高水位停堆; (6) 允许主泵低速运转带厂用电运行
P-8	2/4功率量程中子注量率高	$P>30\%P_R$	允许在一回路低流量和主泵脱扣时停堆
P-10	功率量程2/4中子注量率高(P-10出现)	$P>10\%P_R$	(1) 手动闭锁功率量程中子注量率高(低定值点)停堆; (2) 允许手动闭锁中间量程中子注量率高停堆,闭锁提棒(C-1); (3) 闭锁源量程高注量停堆,及切断源量程探测器电源(P-4出现除外); (4) 设置P-7
P-11	2/3稳压器压力通道低	13.9 MPa	(1) 允许手动闭锁稳压器压力低的安注; (2) 闭锁主泵1号密封泄漏隔离阀的自动关闭; (3) 允许手动强制打开稳压器安全阀的隔离阀
P-12	主回路2/3温度通道平均温度低于设定值	284℃	(1) 与高蒸汽流量符合启动安注,启动主蒸汽管道隔离; (2) 允许手动闭锁高蒸汽流量与低低平均温度或低蒸汽压力符合引发的安注启动; (3) 允许手动闭锁由低低蒸汽压力引起的主蒸汽管线隔离; (4) 闭锁所有处在关闭位置的蒸汽排放阀; (5) 允许手动闭锁蒸汽排放系统向凝汽器排放
P-13	1/2压力通道测出汽轮机第一级压力高		执行P-7功能
P-14	1台蒸发器2/4水位测量通道高高	75%	(1) 汽轮机主给水泵脱扣,关闭主给水阀及旁通阀; (2) 与P-7符合则停堆
P-16	2/4功率量程通道中子注量率高	$P>40\%P_R$	允许通过汽轮机脱扣引发停堆

9.2.4 禁止信号

禁止信号又称为联锁信号(C 信号),是在某一条件存在时禁止执行某种动作或功能的信号或装置。

有两类禁止信号:一类针对控制棒,另一类针对汽轮机设备。表 9.5 所示为禁止信号表。

表 9.5 禁止信号表

信号	说　　明	阈　值	动　　作
C-1	1/2 中间量程通道中子注量率高	20%P_R	闭锁调节棒组 R 和功率棒组 N1、N2、G1 和 G2
C-2	1/4 功率量程通道中子注量率高	103%P_R	动作同 C-1,避免 109%P_R 停堆
C-3	2/3 通道测出超温 ΔT	比超功率 ΔT 停堆保护定值低 3%	(1) 闭锁调节棒提升; (2) 汽轮机降负荷
C-4	2/3 通道测出超功率 ΔT	比超温 ΔT 停堆保护定值低 3%	(1) 闭锁调节棒提升; (2) 汽轮机降负荷
C-7	汽轮机第一级压力下降 15% 及压力下降 50%,1/1 通道		(1) 准许头两组蒸汽排放阀打开,汽轮机负荷瞬变 15%P_R,或以 7.5%P_R/min 速率降功率 2 min 以上; (2) 在压力下降 50% 时,准许后两组蒸汽排放阀打开,瞬时甩负荷 50%P_R,以 25%P_R/min 速率降功率 2 min 以上
C-8	汽轮机跳闸		(1) 闭锁后两组蒸汽排放阀开启; (2) 准许头两组蒸汽排放阀打开
C-9	1/2 测量通道测出冷凝器压力	$p_c<50$ kPa	闭锁最后和最先一组蒸汽排放阀打开
C-11	1/1 通道测出功率棒在高位	225 步	(1) 闭锁所有棒提升; (2) 主控室报警
C-20	1/4 功率通道通量低	$P<8\%P_R$	闭锁调节棒组自动提升
C-21	运行点超出运行图给定范围(G 模式)		汽轮机降负荷,旁路远距离调频,汽轮机调节过渡到"直接方式",以 200%P_R/min 速率每 14.4 s 降 0.4 s 汽轮机负荷,直到信号解除
C-22	平均温度低(G 模式)(堆芯过冷)		动作同 C-21,同时闭锁功率棒,以防止进一步过冷,直到手动解除

这些联锁信号中一部分用来限制堆功率提升,以避免停堆,所以是一种低于停堆保护的保护措施。例如,在出现超过额定功率水平的瞬变时,当一个功率量程通道测得功率达到 103% 额定功率时,系统闭锁自动提棒,从而终止功率异常增长,避免功率达到 109% 额定功率时发生紧急停堆。另一部分用于保护汽轮机组设备。

9.3 核电厂的启动

压水堆核电厂的正常启动可以分为冷态启动和热态启动两种。反应堆停闭了相当长的时间,温度已降至 60℃以下的启动称为冷态启动;而热态启动则是反应堆短时间停闭后的启动,启动时反应堆温度和压力等于或接近于工作温度和压力。

9.3.1 核电厂的冷启动

下面以一个完成换料操作的核电厂为例,简要地描述一下机组启动的主要步骤。

1. 从换料冷停到维修冷停

这一过程的主要任务是排堆腔换料水和盖压力容器封头。堆腔的换料水用乏燃料冷却和净化系统的泵唧送回换料水箱,反应堆压力容器封头随堆腔水位的下降逐渐落下,两者下降的速度基本保持相同,水位下降到高出压力容器法兰 1 m 时,水位可先行下降,进而压力容器封头才落到法兰面上。反应堆压力容器封头盖好之后,机组便进入了维修冷停运行模式。在此过程中,二回路不进行任何操作。

2. 从维修冷停堆到正常冷停堆

这一过程的主要任务是对一回路进行充水、静排气、升压及动排气。

向一回路补充的水来自换料水箱,经补给系统的硼酸泵、上充泵升压后输送至一回路。硼和水补给系统中的含硼水管路的阀门隔离,以防误稀释操作。

静排气时,反应堆冷却剂泵、反应堆压力容器和稳压器顶部的排气阀全部打开,发现有水从排气阀冒出时才关阀。稳压器顶部的排气阀最后关闭。

完成静排气后,用上充泵借助调节上充流量调节阀和下泄压力控制阀给一回路升压。达到主泵启动条件时,启动一台主泵,运转 20~30 s 后停这台泵。降压至约 0.4 MPa,等待 2 h,打开排气阀,直至发现有水从排气阀连续溢流时再关闭。如此重复,分别完成三个环路的排气任务。然后三个环路主泵都启动,进行联合排气,直至一回路残存气体达到规定指标为止。

若一回路温度大于 70℃,必须至少保持一台主泵运行。在进行一些有关检查和试验后,将安全棒提至堆顶,其余控制棒提升 5 步。这时,对补给水系统阀门的隔离可以解除,机组从此进入了正常冷停堆状态。

在此过程中,二回路可以不进行任何操作。

3. 对一回路升温、净化

启动三台主泵和稳压器的加热器对一回路水进行加热,升温速度由余热排出系统控制在 28℃/h,利用化容系统的除盐装置对一回路水进行净化,同时注意监测一回路水质。

在二回路,开始启动准备。若蒸汽发生器处于干保养状态,则用辅助给水系统的一台电动辅助给水泵向一台蒸汽发生器供水,将水位保持在窄量程 34%水平,同时开始化验水质;若蒸汽发生器处于湿保养状态并已加过化学药品,则将水位维持在 34%水平,并由辅助给水系统向三台蒸汽发生器供水。

当一回路温度升至 80℃时,开始加联氨除氧。用联氨除氧必须在低于 120℃的条件下完成,如果一回路达到120℃而水中氧含量不满足要求,用余热排出系统冷却以维持合适的温度。

在一回路水的含氧量合格之前,容积控制箱气空间充氮;水的含氧量合格后,容积控制箱气空间改充氢气,以保持一回路水中有足量的氢浓度。

为了控制水的 pH 值,需添加氢氧化锂。加氢氧化锂可以在完成了对一回路水的硼质量分数调节后进行,以便节省化学药品。

4. 稳压器建立汽腔

当稳压器的温度达到系统压力(2.5~3.0 MPa)对应的饱和温度时,用减少上充流量的方法建立稳压器汽空间。汽腔形成过程中要关闭喷淋阀,同时使下泄压力控制阀保持一个合适的开度,以便在稳压器汽腔形成过程中顺利地排出过量的水。这个过程中稳压器的升温速率要控制在 56℃/h 以下,以免汽泡生成时压力上升太快。用来判断稳压器汽腔形成的征兆是,下泄流量突然增加,且下泄流量与上充流量不匹配;稳压器的水位指示也可以证实稳压器汽腔已形成。当稳压器的水位降低到零功率对应的水位时,将上充流量调节阀置于自动方式。从此,一回路压力控制由稳压器承担。

5. 余热排出系统隔离

当一回路温度达到160~180℃,压力达到 2.4~2.8 MPa 时,可以用蒸汽发生器来控制一回路的温度,将余热排出系统隔离,以便继续对一回路升温升压。隔离余热排出系统之前要求至少一台主泵运行,且蒸汽发生器可用,同时稳压器已完成建汽腔操作,可以控制一回路压力,将二回路大气排放阀定值为零功率时一回路平均温度对应的饱和压力,并将大气排放控制器置于"自动"。

余热排出系统停运过程主要包括余热排出系统的降温、隔离、降压和压力监测等操作。压力监测的目的是确保余热排出系统入口隔离阀不漏。

6. 继续对一回路加热升温至热停堆

一回路升温至180℃以后,温升带来的水的容积的增加比较显著,过量的冷却剂导入硼回收系统,这一过程中往往出现水的体积膨胀过快与下泄量小的矛盾,导致稳压器水位上升。理论上可以投入过剩下泄以加大下泄量,但是过剩下泄容量有限,效果不明显;再有就是过剩下泄热交换器的冷源是设备冷却水,水温较低,冷水进入过剩下泄热交换器,在温度应力作用下过剩下泄热交换器容易泄漏。基于上述两条原因,实际运行中不投入过剩下泄,而是减小升温速率,使水的膨胀与正常下泄相匹配,另外在可能的情况下可提高一回路压力,使经孔板的下泄流量增加。

在升温升压过程中,必须通过调整二回路的蒸汽排放来控制一回路升温速率不超过 28℃/h,三个环路之间的温度差不超过 15℃,要注意安全保护系统及有关设备应处于良好工作状态,例如,当一回路压力达到 7.0 MPa 时,核实蓄压箱的氮气压力,并打开安全注射箱与一回路冷管段间的电动隔离阀;一回路压力达到 8.5 MPa 时,关闭一个下泄孔板隔离阀;当压力达到 14.4 MPa 时,核实 P-11 信号消失;一回路平均温度达到 284℃时,核实 P-12 信号消失,以便使安注系统置于安全注射准备状态。

在整个升温升压过程中,必须定期调节主泵轴封水流量控制阀,维持正常供水范围,保持进入三台主泵轴封水的大致平衡。

当系统达到正常运行压力和温度时,切断稳压器的备用加热器电源,将压力控制投入自动控制方式,至此,达到热停堆状态。

图 9.2 给出了核电厂的加热升温过程曲线。

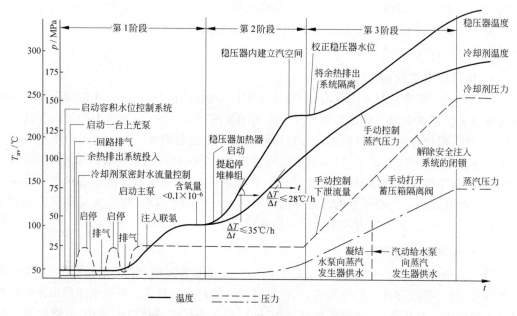

图 9.2　核电厂的一回路加热升温过程曲线

7. 使反应堆趋近临界

在确认所有运行限制条件都满足后,按操作规程使反应堆趋近临界。

必要时,反应堆冷却剂的硼质量分数在反应堆启动前调节到一个预定值,然后手动提棒,同时密切监测中子注量率的增长。趋近临界的初始阶段,由源量程测量通道来监测中子注量率变化,一旦中子注量率水平达到中间量程测量通道的监测阈值(P-6 出现),就要手动闭锁源量程中子注量率停堆保护,此操作同时使源量程中子注量率探测器高压电源断电。当反应堆功率上升到 10^{-8} A 电流,且启动率稳定在零时,反应堆达到临界。

8. 实现由主给水系统供水

反应堆临界后,后面的工作是提升功率以便启动主汽轮机,但直至现在,蒸汽发生器还是由辅助给水系统供水。辅助给水系统供水能力有限,应在反应堆功率达到 $2\% P_R$ 时,改由主给水系统供水。在确认主给水水质满足要求后,启动主给水泵,并用小流量调节阀控制给水流量。一般采用手动调节流量维持蒸汽发生器水位。停运辅助给水泵后,应将其调节阀置于全开位置,做好供水准备。

9. 手动提升反应堆功率至 15% P_R

手动提棒,缓慢提升功率,当反应堆功率达到 $10\% P_R$ 时,手动闭锁中间量程高中子注量率停堆和功率量程中子注量率低定值停堆。继续升功率至 $15\% P_R$,在这一过程中,反应堆功率的提升应与二回路排热协调一致,使一回路平均温度与参考温度相接近,在控制棒自动提升禁止信号(C-20)消失,且一回路平均温度与参考温度之差小于规定值时,将控制棒投入自动。

10. 汽轮发电机组正常启动和升负荷

在完成对主蒸汽管暖管和暖机等操作后,使汽轮机按规定的速度升速到额定转速。在汽轮机升速过程中,应密切监视汽轮机转子偏心度、振动和轴承温度变化,并以高升速率通过共振区。反应堆功率升至约 $10\%P_R$,在满足同步条件时,完成并网操作,从而汽轮机由速度控制方式变为负荷控制方式。设置目标负荷和升负荷速率,自动提升负荷,当提升约 10% 负荷时,调整厂用电供电方式,从外电源供电切换到汽轮发电机组供电。在此过程中,反应堆功率与汽轮机功率应协调一致,以减少蒸汽排放。随着汽轮机负荷的缓慢提升,蒸汽排放阀最后全部关闭。当汽轮机功率负荷升至约 15% 时,将蒸汽排放从压力控制模式切换至温度控制模式,并将蒸汽排放压力定值设定在一回路零功率温度对应的饱和压力。

堆功率升至 30% 和 40% 时,分别出现 P-8 信号和 P-16 信号,至此,允许系统接通功率量程通道提供的、在低功率水平被闭锁的保护通道。在提升到满负荷的过程中,要关注控制棒的位置,必要时,通过反应堆冷却剂稀释,使之在合适的范围内。

9.3.2 核电厂的热启动

热启动是反应堆短时间停闭后,在一回路温度和压力等于或接近于工作温度和压力状态下的启动。可以认为,热启动时的状态是热停堆状态。因此,热启动过程从使反应堆趋近临界开始。

9.4 核电厂停闭

9.4.1 概述

核电厂停闭是指把反应堆从功率运行水平降低到中子源功率水平。停闭运行有两种方式,即正常停闭和事故停闭。正常停闭又分为热停闭和冷停闭两种。

1. 热停闭

核电厂的热停闭是短期的、暂时性的停堆。这时,一回路系统保持热态零功率的运行温度和压力,二回路系统处于热备用状态,随时准备带负荷运行。

反应堆处于热停闭状态时,反应堆的功率降到零,所有的调节棒组全部插入,停堆棒组可以插入或抽出,反应堆处于次临界状态,有效增殖因数 $K_{eff} < 0.99$。

在热停堆状态期间,一回路的平均温度靠蒸汽排放来维持,一回路的热量来自主泵和剩余发热功率。这一期间,应至少有一个源量程测量通道和一个中间量程测量通道投入运行,以监视反应堆停闭后反应性的变化。如果反应堆在热停闭状态超过 11 h,Xe 毒反应性减少,必须向冷却剂加硼,以保证在热停闭期间有效增殖因数 $K_{eff} < 0.99$。

2. 冷停闭

反应堆只有经过热停闭后,才能进入冷停闭。冷停闭时,所有的控制棒组全部插入,并向一回路加硼,以抵消从热态到冷态过程中因负温度系数引入的正反应性,维持反应堆的足够次临界度。只有在反应堆冷却剂加硼到冷停闭要求的硼质量分数后,才能进行冷却降温,直至达到所需的冷停堆状态。

3. 事故停闭

当核电厂发生直接涉及反应堆安全的事故时，安全保护系统动作，紧急停堆，所有控制棒组快速插入堆芯。事故严重时（如失水事故，主蒸汽管道破裂事故等），则需向堆芯紧急注入含硼水。事故停闭后，必须保证对反应堆的继续长期冷却。

9.4.2 从功率运行到冷停堆的主要过程

本节主要论述从功率运行到冷停堆的主要过程。

1. 汽轮发电机组的停运

在取得电网调度中心的同意，并接到停运汽轮发电机组的指令后，即可进行汽轮发电机组的减负荷操作。在汽轮发电机组的自动负荷控制方式下，输入目标负荷和适当的减负荷速率来降低汽轮机负荷。在降负荷过程中，应密切监视汽轮发电机组的有关参数，如汽轮机转子偏心度、振动及汽轮机轴承温度的变化等。要求所监视值均在规定的限值内，同时要保持高、低压缸轴封蒸汽的压力在规定值上。当汽轮发电机组的负荷降到 700 MW 时，应确认汽水分离再热器通往凝汽器的排汽阀处于开启位置。汽轮发电机组的负荷降至 350 MW 时，应确认汽水分离再热器新蒸汽备用控制隔离阀开启，并核对抽气管线阀门及其止回阀处于关闭位置。此时可以停运一台汽动给水泵。汽轮发电机组的负荷降至 300 MW 时，核对回路管道和蒸汽联箱的汽水分离疏水器旁路阀已开启，确认汽水分离再热器新蒸汽温度控制隔离阀开启而其旁路阀已关闭。当负荷降低至 200 MW 时，通知电网调度中心汽轮发电机组即将解列。这时按下停机按钮，并继续降负荷。当发电机负荷降至 5 MW 时，汽轮发电机组自动解列。此时应立即确认所有的汽轮机进汽阀门全部关闭，发电机出口负荷开关已断开。这时，汽轮机已从额定转速开始下降，交流润滑油泵自动启动。若此时交流润滑油泵未能自动启动，则立即手动启动之。还应确认所有通向给水加热器管线上的抽汽隔离阀已自动关闭，确认低压加热器疏水泵和汽水分离再热器疏水泵已自动停运。当汽轮机转速下降到 2400 r/min 时，核对空气侧交流密封油泵已启动，发电机励磁已自动切断。若空气侧交流密封油泵未启动，应立即手动启动之。当汽轮机转速下降到 250 r/min 时，应检查顶轴油泵和电动盘车已自动启动。当汽轮机转速下降到 37 r/min 时，核对汽轮发电机电动盘车装置已投入，同时核查汽轮机转子偏心度处于电动盘车所规定的正常值范围。

2. 反应堆的停运

降低反应堆功率与上述汽轮机降负荷过程是同时进行的。反应堆功率控制系统自动跟踪负荷变化，控制棒自动下插。在减负荷期间，应监测反应堆轴向功率分布情况，使轴向功率偏差在允许范围内，同时通过稀释或硼化使调节棒处于合适范围。当核功率降至 40% 以下时，核实 P-16 信号灯亮；当核功率降至 30% 以下时，核实 P-8 信号灯亮；当核功率降至 20% 左右时，将蒸汽旁路系统手动控制器的定值器定在一回路零负荷温度对应的饱和压力，并确认此时蒸汽排放阀的开度为零，然后将蒸汽排放控制方式选择开关从温度控制模式转换到压力控制模式；当核功率降至约 18% 时，核对主给水调节阀已关闭，同时极化控制系统已触发，并核对蒸汽发生器水位通过给水旁路阀保持在规定值上，然后将主给水隔离阀关闭。

在继续降负荷过程中，汽轮机负荷低于 10% 时，达到 P-13 允许阈值；当功率量程核功率小于 10％时,达到 P-10 和 P-7 阈值,应确认功率量程低定值和中间量程高中子注量率停堆功能已恢复。

此后,将控制棒控制方式切换到手动控制方式,继续降低汽轮机负荷,核对凝汽器旁路阀是否开启。当汽轮机负荷降至 5 MW 后,汽轮机停机,将 C-21 和 C-22 信号闭锁,继续手动插入控制棒,使反应堆达到次临界。当功率水平降到 P-6 以下时,核对源量程中子注量率高保护停堆保护和音响记数率通道自动投运。为了达到热停工况,将控制棒组插入到 5 步位置,同时使停堆棒完全提出到堆顶。必要时,应调节硼的质量分数使堆的次临界度大于等于技术规范规定的范围。

至此,核电厂进入了热停堆状态。

3．从热停堆过渡到冷停堆

1）降温降压方式

一回路降温降压过程大致可分为两个阶段。第一个阶段是从热停堆状态到一回路温度 180℃、压力 2.8 MPa,此阶段一回路由蒸汽发生器冷却,蒸汽发生器由辅助给水系统供水,产生的蒸汽由蒸汽排放系统排出;第二个阶段为一回路温度 180℃、压力 2.8 MPa 以下,将余热排出系统投入运行,堆芯余热经余热排出系统的热交换器传给设备冷却水,设备冷却水再将热量传给核岛重要厂用水系统,从而将余热排入环境。

降压要与降温协调一致进行。第一阶段稳压器内存在汽空间,一回路的压力调节是通过稳压器的加热器和喷淋系统来完成的,因而降低一回路压力就是增大稳压器的喷淋水流量;第二阶段的降压是稳压器内汽空间消失后同时由余热排出系统冷却时,一回路压力由化器系统的下泄压力控制阀来调节一回路压力。

2）降温降压过程主要操作

当反应堆冷却剂平均温度达 284℃,P-12 允许信号出现,手动闭锁平均温度低与其他信号所引起的紧急停堆及安全注入等保护信号。

一回路压力下降至 P-11 信号出现时,手动闭锁一回路低压引起的安全注入信号。

一回路温度在 160～180℃,压力低于 2.8 MPa 时,停止降温降压操作,将一回路维持在此状态,准备投入余热排出系统。取样测量余热排出系统的硼质量分数,如余热排出系统的硼质量分数低于一回路硼质量分数,则进行加硼操作,使余热排出系统的硼质量分数不低于一回路硼质量分数,以免对一回路造成硼稀释,同时对余热排出系统进行升温升压,使其与一回路的水温和压力基本均衡,减小系统投入时对余热排出系统的热冲击。投入余热排出系统时,要保证一台蒸汽发生器可用,作为余热排出系统后备。

实现由余热排出系统冷却一回路后,二回路压力开始阶段仍由稳压器控制,在一回路平均温度降到 120℃前,通过增加上充水流量,使上充流量大于下泄流量,从而使稳压器水位逐渐上升,直至汽空间完全消失。要注意在汽空间完全消失前,使上充流量略大于下泄流量,谨慎控制汽腔消失速度,同时将化容系统下泄压力控制阀控制转换到主回路压力控制,以避免稳压器汽腔消失、一回路完全为单相水时可能出现的超压危险。当一回路水温为 90℃,压力为 0～2.9 MPa 时,电厂即到达正常冷停堆状态。

3）过渡阶段的注意事项

降温降压过程中,为防止各种不可控因素导致的正反应性引入,须保持一定的负反应性裕度,因而,安全停堆棒要提到堆顶。一回路压力降到要隔离安全系统时,首先要检查硼质量分数是否满足要求。硼质量分数应高出热停堆所要求硼质量分数 $300×10^{-6}$ 才能隔离安全系统。

一回路的超压保护要连续，在投入余热排出系统过程中，一定要在余热排出系统完全投入后再关闭稳压器上的 3 个安全阀。

一回路降温速率不得超过 28℃/h，稳压器中水的降温速率不得超过 56℃/h，以减小回路材料的热应力。

当一回路温度高于 70℃ 时，至少有一台主泵运行，稳压器内的硼质量分数与一回路相差不超过 $50×10^{-6}$。当一回路硼质量分数变化大于 $20×10^{-6}$ 时，应将喷淋流量调至最大，以保证整个回路硼质量分数均匀。

图 9.3 给出了一回路的冷却降温过程曲线，图中 t 为反应堆停运后的时间。

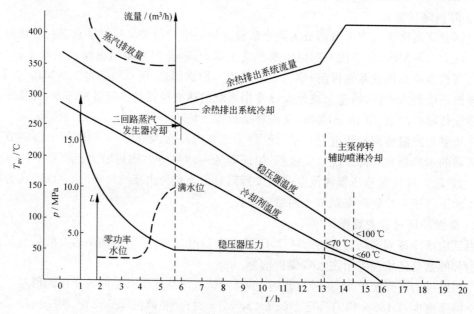

图 9.3　一回路冷却降温过程曲线

第 10 章

轻水堆核电技术的发展与改进

10.1 轻水堆核电技术发展现状

自 20 世纪 50 年代初世界上第一座核电厂建成以来,核能发电越来越多地为人们所重视,到 2008 年底,核能发电占世界发电总量的 15%。其中,轻水堆核电厂贡献最大,占核电装机容量的 80% 左右。人们在轻水堆核电厂的设计、建造、运行等方面积累了丰富的经验;但在其发展的道路上也遇到过困难和挫折,如三哩岛和切尔诺贝利事故,它使人们对核电厂的安全给予了更多的关注。一方面对在役和在建的核电厂的安全性进行认真审查,增加安全措施,提高其可靠性和安全性;另一方面,世界各国积极开展新一代核电技术研究工作,发展先进的反应堆概念,为核电技术的更新换代作准备。核电技术发展的另一个目标是提高核电厂的经济性。经济性与安全性是密切相关的,因为总的发电成本直接和电厂的容量因子有关,容量因子又受到电厂非计划停机时间长短的影响。改善电厂的可靠性和可维护性,减少电厂的非计划停机,最终将提高整个电厂的经济性。显然,采用先进的设计,简化系统,会降低投资;缩短建造时间、延长换料周期最终都会降低发电成本。

轻水堆核电技术的设计改进,必须满足提高电厂安全性、可利用性、可靠性和经济性的全面要求。为达到这一目标,核电界作了大量探索和努力,取得了行之有效的经验。有人将其概括为"3M"方法,具体如下。

(1) 增大设计裕度(margin),以提高正常运行的灵活性,改善电厂的可利用性,并减轻安全保护系统的负担。

(2) 改进材料(material)和制造质量,以提高系统和部件的可靠性,从而增加设备的使用寿命和电厂的可利用性。

(3) 强调维护(maintanence)和运行手段,以提高电厂的可运行性和可利用性,从而改善电厂的经济性。

为了推进新一代核反应堆的研究工作,美国从 1983 年起实施了先进轻水堆开发计划。该项计划由美国电力研究所组织,由营运单位、核蒸汽供应系统供货商和工程建造公司参与和资助,并得到美国核管会和能源部的支持,目的在于研制供美国电力公司使用的下一代轻水堆。他们为未来先进型轻水堆(ALWR)编制了用户要求文件(URD)。该文件规定了改进型和非能动型 ALWR 标准核电厂的设计准则,可以作为衡量新一代核电技术水平的基本尺度。表 10.1 列出了其中一些主要要求。

简单说来,用户要求文件规定先进水堆应有以下特点。

(1) 把提高安全性放在第一位:要求堆芯熔化概率小于 $10^{-5}/($堆·年$)$,严重事故放射

表 10.1　对先进轻水堆规定的一些用户设计要求

电 厂 规 模	改进型设计 1200～1300 MW 电功率 非能动型设计 600 MW 电功率
设计寿命	60 年
设计原则	简单，坚固，不需要原型电厂
事故遏制	燃料热工裕量≥15%
堆芯损坏频率	通过概率风险分析，<10^{-5}/(堆·年)
失水事故	对于>15.24 cm 破口当量直径，无燃料损坏
严重事故缓解	对于累积发生频率>10^{-6}/a 的严重事故，在厂址边界处个人剂量<0.25 Sv
应急计划区	对于非能动型轻水堆，从技术上看只需简的厂外应急计划
设计可利用率	87%
换料周期	24 个月
负荷调度	日负荷跟踪
放射性职业照射	<1 人·Sv/年
建造时间	1300 MWe≤54 个月（从第一罐混凝土浇罐到商业运行） 600 MWe≤42 个月
开始建造时的设计状态	完成 90% 设计
经济目标	在运行 10 年后比非核电厂发电成本低 10% 在运行 30 年后比非核电厂成本低 20%

性外泄概率<10^{-6}/(堆·年)。采用非能动安全功能，尽可能减少对运行人员的干预和外部电源的依赖，提出安全设备的冗余性和多样性，增强抗严重事故的能力。

（2）提高经济性：简化系统，降低投资，延长电厂寿命至 60 年，建造周期缩短至小于 48 个月。

（3）改善电厂运行特性：提高可利用率达到 87%～90%，换料周期达到 18～24 个月。

（4）简化安全审批过程。

从技术改进发展的实际情况看，新一代核电技术开发可以分以下几种类型。

1. 改进型

这些核电厂设计及系统配置与现有核电厂相类似，保留了同样的基本系统，但在现有成熟技术和数千堆·年的运行经验基础上做出了改进，增加了安全裕度，增加了冗余度，增加了对付严重事故的安全设施。另外，还按数字化技术设计了仪表和控制系统以及人机界面系统。同时靠增加单机容量来部分抵消为提高安全性而增添各类设施带来的经济性下降。属于该类型的核电厂设计有：美国 GE 公司和日本日立、东芝公司联合开发的 ABWR，法国和德国联合开发的 EPR，瑞典 ABB 和美国 CE 联合开发的 System 80＋，以及美国西屋公司开发的 APWR-1300 等。

2. 非能动型

这些核电厂大量采用非能动的安全系统，同时简化系统设计，采用先进堆芯，延长寿期，以达到增加安全性和提高经济性的优化目的。属于该类型的反应堆概念有：美国西屋公司发展的 AP-600、AP-1000,俄罗斯的 VVER-640 等。

3. 革新型

采用全新的设计思想,从根本上消除严重事故产生的可能性,有人称其为"革新型"(Innovative)。属于该类型的堆有 PIUS 等。这类设计目前还处于概念设计阶段,估计要到更晚些时候才有可能得到批准。

表 10.2 中扼要说明了若干轻水堆核电厂设计的技术特征。

表 10.2 先进轻水堆电厂的技术特征

	核电厂名称	设计者	电功率/MW	非能动安全壳冷却	非能动余热排出	非能动应急堆芯冷却系统	一回路	数字控制
改进型	ABWR	GE,Hitachi	1350	否	否	否	水	是
	APWR-1300	Westinghouse	1350	否	否	否	含硼水	是
	EPR	法、德	1600	否	否	否	含硼水	是
	System 80+PWR	CE,ABB	1300	正在评价	否	否	含硼水	是
非能动型	AP 600	Westinghous	615	是	是	是	含硼水	是
	AP 1000	Westinghouse	1000	是	是	是	含硼水	是
	VVER-640	俄罗斯	640	是	是	是	含硼水	是
革新型	SIR PWR	CE	320	是	是	否(低压下)	水	是
	PIUS PWR	ABB	640	是	是	是	含硼水	是

下面介绍 AP1000、EPR、ABWR 及固有安全堆设计方案。

10.2 AP1000 核电厂

10.2.1 AP1000 概况

AP1000 的前身是 AP600,它是美国 Westinghouse 公司推出的先进压水堆核电厂设计。这项研究从 1985 年开始到 1998 年 9 月获得设计批准,历时 13 年,投入了 1300 人·年的工作量,耗资约 6 亿美元。

1999 年 12 月美国 Westinghouse 公司在已经开发的非能动压水堆核电厂 AP600 的基础上,开始了 AP1000 的研发工作,历时 5 年,先后取得了 NRC 颁发的 AP1000 标准设计最终设计批准书和设计证书。由于 AP600 采用成熟的技术和成功的试验项目,因而不需要建造原型堆,并得到美国核管会与美国用户的同意。

AP1000 设计完全建立在 AP600 的已论证技术基础之上,是 AP600 的"放大"。表 10.3 给出了 AP1000 的主要设计参数。

我国浙江三门核电厂和山东海阳核电厂引入 AP1000 技术,第一期各有两台机组在建设中。三门核电厂 1 号机组预期 2013 年底投入商业运行。

表 10.3 AP1000 的主要设计参数

项　目	数　据	项　目	数　据
净电功率/MW	1090	蒸汽发生器	
反应堆热功率/MW	3400	传热面积/m²	11 477
一回路压力/MPa	15.51	汽侧设计压力/MPa	8.27
一回路热段温度/℃	321.0	给水温度/℃	226.7
一回路冷段温度/℃	280.7	蒸汽压力/MPa	5.77
堆芯平均流速/m/s	4.82	每台蒸汽发生器蒸汽流量/(t/h)	3397
堆芯质量流速/(kg/(m²·s))	1505	反应堆冷却剂泵	
最小 DNBR	1.447	流量/(m³/s)	4.73
DNBR 裕度/%	13.6	扬程/m	106.7
燃料组件类型	17×17	转动惯量/(kg·m²)	632.1
燃料组件数	157	电机功率/kW	4450
活性区高度/mm	4267	稳压器容积/m³	59.5
堆芯直径/mm	3498	安全壳尺寸,径/高/m	39.6/65.5
反应堆压力容器内径/mm	4000	安全壳设计压力/MPa	0.41
元件平均线功率/(kW/m)	18.73	钢安全壳厚/cm	4.45
控制棒(黑棒束/灰棒束)数目	53/16	安全壳总自由体积/m³	58616

10.2.2 AP1000 的设计特点

1. 反应堆设计

AP1000 为热功率 3400 MW、净电功率 1090 MW 的压水堆。反应堆选用低富集度二氧化铀为燃料。整个堆芯由 157 个燃料组件组成,采用了先进的可燃毒物和燃料—体化的 Robust 燃料组件。燃料性能的改进包括采用 ZIRLO^{TM}锆铌合金制作的定位格架、可拆卸式上管座和更深的平均燃耗(60 GWd/tU)。由于选用了较大的堆芯尺寸和较低的平均线功率密度(18.73 kW/m),燃料芯块中心温度明显降低,增加了热工设计裕度,延长了燃料元件的燃耗期。

对于停堆和燃料燃耗的反应性控制,采用了可溶硼毒物和可燃毒物。为了进行负荷跟踪和功率控制,设计了低当量的灰棒束组件(16 束灰控制棒束,每个灰棒束有 12 根吸收材料为银、铟、镉的黑棒和 12 根吸收材料为不锈钢的灰棒。)。这样,简化了化容系统的硼浓度跟踪功能,从而减少了硼水的处理量。

反应堆压力容器和堆内构件等设备设计和制造方面采用了工业界最先进的成熟技术,例如,尽可能降低压力容器锻件的初始零塑性转变参考温度(T_{NDT}),提高压力容器材料的断裂韧性,以延长压力容器的寿期;压力容器筒体采用环形锻件,取消纵向焊缝;采用了整体锻件,取消了压力容器顶盖法兰与球壳之间的焊缝,减少了在役检查工作量和职业照射剂量;取消了压力容器底部的堆内仪表贯穿件,将压力容器泄漏可能性降到最低。这些措施提高了反应堆压力容器和堆内构件的可靠性,在设计基准事故和超设计基准事故条件下更好地保护堆芯。

2．一回路系统和设备

AP1000一回路系统配置见图10.1。一回路有两个环路,每个环路上有一台 Delta 125 型蒸汽发生器。每台蒸汽发生器换热面积约为 11 477 m²,热负荷为 1707.5 MW,主蒸汽压力为 5.77 MPa,额定蒸汽流量为 3397 t/h。每环路上安装了两台并联布置的屏蔽电机泵,代替了传统的轴封泵。屏蔽电机泵立式倒置于蒸汽发生器底部汇水腔下,省去了过渡段。

采用屏蔽电机泵,是 AP1000 的重要特色之一。屏蔽电机泵的设计吸收了近来的商业和潜艇屏蔽电机泵的技术成果。这种高可靠性的屏蔽电机泵已广泛应用于核电厂和常规电厂中,有 50 年左右的历史,近 1300 台。由于它没有密封件,不需密封水系统,因此,无须上充泵连续运行,从而简化了化容系统。泵没有轴封,这样就不会引起密封失效产生的 LOCA(失水事故),提高了安全性,不需要更换密封件,维修也得到加强。屏蔽电机泵的缺点是屏蔽电机比普通电机效率低。

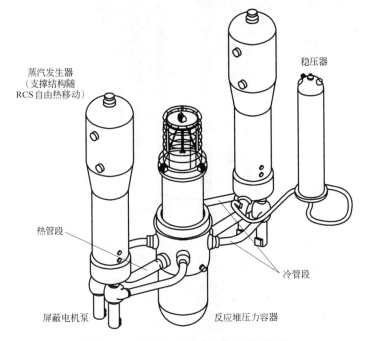

图 10.1　AP1000 一回路系统(RCS)配置

在 AP1000 的应用中,泵被倒置安装(电动机在泵体下而),倒置的密封电动机在火电厂已有 35 年以上的运行历史。电动机腔室可将气体自动排入泵壳,避免了在轴承和水区气穴潜在的危害。因此,这种泵比正立的有较好的运行可靠性。

与轴封泵相比,屏蔽电机泵的另一个缺点是转子转动惯量小。AP1000 的主泵设计中,通过在转子上安装上、下两个飞轮,采用重钨合金作为飞轮材料,从而在有限的体积下增大转动惯量(见图10.2),使之在停电的情况下靠惯转维持对堆芯进行冷却。

反应堆冷却剂泵直接安在每个蒸汽发生器(SG)下封头上,这样就可使泵与蒸汽发生器使用同一个支撑,大大地简化了支撑系统,并且为泵和蒸汽发生器的检修提供了更多的空间。蒸汽发生器与泵的组合体重量由铰型链连接在蒸汽发生器下封头的单柱支撑件承受,在 SG 上部和中部还有两组相互垂直的共 4 个辅助支撑,下部设一个侧向支撑。蒸汽发生

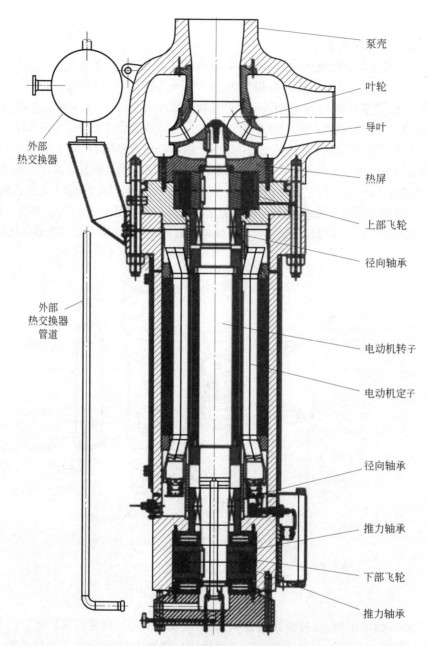

图 10.2　AP1000 的反应堆冷却剂屏蔽电机泵

器下封头是一体锻造的，它的性能优于多块焊接组合结构。泵整体安装于蒸汽发生器底部，取代了冷端的 U 形过渡管段，这样避免了由于小破口失水事故后引起堆芯裸露。

　　反应堆冷却剂系统的简单、紧凑布置还带来了另一些好处：一回路由两个环路构成，每个环路的两个冷端是完全相同的（除测量仪器和小的连接管线外），并且大半径弯管使得管路流动阻力降低，同时也为调节冷、热管段不同的膨胀率提供柔韧性；一回路管道采用牌号为 316LN 的不锈钢整体锻造制作工艺，由于消除了焊缝，高机械性能的材料和制作工艺显著地降低了管子的应力，主管路和大的辅助管路满足先漏后破的要求，从而实质上消除了大破口失水事故的发生;优良的管道性能不要求管道的断裂约束,大大地简化了设计,并提供了较好的维修环境;简化的一回路布置也显著地减少了阻尼器、甩击约束件和支撑件的数目。

蒸汽发生器采用标准的西屋公司 F 型设计,现有 84 台 F 型蒸汽发生器在 25 座核电厂中运行,它们已累计了 450 蒸汽发生器·年,每年少于一根传热管堵管的运行业绩。25 台 F 型置换蒸汽发生器具有运行四年每年少于一根传热管堵塞的记录。这是世界范围内蒸汽发生器的最高可靠性水平。这样高度的可靠性基于成熟的设计和一系列的设计改进。AP1000 的蒸汽发生器设计的改进包括管板全深度的水力胀管、采用铁素体不锈钢材料制造三叶形支撑板(有 3 个流水孔和 3 个平面接触的支撑凸缘)、采用双钩波纹板的干燥器和 Inconel-690TT 合金作为传热管管材等。Inconel-690TT 合金足够的含镍量可以耐氯离子腐蚀,足够的含铬量可以耐应力腐蚀,低的含钴量可以最大限度地减少一回路水的活化。

稳压器是常规的设计,基于成熟的技术和运行经验。稳压器体积比通常同等容量电厂的大约大 30%。较大的稳压器增加了瞬态运行裕量,从而减少了事故保护停堆,缓和了对设备和操纵员在瞬态过程中的要求,使电厂更为可靠。它还取消了快速动作的电动释放阀,这也曾经是引起一回路泄漏的环节,从而简化了维修,减少了一回路泄漏的可能性。

压力容器上方的一体化的堆顶组件是一个由屏蔽罩和检查门、堆芯测量探头的提升绞盘、起吊三脚架、电缆托架及其支承结构、螺栓起吊轨道、控制棒驱动机构抗震支撑和堆内测量仪表支承结构、控制棒驱动机构风冷通道等设备构成的组合体(见图 10.3),由于采用一体化的堆顶组件,使其包含的各个部件在换料操作时无须单独断开和连接,因而简化了换料操作。在停堆换料期间,它与反应堆压力容器顶盖联合操作,减少停堆时间和个人辐射计量。一体化的堆顶组件还可以减少相关部件在安全壳内的放置空间。

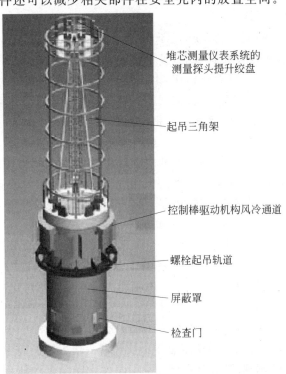

堆芯测量仪表系统的测量探头提升绞盘

起吊三角架

控制棒驱动机构风冷通道

螺栓起吊轨道

屏蔽罩

检查门

图 10.3　AP1000 一体化的堆顶组件示意图

10.2.3　AP1000 的安全特性

1．AP1000 的安全系统的基本特征

在传统成熟的压水堆核电技术基础上，AP1000 广泛应用非能动安全系统，即执行安全功能靠重力、自然循环和压缩气体膨胀这些自然力而不依赖能动设备，使得核电厂安全系统的设计发生了革命性的变革。在设计中采用了非能动的严重事故预防和缓解措施，简化了安全系统配置，减少了安全支持系统。由于采用了非能动的安全系统，大大降低了发生人因错误的可能性，使 AP1000 的安全性能得到显著提高。AP1000 的安全系统的特点如下。

（1）降低了人因失误的概率，事故条件下容许操纵员不干预时间高达 72 h，而传统核电厂这个时间是 10～30 min。

（2）提高了系统运行可靠性。

应用非能动安全系统，减少了电源故障和机械故障带来的运行失效。这是由于非能动系统只需少量的阀门，并能自动触发，同时这些阀门触发遵循"失效安全"原则，在失去电源或接受到启动信号时开启，从而提高了运行可靠性。

（3）取消了安全级的交流应急电源。

非能动安全系统采用自然力，不需要应急电源，所以取消了柴油机应急电源。

2．AP1000 的非能动堆芯冷却系统

AP1000 的非能动堆芯冷却系统（passive core cooling system）包括两部分：非能动余热排出系统（passive residual heat removal system）和非能动安全注入系统（passive safety injection system）。

1）非能动余热排出系统

非能动余热排出系统（见图 10.4）用于非 LOCA 事件时应急排出余热。

图 10.4 中，C 型管束连接在管板上，整个传热管束浸泡在高于一回路管道的安全壳内置换料水箱中。入口与 RCS 热管段相连，出口连接到蒸汽发生器下封头的冷腔室。这样，组成了一个经热管段、换热器到冷管段的回路。换热器的设计压力为 17.2 MPa。

安全壳内置换料水箱是个大容积不锈钢内衬结构，箱底高于 RCS 主管道。最小储水量 2092 m³，设计压力 0.134 MPa；安全壳内置换料水箱（IRWST）中硼水的压力和温度与安全壳环境相同，内有一台非能动余热换热器和两个自动降压系统 ADS 喷洒器。储水量要求满足正常换料淹没换料腔、LOCA 事故后保持长期冷却条件下所需要的安全壳水位。

入口管线阀门处于常开状态，与换热器上封头相连。正常情况下入口管线的水温高于出口管线的水温。出口管线上设有两个并联的常闭气动阀，在空气压力丧失或驱动信号作用下打开（FO 设计）。回路的布置（带有一个常开的电动阀和两个并联的常闭气动阀），在正常运行时，与 RCS 连通，具有与 RCS 一样的压力。换热器中水温与安全壳内换料水箱水温大致相同，这样，正常运行时，保持有一个热驱动头。在主泵不可用时，可以靠自然循环排热。管道布置容许在主泵运行时运行换热器。泵的运行容许冷却剂在非能动余热排出回路自然循环的方向流动。热交换器入口管道上设有排气阀，打开排气阀可向内置换料水箱排气。

非能动安全壳冷却系统和非能动余热排出换热器一起提供长期冷却。内置换料水箱达到饱和温度后，内置换料水箱的水向安全壳空间蒸发。安全壳冷却系统将蒸汽冷凝，凝结水由一个布置在运行平台标高处的水槽收集，水槽内的水通常排向地坑。但是，当非能动余

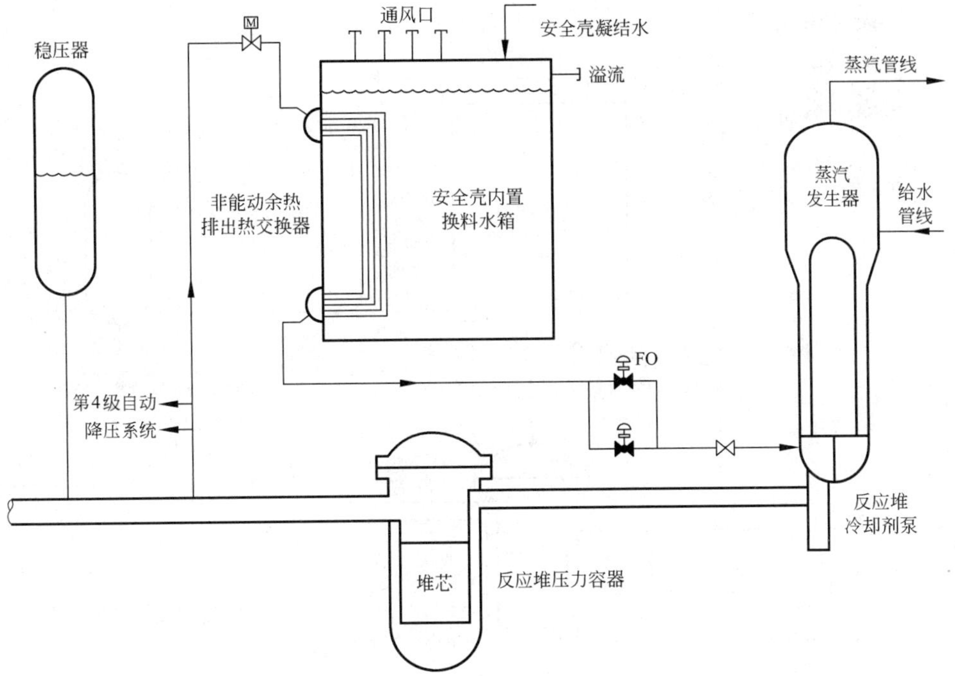

图 10.4　AP1000 非能动余热排出系统

热排出换热器启动后,水槽排水口通往地坑的隔离阀关闭,水槽的水将溢流而直接返回到内置换料水箱。凝结水的回收将长期维持非能动余热排出换热器热阱。不管主泵是否运行,非能动余热排出换热器设计为 36 h 内可将 RCS 冷却到 215.6℃。在这样的条件下,RCS 得以降压,冷却剂管路之间的应力可以降低到低的水平。

非能动余热排出换热器用以维持安全停堆状态。它将 RCS 的衰变热和显热经内置换料水箱的水/安全壳内空气钢制安全壳传导安全壳外的大气。当内置换料水箱的水饱和蒸发时,即开始向安全壳空气和安全壳传热。

2) 非能动安全注入系统

图 10.5 为 AP1000 非能动安全注入系统(PXS)图。它由两个堆芯补水箱(CMT)、两个蓄压箱(ACC)和一个位置高于 RCS 冷、热管段的安全壳内置换料水箱(IRWST)、自动卸压系统和相关管道阀门组成。在非 LOCA 情况下,对 RCS 补水硼化;在 LOCA 情况下,对 RCS 实施安全注入。

(1) RCS 应急补水和硼化

非 LOCA 事件、正常补水不可用或补水不足时,堆芯补水箱对 RCS 补水和硼化。两个堆芯补水箱(CMT)位于安全壳内标高高于 RCS 主管道标高处。当蒸汽管道破裂后,堆芯补水箱能为堆芯提供足够的停堆裕度,每个堆芯补水箱有 70.8 m³ 硼质量分数为(3400～3700)×10⁻⁶的含硼水。设计压力 17.2 MPa。

CMT 通过顶部的平衡管线与 RCS 冷管段相连,出口注入管线则与直接注入管(Direct Vessel Injection,DVI)相连。CMT 出口注入管线上有两只并联的常关气动隔离阀,这些阀门可由失电、失压和控制信号打开(FO 设计);与冷管段相连的压力平衡管线上的阀门是常

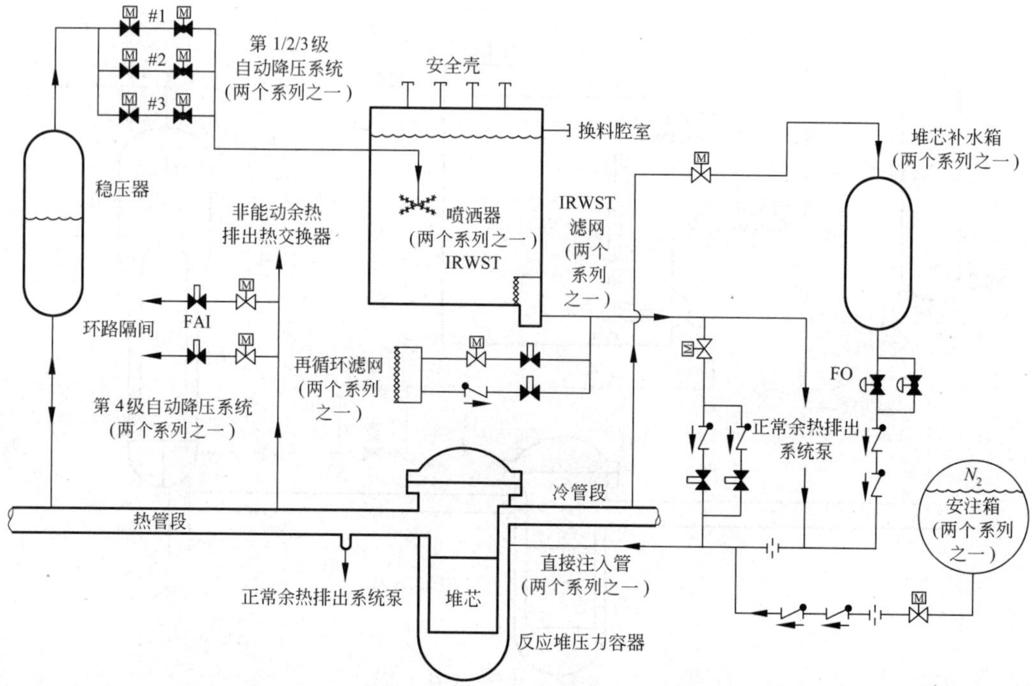

图 10.5　AP1000 非能动安全注入系统

开的,从而维持 CMT 压力就是 RCS 压力,防止 CMT 开始注入时发生水锤现象。

平衡管线与 RCS 冷管段的顶部连接一直延伸到 CMT 入口最高点。通常,平衡管线水温比 CMT 出口的水温高,CMT 底部的注入管线经 DVI 管线与反应堆压力容器环形下腔室相连,安注触发信号打开 CMT 底部两个并联阀门,使 CMT 与 RCS 连通。

CMT 有两种运行模式:水循环模式和蒸汽置换(补偿)模式。在水循环模式下,来自冷管段的热水进入 CMT,CMT 中的冷水注入 RCS,这将使 RCS 硼化并增加其水装量;在蒸汽置换(补偿)模式下,蒸汽通过平衡管线进入 CMT,补水进入 RCS。CMT 的运行模式取决于 RCS 的状态,主要是冷管段是否排空。如果冷管段排空,冷管段只有蒸汽流,CMT 运行在蒸汽置换(补偿)模式下;当冷管段充满水后,其压力平衡管线中也就充满水,这时 CMT 以水循环模式运行。

在发生主蒸汽管道破裂事故后,一回路受到过度冷却体积收缩的情况下,CMT 动作,通过水循环模式补水加硼,缓解反应性瞬变并提供要求的停堆裕度。

在发生蒸汽发生器传热管断裂(SGTR)事故时,CMT 安注和蒸汽发生器(SG)满溢保护逻辑复合,通过平衡 RCS 和 SG 二次侧之间的压力来终止一、二回路间的泄漏。这个过程不需要自动降压系统(ADS)动作和操纵员干预。在 SGTR 事故时,CMT 以水循环模式运行,提供含硼水来补偿丧失的冷却剂并提高一回路硼质量分数。在泄漏率达到 2.27 m^3/h,非能动堆芯冷却系统(PXS)向 RCS 补水并使 ADS 动作至少延迟 10 h,在 ADS 动作后,PXS 能为 RCS 提供足够的含硼水并提高 RCS 的硼质量分数。

(2) LOCA 情况下非能动安全注入

LOCA 情况下的 4 种水源如下:

① 堆芯补水罐(CMT)在长时间内提供安注流量；

② 蓄压箱在数分钟的短时间内提供相当高的安注流量；

③ 安全壳内置换料水箱(IRWST)在更长时间内提供低的安注流量；

④ 上述 3 个安注水源结束,安全壳淹没后,安全壳系统成为长期热阱。

在 LOCA 期间,非能动堆芯冷却系统提供与事故严重程度相适配的安注流量。在更大 LOCA 事故中,自动降压系统(ADS)动作后,冷管段将被排空,这种情况下,CMT 在最大安注流量下运行,蒸汽通过压力平衡管线进入 CMT。CMT 出口管线并联隔离阀,其下游是两只串联的止回阀。不管管线内有无水,它们保持常开。在冷管段或压力平衡管线发生大 LOCA 时,止回阀防止蓄压箱的水由于堆芯被旁路而倒流入 CMT。

对于小 LOCA,开始时冷管段处于满水状态,CMT 在水循环模式下运行。在这种模式下,CMT 是满水的,但冷的硼水被含硼量少的冷管段热水排走,水循环模式为 RCS 提供补水和有效硼化。随着事故发展,当冷管段排空时,CMT 转换到蒸汽置换模式继续安注。

CMT 注入触发信号流程如下。

① 安全设施系统触发

稳压器低压(12.57 MPa)；

蒸汽发生器低压(3.92 MPa)；

冷管段温度低(287.8℃)；

安全壳高－2 压力；

手动。

② 第一级 ADS 触发。

③ 稳压器低－2 水位(10%)。

④ SG 低水位＋热管段温度高。

⑤ 手动。

RCS 自动降压阀启动信号流程如下。

① 第一级在 CMT 启动＋CMT 低－1 水位(67.5%)时启动；

② 一段延时后,第 2、3 级 ADS 启动；

③ 第 3 级 ADS 阀门开启后,经一定延时,在达到 CMT 低－2 水位(20%) ＋ RCS 低压(8.4MPa)时,第 4 级 ADS 启动。

随着 ADS 启动,RCS 压力下降至蓄压箱氮气压力时,蓄压箱注入；每个蓄压箱储存着 48.1 m³、质量分数为 $(2600 \sim 2900) \times 10^{-6}$ 的含硼水,氮气压力 4.9MPa。蓄压箱安注持续几分钟。IRWST 高于 RCS 环路管线高度,只有在第 4 级自动降压信号启动,或 RCS 压力降至与安全壳压力平衡后,IRWST 才能注入。IRWST 安注管线上的爆破阀在收到第 4 级 ADS 后自动打开,和爆破阀串联的止回阀在 RCS 压力降至低于 IRWST 压头时打开。

CMT、ACC、IRWST 注入后,安全壳被淹,其水位高度足以满足靠重力通过安注管线重新返回到 RCS 以实现再循环冷却。

IRWST 水位降到一个低水位时,安全壳再循环爆破阀自动打开,建立从安全壳地坑到反应堆压力容器的第二条通道。当安全壳再循环管线阀门打开并且安全壳淹没水位足够高时,安全壳再循环开始。

安全壳地坑水再循环开始的时间因事故不同差异很大。在直接注入管线(DVI)破裂时，IRWST 的储水通过破口喷出；而另一个完好的 DVI 管线则向 RCS 安注。在这种情况下，IRWST 的排水较快，再循环可以在几小时内建立。在其他管线没有破裂，系统降压以及凝结水返回 IRWST 的时候，IRWST 的水位降低很慢，再循环可能在事故后几天才会开始。

当安全壳淹没后正常余热排出泵运行时，那些再循环流道也能提供从安全壳到正常余热排出泵的吸入流道。此外，再循环管线中设有常开的电动阀和爆破阀，爆破阀能手动开启。在严重事故期间可以人为地将 IRWST 的水注入地坑。

在发生包括主管道双端断裂的大 LOCA 时，PXS 能从 ACC 提供大流量补水来迅速再充满反应堆容器下腔室和环形下降段。在事故发生的第一阶段，ACC 提供包括环形下降段再淹没、部分堆芯淹没所要求的安注流量。在 ACC 排空后，CMT 来实现堆芯再淹没。随后是 IRWST 提供安注，最后建立安全壳地坑再循环来实现长期冷却。

3）自动降压（ADS）系统

由于堆芯补水箱和蓄压箱内的水量很有限，长期补水水源靠安全壳内置换料水箱。反应堆冷却系统压力必须下降到安全壳压力之上 0.07 MPa 时，才能从安全壳内换料水箱注入。为此，设置了自动降压（ADS）系统。

ADS 由 4 级降压阀门组成。1、2、3 级降压管线各有两套，多重布置。每一组由 1、2、3 级相互并联的三条管线组成。每条管线上具有两个串联的常闭阀门，上游为电动隔离阀，下游是电动降压阀（控制阀）。每条管线均与稳压器安全阀并联，并与稳压器顶部接管相连。两条第 4 级降压管线分别与环路的热管段相连，每条管线上具有两个串联的阀门，一个常开，一个常闭（图 10.5 给出了一个环路热管段上的第 4 级 ADS 系统）。这样，4 级 ADS 系统由 20 个阀门组成。运行时，这 4 级阀门依次开启。

350

在假想事故工况下，为了运行非能动堆芯冷却系统，需要开启自动降压系统的阀门，从而为堆芯提供应急冷却。第一级降压阀也用来排出稳压器中的非凝结气体。1、2、3 级 ADS 分成两组，每组有阀门分别位于不同标高并由钢板分隔。在排放管道上设有真空断路器，防止阀门开启后水锤现象发生。真空断路器限制了排放管道上由于蒸汽冷凝造成的减压，从而限制了阀门开启后流体从 IRWST 回流的可能性。

第 1 级 ADS 为 10.16 cm（4 in）电动阀，第 2、3 级为 20.32 cm（8 in）电动阀。第 1、2、3 级降压阀都是直流电驱动的球阀。第 4 级 ADS 为 35.6 cm（14 in）爆破阀和常开直流电动阀，爆破阀和常开直流电动阀串联布置。每一个排放通道有两个串联的阀门，串联布置使导致误开的可能性降到最低。第 4 级阀采用互锁的设计，以确保 RCS 压力降到足够低时才能够开启。

从第 1 级到第 3 级管线的出口由一个公共管线与 IRWST 中的一个喷洒器相连（见图 10.5）。另一组从第 1 级到第 3 级管线的 ADS 有自己的入口、出口和喷洒器。第 4 级 ADS 直接与热管段顶部相连，并且直接向 SG 所在的隔间喷放。第 4 级 ADS 同样具有两组降压阀，每一组位于每一台蒸汽发生器的隔间。第 4 级 ADS 阀门采用爆破阀，其特点是：在正常运行期间，保持零泄漏；而在事故条件下能够可靠地开启，不会出现误关闭。

自动降压阀在触发后自动开启，并在降压过程中保持开启状态。1～4 级阀门在不同的 CMT 水位开启，安注或破口失水都会引起 CMT 水位下降。第 2、3 级阀门在前一级阀门开启后延迟一段时间再开启。这个依次开启的程序提供了可控的 RCS 降压。1～4 级阀门开启的触发逻辑是基于2/4的CMT水位信号是否达到设定值。头3级自动降压控制阀开启速度设置得相对较慢,在每一级开启过程中,隔离阀在控制阀打开之后打开。因此,ADS触发和控制阀触发之间有一定时间延迟。操纵员可以以一定开度来人工开启第1级阀门,以便控制RCS降压过程。

4) 安全壳地坑水的pH值控制

使用装有磷酸钠(TSP)的pH值调节篮,控制安全壳内事故后地坑水的酸碱性。篮子位置低于事故后淹没最低水位。当水位达到篮子高度时,化学添加物溶解。篮子位于至少高于地面0.3048 m (1 ft)地方,以减小安全壳内溢水情况下溶解控制剂的可能性。

TSP的设计保证地坑水的pH值维持在7~9.5。最小的pH值能减少在安全壳地坑内辐照分解的元素碘,从而减少水中有机碘的生成,最终减少安全壳内空气中碘含量和厂外辐射剂量。

3. 安全壳

AP1000的安全壳是双层结构,内层是钢壳,外层是钢筋混凝土屏蔽构筑物。内层的钢制安全壳是非能动安全壳冷却系统的一部分,钢制内层安全壳和非能动安全壳冷却系统的作用是:从安全壳带出足够的能量,保证在设计基准事故下,安全壳不会超压。

钢制内层安全壳是独立式上下带有椭圆封头的圆柱形容器。大部分圆柱体部分的厚度为44.45 mm,直径39.624 m,高65.634 m,设计压力0.507 MPa,设计温度189.89℃,侧面设有两个设备闸门和两个人员闸门。

安全壳屏蔽构筑物是钢筋混凝土结构,它与安全壳钢制容器及辅助厂房共用一块基础底板。厂房的筒体部分具有屏蔽功能、屏障飞射物功能和非能动安全壳冷却功能。

4. AP1000非能动安全壳冷却系统

非能动安全壳冷却系统(PCS)由一台与安全壳屏蔽构筑物结合为一体的储水箱(储水量为2864 m^3)、从储水箱经由水量分配装置将水输送至钢制安全壳壳体的管道以及相关的仪表阀门组成,见图10.6。非能动安全壳冷却系统还有一套辅助水箱、再循环水泵以及用来对储存水加热和添加化学物的再循环管线。附加的管道接口及阀门用于储水箱补水并使非能动安全壳冷却系统储水可用于乏燃料池和消防水。

非能动安全壳冷却系统是安全相关系统,能够直接从钢制安全壳向环境传递热量。这种热传递可以防止安全壳在设计基准事故下超过设计压力和温度,并在较长时间内继续降低安全壳压力和温度。

非能动安全壳冷却系统执行下述安全相关功能。

1) 最终热阱

在任何导致安全壳温度压力上升的设计基准事故后,将安全壳大气的热量排到环境。

2) 降低安全壳压力和温度

通过将安全壳大气热量排到环境,限制并降低失水事故和安全壳内的蒸汽发生器二次侧管道破裂后安全壳的温度和压力。

3) 减少裂变产物的释放

通过限制安全壳内压力、温度的上升,减少安全壳大气与环境的压差,限制了事故后放射性物质释放。

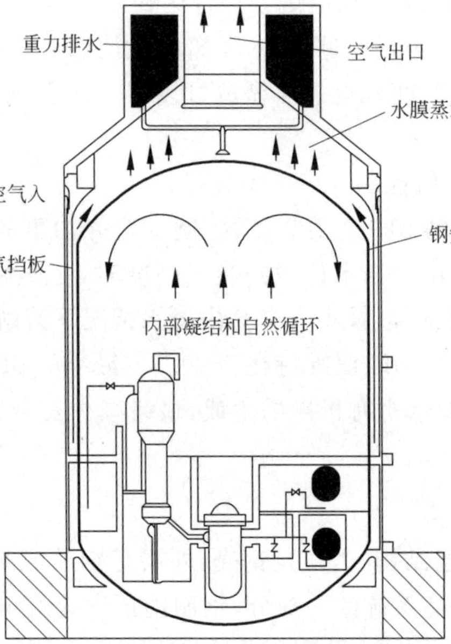

图 10.6　非能动安全壳冷却系统示意图

4）乏燃料池和消防水的供应

非能动安全壳冷却系统提供了一个抗震级的水源，可为丧失冷却的乏燃料池补水，同时提供了一个有限储量的防火水源。

非能动安全壳冷却系统以钢制安全壳作为传热面，蒸汽在安全壳内表面冷凝并加热内表面，然后通过导热将热量传给钢制壳体外表面，钢制壳体外表面通过对流传热、辐射和物质传递（水蒸发）等传热机制，由水和空气冷却。热量以显热和蒸汽的形式通过自然循环的空气带走。位于屏蔽构筑物顶部的储水箱在接到安全壳高-2压力或温度信号后，通过重力自流经分水斗将水洒湿安全壳体顶部表面，如此，安全壳内热量传到环境，3天内不需要操纵员的干预。

分水斗的作用是优化安全壳壳体外表面的洒湿面。洒向钢制安全壳外表面的水流量为 $112.34 \ \mathrm{m^3/h}$，满足基准事故 LOCA 和主蒸汽管道破裂后安全壳短期冷却的要求，并能限制安全壳内的压力。流量随时间减少并至少维持 72 h。流量的变化仅取决于水箱中水位的下降。事故后 72 h，操纵员手动连接辅助水箱至非能动安全壳冷却系统再循环泵的入口，将水泵入储水箱以延长靠重力输送的水量。辅助水箱的水装量足以维持安全壳冷却水以最小需求流量额外供应 4 天。

洒向钢制容器表面没有蒸发的冷却水流入安全壳内环廊底部的地漏。在假定的大 LOCA 事故后，安全壳内温度压力迅速升高，在 PCS 运行期间，洒向容器表面的大部分水蒸发；对于导致安全壳内温度压力上升缓慢的事件，PCS 初期大水流期间的大部分水不会蒸发，然而，在水箱内第一根立管漏出水面后，洒水流量减少，逐渐与堆芯余热排出相适应，洒水流量的大部分将蒸发。

自然循环空气流道开始于屏蔽构筑物进气口，大气从混凝土结构进气口水平进入，空气流过固定的百叶窗，转过90°后向下进入由外侧混凝土壁和内侧可移动的空气导流板构成的环隙,在空气导流板底部,空气折流向上流入安全壳内环隙。该内环隙由空气导流板壁和钢制安全壳外表面构成。空气向上流过钢制壳体表面直至钢制安全壳容器顶部。沿安全壳体表面向上流动的空气增强了钢制表面水膜的蒸发,吸收并带走钢制安全壳的热量。最终通过一个高位排气口排到环境。空气流的引入和空气流量的调节均不需要操纵员干预。

5．主控制室应急可驻留系统

主控制室应急可驻留系统可以为主控制室在事故后提供新鲜空气、冷却和增压,具备事故下人员的工作条件。在收到主控制室高辐射信号后,该系统自动投入运行,隔离正常的控制室通风并开始增压。一旦系统投入运行,所有功能都是非能动的。清洁空气来自一组压缩空气储存箱,它使主控制室保持在一个略微正压的状态下,以减少周围区域内气载污染物的浸入。

6．安全壳隔离系统

与传统的压水堆核电厂安全壳隔离系统相比,AP1000 的安全壳隔离系统的最大特点是安全壳贯穿件数量大大减少。同时,不要求贯穿件具有事故后的缓解功能(主泵不需密封水,非能动安全设施在安全壳内),这得益于 AP1000 的设计。

7．AP1000 对严重事故的缓解措施

AP1000 设计中的一系列措施,对于缓解严重事故具有重要意义。

(1) 自动降压系统的设置是为了在事故早期降低 RCS 压力,避免高压熔堆。它除了预防堆芯熔化外,还具有缓解堆芯损坏的作用。若 ADS 不能成功实现 RCS 早期降压,它的延迟触发(比如在堆芯严重损伤或堆芯碎片落入压力容器下腔室之前触发)也对可能的蒸汽发生器传热管和反应堆压力容器脆性断裂有减轻或消除作用,从而降低安全壳早期失效的可能性。

(2) 非能动冷却的大容积钢制安全壳的容积功率比与典型压水堆核电厂的大型干式安全壳相似。大的容积功率比降低了严重事故下氢气浓度达到爆燃的可能,也降低了安全壳超压的可能。

(3) 安全壳内置换料水箱在事故期间收集和输送冷却水并作为安全壳内热阱,对严重事故的发展有重要作用。它具有凝结蒸汽、净化经 ADS 排入的裂变产物和淹没反应堆腔,从而降低反应堆压力容器失效和堆芯与混凝土相互作用的可能。

(4) 反应堆压力容器外部冷却因淹没反应堆腔和 RCS 降压得到加强,这使得堆芯熔融物熔穿反应堆压力容器的可能性降到很低。在 AP1000 设计中采取了一系列措施提升堆腔被淹没能力。在严重事故对策研究中,将堆芯熔融物滞留在反应堆压力容器内是一个关键举措。在压力容器外侧被水淹没时,发生沸腾危机才会导致反应堆压力容器热熔穿。已经得到的分析研究结果表明,下封头所有位置的热通量低于临界热通量。

(5) AP1000 设计中有一个分布式氢气点火系统,它是一个非安全级系统,由 64 个非安全级直流电供电的点火器,在氢气浓度很低时就可以使氢气燃烧,降低氢气爆燃和爆炸的可能性。AP1000 设计中还包括两台非能动催化复合器,提供了发生设计基准事故时防止氢气积累的保护功能。

8．AP1000 的概率安全分析

表 10.4 给出了 AP1000 的 1 级、2 级概率安全分析结果,不考虑操纵员干预,包括带功率运行和停堆工况并考虑到偶发火灾、水淹等事故条件下的堆芯熔化频率(CDF)和大量放射性释放频率(LRF)。从该表可见,AP1000 的 CDF 和 LRF 数值远低于核安全标准规定

值,并具有很大的安全裕度。

表 10.4 AP1000 的 1 级、2 级概率安全分析结果

条件 \ 结果	堆芯熔化频率(CDF)/(堆·年)		大量放射性释放频率(LRF)/(堆·年)	
	带功率运行	停 堆	带功率运行	停 堆
内部事件	2.41×10^{-7}	1.23×10^{-7}	1.95×10^{-8}	2.05×10^{-8}
内部水淹	8.82×10^{-10}	3.22×10^{-9}	7.10×10^{-11}	5.37×10^{-10}
内部火灾	5.61×10^{-8}	8.52×10^{-8}	4.54×10^{-9}	1.43×10^{-8}
小计	2.98×10^{-7}	2.11×10^{-7}	2.41×10^{-8}	3.53×10^{-8}
总计	5.09×10^{-7}		5.94×10^{-8}	
EPRI/URD 标准	1.00×10^{-4}		1.00×10^{-6}	
相对于标准的余量	5.09×10^{-3}		5.94×10^{-2}	

10.2.4 AP1000 的系统简化

由于 AP1000 采用屏蔽电机泵和一套完整的非能动安全设施,与传统的压水堆核电厂相比,AP1000 大幅度减少了安全级设备(包括核级电动阀、泵、仪表和电缆等)及抗震厂房,取消了 1E 级柴油发电机系统和应急给水系统及应对设计基准事故的安全壳喷淋系统。AP1000 非能动安全设施设计的特点也使一些支持系统如冷却水系统、通风空调系统、交流电源系统可以是非安全级的简单系统,由此产生了设计简化、系统配置简化、施工量少、工期缩短、应急响应要求降低等一系列效果,这必然会提高其经济竞争力。

10.3 EPR 核电厂

EPR(European Presserized Water Reactor) 是法国和德国通过 10 余年合作推出的改进型压水堆机组(APWR 1600 MW)。它吸收了法国 N4 核电厂和德国 Konvoi 核电厂的设计、建造、运行和维修等方面的经验和优点,其设计比现有压水堆电厂在安全性、可靠性和经济性上更先进。我国广东台山核电厂引进两台单机组电功率为 1.75 GW 的 EPR 机组,预计首台机组 2013 年底投入商业运行。

EPR 核电厂通过增加环路数、燃料组件数目和增大设备的容量以达到增大单堆功率、提高竞争力的目的。EPR 核电厂满足 URD、EUR 的要求。

10.3.1 EPR 堆本体一般特性

EPR 堆芯装有 241 个燃料组件,初始堆芯采用 4 种不同富集度的燃料分区布置(见图 10.7),分别是:低富集度组件、中富集度组件、不含钆的高富集度组件和含钆的高富集度组件。堆芯换料采用新组件的个数和特点取决于燃料管理方案,主要是换料周期和燃料装载方式。EPR 的换料周期可以长达 24 个月,换料方式可以是"里-外"方式,也可以是"外-里"方式。堆芯设计灵活,可以装载 UO_2 燃料和/或 MOX 燃料,以满足用户对燃料循

环周期和经济性(换料方案和燃耗深度)的要求。

典型的首炉料装料图

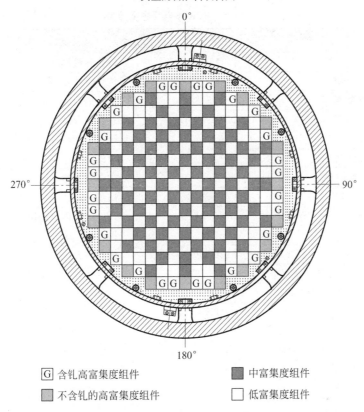

图 10.7　EPR 的燃料分区布置

EPR 的燃料组件采用 17×17 正方形栅格,燃料组件骨架由上下管座、24 个控制棒导向管和沿高度布置的 10 个定位格架组成,每个组件有 265 根燃料棒。控制棒导向管和定位格架由 M5™合金制成,它是一种极具耐腐蚀性和氢化能力的镍基合金。

浓缩的 UO_2(或铀和钆的混合氧化物 MO_x)烧结成芯块,叠置在 M5™合金制成的气密包壳管中。有普通燃料棒和含有氧化钆的燃料棒,以 Gd_2O_3 形态存在的钆和 UO_2 燃料混合烧结成一体化的可燃毒物芯块。UO_2 燃料的富集度达 5%,钆的质量分数在 2%～8%范围内。每个燃料组件含钆棒的数量在 8～28 根之间,它取决于燃料管理方式。当钆消耗后可以降低径向功率峰值因子,并且更易达到规定的燃料循环周期要求。

反应堆压力容器及其顶盖由锻造的铁素体钢 16MND5 制造,这种钢材具有足够的抗拉强度、韧性和可焊接性能。整个压力容器内表面堆焊不锈钢覆盖层。规定焊接材料残余钴含量很低(小于 0.06%),以便减小腐蚀产物放射源项。压力容器设计寿命 60 年,在设计寿期末,反应堆压力容器延性-脆性转变温度仍然低于 30℃。为减少中子泄漏,在多边形横截面的堆芯和堆芯吊篮筒体之间加了中子强反射层。中子强反射层为不锈钢环叠置而成,围绕在堆芯周围。中子强反射层设计降低了中子的泄漏,提高了燃料利用率;同时保护反应堆压力容器,减少快中子辐照引起的老化和脆化,有利于保证 60 年的反应堆寿期。反应堆压力容器还消除了下封头的贯穿件,增强了对假想堆芯熔化事故的抗拒能力。反应堆压力容器管嘴位置升高推迟了失水事故中堆芯裸露的时间。表 10.5 给出了 EPR 的主要设计参数。

表 10.5　EPR 核电厂主要数据

参　数		数据		参　数		数据
堆芯	热功率/MW	4500	蒸汽发生器	传热管壁厚/mm		1.09
	压力/MPa	15.5		传热管数目/根		5980
	入口温度/℃	295.6		三角形节距/mm		27.43
	出口温度/℃	328.2		总高度/m		23
	等效直径/m	3.767		给水温度/℃		230
	活性区高/m	4.2		蒸汽湿度		0.001
	燃料组件数	241		主蒸汽流量/(kg/s)		2556
	燃料棒数	63 865	控制棒组件	质量/kg		82.5
	平均线功率/(kW/m)	15.61		吸收体 Ag,In,Cd 部分(下部)	
一回路系统	环路数	4		Ag,In,Cd/%		80,15,5
	每环路流量/(m³/h)	28 330		密度/(g/cm³)		10.17
	压力容器入口温度/℃	295.9		吸收体外径/mm		7.65
	压力容器出口温度/℃	327.2		长度/m		1.5
	一次侧设计压力/MPa	17.6		吸收体碳化硼部分(上部)	
	一次侧运行压力/MPa	15.5		天然硼^{10}B 含量/%		19.9
	二次侧设计压力/MPa	10.0		密度/(g/cm³)		1.79
	额定饱和压力/MPa	7.8		吸收体直径/mm		7.47
	热备用蒸汽压力/MPa	9.0		包壳材料		316ss
稳压器	设计压力/MPa	17.6	反应堆冷却剂泵	数量		4
	总体积/m³	75		总高度/m		9.3
	总高度/m	14.4		设计压力/MPa		17.6
	筒体部分厚度/mm	140		设计温度/℃		351
	安全阀系列容量/(t/h)	3×300		设计流量/(m³/h)		28 330
	减压阀容量/(t/h)	900		扬程/m		100.2
燃料组件	排列	17×17		转速/(r/min)		1485
	棒中心距/mm	12.6		额定功率/MW		9.0
	单组件燃料棒数	265	反应堆压力容器	设计压力/MPa		17.6
	导向管数	24		设计温度/℃		351
	卸料最大燃耗/(MWd/tU)	>70 000		寿期/年		60
	燃料棒外径/mm	9.5		内径(堆焊层下)/m		4.885
	包壳厚度/mm	0.57		内层安全壳设计压力/MPa		0.75
	包壳材料	M5™		顶盖壁厚/mm		230
蒸汽发生器	数量	4		最终 T_{NDT}/℃		30
	每台传热面积/m²	7960		带封头高度/m		12.708
	一次侧设计温度/℃	351		壁厚(堆焊层下)/mm		250
	传热管外径/mm	19.05			

10.3.2　EPR 的安全特性

1. 安全系统一般设计特点

EPR 的一回路系统由反应堆压力容器与 4 个相互并联的环路组成,每条环路上有一台蒸汽发生器、一台主泵等设备。与此相应,主要的安全系统是 4 列系统,每个列与一个环路对应。各个列布置在 4 个独立的安全厂房(又称分区,见图 10.8)。其中 2、3 号安全厂房由混凝土壳提供防护,1、4 两个安全厂房地理上分开。各列之间没有母管,减少了阀门数量;优化的地域布置确保各序列独立,在安全壳厂房预留大的空间便于维修操作。

图 10.8　EPR 的反应堆厂房和 4 个安全厂房

0—反应堆厂房;1~4—安全厂房

EPR 安全系统设计遵循下述规则。

(1) 冗余设计:考虑一列受事故影响,一列维修,一列单一故障时仍有一列执行安全功能。

(2) 通过功能多样性防止多重失效。

(3) 安全分析中分析的事故在头 30 min 内不需操纵员干预。

(4) 多重的动力源:提供 4 个列的安全电源,10 kV 应急母线(LHA 到 LHD);可由 4 台应急柴油发电机供电;阀门和仪控设备可由电池向直流母线供电。

此外,1、4 两列还有小的柴油发电机(SBO-DG),应对 4 台柴油发电机故障(全厂断电,SBO)。

下面对几个主要安全系统逐一进行介绍。

2. 安全壳系统

EPR 采用双层安全壳,内层是预应力混凝土带钢衬的安全壳,外层是钢筋混凝土壳。其设计主要特点如下。

（1）考虑了严重事故工况，能承受燃料组件的锆氧化产生氢燃烧造成的压力；设有完全的可燃气体控制系统，包括非能动氢催化复合器和点火器，假定100%的锆与水发生反应。

（2）双层安全壳之间的环廊保持负压，泄漏到环廊的气体经过滤后向外排放。

（3）满足生物屏蔽和防止内部、外部灾害的要求，在预防外部灾害设计中，考虑抵御飞机的撞击能力。

（4）设有专门的安全壳底板保护装置，发生严重事故时，堆芯熔融物熔穿压力容器后被引流到一个扩展区，安全壳内换料水箱的水以非能动的方式冷却堆芯熔融物，防止底板熔穿，保持安全壳的完整性。

（5）内层安全壳承压能力高，在设计基准事故时，EPR不需要安全壳排热系统。安全壳排热系统是对付严重事故的系统。在安全级系统失效并导致堆芯熔化的情况下，安全壳排热系统作为最后的缓解措施，从安全壳和安全壳内换料水箱排除热量，限制安全壳压力升高。

3. 安注/余热排出系统

EPR的安注/余热排出系统如图10.9所示，此系统执行双重功能：余热排出功能和事故工况下执行安注。

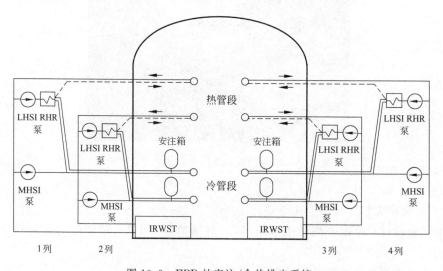

图10.9　EPR的安注/余热排出系统

整个安注系统由4个系列组成，每个列包括：一台中压（MHSI）安注泵，压头8.5 MPa；一个蓄压箱，蓄压箱水装量35 m³，注入压力4.5 MPa；低压（LHSI）安注泵，压头2.1 MPa，低压安注泵出口设有一台换热器。4个系列共用一个安全壳内换料水储存箱（IRWST）。

当一个列因单一故障准则不可用，一个列因处于预防性维修不可用，一个列受事故影响不可用（如LOCA事故，破口就发生在一个环路的冷管段，则此环路的注入就不起作用）时，第4个列足以对付事故。

正常运行期间，EPR安注系统处于安注备用状态，管道内充满安全壳内换料水箱的含硼水。一旦接到安注信号，安注泵启动，安注泵从安全壳内底部的换料水箱吸水，冷却水经冷管段注入压力容器。在安注的第一个阶段，从冷管段注入；在第二阶段，冷却水从冷、热管段同时注入。安全壳内的水会自动汇集到底部的换料水箱,这样,在 LOCA 事故下不存在注入阶段到再循环阶段的切换。在执行余热排出功能时,来自热管段的反应堆冷却剂经余热排出泵、热交换器后经冷管段回到压力容器。余热排出换热器兼作安注系统的热阱,低压安注泵兼作余热排出泵,从而减少了泵和换热器的数量。

这样的安注系统没有安全壳喷淋就可以对付安全分析中的 3、4 类事故。

在多样性设计上,低压安注系统的 1、4 列装备了双冷却盘管,维修冷停工况丧失全部冷却水时,低压安注系统的 1、4 列仍然可以工作,为反应堆冷却剂系统供水。

停堆状态下,接到安注信号,中压安注自动启动;这时通过打开通往安全壳内换料水箱的旁路,将最大输运压头限制在 4MPa,以防止系统冷超压。

在功率运行期间,4 个列系统是可以进行预防性维修的,这些系统包括:安注/余热排出系统(SIS/RHRS)、应急给水系统(EFWS)、应急柴油机(EDGs)、设备冷却水系统(CCWS)和重要厂用水系统(ESWS)。

4. 应急给水系统

如图 10.10 所示为 EPR 的给水系统图,它由主给水系统、启动与停运给水系统和应急给水系统组成。主给水系统、启动与停运给水系统用于正常运行,应急给水系统用于事故下运行。应急给水系统(图 10.10 下侧部分)包括分别布置在 4 个安全厂房内的 4 个相同的列,每个列有一个储水箱和一台水泵。4 台电动泵由 4 台柴油发电机作为应急电源。另外,还有两台小的柴油发电机作为全厂断电后 1、4 区安全厂房电动泵的备用电源。应急给水系统设有专门的入口管嘴将应急给水分配至蒸汽发生器冷、热两侧的环形下降段。

应急给水水箱容量 1400 t,维持在热停堆状态 24 h,提供足够长的自主时间。

应急柴油机电源自立时间 72 h;电池自立时间几小时,足以容许启动备用柴油机。

5. 严重事故的预防与缓解

1)高压熔堆的预防

在稳压器上设置了两列高度可靠的快速卸压阀,这些阀门由操纵员手动控制。它们在第一次被触发后保持在安全的开启位置,能保证使一回路系统快速降压至零点几个兆帕,用于在严重事故下降低一回路压力,防止在压力容器被熔穿情况下的堆芯熔融物向安全壳空间喷放,造成对安全壳大气的直接加热,使安全壳早期失效。

2)防氢爆的安全壳设计

严重事故过程中,锆水反应和堆芯熔融物与混凝土的反应都会产生氢气。EPR 设计中,在安全壳内那些氢容易积累的隔间设置了氢复合器,使任何时候氢的平均浓度保持在 10% 以下,避免发生氢爆。若发生氢爆燃,内层预应力混凝土壳能够承受由爆燃可能造成的压力。

3)堆芯熔融物捕集器

安全壳内设置了堆芯捕集器,用来保护安全壳基础底板,它由表面覆盖有"牺牲性"混凝土的耐热金属制成,其下部装有冷却水通道。在堆熔事故中,已经转成低压压力环境的压力容器通过一个非能动的"金属塞"在热环境下熔化,堆芯熔融物被引流到专门的扩散区(见图 10.11)进行冷却,再经过一个可熔的非能动注水装置,使安全壳内换料水箱的水靠重力通过底部冷却通道和侧隙冷却堆芯熔融物(见图 10.12),几个小时的冷却可使熔融物固定,并在几天后完成固化。

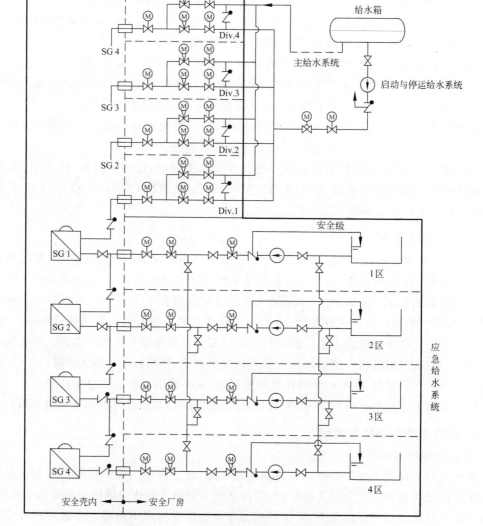

图 10.10　EPR 应急给水系统

图 10.11　EPR 核电厂堆芯捕集器立体图

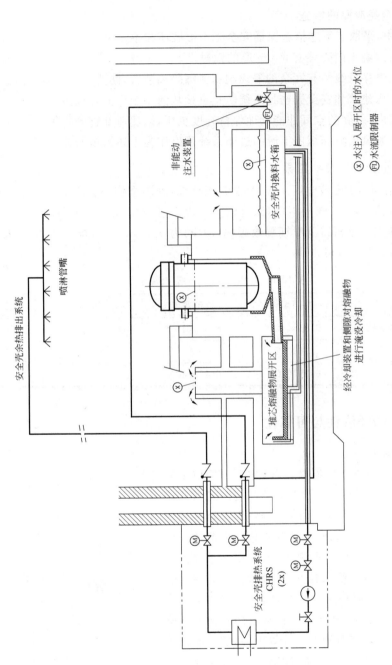

图 10.12　堆芯捕集器冷却水注入及安全壳排热系统示意图

4）安全壳余热排出系统

假想严重事故长期阶段，必须防止安全壳内压力上升，因此在 EPR 设置了双列带有热交换器的喷淋系统。该系统由喷淋泵从安全壳内的换料水箱吸水（见图 10.12CHRS），向安全壳气空间喷洒冷却水。

5）防止安全壳泄漏的措施

EPR 设计中，采取了下述措施保证安全壳不被破坏和不发生泄漏。

（1）预应力混凝土内壳装有 6 mm 厚的钢衬。

（2）安全壳贯穿管线装有冗余的隔离阀和泄漏隔离装置，防止安全壳被旁路。

（3）外周厂房建筑和安全壳密封系统防止直接从内安全壳向环境泄漏。

（4）安全壳内、外壳的空间非能动地保持轻度负压，以便泄漏物的收集。

（5）安全壳通风系统和烟囱上游的过滤系统可以作为上述措施的补充。

6. 概率安全分析（PSA）结果

表 10.6 给出了 EPR 核电厂一级 PSA 分析结果，堆芯损伤的频率为 7.75×10^{-7}，这个风险水平与目标值 10^{-5}/（堆·年）相比有较大裕度。分析中没有考虑预防性维修，外部灾害中没有考虑地震。分析得到早期释放频率（LRF）为 9.8×10^{-8}/（堆·年），"大量释放"定义为 100TBqCs-137 释放量。

表 10.6　EPR 核电厂一级 PSA 结果

	内部事件	内部灾害	外部灾害	总　　计
功率运行和热停堆状态	5.84×10^{-7}	6.47×10^{-8}	6.80×10^{-8}	7.16×10^{-7}
停堆工况	5.56×10^{-8}		2.88×10^{-9}	5.85×10^{-8}
总计	6.39×10^{-7}	6.47×10^{-8}	7.09×10^{-8}	7.75×10^{-7}

10.3.3　EPR 的经济性与可靠性

1. 高的热效率

EPR 设计中，蒸汽发生器是在 N4 电厂已经应用的带有预热器的蒸汽发生器的改进版。通过增大传热面积，减小一、二次侧温差，提高二次侧饱和汽压力。如图 10.13 所示为 EPR 蒸汽发生器的预热器。传热管束二次侧加隔板，将传热管束二次侧的高温区与低温区分隔开，在二次侧低温区设置预热器。图 10.13 中右侧下方为给水预热器，将 100% 的给水经 180° 的双层封闭的下降段引入预热器，10% 的再循环水经下降通道进入预热器；90% 的再循环水经左侧的下降通道进入加热区。这些措施的综合效果，是使二回路蒸汽饱和压力提高 0.3 MPa。这是 EPR 在压水堆核电厂达到高达 36% 热效率的重要因素。

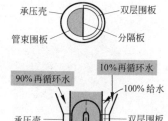
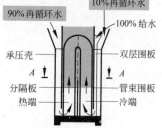

图 10.13　EPR 蒸汽发生器的预热器

2. 成熟的技术工艺

EPR 利用的是经过验证的优秀而成熟的技术和工

艺,吸收过去近 40 年压水堆核电厂设计和运行积累的经验反馈,因而采用成熟的渐进型工艺技术,保持了技术发展的连续性,不存在技术断代的未知因素。

EPR 仪控系统和主控室采用成熟的设计,利用先进技术设备的优点,充分吸收已经运行电厂数字化仪控系统人机接口等经验反馈,进行自动化水平优化。其仪控系统采用 4 系列布置,分别位于安全厂房的不同区域,避免发生共因失效。

目前在建的芬兰奥尔基洛托 3 号机组(OL3)和法国的弗拉芒维尔 3 号机组(FA3)都采用 EPR 技术,我国台山 EPR 核电项目将以法国的弗拉芒维尔 3 号(FA3)核电项目为参考,借鉴项目建设、调试和运行经验,可以降低建设成本和缩短建造周期,最大限度降低设备制造、工程建设延期的风险,而且能在设备制造、安装调试、执照申请和运行方面获取大量经验反馈和技术支持。

3. 更高的可靠性

(1)操纵员干预宽容时间延长。在 EPR 设计中,根据设计分析,各种假想事故过程,不需要操纵员事故发生后 30 min 内主控制室采取行动,也不需要事故发生后 1 h 内就地采取行动。主设备,如稳压器、蒸汽发生器、反应堆压力容器等容量增加,降低了事故的演进速率,有助于延长操纵员干预的宽容时间,减少了人因失误。

(2)改善人-机界面。数字化仪控技术的进步以及从首批装备数字仪表控制系统的 N4 机组得到的经验反馈分析,使 EPR 人机接口设计方面具有高的可靠性和优化设计特点。操纵员从有关电厂状态数据显示屏获取数据,提高了人工干预的可靠性。

(3)消除主管道大破口失水事故。反应堆冷却剂系统管道采用锻造制作工艺、高机械性能的材料,再综合采用早期泄漏检测技术,加强在役检查,满足先漏后破的要求,实质上消除了大破口失水事故的发生。

(4)针对蒸汽发生器传热管破裂事故的优化设计。针对蒸汽发生器传热管断裂(SGTR)事故,EPR 安注系统的安注压力低于主蒸汽系统安全阀的开启压力。这可避免 SGTR 中蒸汽发生器二次侧的满溢,并降低二次侧安全阀卡开的频率。

(5)与先前的设计相比,蒸汽发生器二次侧的水装量明显增加,在完全丧失给水事故情况下,获得了至少 30 min 的烧干时间。

4. 突出的经济竞争力

为了适应未来电力市场开放的新形势,EPR 从以下 3 个方面提高经济竞争力。

1)建造成本控制

吸收了众多核电机组建造的经验反馈,对建造方法和任务序列作了优化改进,使中国台山项目的计划建造周期缩短为 52 个月。大大降低了电厂比功率造价。

通过堆芯结构和换料方案的改进,使得反应堆压力容器本体的中子注量率显著减少,从而使反应堆的设计寿命延长至 60 年。

2)运营成本控制

采用单堆机组达到 1.63 GW(这是标准的 EPR 设计,台山机组电功率为 1.75 GW),为迄今为止世界单堆功率之最,降低了单位功率的运营成本。

通过蒸汽发生器采用改进的预热器,并结合采用半速汽轮发电机组等措施,使机组的热效率达到 36.0%，与在役的核电机组相比，效率明显提高。

EPR 设计具有高效的燃料利用率，卸料燃耗达 55～65 GWd/tU，相对于现有的 130 万千瓦机组，铀原料消耗减少 17%。

3）大修工期控制

EPR 设计采用 4 个安全系列的冗余设计，在不影响安全水平的情况下实现功率运行时的在线维修，减少了停机大修的工作量。EPR 机组的大修分为 3 种：简单换料大修，工期 11 天；部分换料大修，工期 16 天；10 年大修，工期 40 天。结合先进的大修管理经验以及 18 个月的换料方式，将机组的全寿期平均可用因子提高到 92%以上。

5. 更高的环保水平

与第二代核电厂相比，EPR 设计在以下 3 个方面提高环保水平。

1）辐射防护的优化

EPR 机组的安全设施在功率运行期间进行在线维修，由于大部分安全设施系统的泵和阀门布置在安全厂房内，环境放射性剂量很低，这样，使维修工作的个人和集体计量减少。

2）放射性产物的显著降低

对一回路管道和阀门等设备过流表面的钴基合金层进行优化，显著减少钴合金的用量。

3）放射性废液的排放大量减少

堆芯设计的燃耗深度达到 65GWd/tU，大大提高了核燃料的利用率，减少了铀的使用量，使长寿命的固体放射性废物产生量减少 20%～30%，采取一系列措施减少正常运行期间放射性废物的排放；对于废液，选择了更好的再循环方法，使各放射性废液排放量比现有在役机组减少 30%；对于气体废物，通过大量减少安全壳大气排放和选择基于活性炭过滤器的废气处理系统，使放射性气体的排放量减少 30%～50%。

10.4　先进的沸水堆核电厂

先进的沸水堆（ABWR）核电厂，是美国通用电气公司（GE）联合日本东芝公司、日立公司在广泛吸收国际上沸水堆核电技术经验的基础上，经过十年开发研究推出的设计先进的沸水堆核电厂。1987 年东京电力公司宣布在日本泊崎刈羽（Kashiwazaki）用 6 号（K6）和 7 号（K7）机组建造 ABWR。1991 年 5 月 K6/K7 获得日本核安全当局的建造许可。1992 年 11 月浇灌第一罐混凝土，K6 和 K7 机组分别于 1996 年 11 月 7 日和 1997 年 7 月 2 日开始商业运行。至今，共有 4 台 ABWR 机组在日本运行，这样，ABWR 已成为国际核电技术市场上颇具竞争力的堆型之一。

10.4.1　传统的沸水堆核电厂

沸水堆与压水堆同属轻水堆家族，都使用轻水作为慢化剂和冷却剂，低富集度铀作燃料，燃料形态均为二氧化铀陶瓷芯块，燃料元件均采用棒状元件，外敷锆合金包壳。和压水堆核电厂相比，沸水堆核电厂有以下几个主要的不同点。

（1）直接循环。反应堆内产生的蒸汽直接引入汽轮机，推动汽轮发电机组发电。这是现代沸水堆核电厂和压水堆核电厂的最大区别。沸水堆核电厂因此省去一个回路，无蒸汽发生器、稳压器。系统压力也由 15 MPa 下降到 7MPa。这使系统大大简化，能显著地降低投资。但反应堆一回路冷却剂被引入汽轮机，因此辐射防护和废物处理变得较复杂。

（2）堆芯出现空泡。反应堆具有负的空泡反应性系数，通过调节冷却剂流量调节堆芯反应性。利用可燃毒物调整寿期初过剩反应性，不采用可溶毒物硼，省略了化容系统。

（3）沸水堆采用有盒燃料组件，入口有节流装置。控制棒位于组件盒间，截面呈十字形。同一盒组件中包含不同富集度的燃料棒，每种燃料棒和可燃毒物棒内包含不同富集度的燃料。尤其是含钆可燃毒物棒内的装载设计更为复杂；再有就是近年来沸水堆燃料元件包壳内都加了一层 0.07~0.09 mm 的锆衬里。沸水堆燃料组件设计复杂，制造精度高。

（4）控制棒采用液压驱动机构自下而上插入堆芯（见图 10.14）。

（5）在冷却剂循环上，直至 ABWR 问世之前，采用堆内喷射泵、堆外泵驱动的再循环回路设计。

（6）抑压式安全壳。在安全壳内存有大量水，事故条件下可利用水抑制压力上升。安全壳的容积大大减少，同时对裂变产物有较好的滞留和洗涤作用，但系统及其设计复杂。

早期的沸水堆曾遇到不锈钢管道和堆内构件的晶间应力腐蚀开裂，通过采用低碳不锈钢和改进水化学控制，应力开裂问题已得到解决；在反应堆给水管嘴入口处曾出现热疲劳裂纹，后来采用"热套"的结构避免了这一现象。还曾遇到两相流不稳定性问题。在低的流量和高的功率下，可能出现频率在 0.1~1 Hz 的密度波振荡。随着反应堆压力的提高，振荡发生的区域得到了抑制。通过大量的研究和实验，对该现象的机理已有相当的认识。可以在设计中采取改进稳定性的措施。现在运行的沸水堆核电厂，已经能在启动、正常运行和预期运行瞬态中成功地避免两相流不稳定性。

直接循环带来的汽轮机厂房的辐射防护和放射性废物问题一直是沸水堆相对于压水堆的主要弱点。这一问题经 30 年的研究改进，GE 公司燃料元件破损率已从 20 世纪 70 年代初的 0.1% 降低到 90 年代前期的 0.001% 水平。因此，在减少裂变产物排放量方面，沸水堆已经达到了很高的水平。在正常运行时，凝汽器的抽气器排气是沸水堆放射性废气的主要来源。早期的沸水堆放射性废气在储存罐中储存 24 h 后排放，因此，有大量的放射性气体通过高烟囱排向环境。在现代沸水堆中，放射性废气主要是通过一组很大的活性炭滞留装置将废气中的惰性气体、碘等放射性核素滞留一定的时间，这种活性炭滞留装置可以使氙滞留衰变 30 d 以上，氪滞留衰变 40 h 以上，从而使排入环境的废气放射性达到很低的水平。这种活性炭滞留装置通常设置在一个很大的、有足够屏蔽作用的库房内。另外，汽轮机密封系统也是沸水堆放射性废气的来源之一。因此，沸水堆核电厂对汽轮机厂房的通风空调系统的要求要比压水堆核电厂严格。

10.4.2 ABWR 核电厂设计特点

在传统 BWR 核电厂基础上，ABWR 的主要改进有以下几点。

1. 用内置泵代替堆外循环回路和喷射泵

在冷却剂循环方式上，ABWR 设计取消了外置再循环回路和内置的喷射泵，用内置的湿定子泵进行冷却剂循环，从而实现一体化布置，这是沸水堆发展史上的最富创意的变革，是 ABWR 的根本特征。由此带来的好处是多方面的。

（1）ABWR 采用一体化结构。在内径为 7.1 m 的压力容器内布置了包括堆内构件、燃料组件、十字形控制棒、汽水分离器、蒸汽干燥器和内置循环泵在内的核蒸汽供应系统设备。10 台内置循环泵安装于反应堆压力容器下封头上。堆内的汽水混合物沿通道上升经过汽水分离器、蒸汽干燥器，蒸汽送往汽轮机，再循环水与给水混合，经下降流道、内置循环泵以及反应堆压力容器下部空腔进入堆芯，如此构成了压力容器内的冷却水循环回路（如图 10.14 所示）。由于控制棒从反应堆压力容器下封头插入，为了空出控制棒的移动空间，把堆芯下栅格支承板提得相当高，内置泵的安装位置下移超过了一倍堆芯的高度，加长轴使得电机下移得更多，避免了电机绕组和其他部件的中子辐照活化。这样的布置给泵的维修提供了方便。

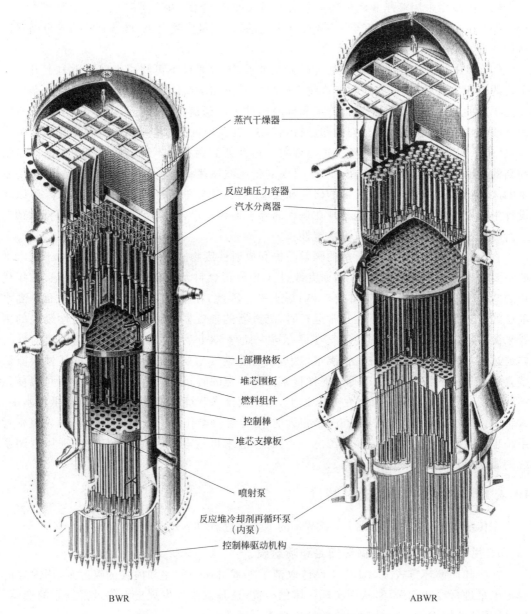

蒸汽干燥器

反应堆压力容器

汽水分离器

上部栅格板

堆芯围板

燃料组件

控制棒

堆芯支撑板

喷射泵

反应堆冷却剂再循环泵
（内泵）

控制棒驱动机构

BWR   ABWR

图 10.14　一般沸水堆和 ABWR 的反应堆本体结构

（2）内置的循环回路变短、变直,大大减少了回路阻力,降低了冷却水循环所消耗的功率。

（3）取消外部循环管道,在压力容器下部无大口径开孔,避免了堆芯顶部以下的大破口失水事故,从而可以避免堆芯裸露。由于能够保证冷却水始终淹没堆芯,所以高压堆芯喷淋喷雾器改为堆芯注水喷雾器。减少了应急堆芯冷却系统(ECCS)中泵的容量。

（4）内置泵比原来的循环泵容量减小,数量增多,耗电减少,改善了可运行性。利用调节内置泵的流量变化可以调节反应堆输出功率,实现由 70% 到 100% 功率范围内的调节。

（5）回路不再占用安全壳内空间,取消带放射性的阀门和泵,避免了维修和在役检查过程中的辐射剂量。

（6）内置泵的主要技术特点如下。

① 内置泵选用湿定子电机泵。电机定子绕组浸没在冷却水中,解决了转子轴密封问题。采用长柄轴,使电机可以安装在压力容器下封头最低的位置,从而减少电机绕组的辐照活化。电机外壳焊接到压力容器底部封头的接管上(见图 10.15),形成压力容器的一个组成部分。

② 电机转子的轴是空心的,允许泵轴穿入,使得电机转子的轴与泵的轴连接处放在电机的最低部位;用螺栓连接,便于电机后盖打开后就可以把电机转子和泵轴解体,从而分别把电机转子和泵轴由上下两个方向抽出。

③ 采用防泄漏措施。在拆卸电机定子和转子的时候,泵轴上端和泵轮接近的地方有一个凸缘,只有泵轮停转,泵轮靠重力下落,这个凸缘正好坐在泵的固定导向轮的扩口处,凸缘形成一个塞子塞入泵轴的外套之间,阻挡住了压力容器中水向下大量泄漏,余下一些可能的微小泄漏通过泵轴中部的二次密封膨胀环结构,使二次密封内充水胀紧,紧紧抱住泵轴,这就避免了堆内水的漏出。打开水泵电机下部的密封法兰后盖,就可以把电机的定子和转子一起拆卸出电机外壳。检修完毕再装回原来位置,安装好电机密封法兰后盖。这一拆卸过程需要用螺栓胀拉机和升降小车。水泵轮和泵轴可以由装卸料机吊出压力容器,再运到专门的工作台上检修。每次换料期内检修 2 台内置泵,拆出内置泵需用 3 天时间,再装配内置泵仅用 2.5 天时间。在 5 年内可以完成 10 台内置泵的检修工作。

内置泵从 20 世纪 70 年代起在欧洲 KWU 公司和瑞典 ABB 原子公司设计的沸水堆中得到应用,至今已有 1400 泵·年的运行经验,其中湿式内置泵占 40%。内置泵的技术是成熟的。

当然,采用内置泵带来上述好处的同时,也使反应堆压力容器内径显著增大,给反应堆压力容器的制造带来困难,影响了这种堆的普及。

2.微动控制棒驱动系统

在沸水堆(BWR)中,控制棒驱动系统一般采用步进式水力驱动方式,或电机驱动和水力驱动并用的驱动方式。ABWR 采用后一种驱动方式,其中电机驱动用于正常运行工况,可满足抽出、插入及微动位置调节功能;水力驱动于紧急停堆工况,以满足控制棒从堆芯底部快速插入堆芯的沸水堆设计要求。这种电机驱动和水力驱动并用的驱动方式在 20 世纪 60 年代末开始进入商业化运行阶段,如德国 KWU 公司 1968 年进入商业运行的 KWL 核电厂就采用了 69 套这样的控制棒驱动系统,是成熟的技术。它有如下特点。

（1）正常运行工况下具有良好的运动特性,允许小的功率变化,改善了启动时间和功率调节的机动性;

（2）多种停堆功能,在水力驱动的基础上增加电机驱动;

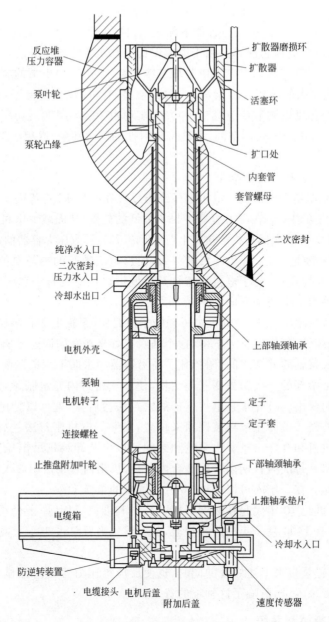

图 10.15　ABWR 的内置泵

（3）排除反应性事故，没有掉棒和弹棒事故。

3. 低的堆芯平均功率密度

ABWR 堆芯的平均功率密度低（50.6 kW/L），增加了燃料元件的热工裕度。在对燃料组件进行广泛研究的基础上，采用优化的燃料装载和结构设计。K6/K7 采用改进的 8×8 燃料组件设计，最小临界功率比约为 1.6；若从 8×8 改到 10×10，元件线功率密度还可以下降近 40%。所以，从发展的角度看，燃料组件具有良好的运行环境和潜在的发展空间。

4. 全数字化的仪表控制系统

ABWR 仪表控制系统采用全数字化技术,实现了全厂综合一体化的系统设计。控制室采用数字化信息显示和触屏操作技术,有效地改进了人机界面;电站启停、正常运行及事故后操作实现自动化,简化了电站的运行,减少了人为失误的可能性。控制保护系统采用基于微处理器的数字化模块、全容错结构和光纤多路数字通信网络,保证了仪表控制系统的高度可靠性,消除了仪表控制部件故障引起停堆的可能性;具有完善的在线自校准、自测试、自诊断功能及标准化模块设计,并具有在线更换能力;保证系统连续处于良好的工作状态,方便了维护,减少了维护工作量。

5. 钢筋混凝土安全壳

ABWR 的抑压型安全壳主要优点如下:较小的安全壳容积,较高的热容量,较低的安全壳压力,较长的冷却系统宽容时间,抑压池水可作为热阱、对裂变产物有洗涤和滞留作用,必要时可以抑压池水作为压力容器补水水源。主要缺点为:气、汽和水相互作用时产生复杂的动荷载;需惰化安全壳气氛。针对 ABWR 的抑压型安全壳,进行了一些小尺寸的和部分全尺寸喷放实验。针对取消外循环回路后径向尺寸变小的情况,采用了钢筋混凝土结构。在内层有气密封钢衬里。

6. 加强了对严重事故的防范

ABWR 引入了完整的严重事故分析。通过安全壳充氮气以防止氢爆,自动释压系统防止高压堆芯熔融物喷射;重晶石混凝土底座缓解熔融物堆芯熔融物和混凝土的作用,减少非凝结气体的释放;非能动的堆芯熔融物冷却装置;非能动的安全壳超压保护系统,避免安全壳的整体失效,实现放射性裂变产物在抑压池内的滞留和洗涤,使安全壳条件破坏概率为 0.002。

10.3.3 ABWR 的安全性

与压水堆和传统的 BWR 相比,ABWR 采用了内置泵,实现了一体化设计。堆芯顶部以下高度没有大口径管道穿过反应堆压力器,LOCA 事故后过程更缓和。ABWR 在应急堆芯冷却系统的保护下,不会发生堆芯裸露;而压水堆在设计基准事故下,堆芯会发生短暂裸露,经历干涸和再淹没过程。

堆芯有空泡,负的空泡系数,又是直接循环,对于改善部分瞬变特性有利;但对于导致排热减少的瞬变,提出了更高的要求。反应堆升压,汽泡减少,正的反应性输入使功率上升,导致压力进一步上升。由于直接循环,此功率上升过程会很快。为预防这种情况发生,ABWR 设置有根据主蒸汽隔离阀和汽轮机控制阀的开度设置的停堆信号,还设置了多组安全阀。

主蒸汽隔离阀在 BWR 事故防范中十分重要。安全壳内外各设置一套主蒸汽隔离阀,事故时 1 s 内开始动作,2～3 s 完全关闭。这是保证安全壳功能的关键。30 年来的实践证明,主蒸汽隔离阀能够满足上述要求。

在防止和缓解严重事故方面,美国核管会对先进轻水堆的总要求如下:

(1) 堆芯损坏频率小于 10^{-5}/(堆・年);

(2) 大量放射性物质向环境释放的频率小于 10^{-6}/(堆・年);

(3) 安全壳的条件失效概率小于 10^{-1};

（4）保持安全壳完整性的时间超过 24 h。

对轻水堆的安全分析表明,在失去外电源的事故中,主要危险是进一步发展为全厂断电而造成的堆芯熔化事故。美国核管会曾把全厂断电作为未解决的安全问题之一,要求所有的核电厂设计对此事故做出评价,并提出相应的对策。在 ABWR 中,首先将应急电源从 2 列改为 3 列,即增加了一台独立的全容量的柴油机,这样,就大大减少了发生全厂断电事故的可能性。K6/K7 采用机组之间的电源互连应急。在应急堆芯冷却系统的设计中,反应堆堆芯隔离冷却系统的泵采用汽动泵。此外,还将一台柴油机驱动的消防泵连接到低压安注系统,作为汽动泵的备用。由于采取了上述措施,在 ABWR 的 PSA 分析中,尽管失去外电源初因事件频率取保守的 0.1/a,最终造成堆芯熔化频率仅约为 10^{-7}/(堆·年)。

为了缓解 LOCA 事故,ABWR 的设计中配置了 3 列完全独立的应急堆芯冷却,即 $3 \times 100\%$ 的高压注入泵。当高压注入全部失效时,可经自动减压系统将一次系统降压后,$3 \times 100\%$ 低压堆芯注水系统中的任一列都能满足注水要求。在压水堆核电厂设计中,一般仅有 2 列低压安注系统可用;在传统的 BWR 中,也只有 1 列高压注入和 2 列低压注入。此外,在安注水源方面,ABWR 有水量充足的抑压水池(最小水容积 3580 m³)连续供水,而在压水堆核电厂,一般先由安全壳外的换料水箱(例如大亚湾核电厂的换料水箱容积为 1690 m³)供水,到换料水箱低水位时,再切换到从地坑吸水的再循环注水模式。

对于未能停堆的预期瞬态(ATWS)事故,ABWR 的设计配置了替代棒插入系统作为保护系统逻辑多样性的冗余,提供一种替代的、插入所有控制棒的能力。作为控制棒插入的驱动装置,采用的是成熟技术。自 1968 年首次运行以来已有 43 000 套·年的历史,没有发生一次因机械故障而导致的紧急停堆。还有一套电动插棒机构,进一步提高了插棒的可靠性。最后,作为控制棒的后备,ABWR 装有一套液体控制系统以提高停堆的可靠性。这些措施都减小了发生 ATWS 的可能性。

ABWR 一体化的设计,在应急冷却系统、动力电源及反应堆停堆系统中采用了多样化和冗余性的改进设计和对 ATWS 事故的自动化的管理,降低了堆芯发生严重事故的概率,提高了 ABWR 在严重事故下的安全性能。ABWR 堆的堆芯熔化频率降为 1.6×10^{-7}/(堆·年)。

由于燃料性能的不断改善(燃料破损率的不断降低),低含钴量防腐材料的采用,以及有效的水质管理,沸水堆在放射性流出物的产生量及其对环境的释放量方面目前已达到与压水堆同等的性能水平。日本 ABWR 的运行经验表明,ABWR 在放射性流出物的产生量及其对环境的释放量方面,能够达到目前压水堆的先进性能水平。

对职业辐射照射来说,沸水堆在过去的 20 年间取得了很大的进步,目前已接近压水堆的性能水平。在沸水堆核电厂中,与压水堆核电厂一样,职业辐射照射主要来自安全壳内的有关操作和检修工作,在汽轮机厂房所受到的辐射照射只占总的职业辐射照射的很小的一部分。对 ABWR 而言,由于取消外部循环回路和采用微动控制棒驱动装置等措施,并采用一些自动在役检查装置和检修工具,可以大大减少有关检修的工作量,使职业辐射照射得到进一步的明显降低,达到目前压水堆核电厂的先进性能水平。

10.4.4　ABWR 的经济性

ABWR 的经济性源于它的系统简单,设计和建造是在总结 BWR 经验的基础上优化而成的。它有较好的性能,具体地说,它建设工期较短,K6/K7从浇灌第一罐混凝土到商业运行费时51~52个月;系统坚固,有足够设计裕度,这是保证核电厂高的可用率,减少非计划停堆次数的基础;它有良好的运行特性和维修特性,ABWR通过汽泡的负反应性反馈,在70%~100%之间负荷变化时,只需调节内置泵流量;满足快负荷跟踪运行要求,操作简单;随着一回路设计简化,减少了停堆维修工作量;寿期从40年增加到60年。

总之,ABWR是满足先进轻水堆用户要求的(见表10.7)进化型先进轻水堆核电厂,所有系统和设备,包括内置泵和微动控制棒驱动系统均采用成熟的技术,在日本经历了建造和运行实践的考验。

表 10.7　ABWR 满足用户要求文件的情况

指　标		URD	ABWR
总设计要求	电站设计寿命	60 年	不可换部件为 60 年
	电站厂址抗震条件(SSE)	0.3 g	0.3 g,台湾龙门电站要求 0.4 g,仅需做校核及局部加强即可满足
安全及投资保护	燃料热工裕度	≥15%	可满足要求
	堆芯损坏频率	$<10^{-5}$/(堆·年)	1.56×10^{-7}/(堆·年)
	预防 LOCA	<15.24 cm,当量直径破口时,无燃料损坏	满足要求
	全厂停电下能应付堆芯冷却时间	最少保证 8 h	蓄电池具备 8 h 的容量
	严重事故频率及效果	累积发生频率大于 10^{-6}/(堆·年)的严重事故在厂区周围个人剂量小于 0.25 Sv	在厂区边界 0.8 km 处超过 0.25 Sv 的概率小于 10^{-9}/(堆·年)
性能	设计可利用率	87%	可以满足
	换料周期	24 个月	按业主要求进行设计,可满足
	非计划停堆	<1 次/年	满足
	甩负荷	甩 40% 负荷不会引起堆和汽机停机	
	低放射性水平废物产生量	与目前最好的电站相当	<100 桶/年
	放射性职业照射	<1 人·Sv/年	<0.36 人·Sv/年
	人机界面	仪表控制系统采用先进技术	全面、先进的数控系统
设计及建造周期	从业主对建造的承诺到商业运行	<72 个月	61.5 个月(K6)65.6 个月(K7)
	从第一罐混凝土浇灌到商业运行	<54 个月	51 个月(K6)52 个月(K7)

371

10.5　固有安全堆

10.5.1　固有安全的概念

　　国际原子能机构对固有安全有如下阐述：固有安全指借助材料的选择和设计概念以消除或排除固有危害而实现的安全性。在核电厂，可能的固有危害包括放射性裂变产物及其相应的衰变热，过剩反应性及其相应可能引起的功率骤增，由于高温高压和放热化学反应引起的能量释放等。

　　一个核电厂要具有固有安全性，必须消除上述所有危害。对于一个商用的核电厂来说，这似乎是不大可能的。因此，对于整座核电厂和整个反应堆应避免不恰当使用"固有安全性"。另外，在一个核电厂设计中，消除了一个固有危害，那么就说这个核电厂对于所消除的那个固有危害来说是固有安全的。例如，一个核电厂内没有使用任何可燃性的材料，因此不管事故时可能发生什么情况，这个电厂对于防火来说是固有安全的。

　　固有安全就是内在的安全。换句话说，固有安全特性代表了确定的安全性，而不是概率上的安全性。

　　当固有安全不能加以排除时，就在设计上采用专设安全设施来防止、缓解或抑制潜在事故。虽然这些专设安全设施的设计目标要求有很高的可靠性，但它不像固有安全性那样，原则上它们仍可能失效，也就是说，它们的安全是概率意义上的安全。

　　非能动安全与固有安全不是同义语。通常说能动安全或非能动安全是指专设安全设施的功能实现是否依赖于外部机械或电气的动力、信号或力来触发或驱动。在非能动安全系统中，将不依赖于外部的作用，而是靠自然的规律、材料的性能和内部的储能。因此，在非能动系统中，不会出现人员未进行操作或电源丧失而引起的系统功能失效。

　　为了实现"绝对安全"，提出了许多未来核电厂的设计方案。应该认识到，这些方案仍处于概念设计阶段。方案中所依赖的某些特性在实践中可能是较难实现的。在这些设计方案中，有如下重要特性：

　　(1) 由于过剩反应性很低，不可能发生核反应堆功率骤增；

　　(2) 不需要电源或不要求向最终热阱进行能动的热量传输，而是采用热传导、自然对流或热辐射方式在停堆后进行排热；

　　(3) 在冷却剂丧失事故后，采用非能动方法进行热量排出；

　　(4) 通过设计来预防冷却剂丧失事故；

　　(5) 在异常事件发生后，完全不需要操纵员采取行动。

　　属于此类设计的有，通用电气公司设计的模块化高温气冷堆，瑞典 ABB 原子公司设计的"过程固有最终安全"(PIUS)反应堆等。

10.5.2　PIUS 反应堆简介

　　PIUS(Process of Inherent Ultimate Safety)是瑞典 ABB 原子公司推出的一座 600 MW 非能动和简单化反应堆设计，其设计基础是已有的轻水堆(LWR)技术。为了达到更简单和更安全的目的，特别考虑了在可能的事故情况下反应堆堆芯的保护。其一回路系统的设计不同于传统的压水堆。图 10.16 描述了其基本的布置。

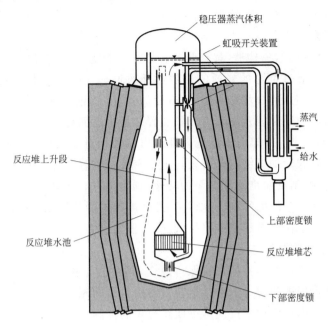

稳压器蒸汽体积

虹吸开关装置

蒸汽

给水

反应堆上升段

上部密度锁

反应堆水池

反应堆堆芯

下部密度锁

图 10.16　PIUS 反应堆原理图

　　PIUS 反应堆堆芯为一开式堆芯,它位于盛放高质量分数含硼水的反应堆水池底部,反应堆水池被包容在一预应力混凝土容器空腔内。无论在停堆或功率运行时,PIUS 反应堆都不使用控制棒。反应性控制是由反应堆冷却剂硼质量分数控制(化学补偿)以及冷却剂(慢化剂)温度控制来实现的。与现有的压水堆相比,堆芯的平均线功率密度、温度、流量及相应的压降等放宽了很多。寿期初功率展平和对燃耗的反应性补偿是由燃料棒中可燃毒物(钆)来实现的。硼浓度在整个运行周期保持在相当低的水平,且在运行条件下,慢化剂的温度反应性系数会呈强烈的负值。

　　离开堆芯的被加热的冷却剂向上流过上升管,通过反应堆容器上部接管之后离开反应堆容器,并继续流经热管段进入四台直管式直流蒸汽发生器(图 10.16)。反应堆冷却剂泵位于蒸汽发生器下面,并与蒸汽发生器在结构上连成一体。这些泵与在瑞典 ABB 原子公司沸水堆电厂中用作循环泵的全密封型湿定子泵设计完全相同。冷管段以与热管段同样的高度位置进入反应堆容器,通过下降段将返回的流体导向反应堆入口。流体在向下流动过程中,在与稳压器相连的一个虹吸开关装置中被加速。在正常运行时,虹吸开关对水的循环不起作用。但是在假想的冷管段破裂情况下,它有助于减小反应堆水池水量的损失。在环形下降段的底部,返回的流体进入反应堆堆芯入口腔室。

　　在堆芯入口腔室的下面有一个开孔(直径小于 1 m)管道,孔的周围是反应堆池。该管道内包含有一组管束,以减小水的湍流度和交混,保证在冷的反应堆池中冷水之上能有稳定的一回路热水层。该管道与管束及分层水一起被称为堆芯下端的“密度锁”。冷热水交界面的位置是由温度测量值来确定的,并且这一数据被用来控制一回路冷却剂泵的转速(或流量)。通常密度锁管道上部充满了热的一回路水,作为一个缓冲容积以防止池内的水进入,并防止因小的操作失误而造成的不应有的停堆。在池的上面位置另有一“密度锁”装置,它与其上的上升管腔室相连。上升管腔室是上升管顶部的一段容积,水从这里流入热管段。这个上部密度锁有类似的管束配置以及在冷热水界面上方的缓冲容积。从上升管到密度锁装置之间还开有许多小孔。

PIUS 反应堆系统的这一构造(具有两个总是打开的密度锁装置)是其优良安全性能的基础。总是存在一个通过堆芯的畅通的自然循环通道——从反应堆水池到底部密度锁装置,经由进口管道到堆芯,通过堆芯本体、上升段、一段由上部上升段腔室和上升段与密度锁装置的连接部分组成的通路以及上部密度锁装置之后再返回反应堆池。

在 PIUS 设计中,堆芯冷却剂流量是由堆芯出口处相对于反应堆水池的热工条件确定的。流经堆芯及上升管段的最终压降必须与上下密度锁装置冷热界面处的静压差一致。在电厂正常运行期间,控制反应堆冷却剂泵的转速,加之对一回路水量的控制,使通过底部密度锁装置的流体存在一个压力平衡。这样,底部密度锁的冷热界面维持恒定,因而使自然循环回路保持关闭状态。在严重瞬变或事故情况下,压力平衡被打破,建立起自然循环流动回路,以备停堆和连续地冷却堆芯。

只要底部密度锁装置冷热界面位置保持恒定,那么上部密度锁装置的冷热界面位置就由一次回路水的总容积来确定。上部锁定装置冷热界面的测量值主要用于控制反应堆水池容积。稳压器的液位测量值用于反应堆一回路容积的控制。

从一回路系统的水下高温部分散出的热量不断地加热反应堆水池内的水。为使散热保持在一个容许的水平,在高温部分装有一个湿式金属型隔热体,它由许多平行的薄不锈钢板组成,在不锈钢板之间是静止的水。有两套系统用来冷却反应堆池内的水:一套是将池内的水用泵强迫循环通过压力容器之外的热交换器来实现;另一套是一完整的非能动系统,该系统利用了浸没在反应堆水池内的冷却器和自然冷却水循环回路,以及位于反应堆厂房顶部的干式自然通风冷却塔(见图 10.17)。非能动系统确保在事故和核电厂失去厂外电源情

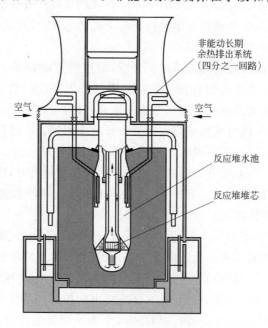

图 10.17 PIUS 的非能动冷却系统

况下能够冷却反应堆水池,并阻止反应堆水池内水发生沸腾。在假设所有水池冷却系统均失效的情况下,反应堆水池存水确保长时间内(7 天)对堆芯进行冷却。

预应力混凝土容器包容了一个直径约为 12 mm、深度约为 38 m 的空腔。混凝土容器为整体结构,通过预应力钢束将其固定在基础上。大量的预应力钢筋束和加强筋确保了反应堆压力容器的压力维持能力。一部分钢筋在水平方向上环绕空腔布置,一部分在垂直方向上从上到下布置。空腔有两道密封屏障,在里面是一个内层不锈钢衬里,在距混凝土 1 m 处是一预埋的钢隔膜(其高度大于上部密度锁装置,以确保低于这一高度的反应堆水池水容积不因衬里的泄漏而流失)。不允许有低于这一高度的混凝土容器的贯穿件。

在预应力混凝土容器顶部有一个钢制扩散容器,用分散的钢筋束将其固定在混凝土容器的底部。容器的扩展部分包含了用于冷、热管段的接管,反应堆水池冷却系统的强迫循环回路,以及一些其他系统的管道;在其中也包含了上升段的上部腔室和稳压器。由一个电加热器加热稳压器内的水并提供蒸汽,从而维持反应堆系统的压力。稳压器的蒸汽容积较大,蒸汽容积与饱和水容积一起使反应堆系统能够调节在运行瞬变和事故情况下发生的压力和液位振荡。稳压器的蒸汽空间经由漏斗与反应堆水池相连,并且稳压器的液体部分经开式通道与反应堆一回路相通。

总之,PIUS 基本上是一座主要采用现有轻水堆技术的压水堆。和现有的轻水堆设计相比,二者的主要差别仅限于以下几个方面:密度锁装置(热屏障)、虹吸开关和湿式隔热层的使用;预应力混凝土压力容器;装有长期非能动余热排出系统;无须控制棒的反应性控制。保守地选择了主要的设计参数,即较低的堆芯功率密度和线发热率、在整个运行寿命周期内负的功率系数、与现有压水堆相比反应堆的压力温度较低。

10.6 第四代核能系统

经济竞争力、核电厂安全性、核废物处理和核武器材料扩散,是未来核能发展面临的 4 个主要挑战,将继续受到政府和工业决策者的重视,并成为公众关注的重要部分。考虑到新一代核能系统的发展需要相当长的周期,也由于对新的核能系统的要求已逐渐明朗,国际核能界认为有必要启动下一代核能系统——第四代核能系统的研究工作。

1999 年 6 月,美国能源部首先提出第四代核能系统的概念。在 1999 年 11 月召开的美国核能学会冬季年会上,美国能源部进一步明确了发展第四代核能系统的设想。2000 年 5 月,美国能源部在华盛顿主持召开了"第四代先进核能系统研讨会"。来自美国、中国、德国、日本、韩国和南非等的一些国家电力公司、核电设备制造商、国立实验室、政府部门以及主要大学的 100 多位高级专家参加了这次会议。会议的目的是编写"第四代先进核能系统"的高层用户需求文件。这是近年来少有的核能界的重大聚会,它有可能决定今后 20 年世界核能的发展。

第四代核能系统的建议目标有 14 条,在目前的早期阶段这些目标应该被当做期望达到的性能目标,而不是严格的系统要求。

1. 具有竞争力的总发电成本

总发电成本是第四代核能系统的主要经济要求,因为它是未来电力供应中一个最重要的竞争度量手段。第四代核能系统的总发电成本必须比电厂所在地区或国家的其他发电方式更具竞争力。此外,第四代核能系统还应考虑开发除电力以外的广泛的能源产品。

2. 可接受的投资风险水平

相对于其他主要的资本投资项目来说,第四代核能系统必须在投资规模和投资风险两个方面对投资者都具有足够的吸引力。

3. 较短的项目交付与建造时间

第四代核电厂的项目交付期必须少于 4 年,项目建造期必须少于 3 年。也就是说,必须极大地缩短核电厂的项目交付和建造周期,才能使核能重新成为世界电力的一个优先选择。

4. 非常低的堆芯损坏频率

第四代核能系统必须具有非常低的堆芯损坏频率,具有明显提高的防止潜在的堆芯破损事故的能力。目前美国核管会已经要求先进轻水堆的堆芯损坏频率应该低于 10^{-5}/(堆·年),因此大多数人认为第四代反应堆必须具有超过这个要求的能力,即堆芯熔化频率低于 10^{-6}/(堆·年)。

5. 不会出现严重堆芯损坏

对于任何可信的初因事件来说,第四代反应堆不会出现严重的堆芯损坏,这个性能必须通过整体的反应堆实验来验证。突出该要求就是要证明反应堆有能力去成功地应付大量的潜在初因事件,而不会造成较严重的堆芯破损。该要求还存在大量的实际困难。

6. 不需要场外应急

在任何可信的事故序列下,不会出现由于放射性的释放、为保护公众安全而采取的场外应急。这是核能安全的一个革命性改进。

7. 尽可能小的辐射照射

在电站的整个寿期内,第四代反应堆的设计必须能保证尽可能小的辐射照射。

8. 人因容错性能

第四代反应堆对于人因失效必须具备高度的容错性能。在目前运行的核电厂中发生的大量事故征兆和报告的事件都涉及人因失误,核电厂概率风险分析也表明人因失误是核电厂风险的重要组成部分,因此第四代反应堆必须能够高度包容人因失误。

9. 核废物的完整解决方案

第四代反应堆对于所有的核废物流都必须具有完整的解决方案。在运行任何第四代反应堆原型电厂前找到完善的废物处理过程和处置途径是很重要的,任何第四代系统的开发都与解决相应的废物处理问题息息相关。

10. 核废物解决方案的公众接受性

对所有的核废物(包括采矿和浓缩厂的废料,来自加工、运行、去污、退役的放射性废物和非放射性有害废物)都必须有完整的政治上和公众可接受的解决方案,这些解决方案必须对现有的和以前的电站都是可行的。

11. 废物的最少化

第四代反应堆必须在可行的程度上将废物的产生量降低到最少的程度。

12. 对武器扩散的最少吸引力

第四代核能系统应当具有防止核扩散的设计特点,成为促进国际安全保证的工具。这其中包括供本国使用和出口的核燃料循环的部件和设施。核武器扩散者利用第四代核能系统的燃料循环来获得制造核武器所需的材料应该更加困难。这种困难的程度将随着第四代核能系统内在和外在特性的提高而提高。

13. 内在的和外在的防止核扩散能力

第四代核能系统应当在设计上最大限度地依赖内在的或固有的机理防止核扩散。对于特定的核燃料循环,要有外在的屏障加以补充保护。另外,防止核扩散的同时还不能够损害系统的其他关键特性,例如经济性、安全性及废物处理,因此必须制订出一个同步处理这些问题的全球性计划。

14. 评估防止核扩散的能力

必须按照建立的导则对反应堆防止核扩散的能力进行评估。为了成功地设计第四代核能系统,需要开发并采用一种过程或方法,然后在一定的指导方针下对设计方案进行评估。评估过程应该在一个总体框架内进行,同时考虑到防止核扩散和经济性、安全性、废物处理问题的关系,以便解决它们之间潜在的冲突。

为了使系统设计者能够顺利地进行设计,应该建立一套参考标准来评估系统防止产生转换和盗窃核武器材料的内在屏障,使得燃料循环不如专用的生产方式对核扩散者的吸引力大。但是各个国家防止核扩散的概念是不一样的,因此不可能只建立一套单一的标准。

2002 年,又召开了第二次第四代核能系统国际论坛,提出了应重点关注和发展的第四代反应堆堆型,共 6 种,即气冷快堆(GFR)、钠冷快堆(SFR)、铅冷快堆(LFR)、超高温反应堆(VHTR)、溶盐堆(MSR)和超临界水堆(SCWR)。

常用符号

1. 外文符号

A	截面积,表面积
a	年
C	循环倍率;热容;质量分数
c	比热容;速度
c_p	比定压热容
C_B	硼质量分数
C_I	转换系数
C_0	漂移流因子
D	直径;抽汽流量
D_e	当量直径
D_0	汽耗量
d_0	汽耗率
E	总能
e	比能
E_x	总㶲
e_x	比㶲
F	力
f	摩擦阻力因数,电网频率
G	质量流速
g	重力加速度
H	泵的扬程;比焓升;比焓降
h	比焓;无因次扬程
I	转动惯量
J	折合流速
K	总传热因数;局部形阻因数
k	绝热指数,比热比
L	流道长度,水位
M	力矩
m	质量;冷却倍率
$\dot{m}$	流量
n	转速;经验因数
n_s	比转速
P	功率,发电机电极数
p	压力
Q	热量

$\dot{Q}$	热耗量
q	热流密度;蒸汽在加热器中比凝结放热量
q_V	体积流量
q_m	质量流量
s	秒
s	比熵
T	热力学温度,摄氏温度
t	时间,摄氏温度
U	总热力学能
u	圆周速度
V	总体积
v	比体积
W	功
w	比功;速度
x	干度,含汽率
Y	做功不足因数
y	湿度
Z	给水回热级数
α	放热因数;空泡份额;喷雾比;抽汽相对流量,抽汽流量份额;角度;无因次转速
γ	汽化潜热
η	效率
ξ	阻力因数;动能利用因数
ω	角速度
θ	加热器端差;夹角
ν	运动粘度;无因次流量;
β	回热抽汽增大的汽耗因数;稳压器容积吸收份额;无因次转矩,角度
π	单位工质做功能力损失;比㶲损失
ρ	密度
σ	表面张力
τ	给水比焓升
Ψ	动叶速度因数
φ	喷嘴速度因数
Φ^2	两相倍增因子
X	马蒂内利因子
μ	动力粘度
λ	热导
δ	壁厚
ε_n	喷嘴的压力比
Ω_m	反动度

379

2. 部分部件的图形符号

图 例	设 备 名 称	图 例	设 备 名 称
	安全壳贯穿		阀门
	泵		电动阀
	节流孔板		电动阀
	气动截止阀		气动调节阀
	止回阀		手动调节阀
	过滤器		三通阀
	安全阀		安全壳贯穿
	气动隔离阀		手动阀
	调节阀		卸压阀
	远距离手动		动力(气动或电动)操纵的隔离阀
	蝶阀		爆破阀
	防火阀		调节阀
	隔离阀		三通调节阀
	风机		电动调节阀

（1985 年轻水热力学性质国际骨架表修订版）

附表 A　水和水蒸气的比体积及其允差

（表中的每对数字，上面的是比体积，下面的是国际骨架质允差；表中单位为 dm³/kg；30.0～100.0 MPa 的数据省略）

压力/MPa	温度/K(ITS-90)											
	273.15	298.15	323.15	348.15	373.15	398.15	423.15	448.15	473.15	523.15	573.15	623.15
0.101 325	1.000 16①	1.002 96	1.012 12	1.025 81 (液)	1673.5 (汽)	1793.0	1910.9	2027.9	2143.9	2374.6	2604.4	2833.4
±0.000 01②	0.000 01	0.000 01	0.000 01	0.000 02	1.2	1.2	1.2	1.2	1.2	1.2	1.3	1.4
0.5	0.999 95	1.002 78	1.011 94	1.025 61	1.043 26	1.064 77	1.090 49	399.32	424.84	474.29	522.53	570.07
	0.000 06	0.000 06	0.000 06	0.000 06	0.000 06	0.000 07	0.000 09	0.32	0.32	0.32	0.32	0.34
1.0	0.999 69	1.002 56	1.011 71	1.025 37	1.043 01	1.064 46	1.090 14	1.120 62	205.87	232.59	257.86	282.40
	0.000 10	0.000 10	0.000 10	0.000 10	0.000 10	0.000 11	0.000 14	0.000 17	0.21	0.20	0.20	0.20
2.5	0.998 93	1.001 88	1.011 04	1.024 67	1.042 24	1.063 61	1.089 14	1.119 39	1.155 58	86.96	98.85	109.70
	0.000 10	0.000 10	0.000 10	0.000 10	0.000 10	0.000 13	0.000 14	0.000 18	0.000 25	0.09	0.09	0.09
5.0	0.997 67	1.000 76	1.009 93	1.023 51	1.040 98	1.062 18	1.087 48	1.117 39	1.153 02	1.249 70	45.30	51.92
	0.000 10	0.000 10	0.000 10	0.000 10	0.000 10	0.000 15	0.000 17	0.000 20	0.000 28	0.000 31	0.07	0.08
7.5	0.996 42	0.999 65	1.008 83	1.022 37	1.039 74	1.060 78	1.085 84	1.115 42	1.150 56	1.245 30	26.72	32.41
	0.000 10	0.000 10	0.000 10	0.000 10	0.000 10	0.000 16	0.000 21	0.000 29	0.000 32	0.000 37	0.04	0.05
10.0	0.995 18	0.998 55	1.007 75	1.021 23	1.038 50	1.059 38	1.084 21	1.113 47	1.148 16	1.241 0	1.3977	22.42
	0.000 10	0.000 10	0.000 10	0.000 10	0.000 10	0.000 16	0.000 21	0.000 30	0.000 34	0.0004	0.0006	0.04
12.5	0.993 96	0.997 45	1.006 67	1.020 11	1.037 26	1.058 01	1.082 59	1.111 57	1.1458	1.2368	1.3874	16.12
	0.000 10	0.000 10	0.000 10	0.000 10	0.000 10	0.000 16	0.000 21	0.000 31	0.0004	0.0004	0.0006	0.04
15.0	0.992 74	0.996 36	1.005 60	1.018 99	1.036 05	1.056 65	1.081 01	1.109 69	1.1435	1.2328	1.3778	11.475
	0.000 10	0.000 10	0.000 10	0.000 10	0.000 10	0.000 16	0.000 16	0.000 33	0.0004	0.0005	0.0006	0.034
17.5	0.991 53	0.995 27	1.004 53	1.017 88	1.034 84	1.055 29	1.079 44	1.107 85	1.1412	1.2289	1.3688	1.7150
	0.000 10	0.000 10	0.000 10	0.000 10	0.000 10	0.000 16	0.000 21	0.000 33	0.0004	0.0006	0.0006	0.0017

注：① 此处指双稳态液体。
② 除此数外，其余允差前的"±"省略。

温度/K(ITS-90)

压力/MPa	273.15	298.15	323.15	348.15	373.15	398.15	423.15	448.15	473.15	523.15	573.15	623.15
20.0	0.990 32	0.994 20	1.003 47	1.016 78	1.033 64	1.053 96	1.077 90	1.106 02	1.1390	1.2251	1.3605	1.6654
	0.000 10	0.000 10	0.000 10	0.000 10	0.000 10	0.000 16	0.000 21	0.000 33	0.0004	0.0005	0.0006	0.0016
22.5	0.989 14	0.993 13	1.002 43	1.015 70	1.032 47	1.052 64	1.076 39	1.104 18	1.1368	1.2215	1.3529	1.6290
	0.000 10	0.000 10	0.000 10	0.000 10	0.000 10	0.000 16	0.000 21	0.000 33	0.0004	0.0005	0.0006	0.0016
25.0	0.987 96	0.992 05	1.001 40	1.014 62	1.031 30	1.051 33	1.074 89	1.102 35	1.1346	1.2179	1.3454	1.5986
	0.000 10	0.000 10	0.000 10	0.000 10	0.000 10	0.000 16	0.000 21	0.000 33	0.0004	0.0005	0.0006	0.0014
27.5	0.986 78	0.991 00	1.000 36	1.013 54	1.030 14	1.050 03	1.073 40	1.100 59	1.1324	1.2144	1.3384	1.5736
	0.000 10	0.000 10	0.000 36	0.000 10	0.000 12	0.000 16	0.000 24	0.000 33	0.0004	0.0005	0.0007	0.0013
	273.15	298.15	323.15	348.15	373.15	398.15	423.15	448.15	473.15	523.15	573.15	623.15

（表中的每个对数字，上面的是比体积，下面的是允差；表中单位为 dm³/kg）

续表

温度/K(ITS-90)

压力/MPa	648.15	673.15	698.15	723.15	748.15	773.15	823.15	873.15	923.15	973.15	1023.15	1073.15
0.101325	2947.9	3062.2	3176.5	3290.8	3404.7	3519.2	3747.5	3975.7	4203.3	4430.3	4657.6	4885.6
	1.5	1.5	1.6	1.6	1.7	1.8	1.9	2.0	2.0	2.0	2.0	2.0
0.5	593.72	617.28	640.77	664.3	687.7	711.0	757.6	804.1	850.5	896.7	943.0	989.3
	0.36	0.37	0.38	0.4	0.4	0.4	0.4	0.4	0.4	0.4	0.4	0.4
1.0	294.54	306.55	318.52	330.42	342.28	354.10	377.65	401.11	424.45	447.69	470.93	494.19
	0.20	0.20	0.20	0.20	0.20	0.20	0.20	0.20	0.20	0.20	0.20	0.20
2.5	114.94	120.06	125.11	130.10	135.04	139.95	149.66	159.26	168.79	178.24	187.67	197.10
	0.09	0.10	0.10	0.10	0.10	0.10	0.10	0.10	0.10	0.10	0.10	0.10
5.0	54.93	57.81	60.59	63.29	65.93	68.54	73.64	78.62	83.52	88.39	93.23	98.04
	0.08	0.09	0.09	0.09	0.09	0.10	0.10	0.10	0.10	0.10	0.10	0.10
7.5	34.76	36.93	38.99	40.95	42.86	44.71	48.29	51.75	55.12	58.47	61.77	65.03
	0.05	0.06	0.06	0.06	0.07	0.07	0.07	0.08	0.08	0.08	0.08	0.08

压力/MPa	温度/K(ITS-90)											
	648.15	673.15	698.15	723.15	748.15	773.15	823.15	873.15	923.15	973.15	1023.15	1073.15
10.0	24.536	26.41	28.13	29.74	31.28	32.76	35.61	38.32	40.92	43.50	46.03	48.53
	0.037	0.04	0.04	0.04	0.06	0.06	0.07	0.07	0.07	0.07	0.07	0.07
12.5	18.251	20.010	21.567	22.983	24.324	25.59	27.99	30.26	32.41	34.53	36.60	38.64
	0.027	0.030	0.032	0.034	0.039	0.05	0.05	0.05	0.05	0.05	0.05	0.05
15.0	13.893	15.656	17.138	18.454	19.663	20.794	22.91	24.87	26.74	28.55	30.31	32.04
	0.025	0.023	0.026	0.028	0.031	0.037	0.04	0.04	0.04	0.04	0.05	0.05
17.5	10.560	12.455	13.924	15.184	16.316	17.364	19.284	21.03	22.69	24.28	25.83	27.34
	0.023	0.020	0.022	0.023	0.026	0.031	0.039	0.04	0.04	0.04	0.05	0.05
20.0	7.678	9.950	11.466	12.705	13.791	14.777	16.552	18.160	19.65	21.08	22.47	23.81
	0.018	0.018	0.021	0.021	0.022	0.027	0.030	0.035	0.04	0.04	0.05	0.05
22.5	2.45	7.870	9.506	10.753	11.812	12.756	14.425	15.917	17.296	18.59	19.85	21.07
	0.05	0.016	0.017	0.019	0.020	0.023	0.025	0.030	0.035	0.04	0.05	0.05
25.0	1.981	6.007	7.886	9.169	10.217	11.132	12.723	14.124	15.401	16.613	17.76	18.88
	0.005	0.013	0.015	0.017	0.018	0.020	0.020	0.020	0.030	0.035	0.04	0.05
27.5	1.8631	4.188	6.506	7.852	8.902	9.800	11.332	12.660	13.861	14.986	16.062	17.09
	0.0034	0.020	0.012	0.014	0.016	0.018	0.020	0.020	0.030	0.030	0.035	0.04
	648.15	673.15	698.15	723.15	748.15	773.15	823.15	873.15	923.15	973.15	1023.15	1073.15

附表 B　水和水蒸气的比焓及其允差

（表中的每对数字，上面的是比焓，下面的是差允差；表中单位为 kJ/kg）

压力/MPa	温度/K（ITS-90）											
	273.15	298.15	323.15	348.15	373.15	398.15	423.15	448.15	473.15	523.15	573.15	623.15
0.101325	0.06①	104.89	209.38	314.05	2675.8（汽）	2726.2	2775.8	2824.9	2874.4	2973.7	3073.8	3175.1
	±0.01②	0.07	0.10	0.11	1.6	2.0	2.0	2.0	2.0	2.0	3.0	3.0
0.5	0.47	105.26	209.72	314.37（液）	419.45	525.24	632.2	2800.2	2854.5	2959.9	3063.1	3167
	0.01	0.10	0.16	0.16	0.20	0.33	0.5	2.0	2.0	3.0	3.6	4
1.0	0.98	105.72	210.15	314.77	419.82	525.61	632.5	741.1	2827.0	2941.6	3050.1	3157
	0.01	0.12	0.19	0.28	0.33	0.35	0.5	0.7	2.0	3.0	3.9	4
2.5	2.50	107.11	211.45	315.98	420.95	526.6	633.5	741.9	852.6	2879	3007	3125
	0.01	0.15	0.19	0.28	0.33	0.4	0.5	0.7	0.9	4	4	4
5.0	5.04	109.41	213.60	318.00	422.83	528.3	635.0	743.2	853.6	1085.6	2923	3067
	0.03	0.16	0.19	0.28	0.33	0.4	0.5	0.7	0.9	1.8	4	4
7.5	7.57	111.72	215.75	320.02	424.71	530.1	636.6	744.5	854.7	1085.6	2813	3000
	0.04	0.16	0.19	0.28	0.34	0.4	0.5	0.7	0.9	1.8	4	4
10.0	10.09	114.01	217.90	322.03	426.60	531.8	638.0	745.9	855.7	1085.7	1343.1	2922
	0.05	0.17	0.19	0.29	0.34	0.4	0.5	0.7	0.9	1.8	2.0	4
12.5	12.59	116.31	220.05	324.05	428.49	533.5	639.6	747.3	856.8	1085.8	1340.4	2825
	0.06	0.17	0.19	0.29	0.34	0.4	0.5	0.7	0.9	1.8	2.0	4
15.0	15.09	118.60	222.19	326.06	430.37	535.3	641.2	748.6	858.0	1086.0	1338.1	2691
	0.07	0.17	0.20	0.29	0.34	0.4	0.5	0.7	0.9	1.8	2.0	5
17.5	17.58	120.88	224.33	328.08	432.26	537.0	642.8	750.0	859.1	1086.3	1336.0	1662.6
	0.08	0.18	0.30	0.30	0.34	0.4	0.5	0.7	0.9	1.8	2.0	3.0
20.0	20.06	123.16	226.48	330.09	434.15	538.8	644.4	751.4	860.2	1086.6	1334.2	1645.9
	0.10	0.18	0.30	0.30	0.34	0.4	0.5	0.7	0.9	1.8	2.0	3.0
22.5	22.53	125.44	228.61	332.11	436.05	540.6	646.0	752.8	861.4	1086.9	1332.5	1633.6
	0.11	0.18	0.30	0.30	0.34	0.4	0.5	0.7	0.9	1.8	2.0	3.0
25.0	25.00	127.71	230.75	334.12	437.94	542.3	647.6	754.3	862.6	1087.3	1331.1	1623.7
	0.12	0.19	0.30	0.30	0.35	0.4	0.5	0.7	0.9	1.8	2.0	3.0
27.5	27.45	129.98	232.89	336.14	439.83	544.1	649.2	755.7	863.8	1087.8	1329.8	1615.6
	0.13	0.19	0.30	0.30	0.35	0.4	0.5	0.7	0.9	1.8	2.0	3.0
	273.15	298.15	323.15	348.15	373.15	398.15	423.15	448.15	473.15	523.15	573.15	623.15

注：① 此处指双稳态液体。

② 除此指数外，其余差允差前的"±"省略。

温度/K (ITS-90)

压力/MPa	648.15	673.15	698.15	723.15	748.15	773.15	823.15	873.15	923.15	973.15	1023.15	1073.15
0.101325	3226.3 / 3.0	3277.8 / 3.0	3329.8 / 3.0	3382.1 / 3.0	3434.8 / 3.0	3488.1 / 3.0	3595.6 / 3.0	3705.0 / 3.0	3815.8 / 3.8	3928.0 / 3.9	4042 / 4	4158 / 4
0.5	3219 / 4	3271 / 4	3324 / 4	3377 / 4	3430 / 4	3484 / 4	3592 / 4	3702 / 4	3813 / 4	3926 / 4	4040 / 4	4156 / 4
1.0	3210 / 4	3263 / 4	3317 / 4	3370 / 4	3424 / 4	3478 / 4	3587 / 5	3698 / 5	3810 / 5	3923 / 5	4037 / 6	4154 / 6
2.5	3182 / 4	3239 / 4	3295 / 4	3350 / 4	3406 / 4	3462 / 4	3574 / 5	3686 / 5	3800 / 5	3915 / 5	4030 / 6	4148 / 6
5.0	3132 / 4	3195 / 4	3256 / 4	3316 / 4	3375 / 4	3434 / 4	3550 / 5	3666 / 5	3783 / 5	3900 / 5	4017 / 6	4136 / 6
7.5	3077 / 4	3147 / 4	3215 / 4	3279 / 4	3342 / 4	3404 / 4	3526 / 5	3646 / 5	3765 / 5	3885 / 5	4004 / 6	4125 / 6
10.0	3014 / 4	3095 / 4	3170 / 4	3241 / 4	3308 / 4	3374 / 4	3501 / 5	3625 / 5	3748 / 5	3870 / 6	3991 / 6	4113 / 8
12.5	2942 / 4	3038 / 4	3122 / 4	3200 / 4	3273 / 4	3342 / 5	3476 / 5	3604 / 5	3730 / 7	3855 / 7	3978 / 8	4102 / 10
15.0	2858 / 4	2974 / 4	3071 / 4	3156 / 4	3235 / 4	3309 / 5	3449 / 6	3583 / 6	3712 / 7	3838 / 8	3964 / 8	4090 / 10
17.5	2751 / 4	2901 / 4	3014 / 4	3110 / 4	3196 / 4	3275 / 5	3422 / 6	3561 / 7	3693 / 8	3823 / 9	3951 / 9	4079 / 11
20.0	2602 / 5	2816 / 5	2952 / 4	3060 / 4	3154 / 4	3240 / 5	3395 / 6	3538 / 8	3675 / 9	3807 / 9	3937 / 9	4067 / 11
22.5	1969 / 9	2713 / 5	2883 / 5	3007 / 5	3111 / 5	3203 / 5	3367 / 6	3515 / 8	3656 / 9	3791 / 10	3924 / 10	4055 / 12
25.0	1850 / 5	2579 / 5	2805 / 5	2950 / 5	3065 / 5	3164 / 5	3338 / 6	3492 / 8	3637 / 9	3775 / 10	3910 / 10	4043 / 13
27.5	1814 / 4	2381 / 5	2716 / 5	2888 / 5	3017 / 5	3124 / 5	3308 / 6	3469 / 8	3618 / 9	3759 / 10	3896 / 10	4031 / 13
	648.15	673.15	698.15	723.15	748.15	773.15	823.15	873.15	923.15	973.15	1023.15	1073.15

附表 C　饱和线上水和水蒸气的比体积（dm³/kg）和比焓（kJ/kg）

温度/ K/ITS-90	压力/MPa		比　体　积				比　焓			
			饱和水/(dm³/kg)	±0.000 010	饱和汽/(dm³/kg)	±150	饱和水/(kJ/kg) ±0.000 000 010		饱和汽/(kJ/kg)	±1.6
273.16	0.000 611 657	±0.000 000 010①	1.000 211	±0.000 010	206 005	±150	0.000 611 786②	±0.000 000 010	2500.5	±1.6
278.15	0.000 872 53	0.000 000 05	1.000 086	0.000 010	147 031	100	21.021	0.010	2510.0	1.6
283.15	0.001 228 11	0.000 000 09	1.000 349	0.000 010	106 319	80	42.021	0.021	2519.3	1.6
288.15	0.001 705 68	0.000 000 17	1.000 948	0.000 010	77 885	60	62.980	0.029	2528.5	1.6
293.15	0.002 339 19	0.000 000 29	1.001 845	0.000 010	57 762	40	83.913	0.036	2537.7	1.6
298.15	0.003 169 8	0.000 000 5	1.003 010	0.000 015	43 340	30	104.83	0.04	2546.7	1.6
303.15	0.004 246 9	0.000 000 6	1.004 417	0.000 015	32 879	25	125.73	0.05	2555.7	1.6
308.15	0.005 629 1	0.000 000 8	1.006 050	0.000 015	25 205	20	146.63	0.06	2564.7	1.6
313.15	0.007 385 1	0.000 001 0	1.007 891	0.000 015	19 515	15	167.53	0.06	2573.6	1.6
318.15	0.009 595 3	0.000 012	1.009 930	0.000 015	15 251	10	188.44	0.07	2582.5	1.6
323.15	0.012 352 5	0.000 015	1.012 155	0.000 015	12 026	8	209.34	0.07	2591.3	1.6
328.15	0.015 762 8	0.000 017	1.014 559	0.000 015	9564	7	230.26	0.08	2600.1	1.6
333.15	0.019 947 4	0.000 021	1.017 134	0.000 015	7667	6	251.18	0.09	2608.9	1.6
338.15	0.025 042 7	0.000 024	1.019 876	0.000 015	6193	5	272.12	0.10	2617.6	1.6
343.15	0.031 202 2	0.000 028	1.022 780	0.000 015	5040	4	293.07	0.10	2626.2	1.6
348.15	0.038 596 7	0.000 033	1.025 842	0.000 020	4129.1	3.0	314.03	0.11	2634.7	1.6
353.15	0.047 415 8	0.000 038	1.029 060	0.000 020	3405.3	2.5	335.01	0.11	2643.1	1.6
358.15	0.057 868	0.000 04	1.032 432	0.000 020	2826.0	2.0	356.01	0.12	2651.5	1.6
363.15	0.070 183	0.000 05	1.035 957	0.000 020	2359.3	1.7	377.04	0.13	2659.7	1.6
368.15	0.084 609	0.000 05	1.039 634	0.000 020	1980.8	1.4	398.09	0.14	2667.8	1.6
373.124③	0.101 325	0.000 06	1.043 444	0.000 020	1673.4	1.2	419.05	0.14	2675.7	1.6
373.15	0.101 418	0.000 030	1.043 464	0.000 020	1672.0	1.2	419.16	0.14	2675.8	1.6
383.15	0.143 38	0.000 04	1.051 583	0.000 020	1209.4	0.9	461.41	0.18	2691.3	1.6
393.15	0.198 67	0.000 05	1.060 324	0.000 025	891.3	0.7	503.80	0.22	2706.1	1.6
398.15	0.232 23	0.000 06	1.064 934	0.000 025	770.1	0.6	525.06	0.24	2713.3	1.6
403.15	0.270 28	0.000 07	1.069 707	0.000 025	668.1	0.5	546.37	0.26	2720.3	1.6
413.15	0.361 53	0.000 09	1.079 755	0.000 025	508.5	0.4	589.14	0.30	2733.6	1.6
423.15	0.476 16	0.000 12	1.090 501	0.000 030	392.48	0.28	632.15	0.35	2746.0	1.6
433.15	0.618 23	0.000 15	1.101 99	0.000 05	306.80	0.22	675.4	0.4	2757.5	1.7
443.15	0.792 18	0.000 20	1.114 26	0.000 07	242.60	0.19	719.0	0.4	2767.9	1.8
448.15	0.892 60	0.000 22	1.120 72	0.000 08	216.59	0.17	741.0	0.4	2772.7	1.8

续表

温度 t	压力/MPa		比体积			比焓			
K/ITS-90			饱和水/(dm³/kg)		饱和汽/(dm³/kg)	饱和水/(kJ/kg)		饱和汽/(kJ/kg)	
453.15	1.00281	0.00025	1.12739	0.00009	193.84	763.0	0.5	2777.2	1.9
463.15	1.25524	0.00030	1.14145	0.00010	156.36	807.3	0.5	2785.2	1.9
473.15	1.5549	0.0004	1.15651	0.00015	127.21	852.2	0.5	2792.0	2.0
483.15	1.9077	0.0005	1.17269	0.00015	104.29	897.5	0.6	2797.2	2.1
493.15	2.3196	0.0006	1.19012	0.00020	86.09	943.5	0.6	2800.9	2.2
503.15	2.7971	0.0007	1.20894	0.00020	71.51	990.1	0.7	2802.8	2.4
513.15	3.3470	0.0008	1.22936	0.00025	59.71	1037.4	0.7	2802.9	2.5
523.15	3.9762	0.0010	1.25159	0.00030	50.09	1085.6	0.7	2800.9	2.6
533.15	4.6923	0.0012	1.27593	0.00035	42.18	1134.8	0.8	2796.5	2.8
543.15	5.5030	0.0014	1.3028	0.0004	35.62	1185.1	0.8	2789.6	3.0
553.15	6.4166	0.0016	1.3326	0.0005	30.15	1236.7	0.9	2779.7	3.1
563.15	7.4418	0.0018	1.3660	0.0005	25.55	1289.8	0.9	2766.4	3.2
573.15	8.5879	0.0022	1.4038	0.0006	21.659	1344.8	1.0	2749.3	3.4
583.15	9.8650	0.0025	1.4475	0.0007	18.333	1402.0	1.0	2727.6	3.6
593.15	11.2843	0.0028	1.4987	0.0007	15.470	1462.0	1.1	2700.3	3.8
603.15	12.8581	0.0032	1.5604	0.0008	12.979	1525.6	1.1	2666	4
613.15	14.601	0.004	1.6377	0.0009	10.783	1594.4	1.2	2666	4
623.15	16.529	0.004	1.7407	0.0010	8.806	1671.0	1.2	2564	5
633.15	18.666	0.005	1.895	0.008	6.950	1761.4	1.9	2482	6
643.15	21.044	0.005	2.217	0.020	4.95	1890.8	3.5	2334	7
644.15	21.297	0.005	2.283	0.020	4.70	1910.8	3.5	2308	7
645.15	21.554	0.005	2.370	0.020	4.41	1935.0	3.5	2276	7
646.15	21.814	0.005	2.504	0.025	4.05	1968	4	2231	10
647.096④	22.064	0.005	3.106	0.030	3.106	2087	15	2087	15

387

注：① 除此行外，其余允差前的"±"省略。

② 根据 1956 年在英国伦敦召开的第五次国际水蒸气性质会议采用的方法。三相点（273.16 K）饱和水的比内能和比熵定为零。

③ 在标准沸点下，373.1243 K 对应的压力为 0.101325 MPa，这个压力是国际水和水蒸气性质协会关于轻水物性的补充公报（1992.9）中蒸气压力方程确定的。

④ 在临界点，水的温度值为（647.096＋δ₁）K（按 1990 年国际温标 ITS-90），这里 δ₁＝0.000±0.100；压力为（22.064±0.278±0.005）MPa，密度值为（322±3）kg/m³。

（参考："国际水和水蒸气性质协会发布的关于轻水和重水在其临界点的温度，压力，密度值（1992.9）"）

参 考 文 献

1   国家核安全局安全导则：《用于沸水堆，压水堆和压力管式反应堆的安全功能和部件分级》,1986
2   苏林森,杨辉玉等.900 MW 压水堆核电站系统与设备.北京：原子能出版社,2008
3   薛汉俊等.核能动力装置.北京：原子能出版社,1989
4   国家核安全局.核动力厂设计安全规定.2004
5   Tong L S,Weisman J. Thermal Analysis of Pressurized Water Reactors. ANS,1979
6   Todreas Neil E,Kazimi Mujid S. Nuclear Systems Ⅱ. New York：Hemisphere Publishing Corporation,
    1989
7   孔昭育等译.核电厂培训教程.北京：原子能出版社,1992
8   西里 W 等著.核电厂.北京：原子能出版社,1995
9   郭立君.泵和风机.北京：水利电力出版社,1986
10 斯捷尔曼著.赵兆颐,臧希年译.火电厂与核电厂.北京：原子能出版社,1992
11 朱明善等.工程热力学.北京：清华大学出版社,1994
12 Leizerovich, Aleksander Shaulovish. Large Power Steam Turbines. Tulsa：PennWell Books,1977
13 剪天聪主编.汽轮机原理.北京：水利电力出版社,1992
14 张卓澄主编.大型电站凝汽器.北京：机械工业出版社,1993
15 Tong L S. Principles of Design Improvement for Light Water Reactors. New York：Hemisphere
    Publishing Company, 1988
16 特罗扬诺夫斯基著.韩维奋译.原子能电站汽轮机.北京：原子能出版社, 1976
17 ATHOS. A Computer Program for the Thermal Hydraulic Analysis of Steam gererator. EPRI-
    CCM, 1982
18 玛尔古洛娃,玛尔登诺娃著.贺嘉忱,刘国明等译.火电站和核电站的水工况.北京：原子能出版
    社,1989
19 郑体宽.热力发电厂.北京：中国电力出版社,2006
20 鲁钟琪.两相流与沸腾传热.北京：清华大学出版社,2002
21 Review of Design Approaches of Advanced Pressurized LWRs. IAEA-TECDOC-861, 1994
22 张作义等.先进沸水反应堆技术研究.北京：清华大学出版社,2000
23 王雪松.百万千瓦级核电汽轮机组选型.东方电气评论,2001,15(2)：79～85
24 Cooper J R, Barry Dooley. IAPWS Release on the Skeleton Tables 1985 for the Thermodynamic
    Properties of Ordinary Water Substance (Revision) London, England, Palo Alto, USA, 1994.9
25 林诚格,郁祖盛等.非能动安全先进核电厂 AP1000.北京：原子能出版社,2008